Einstieg in die Stochastik

Thorsten Imkamp · Sabrina Proß

Einstieg in die Stochastik

Grundlagen und Anwendungen mit vielen
Übungen, Lösungen und Videos

Thorsten Imkamp
Bielefeld, Deutschland

Sabrina Proß
Fachbereich Ingenieurwissenschaften und
Mathematik
Fachhochschule Bielefeld
Gütersloh, Deutschland

ISBN 978-3-662-63765-4   ISBN 978-3-662-63766-1   (eBook)
https://doi.org/10.1007/978-3-662-63766-1

Die Deutsche Nationalbibliothek verzeichnet diese Publikation in der Deutschen Nationalbibliografie;
detaillierte bibliografische Daten sind im Internet über http://dnb.d-nb.de abrufbar.

Planung/Lektorat: Annika Denkert
Springer Spektrum ist ein Imprint der eingetragenen Gesellschaft Springer-Verlag GmbH, DE und ist
ein Teil von Springer Nature.
Die Anschrift der Gesellschaft ist: Heidelberger Platz 3, 14197 Berlin, Germany

Vorwort

Dieses Buch soll interessierten Leserinnen und Lesern einen ersten Einblick in das gerade aufgrund ihrer Anwendungen in Natur-, Wirtschafts- und Ingenieurwissenschaften sehr bedeutende Gebiet der Stochastik (= Wahrscheinlichkeitstheorie und Statistik) verschaffen. Damit wendet sich das Buch an Sie als Anfänger jeder Schattierung, also z. B. an Oberstufenschüler, die im Mathematik-Leistungskurs mit diesem Thema konfrontiert werden, oder an Studierende in den Anfangs- oder mittleren Semestern der natur-, ingenieur- oder wirtschaftswissenschaftlichen Fächer. Es soll Ihnen dabei helfen, die wesentlichen Verfahren und mathematischen Grundlagen der Stochastik zu verstehen und im Kontext naturwissenschaftlicher oder technischer Fragestellungen anwenden zu lernen. Zu diesem Zweck liefert das Buch zu allen Themen vollständige Herleitungen und Beweise. Die vielen vollständig durchgerechneten Beispiele sowohl in der Theorie als auch in der Anwendung sollen Sie dabei unterstützen, sich die unterschiedlichen Verfahren der Stochastik in permanenter Übung anzueignen. Vollziehen Sie dabei am besten die durchgeführten Rechnungen selbst nach und gehen ausgelassene Schritte eigenständig durch. Sie werden dabei leicht erkennen, dass sich die mathematischen Verfahren in den unterschiedlichsten Kontexten wiederholen.

Das Buch behandelt den Themenbogen von der beschreibenden Statistik über die Grundlagen der Wahrscheinlichkeitstheorie und Kombinatorik, diskrete und stetige Wahrscheinlichkeitsverteilungen bis hin zur beurteilenden Statistik. Ein abschließendes Kapitel beschäftigt sich mit Theorie und Anwendung von Markoff-Ketten. Dabei werden auch Themen behandelt, die Gegenstand der gymnasialen Oberstufe sind, und es werden einige historische Beispiele und bekannte Paradoxien vorgestellt, von denen es gerade in der Stochastik reichlich gibt. Die Geschichte der Stochastik ist auch eine Geschichte der Aufklärung von Paradoxien! Ausgehend von den zugehörigen Grundkenntnissen werden die Themen aufbereitet, die Gegenstand von Statistik- oder Stochastik-Vorlesungen für Anwender an Hochschulen sind. Als Vorkenntnisse benötigen Sie nur die Grundlagen der Mittelstufen-Algebra sowie der Vektorrechnung und Analysis, die Ihnen in der gymnasialen Oberstufe vermittelt werden. Die grundlegende und im Buch verwendete mathematische Notation sowie wichtige Grundbegriffe, die in der Schule in der Regel nicht im nötigen Umfang vermittelt werden, stellen wir in Kap. 2 bereit. Alles darüber Hinausgehende wird Ihnen an der entsprechenden Stelle vermittelt.

Für die nicht immer einfachen Berechnungen und Simulationen stehen heutzutage glücklicherweise verschiedene digitale Hilfsmittel zur Verfügung. Mathematische Softwaretools wie Mathematica, Maple oder MATLAB sind nützliche und unverzichtbare Werkzeuge bei extensiven Berechnungen und Simulationen geworden. Des Weiteren werden in verschiedenen Bundesländern für diese Berechnungen auch grafikfähige Taschenrechner mit Computeralgebrasystem im Mathematikunterricht der gymnasialen Oberstufe eingesetzt. Um Ihnen Möglichkeiten der Verwendung dieser digitalen Assistenten aufzuzeigen, führen wir die Grundfunktionen ausgewählter Systeme in Bezug auf unsere Thematik jeweils an den entsprechenden Stellen ein. Da es unmöglich ist, eine Einführung in alle Systeme zu geben, müssen wir hier eine Auswahl treffen. Wir haben uns für die in Industrie und Hochschule weitverbreiteten Tools Mathematica und MATLAB entschieden. Der Code ist jeweils im Text farblich unterlegt: blau für MATLAB-Code und grün für Mathematica-Code. Zudem erhalten Sie die Programme und Datensätze auf der Springer-Produktseite zu diesem Buch.

Falls Sie noch keine Kenntnisse im Umgang mit diesen Softwaretools haben, erhalten Sie in Kap. 3 eine kurze Einführung, die Sie zu Beginn durcharbeiten sollten. Da wir den Code häufig für beide Tools angeben, reicht es aus, wenn Sie sich mit einem der beiden Tools auseinandersetzen. Es ist auch eine interessante Übung, einen Code in den jeweils anderen zu übersetzen und ein wenig mit den Quellcodes zu experimentieren. Des Weiteren gibt es auch Beispiele, die das Tabellenkalkulationstool Excel verwenden, das sich für statistische Anwendungen und auch für Simulationen besonders eignet und das den meisten Lesern von der Schule her bekannt sein dürfte.

Sie finden am Ende eines jeden Kapitels zahlreiche Übungsaufgaben zur Überprüfung und Festigung Ihrer Kenntnisse. Sie können die vorgestellten Inhalte sowohl an reinen Rechenaufgaben als auch an anwendungsorientierten Aufgaben üben. Zudem gibt es umfangreichere Projektaufgaben, die unter Einsatz von MATLAB oder Mathematica zu bearbeiten sind.

Zu allen Aufgaben erhalten Sie Lösungen. Diejenigen Lösungen, deren zugehörige Aufgaben mit dem Symbol Ⓥ gekennzeichnet sind, werden jeweils in einem Video, das über unseren YouTube-Kanal „Einstieg in die Stochastik" abrufbar ist, vorgestellt. Über den QR-Code neben der Aufgabe gelangen Sie direkt zum entsprechenden Video. Der Kanal wird ständig weiterentwickelt und weitere Lösungs- oder auch Erklärvideos hochgeladen. Zudem gibt es Aufgaben, deren vollständig durchgerechnete Lösungen Sie im Anhang dieses Buches finden. Diese sind mit dem Symbol Ⓑ markiert. Zu allen anderen Aufgaben finden Sie das Ergebnis mit einigen Lösungshinweisen ebenfalls im Anhang.

Wir bedanken uns bei Dr. Annika Denkert, Dr. Meike Barth und Frau Bianca Alton vom Springer-Verlag für die angenehme und konstruktive Zusammenarbeit.

Es bleibt uns noch, Ihnen viel Spaß und Erfolg beim Lernen eines sehr interessanten Gebiets der Mathematik zu wünschen.

Bielefeld, Duisburg,   *Thorsten Imkamp*
im Mai 2021   *Sabrina Proß*

Inhaltsverzeichnis

Kapitel 1

Einführung und Grundbegriffe der Statistik

Unter *Statistik* versteht man die Erfassung, Zusammenfassung, Analyse und Darstellung von Daten. Zudem Methoden, die vernünftige Entscheidungen unter Unsicherheit ermöglichen.

1.1 Teilbereiche der Statistik

Die Statistik kann in mehrere Teilbereiche aufgeteilt werden (siehe Abb. 1.1). Dazu gehört die *beschreibende Statistik* (auch *deskriptive Statistik* genannt), die sich mit der Erfassung, Zusammenfassung, Analyse und Darstellung von Daten auseinandersetzt. Daten werden z. B. in Form von Tabellen und Grafiken aufbereitet und in statistischen Kennzahlen zusammengefasst. Mit diesen Methoden verschafft man sich einen ersten Überblick über die Situation.

Die *beurteilende Statistik* (auch *induktive Statistik* genannt) stellt Methoden zum vernünftigen Entscheiden bei Unsicherheit bereit. Die Grundlage hierfür ist die Wahrscheinlichkeitsrechnung. Liegt eine repräsentative Stichprobe vor, so erlauben Methoden der beurteilenden Statistik Rückschlüsse von der Stichprobe auf die unbekannte Grundgesamtheit.

Beispiel 1.1 (Autoreifen). Ein Produzent von Autoreifen verändert die Materialzusammensetzung. Eine Stichprobe von 300 Autoreifen liefert eine mittlere Lebensdauer von 60 000 km. Nun möchte der Produzent wissen, wie hoch die mittlere Lebensdauer der gesamten Produktion mit einer Wahrscheinlichkeit von 95 % **mindestens** ist. Diese Frage kann mit Methoden der beurteilenden Statistik beantwortet werden.

Eine andere Fragestellung des Produzenten wäre: Hat die neue Materialzusammensetzung zu einer **Verlängerung** der Lebensdauer der Reifen geführt? Er stellt hierzu eine Vermutung (Hypothese) auf. Um diese zu prüfen, entnimmt der Produzent der

© Der/die Autor(en), exklusiv lizenziert durch
Springer-Verlag GmbH, DE, ein Teil von Springer Nature 2021
T. Imkamp und S. Proß, *Einstieg in die Stochastik*,
https://doi.org/10.1007/978-3-662-63766-1_1

Produktion eine Zufallsstichprobe. Rückschlüsse von den Ergebnissen dieser Stichprobe auf die Gesamtproduktion können mit Methoden der beurteilenden Statistik gezogen werden.   ◄

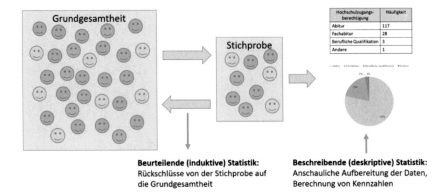

Abb. 1.1: Beschreibende und beurteilende Statistik

Zwei Begriffe, die in den letzten Jahren sehr populär geworden sind, sind *Data Science* und *Big Data*.

Unter *Data Science* versteht man die Wissenschaft, aus großen Datenmengen mithilfe von Methoden aus den Bereichen Computerwissenschaften, Statistik, Mathematik und Wirtschaft nutzbares Wissen zu generieren. Es handelt sich hierbei um eine interdisziplinäre Wissenschaft, in der auch, aber eben nicht nur, statistische Methoden zum Einsatz kommen.

Die Daten, die im Rahmen von Data-Science-Projekten verarbeitet werden, sind meist sehr umfangreich, komplex und von unterschiedlichem Typ. Zudem stammen sie aus unterschiedlichen Quellen: Daten aus sozialen Medien, Emails, Bilder, Videos usw. Derartig heterogene und teilweise komplexe Daten, die zum Teil auch in großen Mengen vorkommen, können nicht mit den Standardmethoden analysiert werden. Man nennt diese Daten *Big Data*, und sie können mit Methoden der Data Science verarbeitet werden.

1.2 Einsatzbereiche statistischer Methoden

Statistische Methoden werden in den unterschiedlichsten Disziplinen eingesetzt:

- Physik: z. B. Auswertung von Messdaten; Fehler- und Ausgleichsrechnung

- Biologie: z. B. Modellierung der Ausbreitung von Krankheiten; Untersuchung von Populationsentwicklungen und Vererbungsprozessen

- Soziologie: z. B. Analyse des sozialen Verhaltens; Befragungen zu Lebenszufriedenheit, Einkommen und Familienstand; Untersuchungen zur Altersarmut und zu Diskriminierungseffekten

- Psychologie: z. B. Messung von Lernerfolgen bei Schülerinnen und Schülern; Untersuchungen von menschlichem Verhalten und psychischen Störungen

- Medizin: z. B. Untersuchung der Wirksamkeit und der Nebenwirkungen von Medikamenten; Analyse des Zusammenhangs von Rauchgewohnheiten und Lungenkrebserkrankungen

- Wirtschaft: z. B. Vorhersage von Absatzzahlen; Qualitätskontrollen in der Produktion; Entwicklung von Mietpreisen (Erstellung eines Mietspiegels)

Auch Wetterberichte und Sportübertragungen sind von Statistik durchzogen. Der Wetterbericht informiert uns über das für morgen wahrscheinliche Wetter. Zudem erhalten wir eine Prognose für die nächsten Tage. Auch Formel-1-Übertragungen werden mit statistischen Informationen gespickt: Michael Schumacher und Lewis Hamilton haben (Stand Saisonende 2020) die meisten WM-Titel. Bei den meisten Grand-Prix-Siegen und Pole-Positions führt jeweils Lewis Hamilton die Liste an.

Auf der Internetseite des *Statistischen Bundesamtes* Destatis finden Sie amtliche Daten zu Gesellschaft, Wirtschaft, Umwelt und Staat.

Auch findet regelmäßig eine *Volkszählung* (auch *Zensus* genannt) statt. Mithilfe eines Fragebogens werden demografische und wirtschaftliche Daten aller Einwohner erhoben. Diese Daten dienen dann als Grundlage für Maßnahmen der öffentlichen Verwaltung, z. B.:

- Verteilung der Steuermittel auf Bundesländer und Gemeinden

- Einteilung von Wahlkreisen

- Stimmenverteilung im Bundesrat

- Prognose der Bevölkerungszahl und deren Struktur

- Bau von Umgehungsstraßen, Sozialwohnungen und Kitas

- Planung von Schulen

- Basis für die Berechnung des Bruttoinlandprodukts pro Kopf

- Erkennung von Ungenauigkeit in Melderegistern

Die Ergebnisse des Zensus 2011 sind unter www.zensus2011.de abrufbar. Der für das Jahr 2021 geplante Zensus wird aufgrund der Coronapandemie auf das Jahr 2022 verschoben. Informationen dazu können unter www.zensus2022.de gefunden werden.

1.3 Grundbegriffe

Damit wir uns mit den Methoden der Statistik auseinandersetzen können, benötigen wir zunächst einige Grundbegriffe, die wir nachfolgend einführen.

Grundgesamtheit

Den Beginn einer jeden statistischen Erhebung bildet die Bestimmung der *Grundgesamtheit*. Sie umfasst alle Objekte (Personen, Unternehmen, ...), über die Informationen gewonnen werden sollen. Hierbei ist eine exakte räumliche, zeitliche und sachliche Abgrenzung notwendig.

Beispiel 1.2 (Studienanfänger). Es sollen alle Studienanfänger zu ihrem Studieneinstieg befragt werden. Hierbei umfasst die Grundgesamtheit alle Studienanfänger einer Hochschule, wobei

- die *räumliche Abgrenzung* festlegt, ob alle Standorte und Fachbereiche der Hochschule untersucht werden sollen oder nur ausgewählte;
- die *zeitliche Abgrenzung* festlegt, welche Studierenden befragt werden, z. B. alle, die sich bis zu einem Stichtag immatrikuliert haben;
- die *sachliche Abgrenzung* festlegt, wer Studienanfänger ist. Sollen Gast- oder Zweithörer auch befragt werden, sollen nur Bachelor-Studienanfänger befragt werden oder auch Studienanfänger eines Master-Studiengangs?   ◄

Sie sehen schon an dem Beispiel, wie wichtig es ist, die Grundgesamtheit mitsamt der Abgrenzungen **vor** der Datenerhebung festzulegen und das Ziel der Untersuchung dabei immer vor Augen zu haben.

Stichprobe

Meistens ist es zu teuer oder zu zeitaufwändig, die komplette Grundgesamtheit zu untersuchen. Dann erhebt man eine *Stichprobe*, also eine Teilmenge der Grundgesamtheit.

Mithilfe der Methoden der beurteilenden Statistik kann man dann aus den Ergebnissen der Stichprobe Rückschlüsse auf die Grundgesamtheit ziehen. Dafür darf diese Teilmenge aber nicht willkürlich gewählt werden, sondern muss gewissen Ansprüchen genügen.

Eine *repräsentative Stichprobe* stellt ein möglichst genaues Abbild der Grundgesamtheit dar. Das Gegenteil wäre eine *verzerrte Stichprobe*. Ob eine Stichprobe repräsentativ ist oder nicht, lässt sich nicht berechnen. Man muss dazu das *Auswahlverfahren*, das festlegt, welche Objekte der Grundgesamtheit in die Stichprobe aufgenommen werden, kritisch prüfen. Eine *Zufallsstichprobe*, d. h. eine, bei der jedes Objekt der Grundgesamtheit die gleiche Wahrscheinlichkeit hat, in die Stichprobe zu gelangen, ist meistens repräsentativ.

Beispiel 1.3 (Studienanfänger). Wir kommen auf unsere Befragung der Studienanfänger aus Bsp. 1.2 zurück. Wir würden eine verzerrte und damit unbrauchbare Stichprobe erhalten, wenn wir beispielsweise nur Studierende eines Studiengangs befragen würden.

Eine repräsentative Stichprobe erhalten wir, wenn wir alle Studierenden der Grundgesamtheit durchnummerieren und mittels eines Computerprogramms (z. B. MATLAB, Mathematica oder Excel) Zufallszahlen erzeugen. An der Befragung nehmen dann alle Studierenden teil, die diesen Zahlen zugeordnet worden sind.   ◄

Beispiel 1.4. Es soll eine Befragung von Passanten in einer Fußgängerzone durchgeführt werden. Ein Interviewer geht dazu vormittags an einem Wochentag in die Innenstadt. Hierbei kommt es zu einer systematischen Verzerrung, da nicht alle Personen mit der gleichen Wahrscheinlichkeit anzutreffen sind. Hausfrauen und Rentner sind eher anzutreffen als Berufstätige.

Auch bei Telefonbefragungen muss dieser Aspekt miteinbezogen werden. Nicht alle Personen sind mit der gleichen Wahrscheinlichkeit zu Hause anzutreffen bzw. gehen ans Telefon. Um diese Verzerrung zu vermeiden, verlangt der Interviewer bei einer Telefonbefragung beispielsweise die Person des Haushalts, die als nächstes Geburtstag hat.   ◄

Merkmalsträger

Ein *Merkmalsträger* ist ein Objekt der Grundgesamtheit (z. B. eine Person oder ein Unternehmen).

Beispiel 1.5 (Studienanfänger). Bei unserer Befragung in Bsp. 1.2 ist der Merkmalsträger ein Studienanfänger, der die räumlichen, zeitlichen und sachlichen Abgrenzungskriterien erfüllt.   ◄

Merkmal und Ausprägungen

Merkmale, auch *Variablen* genannt, sind Eigenschaften, die uns an dem Merkmalsträger interessieren. Jedes Merkmal kann verschiedene *Ausprägungen* besitzen. Alle prinzipiell möglichen Ausprägungen werden zum *Wertebereich* des Merkmals zusammengefasst.

Beispiel 1.6 (Studienanfänger). Bei unserer Befragung der Studienanfänger in Bsp. 1.2 könnten folgende Merkmale von Interesse sein:

Merkmal	Mögliche Ausprägungen
Hochschulzugangsberechtigung	Abitur, Fachabitur, Berufliche Qualifikation
Note der Hochschulzugangsberechtigung	1+, 2, 3-, 4
Schulische Leistungen in Mathematik	15, 14, 13, ..., 0 (Punkte)
Geschlecht	männlich, weiblich
Alter	20, 36, 18 (Jahre)
Monatliches Einkommen durch Nebenjobs	450 €, 1000 €, 0 €
Geburtsdatum	02.07.1990, 27.05.2000, 09.02.1997

◄

Abb. 1.2 fasst die eingeführten Grundbegriffe zusammen.

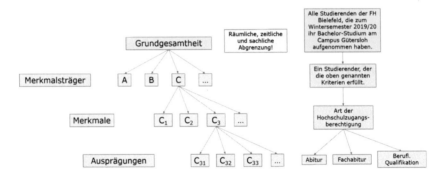

Abb. 1.2: Grundbegriffe der Statistik

Skalenniveaus von Merkmalen

Wir können Merkmale hinsichtlich ihres Skalenniveaus in *metrische, ordinale* und *nominale* Merkmale unterteilen. Die Kenntnis der Skalenniveaus der untersuchten Merkmale ist für die Auswertung und Darstellung der Daten mit Methoden der beschreibenden Statistik unerlässlich. Ohne dieses Wissen kann man nicht entscheiden, welche Kennzahlen für welches Merkmal überhaupt sinnhaft berechnet und interpretiert werden können. Es ist somit von entscheidender Bedeutung, dass Sie sich mit diesen Begrifflichkeiten vertraut machen.

Ein Merkmal heißt *metrisch*, wenn seine Ausprägungen Vielfache einer Einheit sind (z. B. Körpergröße, Miete, Preis, Temperatur). Die Ausprägungen sind voneinander verschieden und besitzen eine eindeutige Anordnung sowie einen eindeutigen Abstand.

Weitergehend werden metrische Merkmale in *verhältnis-* und *intervallskalierte* Merkmale unterschieden. *Verhältnisskalierte* Merkmale haben einen natürlichen Nullpunkt (z. B. Einkommen). Somit kann das Verhältnis von zwei Ausprägungen sinnvoll interpretiert werden (Angestellter A verdient dreimal so viel wie Angestellter B). Bei *intervallskalierten* Merkmalen gibt es hingegen keinen natürlichen Nullpunkt, und das Verhältnis kann somit auch nicht sinnvoll interpretiert werden. Beispiele hierfür sind die Temperatur, gemessen in Grad Celsius, und die Kalenderzeitrechnung.

Ein Merkmal heißt *ordinal*, wenn die Ausprägungen eine eindeutige Anordnung besitzen, aber der Abstand nicht eindeutig definiert ist (z. B. Schulnoten, Konfektionsgrößen, Sternebewertungen von Hotels).

Es ist klar, dass die Schulnote 1 besser ist als die Note 2. Dennoch ist der Abstand zwischen diesen beiden Noten nicht klar und lässt sich somit nicht interpretieren. Außerdem ist er nicht gleichzusetzen mit dem Abstand zwischen 2 und 3 oder zwischen 4 und 5.

Ein Merkmal heißt *nominal*, wenn die Ausprägungen weder eine eindeutige Anordnung noch einen eindeutigen Abstand besitzen. Sie können nur durch ihre unterschiedliche Bezeichnung voneinander unterschieden werden (z. B. Geschlecht, Familienstand, Wohnort, Religionszugehörigkeit).

Tab. 1.1: Zusammenfassung Skalenniveaus

Skalenniveau	Unterscheidung	Anordnung	Abstände	Verhältnisse
Metrisch - verhältnisskaliert	√	√	√	√
Metrisch - intervallskaliert	√	√	√	X
Ordinal	√	√	X	X
Nominal	√	X	X	X

Beispiel 1.7 (Studienanfänger). In Bsp. 1.6 haben wir bereits einige Merkmale, die bei unserer Befragung zum Studieneinstieg von Interesse sein könnten, aufgelistet. Wir wollen nun den Merkmalen ihr jeweiliges Skalenniveau zuordnen:

Merkmal	Mögliche Ausprägungen	Skalenniveau
Hochschulzugangs-berechtigung	Abitur, Fachabitur, Berufliche Qualifikation	Nominal
Note der Hochschulzu-gangsberechtigung	1+, 2, 3-, 4	Ordinal
Schulische Leistungen in Mathematik	15, 14, 13, ... 0 (Punkte)	Ordinal
Geschlecht	männlich, weiblich	Nominal
Alter	20, 36, 18 (Jahre)	Metrisch - verhältnisskaliert
Monatliches Einkommen durch Nebenjobs	450 €, 1000 €, 0 €	Metrisch - verhältnisskaliert
Geburtsdatum	02.07.1990, 27.05.2000, 09.02.1997	Metrisch - intervallskaliert

◄

Diskrete und stetige Merkmale

Ausprägungen von *stetigen* Merkmalen können beliebige Zahlenwerte aus einem Intervall annehmen. Beispiele hierfür sind Körpergröße, Durchmesser eines Reifens, Füllmenge von Wasserflaschen, Herzfrequenz und Temperatur im Kühlschrank.

Die Ausprägungen von *diskreten* Merkmalen hingegen können bei geeigneter Codierung nur ganzzahlige Werte annehmen. Beispiele hierfür sind Schulnoten, Geschlecht, Anzahl der Einwohner einer Stadt, Anzahl Personen in einem Haushalt und Einkommen. Letzteres gilt, da es bei allen Geldgrößen eine kleinste Einheit gibt.

Ein diskretes Merkmal besitzt demnach abzählbar viele Ausprägungen, wohingegen ein stetiges Merkmal überabzählbar viele Ausprägungen besitzt.

Quasistetige Merkmale sind per Definition diskret, die Ausprägungen besitzen aber so feine Abstufungen, dass sie als stetige Merkmale aufgefasst werden können. Beispiele sind alle Geldgrößen wie Preise, Einkommen, Miete usw.

Diskretisierte Merkmale sind stetige Merkmale, die nur in diskreter Form angegeben werden, z. B. das Alter in ganzen Jahren.

1.4 Aufgaben

Übung 1.1. Ⓑ Geben Sie zu den folgenden Fragestellungen jeweils die Grundgesamtheit und einen Merkmalsträger an. Welche Merkmale können von Interesse sein? Geben Sie das Skalenniveau der Merkmale an und nennen Sie zudem einige Ausprägungen.

   a) Noten einer Mathematik-Klausur.

   b) Wirksamkeit eines Medikaments gegen Kopfschmerzen.

   c) Qualitätskontrolle einer Lieferung Autoreifen.

Übung 1.2. Ⓑ Kreuzen Sie das richtige Skalenniveau des jeweiligen Merkmals an.

Merkmal	Metrisch		Ordinal	Nominal
	Intervall	Verhältnis		
Haarfarbe				
Parteizugehörigkeit				
Länge von Kupferrohren				
Körpertemperatur				
Kreditscoring				
Größenangabe bei Eiern				
Matrikelnummer				
Einkommen				
Leistungsklasse beim Turnierreitsport				

Übung 1.3. Ⓑ Kreuzen Sie an, ob es sich um ein stetiges oder diskretes Merkmal handelt.

Merkmal	Stetig	Diskret
Länge von Kupferrohren		
Anzahl Autoreifen in einer Lieferung		
Profilrillenanzahl bei Autoreifen		
Körpertemperatur		
Einkommen		
Anzahl Bewohner in einem Haushalt		
Preis eines Autoreifens		

Übung 1.4. Ⓑ Das Unternehmen KupferFreunde produziert Kupferrohre. Täglich wird die Qualität auf Basis einer Stichprobe kontrolliert. Kreuzen Sie an, welche der folgenden Aussagen richtig und welche falsch sind.

Aussage	Richtig	Falsch
Ein Kupferrohr ist ein Merkmalsträger.		
Die Länge eines Kupferrohrs ist ein metrisches intervallskaliertes Merkmal.		
Eine Tagesproduktion ist eine Zufallsstichprobe.		
12 mm ist eine Ausprägung des Merkmals Außendurchmesser.		
Der Außendurchmesser eines Kupferrohrs ist ein diskretes Merkmal.		
Ein Kupferrohr ist eine Ausprägung.		
Alle Kupferrohre, deren Qualität nicht überprüft wurde, ergeben die Grundgesamtheit.		
Alle Kupferrohre, deren Qualität überprüft wurde, ergeben die Grundgesamtheit.		
Die Wandstärke eines Kupferrohrs ist ein metrisches verhältnisskaliertes Merkmal.		
100 zufällig ausgewählte Kupferrohre einer Tagesproduktion sind eine Stichprobe.		
Die Länge eines Kupferrohrs ist ein stetiges Merkmal.		

Kapitel 2

Mathematische Notation

In diesem Kapitel sollen die wichtigsten im Buch benötigten mathematischen Notationen eingeführt werden. Wir beschränken uns dabei auf diejenigen Notationen und Begriffe, die im Schulunterricht in der Regel nicht in der hier benötigten Form bereitgestellt werden.

2.1 Summen und Reihen: das Summenzeichen

Wir werden es in diesem Buch häufig mit Summen zu tun haben, in denen eine große Anzahl von Summanden vorkommt. Dabei ist es sehr lästig und umständlich, alle Summanden hinzuschreiben und damit die Summe voll auszuschreiben. Daher gibt es ein Symbol, das *Summenzeichen*. Man schreibt zum Beispiel

$$\sum_{i=1}^{n} i = 1 + 2 + 3 + \ldots + n,$$

wenn man die ersten n natürlichen Zahlen addieren möchte. Gelesen wird das Ganze: Summe über i für i gleich 1 bis n. Dabei ist i der sogenannte *Laufindex*. Das Symbol $\sum$ stellt den griechischen Großbuchstaben „Sigma" dar. Betrachten wir weitere Beispiele.

Beispiel 2.1.

$$\sum_{k=1}^{n} k^2 = 1^2 + 2^2 + 3^2 + \ldots + n^2.$$

Der Laufindex ist hier k. Man kann auch bei einer anderen Zahl beginnen und bei einer konkreten Zahl aufhören zu summieren:

© Der/die Autor(en), exklusiv lizenziert durch
Springer-Verlag GmbH, DE, ein Teil von Springer Nature 2021
T. Imkamp und S. Proß, *Einstieg in die Stochastik*,
https://doi.org/10.1007/978-3-662-63766-1_2

$$\sum_{k=4}^{8} k^2 = 4^2 + 5^2 + 6^2 + 7^2 + 8^2.$$ ◄

Betrachten wir etwas kompliziertere Beispiele.

Beispiel 2.2.

$$\sum_{i=1}^{5} i(i+1) = 1(1+1) + 2(2+1) + 3(3+1) + 4(4+1) + 5(5+1),$$

$$\sum_{j=0}^{4} \sqrt{j+1} = \sqrt{0+1} + \sqrt{1+1} + \sqrt{2+1} + \sqrt{3+1} + \sqrt{4+1},$$

$$\sum_{i=1}^{3} \frac{1}{i} = \frac{1}{1} + \frac{1}{2} + \frac{1}{3}.$$ ◄

Summenzeichen können auch kombiniert vorkommen:

Beispiel 2.3.

$$\sum_{i=2}^{3} \sum_{j=3}^{4} i^2 j^3 = 2^2 \cdot 3^3 + 3^2 \cdot 3^3 + 2^2 \cdot 4^3 + 3^2 \cdot 4^3 = \sum_{j=3}^{4} \sum_{i=2}^{3} i^2 j^3.$$

Die Summenzeichen sind bei endlichen Summen vertauschbar.   ◄

Einige Summen, mit denen wir es in diesem Buch zu tun bekommen, reichen bis ins Unendliche, man spricht von *Reihen*, über die man etwas in den Grundvorlesungen zur Analysis hört.

Eine auch in diesem Buch sehr wichtige Reihe ist die sogenannte *geometrische Reihe*, die allgemein die Form

$$\sum_{k=0}^{\infty} x^k$$

hat mit $x \in \mathbb{R}$.

Allgemein gilt für $x \neq 1$ und $n \in \mathbb{N}$ die Summenformel

$$\sum_{k=0}^{n} x^k = \frac{x^{n+1} - 1}{x - 1},$$

die sich mit vollständiger Induktion beweisen lässt und aus der im Fall $|x| < 1$ die Konvergenz der geometrischen Reihe folgt mit

$$\sum_{k=0}^{\infty} x^k = \frac{1}{1-x}.$$

Beispiel 2.4.

$$\sum_{n=0}^{\infty} \left(\frac{1}{2}\right)^n = 1 + \frac{1}{2} + \frac{1}{4} + \frac{1}{8} + \frac{1}{16} + \ldots = \frac{1}{1 - \frac{1}{2}} = 2.$$

Hier werden unendlich viele positive Zahlen addiert. Trotzdem kommt der endliche Wert 2 heraus! ◄

Natürlich kann die Addition unendlich vieler Zahlen auch einen unendlichen Wert ergeben. Ein Standardbeispiel hierfür ist die *harmonische Reihe*:

Beispiel 2.5.

$$\sum_{n=1}^{\infty} \frac{1}{n} = 1 + \frac{1}{2} + \frac{1}{3} + \frac{1}{4} + \frac{1}{5} + \ldots = \infty.$$ ◄

Eine weitere sehr wichtige Reihe in der Mathematik ist die *Exponentialreihe*:

$$e^x = \sum_{n=0}^{\infty} \frac{x^n}{n!} = 1 + x + \frac{x^2}{2} + \frac{x^3}{6} + \frac{x^4}{24} + \frac{x^5}{120} + \ldots$$

Dabei steht das Symbol $n!$ (gelesen n Fakultät) für den Ausdruck $n! = n \cdot (n-1) \cdot (n-2) \cdot \ldots \cdot 3 \cdot 2 \cdot 1$, also für das Produkt der ersten n natürlichen Zahlen, z. B. $4! = 4 \cdot 3 \cdot 2 \cdot 1 = 24$. Dabei ist definitionsgemäß $0! = 1$.

Es gibt auch für Produkte ein Symbol, das sogenannte *Produktzeichen*, welches durch ein großes Pi dargestellt wird. Es ist z. B.

$$\prod_{i=1}^{n} i = 1 \cdot 2 \cdot 3 \cdot \ldots \cdot (n-1) \cdot n = n!$$

Für detailliertere Informationen über Reihen verweisen wir auf die Literatur (z. B. Proß und Imkamp 2018, Kap. 7).

2.2 Mengenlehre

Der Mengenbegriff ist einer der fundamentalen Begriffe der Mathematik und aus ihrer modernen axiomatischen Form nicht mehr wegzudenken. Der deutsche Mathematiker Georg Cantor (1845–1918) formulierte im Jahre 1895 in seinem Artikel *Beiträge zur Begründung der transfiniten Mengenlehre* in den *Mathematischen Annalen* die folgende Definition einer Menge:

„Unter einer *Menge* verstehen wir jede Zusammenfassung M von bestimmten wohlunterschiedenen Objekten m unserer Anschauung oder unseres Denkens (welche die Elemente von M genannt werden) zu einem Ganzen."

Diese naive Definition des Begriffs Menge führte jedoch bei allgemeiner Anwendung und näherer Betrachtung zu Widersprüchen, mit denen wir uns in diesem einführenden Lehrbuch nicht beschäftigen können. Wir benutzen für die einfachen Mengen, die wir in diesem Buch benötigen, die obige naive Vorstellung von Mengen als Zusammenfassungen von Elementen und führen alle relevanten Grundbegriffe ein.

Die aufzählende Form der Mengendarstellung sieht bei der Menge der natürlichen Zahlen $\mathbb{N}$ folgendermaßen aus:

$$\mathbb{N} = \{1; 2; 3; ...\}.$$

Ebenso kennen Sie aus der Schule die Standardbezeichnung $\mathbb{R}$ für die Menge der reellen Zahlen.

Wir betrachten die folgenden Beispielmengen:

$$A = \{2; 3; 5; 7; 11; 13; 17\},$$
$$B = \{2; 3; 5\},$$
$$C = \{7; 11; 13; 17\}.$$

Bemerkung

Die Elemente einer Menge sollten stets durch ein Semikolon getrennt werden, da die Verwendung von Kommata zu Verwechslungen führen kann.

Wir sehen hier, dass alle Elemente der Menge B und auch alle Elemente der Menge C in der Menge A enthalten sind. Man sagt, dass B und C *Teilmengen* von A sind. Formal verwendet man das Symbol $\subset$ und schreibt:

$$B \subset A \text{ (lies: } B \text{ ist Teilmenge von } A).$$
$$C \subset A \text{ (lies: } C \text{ ist Teilmenge von } A).$$

Definition 2.1. Eine Menge M ist genau dann *Teilmenge* einer Menge N, wenn für alle Elemente von M gilt, dass sie auch Element von N sind. Formal schreibt man dies so:

$$M \subset N \Leftrightarrow \forall x: x \in M \Rightarrow x \in N.$$

Definition 2.2. Unter der *Vereinigungsmenge* zweier Mengen M und N versteht man die Menge, die aus allen Elementen besteht, die in M oder in N enthalten sind. Formal:

$$M \cup N = \{x | x \in M \vee x \in N\}$$

(gelesen: M vereinigt N). Die Disjunktion „oder" wird hier wieder formal durch das Symbol $\vee$ dargestellt. Der gerade Strich wird gelesen: „für die gilt". Somit lesen wir die formale Zeile folgendermaßen: „M vereinigt N ist die Menge aller x, für die gilt, x ist Element von M oder x ist Element von N".

Definition 2.3. Unter der *Schnittmenge* zweier Mengen M und N versteht man die Menge, die aus allen Elementen besteht, die in M und in N enthalten sind. Formal:

$$M \cap N = \{x | x \in M \wedge x \in N\}$$

(gelesen: M geschnitten N). Die Konjunktion „und" wird hier wieder formal durch das Symbol $\wedge$ dargestellt. Die gesamte Zeile wird analog der obigen Erklärung gelesen.

Beispiel 2.6.

Vereinigungsmenge:

1. $\left. \begin{array}{l} M = \{a_1; a_2; a_3\} \\ N = \{b_1; b_2; b_3\} \end{array} \right\} \Rightarrow M \cup N = \{a_1; a_2; a_3; b_1; b_2; b_3\}$

2. Mit den obigen Beispielmengen gilt: $A = B \cup C$

Schnittmenge: Mit den obigen Beispielmengen gilt:

1) $A \cap B = \{2; 3; 5\}$

2) $B \cap C = \{\} = \emptyset$ (leere Menge)

Die Symbole $\{\}$ und $\emptyset$ werden für die Menge verwendet, die keine Elemente besitzt, die sogenannte *leere Menge*.   ◀

Ein weiterer wichtiger Begriff ist der der Differenzmenge.

Definition 2.4. Unter der *Differenzmenge* zweier Mengen M und N versteht man die Menge, die aus allen Elementen von M besteht, die in N nicht enthalten sind. Formal:

$$M \setminus N = \{x \in M \,|\, x \notin N\}$$

(gelesen: „M ohne N ist gleich der Menge der Elemente x aus M, für die gilt: x ist kein Element von N").

Beispiel 2.7. Mit den obigen Mengen A, B und C gilt:

$$A \setminus B = C,$$
$$A \setminus C = B,$$
$$B \setminus C = B.$$
◄

Beispiel 2.8. Als weiteres Beispiel betrachten wir die Menge der ganzen Zahlen und die Menge der ganzen Zahlen ohne die natürlichen Zahlen einschließlich der Null ($\mathbb{N}_0 := \{0; 1; 2; \ldots\}$):

$$\mathbb{Z} = \{0; \pm 1; \pm 2; \pm 3; \ldots\},$$
$$\mathbb{Z} \setminus \mathbb{N}_0 = \{-1; -2; -3; \ldots\}.$$

Die letzte Menge nennt man auch die *Komplementmenge* von $\mathbb{N}_0$ in Bezug auf $\mathbb{Z}$.
◄

Ein letzter wichtiger Begriff ist der der Potenzmenge einer Menge M.

Definition 2.5. Die *Potenzmenge* $\wp(M)$ ist die Menge aller Teilmengen von M.

Beispiel 2.9. Sei $M_1 = \{a; b; c\}$. Diese Menge besitzt die Teilmengen

$$\varnothing; \{a\}; \{b\}; \{c\}; \{a; b\}; \{a; c\}; \{b; c\}; M_1.$$

Die Potenzmenge von M_1 besteht genau aus diesen Elementen

$$\wp(M_1) = \{\varnothing; \{a\}; \{b\}; \{c\}; \{a; b\}; \{a; c\}; \{b; c\}; M_1\}.$$
◄

Besonders wichtig sowohl in der Schule als auch in den ersten Semestern des Studiums sind Teilmengen der Menge $\mathbb{R}$ der reellen Zahlen, auch wenn sie in der Schule nicht immer explizit als solche betrachtet werden. Man kann die Menge der reellen

Zahlen als eine Punktmenge betrachten und durch eine Gerade (etwa die x-Achse) visualisieren. Die Punkte dieser Geraden können mit den reellen Zahlen identifiziert werden.

Insbesondere werden häufig sogenannte *Intervalle* benötigt. Man unterscheidet zwischen vier verschiedenen Typen:

Definition 2.6. Seien a und b reelle Zahlen mit $a < b$. Die Menge

$$[a;b] := \{x \in \mathbb{R} | a \leq x \leq b\}$$

heißt *abgeschlossenes Intervall* mit den Randpunkten a und b.
Die Menge

$$]a;b[:= \{x \in \mathbb{R} | a < x < b\}$$

heißt *offenes Intervall* mit den Randpunkten a und b.
Schließlich betrachtet man noch *rechts- und linksseitig halboffene* Intervalle:

$$[a;b[:= \{x \in \mathbb{R} | a \leq x < b\},$$
$$]a;b] := \{x \in \mathbb{R} | a < x \leq b\}.$$

Bemerkung

Anstatt nach außen geöffneten eckigen Klammern, werden für (halb-)offene Intervalle auch nach innen geöffnete runde Klammern verwendet. Es gilt z. B.

$$[a;b) := \{x \in \mathbb{R} | a \leq x < b\}.$$

Beispiel 2.10. Das abgeschlossene Intervall $[2;4] := \{x \in \mathbb{R} | 2 \leq x \leq 4\}$ ist die Menge aller reellen Zahlen, die zwischen 2 und 4 liegen, wobei 2 und 4 zum Intervall dazugehören. Das offene Intervall $] -1;5[:= \{x \in \mathbb{R} | -1 < x < 5\}$ ist die Menge aller reellen Zahlen, die zwischen -1 und 5 liegen, wobei -1 und 5 zum Intervall nicht dazugehören. ◄

2.3 Vektoren und Matrizen

Unter einem *Vektor* im n-dimensionalen Raum versteht man eine Zusammenfassung von n reellen Zahlen, die in einer bestimmten Reihenfolge angeordnet sind. Symbolisch stellen wir einen Vektor wie folgt als n-Tupel dar:

$$\vec{x} = \begin{pmatrix} x_1 \\ x_2 \\ \vdots \\ x_n \end{pmatrix}.$$

Der *Betrag* eines Vektors ist gegeben durch

$$|\vec{x}| = \sqrt{x_1^2 + x_2^2 + \ldots x_n^2}.$$

Vektoren mit dem Betrag 1 werden *Einheitsvektoren* genannt. Man erhält sie durch *Normierung* wie folgt:

$$\vec{e}_x = \frac{1}{|\vec{x}|} \cdot \vec{x}.$$

Für *n*-dimensionale Vektoren können Rechenoperationen folgendermaßen durchgeführt werden:

1. Addition und Subtraktion:

$$\vec{x} \pm \vec{y} = \begin{pmatrix} x_1 \\ x_2 \\ \vdots \\ x_n \end{pmatrix} \pm \begin{pmatrix} y_1 \\ y_2 \\ \vdots \\ y_n \end{pmatrix} = \begin{pmatrix} x_1 \pm y_1 \\ x_2 \pm y_2 \\ \vdots \\ x_n \pm y_n \end{pmatrix}.$$

2. Multiplikation mit einem Skalar (etwa einer reellen Zahl):

$$\lambda \cdot \vec{x} = \lambda \cdot \begin{pmatrix} x_1 \\ x_2 \\ \vdots \\ x_n \end{pmatrix} = \begin{pmatrix} \lambda \cdot x_1 \\ \lambda \cdot x_2 \\ \vdots \\ \lambda \cdot x_n \end{pmatrix}.$$

3. *Skalarprodukt*:

$$\vec{x} \cdot \vec{y} = |\vec{x}| \cdot |\vec{y}| \cdot \cos\alpha,$$

wobei α der (kleinere) Winkel ist, den $\vec{x}$ und $\vec{y}$ miteinander einschließen. Das Skalarprodukt lässt sich auch wie folgt berechnen:

$$\vec{x} \cdot \vec{y} = \begin{pmatrix} x_1 \\ x_2 \\ \vdots \\ x_n \end{pmatrix} \cdot \begin{pmatrix} y_1 \\ y_2 \\ \vdots \\ y_n \end{pmatrix} = x_1 \cdot y_1 + x_2 \cdot y_2 + \cdots + x_n \cdot y_n.$$

Aus der Definition des Skalarproduktes ergibt sich, dass der Winkel α zwischen zwei Vektoren $\vec{x}$ und $\vec{y}$ mit

$$\cos \alpha = \frac{\vec{x} \cdot \vec{y}}{|\vec{x}| \cdot |\vec{x}|}$$

bestimmt werden kann.

Der n-dimensionale *Einsvektor* wird mit $\mathbb{1}_n$ symbolisiert, es gilt

$$\mathbb{1}_n = \begin{pmatrix} 1 \\ 1 \\ \vdots \\ 1 \end{pmatrix}.$$

Der *Nullvektor* wird jeweils mit $\vec{o}$ symbolisiert, es gilt

$$\vec{o} = \begin{pmatrix} 0 \\ 0 \\ \vdots \\ 0 \end{pmatrix}.$$

Eine detaillierte Einführung in die Vektoralgebra kann z. B. in Papula 2018, Kap. II gefunden werden.

Unter einer *Matrix* versteht man ein rechteckiges Schema, in dem Zahlen angeordnet werden. Die Matrix

$$A = (a_{ik}) = \begin{pmatrix} a_{11} & a_{12} & \cdots & a_{1k} & \cdots & a_{1n} \\ a_{21} & a_{22} & \cdots & a_{2k} & \cdots & a_{2n} \\ \vdots & \vdots & & \vdots & & \vdots \\ a_{i1} & a_{i2} & \cdots & a_{ik} & \cdots & a_{in} \\ \vdots & \vdots & & \vdots & & \vdots \\ a_{m1} & a_{m2} & \cdots & a_{mk} & \cdots & a_{mn} \end{pmatrix}$$

besteht aus m Zeilen und n Spalten. Man sagt, sie ist vom Typ (m,n). Das Matrixelement a_{ik} befindet sich in der i-ten Zeile und der k-ten Spalte. Im Fall $n = m$ spricht man von einer *quadratischen Matrix*.

Wenn in einer Matrix A Zeilen und Spalten vertauscht werden, dann erhält man die Transponierte dieser Matrix, die wir mit $^t A$ bezeichnen. Natürlich gilt auch

$$^t(^t A) = A.$$

Beispiel 2.11. Gegeben sei die Matrix A vom Typ $(2,3)$

$$A = \begin{pmatrix} 3 & 2 & 7 \\ 1 & 17 & 21 \end{pmatrix}.$$

Dann ergibt sich die Transponierte der Matrix A durch Vertauschen von Zeilen und Spalten

$$^tA = \begin{pmatrix} 3 & 1 \\ 2 & 17 \\ 7 & 21 \end{pmatrix}.$$

Die Transponierte ^tA ist vom Typ $(3,2)$.   ◄

Zwei Matrizen $A = (a_{ik})$ und $B = (b_{ik})$ vom gleichem Typ (m,n) werden addiert bzw. subtrahiert, indem die Matrixelemente an gleicher Position addiert bzw. subtrahiert werden. Es gilt

$$C = A \pm B = (c_{ik}) \quad \text{mit} \quad c_{ik} = a_{ik} \pm b_{ik}.$$

Eine Matrix A wird mit einem Skalar λ multipliziert, indem jedes Matrixelement mit λ multipliziert wird. Es gilt

$$\lambda \cdot A = \lambda \cdot (a_{ik}) = (\lambda \cdot a_{ik}).$$

Sei $A = (a_{ik})$ eine Matrix vom Typ (m,n) und $B = (b_{ik})$ eine Matrix vom Typ (n,p), dann ist das *Matrizenprodukt* $A \cdot B$ definiert als

$$C = A \cdot B = (c_{ik})$$

mit den Matrixelementen

$$c_{ik} = a_{i1}b_{1k} + a_{i2}b_{2k} + a_{i3}b_{3k} + \cdots + a_{in}b_{nk}.$$

Das Matrixelement c_{ik} ergibt sich somit als Skalarprodukt des i-ten Zeilenvektors von A und des k-ten Spaltenvektors von B.

Beispiel 2.12. Gegeben seien die Matrizen

$$A = \begin{pmatrix} 3 & 2 & 7 \\ 1 & 17 & 21 \end{pmatrix} \quad \text{und} \quad B = \begin{pmatrix} 3 & 1 \\ 7 & 3 \\ 1 & 2 \end{pmatrix}.$$

Dann erhalten wir für das Produkt

$$C = A \cdot B = \begin{pmatrix} 3 & 2 & 7 \\ 1 & 17 & 21 \end{pmatrix} \cdot \begin{pmatrix} 3 & 1 \\ 7 & 3 \\ 1 & 2 \end{pmatrix} = \begin{pmatrix} 30 & 23 \\ 143 & 94 \end{pmatrix}.$$ ◄

Ein lineares Gleichungssystem der Form

$$a_{11}x_1 + a_{12}x_2 + \cdots + a_{1n}x_n = c_1$$
$$a_{21}x_1 + a_{22}x_2 + \cdots + a_{2n}x_n = c_2$$
$$\vdots$$
$$a_{m1}x_1 + a_{m2}x_2 + \cdots + a_{mn}x_n = c_m$$

können wir auch mithilfe von Matrizen und Vektoren darstellen. Es gilt

$$\begin{pmatrix} a_{11} & a_{12} & \dots & a_{1n} \\ a_{21} & a_{22} & \dots & a_{2n} \\ \vdots & \vdots & \vdots & \vdots \\ a_{m1} & a_{m2} & \dots & a_{mn} \end{pmatrix} \cdot \begin{pmatrix} x_1 \\ x_2 \\ \vdots \\ x_n \end{pmatrix} = \begin{pmatrix} c_1 \\ c_2 \\ \vdots \\ c_m \end{pmatrix}$$

$$A \cdot \vec{x} = \vec{c}.$$

Diese Darstellung heißt auch *Matrix-Vektor-Produkt*.

Beispiel 2.13. Wir betrachten das lineare Gleichungssystem

$$3x_1 + 5x_2 - 3x_3 + x_4 = 10$$
$$-3x_2 + 4x_3 - x_4 = 17.$$

Mithilfe von Matrizen und Vektoren kann es wie folgt dargestellt werden:

$$A \cdot \vec{x} = \vec{c}$$

$$\begin{pmatrix} 3 & 5 & -3 & 1 \\ 0 & -3 & 4 & -1 \end{pmatrix} \cdot \begin{pmatrix} x_1 \\ x_2 \\ x_3 \\ x_4 \end{pmatrix} = \begin{pmatrix} 10 \\ 17 \end{pmatrix}. \qquad \blacktriangleleft$$

In Kap. 8 benötigen wir im Rahmen der Untersuchung sogenannter stochastischer Matrizen noch eine andere Darstellung dieses Produktes. Dazu schreiben wir Vektoren in Zeilenschreibweise

$${}^t\vec{x} = (x_1 \ x_2 \ \dots \ x_n)$$

und nennen derartige (transponierte) Vektoren *Zeilenvektoren* (entsprechend heißen die bisher betrachteten Vektoren *Spaltenvektoren*). Das obige Matrix-Vektor-Produkt lässt sich dann mit den jeweiligen Transponierten schreiben als

$${}^t\vec{x} \cdot {}^t A = {}^t\vec{c}.$$

Im Fall einer quadratischen Matrix A hat das lineare Gleichungssystem

$$A \cdot \vec{x} = \vec{c}$$

genauso viele Variablen wie Gleichungen. In diesem Fall existiert genau dann eine eindeutige Lösung, wenn die Matrix A *invertierbar* ist, d. h. eine Matrix $B =: A^{-1}$ existiert mit

$$A \cdot B = B \cdot A = E_n,$$

wobei E_n die n-dimensionale Einheitsmatrix

$$E_n = \begin{pmatrix} 1 & 0 & \cdots & 0 & 0 \\ 0 & 1 & 0 & \cdots & 0 \\ \vdots & & \ddots & & \vdots \\ 0 & \cdots & 0 & 1 & 0 \\ 0 & 0 & \cdots & 0 & 1 \end{pmatrix}$$

ist, bei der nur auf der Hauptdiagonalen Einsen stehen und sonst überall Nullen. Eine Matrix A ist genau dann invertierbar, wenn für ihre so genannte *Determinante* gilt

$$\det(A) \neq 0$$

(siehe Papula 2015, Kap. I). Im Fall $n = 2$ berechnet man die Determinante der Matrix

$$A = \begin{pmatrix} a & b \\ c & d \end{pmatrix}$$

so:

$$\det(A) = ad - bc.$$

Ein wichtiger Begriff in der Matrizenrechnung ist der des *Eigenwertes* einer Matrix sowie des zugehörigen *Eigenvektors*.

Definition 2.7. Eine Zahl $\lambda \in \mathbb{C}$ heißt Eigenwert einer (n,n)-Matrix A, wenn es einen n-dimensionalen Vektor $\vec{v} \neq \vec{0}$ gibt mit

$$A \cdot \vec{v} = \lambda \cdot \vec{v}.$$

In diesem Fall heißt $\vec{v}$ Eigenvektor der Matrix A zum Eigenwert λ.

Ist $\vec{v}$ ein Eigenvektor der Matrix A zum Eigenwert λ, dann ist auch jeder Vektor $c\vec{v}$ mit $c \in \mathbb{C}^*$ ein solcher. Wie berechnet man die Eigenwerte einer Matrix?

Die Gleichung

$$A \cdot \vec{v} = \lambda \cdot \vec{v}$$

lässt sich mithilfe der (n,n)-Einheitsmatrix umstellen zu

$$(A - \lambda \cdot E_n) \cdot \vec{v} = \vec{0}.$$

Diese Gleichung hat genau dann einen nicht-trivialen Lösungsvektor $\vec{v} \neq \vec{0}$ (der somit Eigenvektor von A ist), wenn gilt

$$\det(A - \lambda \cdot E_n) = 0$$

und somit λ ein Eigenwert von A ist (siehe z. B. Papula 2015, Kap. I Abschn. 7). Das Polynom

$$\det(A - \lambda \cdot E_n)$$

heißt *charakteristisches Polynom* der Matrix A. Die Eigenwerte von A sind also die Nullstellen des zugehörigen charakteristischen Polynoms.

Beispiel 2.14. Sei A die $(2,2)$-Matrix

$$A = \begin{pmatrix} 1 & 2 \\ 1 & 0 \end{pmatrix}.$$

Wir berechnen zunächst die Eigenwerte mittels des charakteristischen Polynoms. Es gilt

$$A - \lambda \cdot E_2 = \begin{pmatrix} 1-\lambda & 2 \\ 1 & -\lambda \end{pmatrix},$$

also suchen wir die Lösungen der Gleichung

$$\det(A - \lambda \cdot E_2) = (1-\lambda)(-\lambda) - 2 \cdot 1 = \lambda^2 - \lambda - 2 = 0.$$

Wir erhalten zwei reelle Lösungen dieser quadratischen Gleichung, nämlich

$$\lambda_1 = 2 \wedge \lambda_2 = -1.$$

Die zugehörigen (hier natürlich zweidimensionalen) Eigenvektoren erhalten wir mittels der Lösung der Gleichungssysteme

$$\begin{pmatrix} 1 & 2 \\ 1 & 0 \end{pmatrix} \cdot \begin{pmatrix} x_1 \\ x_2 \end{pmatrix} = 2 \cdot \begin{pmatrix} x_1 \\ x_2 \end{pmatrix}$$

bzw.

$$\begin{pmatrix} 1 & 2 \\ 1 & 0 \end{pmatrix} \cdot \begin{pmatrix} x_1 \\ x_2 \end{pmatrix} = - \begin{pmatrix} x_1 \\ x_2 \end{pmatrix}.$$

Es ergibt sich

$$\begin{pmatrix} x_1 \\ x_2 \end{pmatrix} = c \cdot \begin{pmatrix} 2 \\ 1 \end{pmatrix}$$

bzw.

$$\begin{pmatrix} x_1 \\ x_2 \end{pmatrix} = c \cdot \begin{pmatrix} -1 \\ 1 \end{pmatrix},$$

jeweils mit $c \neq 0$.   ◄

2.4 Aufgaben

Übung 2.1. Ⓑ Schreiben Sie die folgenden Summen ausführlich hin:

a) $\sum\limits_{i=1}^{5} i^3$ b) $\sum\limits_{i=3}^{6} \frac{1}{i}$ c) $\sum\limits_{k=6}^{10} \sqrt{k}$ d) $\sum\limits_{j=1}^{4} \frac{1}{j^3}$

Übung 2.2. Ⓑ Gegeben seien die Mengen $A = \{1; 2; 5; 10\}$ und $B = \{1; 3; 9; 27\}$. Bilden Sie $A \cup B$, $A \cap B$ und $A \setminus B$ in der aufzählenden Form.

Übung 2.3. Ⓑ Beweisen Sie: Die Anzahl der Teilmengen einer n-elementigen Menge ist 2^n.

Übung 2.4. Gegeben seien die Vektoren

$$\vec{a} = \begin{pmatrix} 1 \\ 4 \\ 7 \end{pmatrix} \quad \text{und} \quad \vec{b} = \begin{pmatrix} 8 \\ -1 \\ 2 \end{pmatrix}.$$

Berechnen Sie

a) $\vec{a} + \vec{b}$ b) $\vec{a} - \vec{b}$

c) $5 \cdot \vec{b}$ d) $|\vec{a}|$

e) $|\vec{b}|$ f) $\vec{a} \cdot \vec{b}$

g) den Winkel zwischen $\vec{a}$ und $\vec{b}$ h) den Einheitsvektor in Richtung von $\vec{a}$

Übung 2.5. Gegeben seien die Matrizen

$$A = \begin{pmatrix} 2 & -1 & 4 \\ 3 & 2 & 5 \\ -4 & -6 & 3 \end{pmatrix} \quad \text{und} \quad B = \begin{pmatrix} 1 & -1 & 1 \\ -2 & 2 & 6 \\ 1 & -4 & 1 \end{pmatrix}.$$

Berechnen Sie sowohl $A \cdot B$ als auch $B \cdot A$. Was fällt Ihnen auf?

Übung 2.6. Berechnen Sie die Eigenwerte und die zugehörigen Eigenvektoren der Matrix

$$A = \begin{pmatrix} 3 & 2 \\ 1 & 1 \end{pmatrix}.$$

Kapitel 3

Stochastische Software

In diesem Kapitel lernen Sie die in diesem Buch verwendeten Softwaretools MAT-LAB und Mathematica kennen. Sollten Sie noch keinerlei Vorkenntnisse mit diesen Tools haben, soll Ihnen das Kapitel bei der Einarbeitung helfen. Wichtig beim Erlernen von MATLAB und Mathematica und den zugehörigen Programmiersprachen ist aber die regelmäßige Anwendung. Nutzen Sie daher die hier und im gesamten Buch vorgestellten Beispiele und Programme zum regelmäßigen Experimentieren und Programmieren. Versuchen Sie so oft wie möglich, selbstständig Codes für die mathematische Anwendung zu schreiben.

3.1 MATLAB

Dieser Abschnitt soll eine kurze Einführung in das in Naturwissenschaft und Technik weitverbreitete Tool MATLAB geben. Zudem finden Sie auf der MATLAB-Homepage das kostenfreie Tutorial MATLAB Onramp, in dem häufig verwendete Funktionen und Workflows vorgestellt werden. Sie greifen dabei auf MATLAB über Ihren Webbrowser zu und erhalten Videoanleitungen und praktische Übungen mit Bewertung und Feedback.

> **Arbeitsanweisung**
>
> Führen Sie das zwei-stündige Tutorial MATLAB Onramp durch!

Für die weiteren Ausführungen wurde die MATLAB-Version R2017b verwendet. Nach dem Start von MATLAB erscheint die Benutzeroberfläche (siehe Abb. 3.1).

© Der/die Autor(en), exklusiv lizenziert durch
Springer-Verlag GmbH, DE, ein Teil von Springer Nature 2021
T. Imkamp und S. Proß, *Einstieg in die Stochastik*,
https://doi.org/10.1007/978-3-662-63766-1_3

Abb. 3.1: MATLAB-Desktop

MATLAB besteht aus zwei Bestandteilen: dem Kern und den Toolboxen. Im Kern
sind alle Grundoperationen und -funktionen implementiert, mit den Toolboxen lässt
sich zudem der Funktionsumfang erweitern, um komplexe Probleme aus Naturwissenschaften und Technik zu lösen. In der aktuellen MATLAB-Version stehen mehr
als 60 verschiedene Toolboxen zur Verfügung. Mithilfe der SYMBOLIC-MATH-
Toolbox können beispielsweise symbolische Berechnungen durchgeführt werden.

Arbeitsanweisung

Geben Sie den Befehl `ver` in das Command Window ein, um Informationen
über Ihre installierte Version zu erhalten (siehe Abb. 3.2).

```
Command Window

>> ver
--------------------------------------------------------------------------------
MATLAB Version: 9.3.0.713579 (R2017b)
MATLAB License Number: 602268
Operating System: Microsoft Windows 10 Enterprise 2016 LTSB Version 10.0 (Build 14393)
Java Version: Java 1.8.0_121-b13 with Oracle Corporation Java HotSpot(TM) 64-Bit Server VM mixed mode
--------------------------------------------------------------------------------
MATLAB                                            Version 9.3        (R2017b)
Simulink                                          Version 9.0        (R2017b)
Bioinformatics Toolbox                            Version 4.9        (R2017b)
Control System Toolbox                            Version 10.3       (R2017b)
Curve Fitting Toolbox                             Version 3.5.6      (R2017b)
Optimization Toolbox                              Version 8.0        (R2017b)
Simulink Control Design                           Version 5.0        (R2017b)
Statistics and Machine Learning Toolbox           Version 11.2       (R2017b)
Symbolic Math Toolbox                             Version 8.0        (R2017b)
fx >>
```

Abb. 3.2: Informationen zur MATLAB-Version

Für die Berechnungen in diesem Buch benötigen Sie die SYMBOLIC-MATH-, die CURVE-FITTING-, die STATISTICS-AND-MACHINE-LEARNING- und die ECONOMETRICS-Toolbox.

Unter dem Reiter Editor → NEW können Sie ein neues MATLAB-Script anlegen.

Arbeitsanweisung

Legen Sie ein Live-Script an (EDITOR → New → Live Script). Geben Sie `sin(pi/4)` und `sym(sin(pi/4))` ein, klicken Sie unter dem Reiter „Live Editor" auf „Run All", und schauen Sie sich die Ergebnisse an.

Ein *Live-Script* ist ein interaktives Dokument. Auf der linken Seite kann der MATLAB-Code eingegeben werden, und auf der rechten Seite erhält man die Resultate (siehe Abb. 3.3).

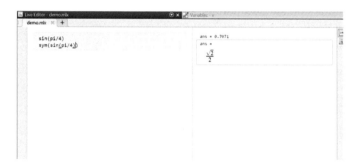

Abb. 3.3: MATLAB-Live-Script

Sie können die Resultate auch direkt unter dem Code anzeigen lassen. Dazu müssen Sie auf das ▤-Icon klicken, das Sie an der rechten Seite des Live-Scripts finden (siehe Abb. 3.4).

Wenn Sie `sin(pi/4)` eingeben, erhalten Sie den numerischen Wert standardmäßig mit vier Nachkommastellen. Den exakten Wert erhalten Sie durch den Befehl `sym`.

Bemerkung

Dezimalzahlen werden in MATLAB mit einem Punkt anstatt eines Kommas ausgegeben und müssen auch mit einem Punkt eingegeben werden. Intern arbeitet MATLAB immer mit 15 Nachkommastellen. Bei der Ausgabe gibt es verschiedene Formate, standardmäßig werden die Werte mit vier Nachkommastellen dargestellt.

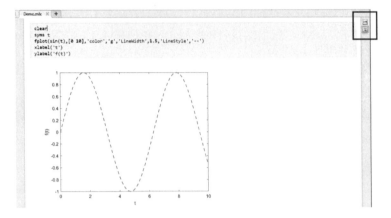

Abb. 3.4: MATLAB-Live-Script: Resultate werden unter dem dazugehörigen Code
       angezeigt

3.1.1 Konstanten

MATLAB verfügt bereits über vordefinierte Konstanten, denen immer der gleiche
Wert zugewiesen wird:

pi	$\pi = 3.14159\ldots$
i, j	imaginäre Einheit
inf	unendlich
eps	Maß für die relative Genauigkeit, gibt den Abstand von 1.0 zur nächstgrößeren Zahl an
exp(1)	Euler'sche Zahl $e = 2.71828\ldots$
NaN	Not-a-Number, wird ausgegeben, wenn das Ergebnis nicht definiert ist

3.1.2 Variablen

Mit dem Befehl clear V wird der Inhalt der Variable V gelöscht, mit clear
werden die Inhalte aller Variablen gelöscht und mit clc die Ein- und Ausgabe im
Command Window, die Inhalte der Variablen bleiben aber erhalten.

Wenn Sie symbolische Rechnungen durchführen wollen, müssen Sie zuvor die benötigen Variablen als symbolische Variablen festlegen.

Arbeitsanweisung

Legen Sie durch `syms x` die Variable `x` als symbolische Variable fest. Berechnen Sie nun mit `diff(x^3+4*x^2+1,x)` die Ableitung der Funktion $f(x) = x^3 + 4x^2 + 1$.

```
syms x
diff(x^3+4*x^2+1,x)
```

```
ans = 3 x^2 + 8 x
```

MATLAB basiert auf Matrizen und Vektoren, deshalb auch der Name MATrix LABoratory. Matrizen und Vektoren gibt man in MATLAB mit eckigen Klammern ein.

Arbeitsanweisung

Geben Sie im Live-Editor die Vektoren `v1=[1 2 3]` und `v2=[1;2;3]` ein und betrachten Sie die Ergebnisse.

```
v1=[1 2 3]

v2=[1;2;3]
```

```
v1 =
     1     2     3
v2 =
     1
     2
     3
```

Es wurde also einmal ein Zeilenvektor und einmal ein Spaltenvektor erzeugt. Mit einem Semikolon wechseln wir somit die Zeile.

Arbeitsanweisung

Geben Sie die Matrix $M = \begin{pmatrix} 1 & 2 & 3 \\ 4 & 5 & 6 \\ 7 & 8 & 9 \end{pmatrix}$ in MATLAB ein.

```
M=[1 2 3; 4 5 6; 7 8 9]
```

```
M =
     1     2     3
     4     5     6
     7     8     9
```

Sie können mit `M(2,3)` auf das Matrixelement $m_{2,3}$, also das Element, das sich in der zweiten Zeile und dritten Spalte befindet, zugreifen. Beachten Sie, dass die Feldindexierung in MATLAB stets mit 1 beginnt.

Mit `M'` können Sie die Matrix transponieren.

```
M=[1 2 3; 4 5 6; 7 8 9]
M'
```

```
M =

     1     2     3
     4     5     6
     7     8     9

ans =

     1     4     7
     2     5     8
     3     6     9
```

Arbeitsanweisung

Geben Sie die Befehle `M^2` und `M.^2` in Ihr Live-Script ein und betrachten Sie die Ergebnisse!

Mit dem Befehl `M^2` erhalten Sie das Ergebnis der Matrizenmultiplikation $(M \cdot M)$. Wenn Sie den *Punktoperator* verwenden, wird die Operation auf jedes Matrizenelement einzeln angewendet, d. h., jedes Matrizenelement wird quadriert.

```
M=[1 2 3; 4 5 6; 7 8 9]
M^2
M.^2
```

```
M =

     1     2     3
     4     5     6
     7     8     9

ans =

    30    36    42
    66    81    96
   102   126   150

ans =

     1     4     9
    16    25    36
    49    64    81
```

Arbeitsanweisung

Erzeugen Sie mit dem Befehl `zeros(3,4)` eine Null-Matrix mit drei Zeilen und vier Spalten und mit dem Befehl `ones(4,2)` eine Matrix mit vier Zeilen und zwei Spalten, deren Einträge 1 sind.

```
zeros(3,4)

ones(4,2)
```

```
ans =

     0     0     0     0
     0     0     0     0
     0     0     0     0

ans =

     1     1
     1     1
     1     1
     1     1
```

3.1.3 Mathematische Funktionen

MATLAB verfügt über eine Vielzahl von mathematischen Funktionen, von denen einige nachfolgend aufgelistet sind:

```
sqrt(x)                      Quadratwurzel
exp(x)                       Exponentialfunktion
log(x)                       natürlicher Logarithmus
sin(x), cos(x), tan(x)       Sinus, Kosinus, Tangens, x im Bogenmaß
abs(x)                       Betrag
```

Arbeitsanweisung

Geben Sie den Ausdruck $\sin\left(\frac{3\pi}{4}\right) + \cos^2\left(\frac{\pi}{2}\right) - \sqrt{2}e^5 + \ln(3)$ ein.

```
sin(3*pi/4)+(cos(pi/2))^2-sqrt(2)*exp(5)+log(3)
```

```
ans = -208.0822
```

3.1.4 Programmierung mit MATLAB

Wenn für eine Problemstellung keine Funktion in MATLAB zur Verfügung steht, können eigene Funktionen mithilfe der in MATLAB integrierten Programmiersprache erstellt werden. Diese Programmiersprache weist eine hohe Ähnlichkeit zur Programmiersprache C auf. Wenn Sie also bereits über C-Kenntnisse verfügen, werden Sie keine Schwierigkeiten haben, diese Sprache zu erlernen.

Die folgenden Vergleichs- und logischen Operatoren können in MATLAB zur Erstellung von Programmen verwendet werden:

```
<       kleiner
>       größer
<=      kleiner gleich
>=      größer gleich
==      gleich
~=      ungleich
&       und
|       oder
~       nicht
```

Zur Programmierung von Verzweigungen können in MATLAB die Schlüsselwörter if, else und elseif verwendet werden, und zur Programmierung von Schleifen stehen die Schlüsselwörter for und while bereit.

Wir wollen mit dem folgenden Programm das größte Element eines Vektors berechnen. Dazu legen wir zunächst den Vektor fest:

```
v=[2 4 1 2 9 18 77 55 4 1 31 57 102 97 3];
```

sowie eine Variable, in der unser größter Wert gespeichert werden soll. Wir initiali-
sieren diese Variable mit dem Wert $-\infty$:

```
vmax=-inf;
```

Anschließend implementieren wir eine `for`-Schleife:

```
for i=1:size(v,2)
    if v(i)>vmax
        vmax=v(i);
    end
end
vmax
```

```
v=[2 4 1 2 9 18 77 55 4 1 31 57 102 97 3];
vmax=-inf;
for i=1:size(v,2)
    if v(i)>vmax
        vmax=v(i);
    end
end
vmax
```
```
vmax = 102
```

Die Funktion `size(v,2)` liefert die Anzahl der Spalten von v, hier 15. Wenn wir
als zweites Argument eine 1 übergeben, erhalten wir die Anzahl der Zeilen, hier 1.

Zur Erstellung von Funktionen verwendet man MATLAB-Scripte; Funktionen können nicht in einem Live-Script erzeugt werden.

Arbeitsanweisung

Legen Sie ein MATLAB-Script an, indem Sie im Reiter EDITOR New $\rightarrow$
Script auswählen.

Nun wollen wir aus dem obigen Programm zur Auffindung des größten Elements eines Vektors eine Funktion erstellen. Dazu nutzen wir das Schlüsselwort `function`
in MATLAB und legen mit dem folgenden Funktionskopf die Ein- und Ausgabeva-
riablen sowie den Funktionsnamen fest:

```
function vmax=vektormax(v)
```

Nun folgen die Anweisungen:

```
vmax=-inf;
for i=1:size(v,2)
    if v(i)>vmax
        vmax=v(i);
    end
end
```

In Ihrem Live-Script können Sie die Funktion für einen beliebigen Vektor v aufrufen:

```
v=[2 4 1 2 9 18 77 55 4 1 31 57 102 97 3];
vmax=vektormax(v)
```
```
vmax = 102
```

Wenn Sie zudem die Stelle, an der sich das größte Vektorelement befindet, mit zurückliefern wollen, müssen Sie die Funktion wie folgt modifizieren:

```
function [vmax,idx]=vektormax(v)
    vmax=-inf;
    for i=1:size(v,2)
        if v(i)>vmax
            vmax=v(i);
            idx=i;
        end
    end
```

Durch den Aufruf im Live-Script

```
v=[2 4 1 2 9 18 77 55 4 1 31 57 102 97 3];
[vmax,idx]=vektormax(v)
```

erhalten Sie die Ergebnisse:

```
v=[2 4 1 2 9 18 77 55 4 1 31 57 102 97 3];
[vmax,idx]=vektormax(v)
```
```
vmax = 102
idx = 13
```

„Einfache" Funktionen können auch direkt über das sogenannte *function-Handle* definiert werden:

```
f=@(x) x.^2-2;
```

Nun erhalten wir durch f(7) den Funktionswert an der Stelle x=7.

```
f=@(x) x.^2-2;
f(7)
```
```
ans = 47
```

Das function-Handle wird oft verwendet, um eine Funktion an eine andere Funktion zu übergeben. Die Funktion fzero berechnet numerisch die Nullstellen einer Funktion unter Angabe eines Startwerts. Wir können also unsere Funktion f an die MATLAB-Funktion fzero übergeben:

```
fzero(f,1)
```

Als Startwert für die Nullstellensuche haben wir $x_0 = 1$ gewählt:

```
f=@(x) x.^2-2;
fzero(f,1)
```
```
ans = 1.4142
```

3.1.5 Grafische Darstellung

MATLAB bietet zahlreiche Möglichkeiten zur grafischen Darstellung. Dem Befehl
`fplot` muss lediglich die Funktion übergeben werden (siehe Abb. 3.5):

```
syms x
fplot(x^2)
```

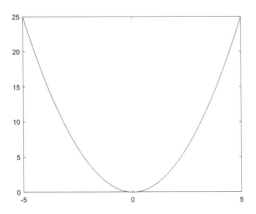

Abb. 3.5: Grafische Darstellung einer Funktion in MATLAB

Standardmäßig wird der Bereich von -5 bis 5 dargestellt. Dies kann man ändern,
indem man als zweites Argument den gewünschten Bereich in eckigen Klammern
übergibt. Auch Beschriftungen der x- und y-Achse können hinzugefügt werden sowie der Titel der Abbildung (siehe Abb. 3.6):

```
fplot(x^2,[-4 10])
xlabel('Beschriftung der x-Achse')
ylabel('Beschriftung der y-Achse')
title('Beispiel')
```

Um mehrere Funktionen in einer Grafik darzustellen, benötigt man den Befehl
`hold on`, und eine Legende kann mit dem Befehl `legend` hinzugefügt werden.
Zudem gibt es zahlreiche Optionen, um die Darstellung nach seinen Wünschen zu
gestalten (siehe MATLAB-Hilfe und Abb. 3.7):

```
fplot(x^2, [-4 10],'color','g','LineWidth',2)
hold on
fplot(20*log(x+10),[-4 10],'color','m','LineStyle','--')
hold off
xlabel('Beschriftung x-Achse')
ylabel('Beschriftung y-Achse')
title('Beispiel')
legend('x^2','20ln(x+10)')
```

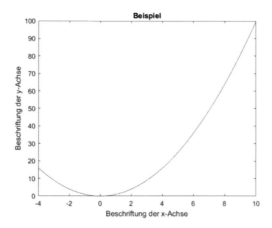

Abb. 3.6: Grafische Darstellung einer Funktion in MATLAB mit weiteren Optionen

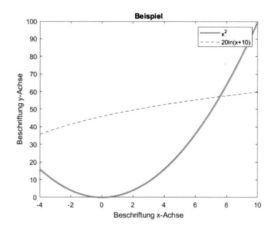

Abb. 3.7: Grafische Darstellung mehrerer Funktionen in MATLAB mit weiteren Optionen

Mit dem Befehl `plot` können Daten dargestellt werden. Es wird somit keine Funktion übergeben, sondern Werte für y und die dazugehörigen x-Werte (siehe Abb. 3.8):

```
x=-4:0.01:10;
y1=x.^2;
y2=20*log(x+10);
plot(x,y1,'g',x,y2,'m--')
xlabel('Beschriftung x-Achse')
ylabel('Beschriftung y-Achse')
title('Beispiel')
legend('x^2','20ln(x+10)')
```

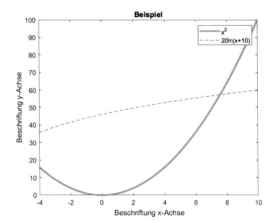

Abb. 3.8: Grafische Darstellung mehrerer Funktionen in MATLAB mit dem plot-
Befehl und weiteren Optionen

In diesem Buch werden uns an mehreren Stellen sogenannte *Random Walks* begeg-
nen (siehe z. B. Abschn. 5.7.2). Hierbei handelt es sich um Irrfahrten, also zufällige
Bewegungen, die z. B. bei der Modellierung von Aktienkursen eingesetzt werden.
Wir betrachten einen 2-dimensionalen Random Walk. Wir können uns diesen als
Gang einer Person vorstellen, die etwas zu tief ins Glas geschaut hat und nach ei-
nem Kneipenbesuch durch die Gegend torkelt.

Unsere Person startet am Ort $(0|0)$. Von dort aus kann sie entweder einen Schritt
nach oben $(0|1)$, nach unten $(0|-1)$, nach rechts $(1|0)$ oder nach links $(-1|0)$ ma-
chen. Zufällig wird einer dieser Schritte ausgewählt. An der neuen Position hat unsere Person dann wieder diese vier möglichen Schritte zur Auswahl und entscheidet
sich wieder zufällig für einen usw.

Wir wollen diesen Random Walk mithilfe von MATLAB simulieren. Dazu wählen
wir mit dem Befehl randi zufällig eine Zahl aus der Menge $\{1;2;3;4\}$ aus. Wenn
1 ausgewählt wurde, gehen wir einen Schritt nach oben, bei 2 nach unten, bei 3 nach
rechts und bei 4 nach links. Diese Verzweigung können wir mit den Schlüsselwör-
ten if, elseif und else darstellen. Mithilfe einer for-Schleife können wir *n*
Schritte durchführen, und mit den Befehlen plot und drawnow können wir die
Ergebnisse der Simulation, d. h. den Weg unserer Person, darstellen.

```
clf
n=1000;
p=[0 0];
plot(p(1),p(2))
for t=0:n
    Z=randi(4);
    if Z==1
        pneu=p+[0 1];
    elseif Z==2
        pneu=p+[0 -1];
    elseif Z==3
```

```
        pneu=p+[1 0];
    else
        pneu=p+[-1 0];
    end
    hold on
    plot([p(1) pneu(1)],[p(2) pneu(2)], "Color","black");
    drawnow;
    p=pneu;
end
hold off
```

Abb. 3.9 stellt einen solchen Random Walk für $n = 1000$ Schritte dar. Beachten Sie dabei, dass die Person Wege mehrfach gehen kann und dementsprechend an einem Ort auch mehrfach vorbeikommen kann.

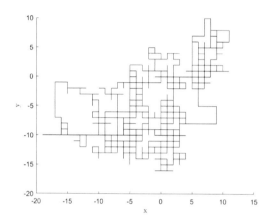

Abb. 3.9: Simulationsergebnis eines Random Walks in MATLAB ($n = 1000$)

Arbeitsanweisung

Führen Sie das Programm mehrfach in MATLAB aus und betrachten Sie die unterschiedlichen Simulationsergebnisse! Variieren Sie auch die Schrittanzahl n! Bearbeiten Sie anschließend Aufg. 3.9!

3.1.6 Aufgaben

Übung 3.1. Ⓑ Implementieren Sie eine Funktion in MATLAB, die den Umfang und den Flächeninhalt eines beliebigen Kreises vom Radius r ausgibt. Testen Sie Ihr Programm, in dem Sie es mit $r = 5$ und $r = 8$ aufrufen.

Übung 3.2. Ⓑ Ⓥ Erweitern Sie Ihre Funktion aus Aufg. 3.1, sodass
sie auch den Umfang und den Flächeninhalt von Quadraten und gleich-
seitigen Dreiecken mit der Seitenlänge r berechnen kann. Der Eingabeparameter
`typ` soll dabei festlegen, ob es sich um einen Kreis, ein Quadrat oder ein Dreieck
handelt. Beachten Sie auch den Fall, dass der Benutzer einen `typ` eingibt, den es
gar nicht gibt. In diesem Fall soll eine Fehlermeldung erscheinen. Testen Sie Ihr
Programm!

Übung 3.3. Ⓑ Erstellen Sie eine Funktion, die das größte Element einer Matrix und
dessen Position ausgibt. Testen Sie Ihr Programm!

Übung 3.4. Ⓑ Ⓥ Stellen Sie die Funktion f mit $f(x) = \sin(2x) + \cos^2 x$
zusammen mit ihrer Ableitung im Bereich von -10 bis 10 grafisch dar.
Die Funktion soll rot dargestellt werden und die Ableitung grün mit einer gestri-
chelten Linie. Beschriften Sie die Achsen und fügen Sie eine Legende sowie einen
Titel für die Abbildung ein.

Übung 3.5. Ⓑ Zahlenfolgen werden manchmal auch rekursiv definiert. Dabei gibt
man ein oder zwei Anfangsglieder an und ein allgemeines Bildungsgesetz. Ein be-
rühmtes Beispiel ist die Folge der *Fibonacci-Zahlen*. Hier ist $a_1 = 1$, $a_2 = 1$ und
allgemein

$$a_n := a_{n-1} + a_{n-2} \qquad \text{für} \quad n > 2.$$

Somit lauten die ersten Folgenglieder

$$1; \ 1; \ 2; \ 3; \ 5; \ 8; \ 13; \ \dots$$

(siehe Proß und Imkamp 2018, Abschn. 6.1).

Schreiben Sie eine MATLAB-Funktion, mit der Sie die ersten n Fibonacci-Zahlen
berechnen können. Die Fibonacci-Zahlen sollen als Zeilenvektor zurückgegeben
werden.

Berechnen Sie mit Ihrer Funktion in einem Live-Script die ersten 20 Fibonacci-
Zahlen. Stellen Sie anschließend den Quotienten zweier aufeinanderfolgender
Fibonacci-Zahlen $\frac{a_{n+1}}{a_n}$ grafisch dar und zeigen Sie damit, dass dieser Quotient gegen
den Grenzwert

$$\Phi = \frac{1 + \sqrt{5}}{2} \approx 1.61803$$

konvergiert. Φ wird auch als *goldene Zahl* bezeichnet.

Übung 3.6. Ⓑ Gegeben sei folgende gebrochenrationale Funktion f mit

$$f(x) = \frac{-3x^4 + 21x^3 - 54x^2 + 60x - 24}{-x^3 + 3x^2 + 9x + 5}.$$

Nutzen Sie die SYMBOLIC-MATH-Toolbox in MATLAB, um folgende Eigenschaften der Funktion zu ermitteln:

a) Werten Sie die Funktion an der Stelle $x = -5$ aus.

b) Bestimmen Sie die Definitionslücken der Funktion.

c) Bestimmen Sie die Nullstellen der Funktion.

d) Bestimmen Sie mithilfe des Grenzwertes die Art der Definitionslücken.

e) Bestimmen Sie den Wert des Integrals im Bereich von 0 bis 4. Geben Sie auch den numerischen Wert an.

f) Bestimmen Sie den Flächeninhalt, den der Graph der Funktion und die x-Achse im Bereich von 0 bis 4 einschließen. Geben Sie auch den numerischen Wert an.

g) Bestimmen Sie das Verhalten im Unendlichen.

h) Plotten Sie die Funktion im Bereich von -10 bis 10 und grenzen Sie den Bereich der y-Achse auf -100 bis 100 ein.

Übung 3.7. Ⓑ Ⓥ Implementieren Sie mit möglichst wenigen Code-Zeilen die folgenden Matrizen. Sie sollten dabei die bereits erstellten Matrizen für die Generierung der nachfolgenden Matrizen nutzen.

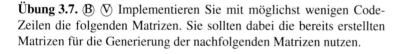

$$A = \begin{pmatrix} 1\,0\,0\,0\,0 \\ 0\,2\,0\,0\,0 \\ 0\,0\,3\,0\,0 \\ 0\,0\,0\,4\,0 \\ 0\,0\,0\,0\,5 \end{pmatrix} \quad B = \begin{pmatrix} 1\,0\,0\,1\,1 \\ 0\,2\,0\,1\,1 \\ 0\,0\,3\,0\,0 \\ 0\,0\,0\,4\,0 \\ 0\,0\,0\,0\,5 \end{pmatrix} \quad C = \begin{pmatrix} 1\,1\,0\,0\,0 \\ 1\,2\,2\,0\,0 \\ 0\,2\,3\,3\,0 \\ 0\,0\,3\,4\,4 \\ 0\,0\,0\,4\,5 \end{pmatrix}$$

$$D = \begin{pmatrix} 0\,0\,0\,0\,0 \\ 1\,1\,0\,0\,0 \\ 1\,2\,2\,0\,0 \\ 0\,2\,3\,3\,0 \\ 0\,0\,3\,4\,4 \\ 0\,0\,0\,4\,5 \\ 0\,0\,0\,0\,0 \end{pmatrix} \quad E = \begin{pmatrix} 1\,0\,0\,0\,0\,0\,1 \\ 1\,1\,1\,0\,0\,0\,1 \\ 1\,1\,2\,2\,0\,0\,1 \\ 1\,0\,2\,3\,3\,0\,1 \\ 1\,0\,0\,3\,4\,4\,1 \\ 1\,0\,0\,0\,4\,5\,1 \\ 1\,0\,0\,0\,0\,0\,1 \end{pmatrix}$$

Übung 3.8. Ⓑ Lösen Sie das folgende lineare Gleichungssystem mithilfe von MATLAB:

$$x_1 + x_2 + x_3 = 0$$
$$x_1 + 2x_2 + 4x_3 = 5$$
$$x_1 + 3x_2 + 9x_3 = 12$$

Übung 3.9. Ⓑ In dem in Abschn. 3.1.5 vorgestellten Programm zur Simulation eines Random Walks sind alle vier möglichen Schritte (nach oben, unten, rechts und links) gleich wahrscheinlich, d. h., jeder dieser vier Schritte wird mit der Wahrscheinlichkeit $\frac{1}{4}$, also zu 25 %, ausgewählt. Ändern Sie das Programm, sodass Schritte nach oben und nach rechts mit einer Wahrscheinlichkeit von jeweils $\frac{1}{3}$ ausgeführt werden und Schritte nach unten und links mit einer Wahrscheinlichkeit von jeweils $\frac{1}{6}$. Führen Sie eine Simulation mit $n = 1000$ Schritten durch. Vergleichen Sie das Ergebnis mit dem aus Abb. 3.9. Was fällt Ihnen auf?

3.2 Mathematica

In diesem Abschnitt geben wir eine Einführung in die CAS-Software und Programmiersprache Mathematica, die wir in diesem Buch an vielen Stellen verwenden werden. Das systematische Erlernen von Mathematica gelingt aber nur durch selbstständige und häufige Anwendung. Bei Mathematica sind alle wichtigen mathematischen Funktionen vorinstalliert und müssen nur noch geeignet „zusammengebaut werden". Wir geben auch eine Kurzeinführung in das Programmieren unter Mathematica. Für die folgenden Ausführungen wurde die Mathematica-Version 12.0 verwendet.

3.2.1 Mathematica-Grundfunktionen

Um Mathematica zu öffnen, doppelklicken Sie auf das Icon, das bei der Installation der Software auf dem Desktop erstellt wurde. Es öffnet sich das Startfenster. Klicken Sie zum Starten auf „New Document". Rechts finden Sie den „Basic Math Assistant" als Basispalette, mit deren Hilfe Sie die wichtigsten Befehle, wie Konstanten und Symbole, einfach durch Klicken eingeben und dann die Platzhalter ausfüllen und damit Berechnungen durchführen können. Falls der „Basic Math Assistant" bei Ihnen nicht geöffnet ist, können Sie ihn im Menü „Palettes" finden. Sie können Ihre Rechnungen manuell oder mithilfe des „Basic Math Assistant" erstellen. Um das Ergebnis zu erhalten, wenden Sie die Tastenkombination Shift Return an. Geben Sie z. B. Folgendes manuell ein und schauen Sie, was Mathematica ausgibt:

```
3/4+7/8
Sqrt[2]//N
Sin[2*Pi]
Exp[2]
Log[100]//N
Log[10,100]
```

In Mathematica gibt es vordefinierte Konstanten. Beachten Sie, dass all diese vordefinierten Konstanten (z. B. Euler'sche Zahl E, Kreiszahl Pi, imaginäre Einheit I) sowie Funktionen (z. B. Sin und Cos, NSolve, Mean) großgeschrieben werden.

Mathematica kann Gleichungen, Ungleichungen und Gleichungssysteme lösen:

```
Solve[x^2-5x+6==0,x] (*Quadratische Gleichung*)
Solve[Sqrt[2*x+1]==9,x] (*Wurzelgleichung*)
Solve[2^(2x-1)*5^(x^2)==2,x] (*Exponentialgleichung*)
Solve[Abs[x-2]==3,x] (*Betragsgleichung*)
Reduce[Abs[x-2]<=3,x] (*Betragsungleichung*)
Solve[{2*x-5*y==-1,5*x-10*y==0},{x,y}] (*Lineares Gleichungssystem*)
```

Mathematica kann Ableitungen und Integrale berechnen und Funktionsgraphen plotten:

```
f[x_]:=x^3-2*x^2+1;
D[f[x],{x,1}] (*erste Ableitung*)
D[f[x],{x,2}] (*zweite Ableitung*)
Integrate[f[x],x] (*unbestimmtes Integral*)
Integrate[f[x],{x,1,3}] (*bestimmtes Integral*)
Plot[f[x],{x,-3,3}]
```

Der Plot sieht so aus (siehe Abb. 3.10):

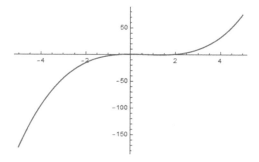

Abb. 3.10: Graph der Funktion f

Derartige Plots gibt es auch in 3D, also für Funktionen zweier Variablen. Betrachten wir etwa die Funktion g mit der Gleichung

$$g(x,y) = \sin(xy)$$

im Intervall $[-2;2] \times [-2;2]$:

```
Plot3D[Sin[x*y],{x,-2,2},{y,-2,2}]
```

Dieser Plot sieht so aus (siehe Abb. 3.11):

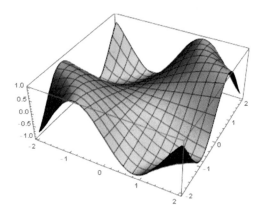

Abb. 3.11: 3D-Graph der Funktion *g*

Arbeitsanweisung

Überprüfen Sie alle bisherigen und die folgenden Ein- und Ausgaben mit
Mathematica! Experimentieren Sie möglichst viel selbstständig mit verschiedenen Mathematica-Funktionen herum! So lernen Sie am schnellsten.

Wir stellen kurz zum Überblick einige stochastische Grundfunktionen vor, die an
verschiedenen Stellen im Buch vorgestellt und benötigt werden. Detaillierte Erklä-
rungen finden Sie im Buch an der jeweiligen Stelle.

In Kap. 4 wird es eine Einführung in die statistische Auswertung von Daten
geben. Mathematica besitzt vorinstallierte Funktionen für alle Standard-Statistik-
Anwendungen, die wir hier schon einmal kurz vorstellen. Wir betrachten dazu eine
kurze Datenliste, bei der wir das arithmetische Mittel (umgangssprachlich: Durch-
schnittswert), den Median, oberes und unteres Quartil, die Standardabweichung und
die Varianz ausrechnen wollen. Mathematica liefert uns dies alles mit folgenden Befehlen:

```
list1={10.05,10.0,10.3,10.15,10.25,10.0}
Mean[list1]
Median[list1]
StandardDeviation[list1]
Variance[list1]
Quantile[list1,{1/4,3/4}]
```

Mathematica erstellt mit der Eingabe

```
BoxWhiskerChart[list1]
```

auch ein Box-Plot-Diagramm, sodass Sie einige Werte ablesen können (siehe Abb. 3.12):

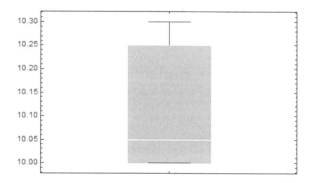

Abb. 3.12: Boxplot zur Datenliste list1

Weitere Visualisierungen von Daten sind möglich, z. B. als Kreisdiagramm bei prozentualen Verteilungen (siehe Abb. 3.13):

```
datalist1={0.1,0.2,0.25,0.45}
PieChart[datalist1]
```

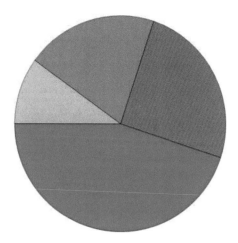

Abb. 3.13: Kreisdiagramm zur Datenliste datalist1

Auch eine 3D-Darstellung bzw. Beschriftung ist möglich (siehe Abb. 3.14):

```
datalist1={0.1,0.2,0.25,0.45}
PieChart3D[datalist1,ChartLabels->{"0.1","0.2","0.25","0.45"}]
```

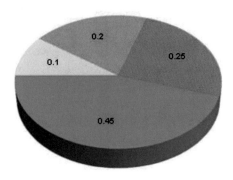

Abb. 3.14: 3D-Kreisdiagramm zur Datenliste datalist1

Es ist unmöglich, hier alle grafischen Möglichkeiten der Datenvisualisierung in Mathematica aufzuführen. Erarbeiten Sie sich die Einsatzmöglichkeiten verschiedener Diagramme anhand der Beispiele an den entsprechenden Stellen im Buch.

Mathematica besitzt (Pseudo-)Zufallszahlengeneratoren, die mithilfe deterministischer Algorithmen Zahlen erzeugen können, die sich wie Zufallszahlen verhalten. Wir werden derartige Pseudozufallszahlen in diesem Buch häufig verwenden. Die Eingabe

```
Table[RandomInteger[{1,6}],10]
```

liefert zehn Zufallszahlen im Bereich von 1 bis 6. Dies simuliert einen zehnmaligen Würfelwurf.

```
RandomReal[]
RandomReal[{-10,10}]
```

liefert eine reelle Zahl im Bereich 0 bis 1, und eine reelle Zahl im Bereich -10 bis 10.

```
RandomChoice[datalist]
```

liefert ein zufälliges Element einer selbst erstellten Datenliste mit dem Namen datalist und

```
data=Table[RandomInteger[{1,6}],6000];
HistogramList[data,{1,6,1}] // Grid
Histogram[data]
```

zählt die absoluten Häufigkeiten der einzelnen Elemente der Liste `data` und plottet ein Histogramm (siehe Abb. 3.15).

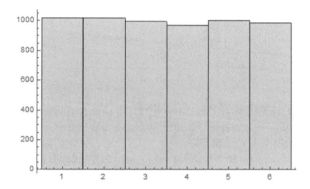

Abb. 3.15: Histogramm zur Liste data

Betrachten wir jetzt einen Wettbewerb Würfel gegen Würfel. Fair ist der Wettbewerb, wenn zwei gleichmäßig gearbeitete, gewöhnliche Würfel mit jeweils sechs Seiten gegeneinander antreten. Neben den gewöhnlichen Spielwürfeln (Hexaeder) gibt es noch andere Varianten mit entsprechend durchnummerierten Seiten zu kaufen, üblicherweise Tetraeder (vier Seiten), Oktaeder (acht Seiten), Dodekaeder (zwölf Seiten) und Ikosaeder (20 Seiten). Was passiert aber im Fall Dodekaeder gegen Ikosaeder? Mit welcher Wahrscheinlichkeit siegt David gegen Goliath?

Mathematisch lässt sich die Wahrscheinlichkeit, dass ein d-seitiger Würfel gegen einen g-seitigen Würfel ($d \leq g$) gewinnt, d. h beim einmaligen Wurf eine höhere Augenzahl anzeigt, mithilfe der Formel

$$\frac{d-1}{2g}$$

berechnen (siehe Aufg. 3.13). Wir können diesen Ausdruck in Mathematica als Funktion von zwei Variablen d und g eingeben und uns sämtliche Wahrscheinlichkeiten als (auch numerische) Werte berechnen lassen, indem wir die Seitenzahlen p und q der Würfel eingeben:

```
g[d_,g_]:=(d-1)/(2g)
p=6;
q=6;
g[p,q]  (*Brueche*)
g[p,q]//N  (*numerische Werte*)
```

Achten Sie bei der Definition von Funktionen auf den Unterstrich neben den Argumenten. Es ergibt sich für $p = q = 6$ der Wert $\frac{5}{12}$ bzw. numerisch 0.416667. Für die Eingangsfrage liefert Mathematica als Gewinnwahrscheinlichkeit für den Dodekaederwürfel gegen den Ikosaederwürfel ($p = 12$, $q = 20$) den Wert $\frac{11}{40}$.

3.2.2 Programmierung mit Mathematica

Mathematica ist auch eine höhere Programmiersprache. Ebenso wie bei MATLAB oder anderen höheren Programmiersprachen wie C, C++ oder JAVA sind typische `For`- oder `While`-Schleifen oder `If-Else`-Anweisungen möglich. Beachten Sie dabei wieder die Großschreibung. Ein einfaches Beispiel:

```
For[n=1,n<=10,n++,Print[n^2]]
```

liefert als Output die Quadrate der ersten zehn natürlichen Zahlen: 1 4 9 16 25 36 49 64 81 100. Ein schönes Beispiel für eine While-Schleife ist das berühmte *Collatz-Problem*: Man geht von einer beliebigen natürlichen Zahl n aus. Dann bildet man $n/2$, falls n gerade ist, und $3n+1$, falls n ungerade ist. Mit den jeweils neu gebildeten Zahlen fährt man so fort. Die noch ungeklärte (!) Fragestellung ist, ob dieser Prozess immer bei der Zahl 1 endet.

```
While[n>1,If[Mod[n,2]==0,n=n/2,n=3*n+1]; Print[n]]
```

Arbeitsanweisung

Geben Sie diesen Ausdruck in Mathematica ein und überprüfen Sie verschiedene Startzahlen n, die Sie in der Zeile über dem Ausdruck definieren.

In Mathematica lassen sich auch rekursive Strukturen programmieren. Das folgende Kurzprogramm liefert z. B. die ersten 20 Fibonacci-Zahlen:

```
F[1]:=1;
F[2]:=1;
F[n_]:=F[n-1]+F[n-2]
For[n=1,n<=20,n++,Print[F[n]]]
```

Das folgende Programm berechnet das Datum des Ostersonntags in einem bestimmten Jahr, das Sie immer wieder neu eingeben können (im Beispiel wurde $J = 2013$ gewählt). Das Programm basiert auf der sogenannten *Gauß'schen Osterformel*:

```
J=2013;
a=Mod[J,19];
b=Mod[J,4];
c=Mod[J,7];
d=Mod[19*a+m,30];
e=Mod[2*b+4*c+6*d+n,7];
k=Quotient[J,100];
p=Quotient[8*k+13,25];
q=Quotient[k,4];
m=Mod[15+k-p-q,30];
n=Mod[4+k-q,7];
J
Print["ist Ostersonntag am"]
If[22+d+e<=31,N[22+d+e]*"Maerz",N[d+e-9]*"April"]
```

Wir werden es in diesem Buch an verschiedenen Stellen mit zufälligen Irrfahrten zu
tun haben, den sogenannten *Random Walks* (siehe z. B. Abschn. 5.7.2). Simulationen solcher Irrfahrten lassen sich in Mathematica programmieren, sodass man die
einzelnen Schritte als Animation sehen kann. Starten Sie das folgende Programm:

```
Walk[n_]:=FoldList[Plus,{0,0},{{0,1},{1,0},{-1,0},{0,-1}}
    [[Table[Random[Integer,{1,4}],{n}]]]]
AnimateWalk[coords_,opts__]:=(Show[Graphics[{{RGBColor[0, 0, 1],
    PointSize[0.2],Point[coords[[#1]]]},Line[Take[coords,#1]]}],
    opts,AspectRatio->Automatic,
    PlotRange->({Min[#1]-0.2,Max[#1]+0.2}&)/@Transpose[coords]]&)/@
    Range[2,Length[coords]]
Show[GraphicsGrid[Partition[AnimateWalk[Walk[20],
    DisplayFunction->Identity],3]]]
```

Das Programm verwendet Zufallszahlen und stellt daher eine sogenannte *Monte-
Carlo-Simulation* dar. Derartigen Simulationen werden wir in diesem Buch noch
oft begegnen. Der Output des obigen Programms sieht folgendermaßen aus (siehe
Abb. 3.16):

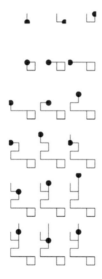

Abb. 3.16: Die ersten Schritte einer zufälligen Irrfahrt (Random Walk). Der blaue
          Punkt gibt jeweils den aktuellen Ort an

Betrachten Sie das folgende Programm:

```
pts=Table[Point[Table[Random[],{2}]],{40}];
pts2=Table[Point[Table[Random[],{2}]],{40}];
p1=Graphics[{RGBColor[0,1,1],PointSize[0.03],pts}];
p2=Graphics[{RGBColor[1,0,0],PointSize[0.03],pts2}];
Show[p1,p2,Frame->True,AspectRatio->Automatic]
```

Was wird hierdurch dargestellt? Probieren Sie es selbst aus!

Ein wichtiges Phänomen in der Physik der Phasenübergänge ist die *Perkolation*, zu Deutsch etwa *Durchsickerung*. Damit können Phänomene wie das Durchlaufen des Wassers durch einen Kaffeefilter oder andere poröse Materialien, die elektrische Leitfähigkeit von Legierungen oder die Ausbreitung von Waldbränden beschrieben werden. Des Weiteren spielt das Phänomen eine Rolle bei der Suche nach Atommüll-Endlagern. Welche Gesteins- oder Tonformationen sind geeignet? Es muss sichergestellt sein, dass kein Wasser durchsickert, insbesondere nicht nach einigen hundert Jahren das mit den wasserlöslichen, langlebigen und radioaktiven Spaltprodukten kontaminierte Wasser. Entscheidend ist bei allen Phänomenen die zufällige Ausbildung von Clustern, also zusammenhängenden Bereichen (Gebieten). Im Falle einer Legierung ist dies die Ausbildung von Gebieten mit nur einer Atomsorte. Monte-Carlo-Simulationen derartiger Vorgänge finden auf Gittern statt, wobei man zwischen Knoten- und Kantenperkolationen unterscheidet.

Das folgende Mathematica-Programm stellt die Monte-Carlo-Simulation einer Knotenperkolation (engl. site-percolation) auf einem Quadratgitter dar:

```
SitePercolation[p_,m_Integer]:=Table[Floor[1+p-Random[]],{m},{m}]
r=SitePercolation[0.5, 20];
Show[Graphics[RasterArray[Reverse[r]/.{1->RGBColor[1,0,0],
    0->RGBColor[0,0,1]}]],AspectRatio->1]
```

Es ergibt sich der in Abb. 3.17 dargestellte Output.

Sickert das Wasser durch die blaue, wasserdurchlässige Schicht von oben nach unten? Experimentieren Sie ein wenig mit dem Programm herum, ändern Sie experimentell ab, was Sie möchten! Programmieren Sie selbst!

Abb. 3.17: Ausbildung von Perkolationsclustern (Monte-Carlo-Simulation)

3.2.3 Aufgaben

Übung 3.10. Ⓑ Lösen Sie mithilfe von Mathematica folgende Aufgaben. Verwenden Sie notfalls das Mathematica Hilfe-Menü!

a) Bestimmen Sie die fünfte Ableitung der Funktion f mit $f(x) = (x^3 - 1)e^x$. Vereinfachen Sie soweit wie möglich!

b) Berechnen Sie die Nullstellen der Funktion g mit $g(x) = x^6 - 5x^3 + 6$.

c) Plotten Sie die Graphen der Funktionen f und g aus a) und b) in dasselbe Koordinatensystem.

d) Bestimmen Sie den Wert des Integrals $\int_{-1}^{5} 4xe^{x^2}\,dx$.

e) Berechnen Sie die Binomialkoeffizienten $\binom{10}{5}$, $\binom{100}{50}$ und $\binom{1000}{500}$.

f) Lösen Sie die Exponentialgleichung $5 \cdot 7^x = 8 \cdot 9^{2x-1}$.

g) Suchen Sie den größten gemeinsamen Teiler der Zahlen $18\,234$ und $19\,666$.

h) Bestimmen Sie die allgemeine Lösung der Differentialgleichung

$$y''(x) - 3y'(x) + y(x) = x.$$

i) Plotten Sie den Graphen der Funktion h mit

$$h(x,y) = e^{-x^2+y^2}$$

für $-2 \leq x \leq 2$ und $-2 \leq y \leq 2$.

j) Lösen Sie das lineare Gleichungssystem:

$$2x - 5y = -1$$
$$x + 3y = 5.$$

Übung 3.11. Ⓑ Zahlen der Form $2^n - 1$ mit $n \in \mathbb{N}$ heißen Mersenne-Zahlen, benannt nach dem französischen Mathematiker und Theologen Marin Mersenne (1588–1648), der für seine Liste der nach ihm benannten Primzahlen der Form $2^p - 1$ bekannt wurde.

a) Programmieren Sie in Mathematica eine `For`-Schleife, die die ersten 20 Mersenne-Zahlen sowie ihre Primfaktorzerlegungen ausgibt.

b) Welches sind die Mersenne-Primzahlen? Wie filtert man diese aus einer Liste der ersten 50 Mersenne-Zahlen mit Mathematica heraus? Welche Eigenschaft hat der Exponent n im Falle einer Primzahl? Formulieren Sie eine Vermutung.

c) Versuchen Sie, Ihre Vermutung aus b) zu beweisen.

Übung 3.12. Ⓑ Betrachten Sie das folgende Mathematica-Programm. Was wird hier dargestellt bzw. simuliert?

```
Dice[p_,n_,s_]:=Sum[(-1)^k*Binomial[n,k]*Binomial[p-s*k-1,n-1],
    {k,0,Floor[(p-n)/s]}]/s^n
DiceList[n_,s_]:=Module[{i},Table[Dice[i,n,s],{i,n,n s}]]
```

Übung 3.13. Ⓥ Leiten Sie die Formel für die Wahrscheinlichkeit, dass beim jeweils einmaligen Wurf ein d-seitiger Würfel gegen einen g-seitigen Würfel ($d \leq g$) gewinnt, nämlich

$$\frac{d-1}{2g},$$

mithilfe Ihrer Stochastik-Schulkenntnisse her.

Übung 3.14. Ⓑ Mithilfe des Verfahrens der *Monte-Carlo-Integration* lassen sich Integrale numerisch berechnen. Zum Beispiel liefert die Eingabe

```
n=10000;
(1/n)*Sum[Random[],{i,1,n}]
```

eine Approximation des Wertes von $\int_0^1 x\,dx$.

a) Bestimmen Sie den folgenden Wert:

```
s=10000;
(1/s)*Sum[Random[]^2,{i,1,s}]
```

Welches Integral wird hier berechnet?

b) Berechnen Sie mithilfe der Monte-Carlo-Methode das Integral

$$\int_0^3 \cos(x)dx.$$

Überprüfen Sie Ihr Ergebnis analytisch.

c) Manche Integrale, wie z. B.

$$\int_0^1 e^{-x^2}dx,$$

lassen sich nicht analytisch berechnen. Bestimmen Sie den Wert mithilfe der Monte-Carlo-Integration.

Übung 3.15. Ⓑ Welcher Prozess wird durch das folgende Mathematica-Programm dargestellt?

```
p=0.59275;
Show[Graphics[{RGBColor[1,0,0],
    Table[If[Random[]<p,Rectangle[{i,j},{i+1,j+1}]],{i,50},{j,50}]}],
    AspectRatio->Automatic]
```

Übung 3.16. Programmieren Sie den folgenden (Pseudo-)Zufallszahlengenerator und experimentieren Sie mit verschiedenen Belegungen der Werte x_0, a, c und m.

```
x0=12;
a=103;
c=13;
m=67;
zufall[r_]=Mod[a*r+c,m];
gen=NestList[zufall,x0,m+1]/N[m]
```

Übung 3.17. Verallgemeinerung des Würfelduells aus dem Mathematica-Abschnitt dieses Kapitels: Jetzt treten n d-seitige Würfel gegen m g-seitige Würfel an, wobei $d \leq g$. Die im Folgenden in Mathematica definierte Funktion f liefert die Gewinnwahrscheinlichkeit für die n d-Würfel, wenn grundsätzlich die höchste geworfene Zahl gewinnt. Experimentieren Sie mit dem Programm ein wenig herum und testen Sie die Funktion in der Variablen n für verschiedene Parameterwerte von d, g und m aus. Zeigen Sie, dass sich im Fall $n = m = 1$ für die Gewinnwahrscheinlichkeit des Würfels mit der kleineren Seitenanzahl die bekannte Formel $\frac{d-1}{2g}$ ergibt.

```
f[n_,m_,d_,g_]:=Sum[((i^n-(i-1)^n)/d^n)*((j^m-(j-1)^m)/g^m),{i,2,d},
    {j,1,i-1}]
d=6;
g=8;
m=3;
Print["Gewinnwahrscheinlichkeit in Abhaengigkeit von n:"]
Insert[Grid[{{"d","g","m","n","Gewinnwahrscheinlichkeit"}},Frame->All],
    Spacings->{1.5,1.5},2]
Insert[Grid[Table[{d,g,m,n,N[f[n,m,d,g]]},{n,1,10}],
    Frame->All],{Dividers->All,Spacings->{1.5,1.5}},2]
```

Kapitel 4
Beschreibende Statistik

4.1 Eindimensionale Häufigkeitsverteilungen

4.1.1 Diskrete Merkmale

Beispiel 4.1 (Personen im Haushalt). In einer Statistikveranstaltung mit 100 Teilnehmern wurde ermittelt, mit wie vielen Personen die Studierenden in einem Haushalt leben. Die Umfrage ergab folgendes Ergebnis:

1	3	2	3	2	3	1	1	2	2
3	1	2	2	1	1	1	6	1	1
1	1	3	3	1	2	1	1	2	3
1	4	1	1	2	1	3	1	1	1
4	3	2	3	1	2	3	2	3	2
2	2	2	4	1	3	3	5	2	7
2	1	1	4	1	1	1	2	1	1
5	4	3	3	3	4	4	2	3	3
3	1	2	1	2	4	3	1	2	1
3	3	2	5	4	4	1	5	6	1

Aus diesem „Zahlensalat" lassen sich erst mal überhaupt keine Erkenntnisse gewinnen. Man muss die Daten dieser sogenannten *Urliste* mithilfe der Methoden der beschreibenden Statistik entsprechend aufbereiten, um Informationen über das untersuchte diskrete Merkmal „Anzahl Personen im Haushalt" zu erlangen.

Um einen ersten Überblick zu erhalten, bietet sich eine *eindimensionale Häufigkeitsverteilung* an (eindimensional, da wir nur ein Merkmal betrachten). Dazu müssen wir zunächst die kleinste und größte Ausprägung in unserer Urliste ermitteln. Dazu nutzen wir am besten MATLAB bzw. Mathematica.

© Der/die Autor(en), exklusiv lizenziert durch
Springer-Verlag GmbH, DE, ein Teil von Springer Nature 2021
T. Imkamp und S. Proß, *Einstieg in die Stochastik*,
https://doi.org/10.1007/978-3-662-63766-1_4

```
U=[1 3 2 3 2 3 1 1 2 2 3 1 2 2 1 1 1 6 1 1 1 1 3 3 1 2 1 1 2 3 1 4 1 1 ...
   2 1 3 1 1 1 4 3 2 3 1 2 3 2 3 2 2 2 2 4 1 3 3 5 2 7 2 1 1 4 1 1 1 ...
   2 1 1 5 4 3 3 3 4 4 2 3 3 3 1 2 1 2 4 3 1 2 1 3 3 2 5 4 4 1 5 6 1];
min(U)
max(U)
```

```
U={1,3,2,3,2,3,1,1,2,2,3,1,2,2,1,1,1,6,1,1,1,1,3,3,1,2,1,1,2,3,1,4,1,1,
   2,1,3,1,1,1,4,3,2,3,1,2,3,2,3,2,2,2,2,4,1,3,3,5,2,7,2,1,1,4,1,1,1,
   2,1,1,5,4,3,3,3,4,4,2,3,3,3,1,2,1,2,4,3,1,2,1,3,3,2,5,4,4,1,5,6,1}
Max[U]
Min[U]
```

Wir erhalten 1 als kleinste und 7 als größte Ausprägung unseres Merkmals. Nun können wir eine Tabelle anlegen und die Häufigkeiten der Ausprägungen von 1 bis 7 auszählen (siehe Tab. 4.1). Wenn wir die *absoluten Häufigkeiten* (H_i) durch die Anzahl der befragten Studierenden ($N = 100$) teilen, erhalten wir die *relativen Häufigkeiten* (h_i).

Tab. 4.1: Häufigkeitsverteilung des Merkmals Anzahl Personen im Haushalt

i	Ausprägung x_i	Absolute Häufigkeit H_i	Relative Häufigkeit h_i	Kumulierte Häufigkeit F_i
1	1	36	0.36	0.36
2	2	24	0.24	0.60
3	3	23	0.23	0.83
4	4	10	0.10	0.93
5	5	4	0.04	0.97
6	6	2	0.02	0.99
7	7	1	0.01	1
Σ		100	1	nicht sinnvoll

Das Auszählen per Hand ist natürlich sehr mühsam und unerfreulich. Sie können sich vorstellen, dass wir auch dazu MATLAB bzw. Mathematica zu Rate ziehen können:

```
hg=histogram(U)   %grafische Darstellung
H=hg.Values       %absolute Haeufigkeiten
h=H/length(U)     %relative Haeufigkeiten
xlabel('Anzahl Personen im Haushalt') %Beschriftung x-Achse
ylabel('Absolute Haeufigkeit')        %Beschriftung y-Achse
```

```
Histogram[U,AxesLabel->
    {"Anzahl Personen im Haushalt","Absolute Haeufigkeit"}]
H=HistogramList[U] (*absolute Haeufigkeiten*)
h=Last[H]/Length[U] (*relative Haeufigkeiten*)
```

Zudem liefern uns beide Tools direkt eine grafische Darstellung der Häufigkeitsverteilung (siehe Abb 4.1).

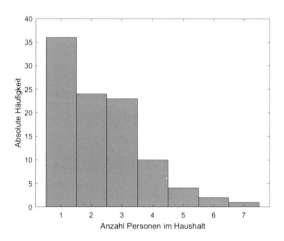

Abb. 4.1: Grafische Darstellung der Häufigkeitsverteilung des diskreten Merkmals Anzahl Personen im Haushalt

In Tab. 4.1 finden Sie eine Spalte mit den *kumulierten relativen Häufigkeiten* (F_i). Der Wert $F_3 = 0.83$ in der dritten Zeile bedeutet, dass in 83 % der Haushalte höchstens drei Personen leben. Diese *empirische Verteilungsfunktion* ordnet also jeder Ausprägung x_i den Anteil von Merkmalsträgern zu, deren Ausprägung **höchstens** x_i ist.

Wir erhalten die empirische Verteilungsfunktion in MATLAB bzw. Mathematica mit dem folgenden Befehl:

```
[F,x]=ecdf(U)
```

```
Table[CDF[EmpiricalDistribution[U],x],{x,1,7}]
```

und die grafische Darstellung mit:

```
cdfplot(U)
```

```
DiscretePlot[CDF[EmpiricalDistribution[u],x],{x,0,7}]
```

Abb. 4.2 können Sie die charakteristische Gestalt einer Verteilungsfunktion für diskrete Merkmale entnehmen. Es handelt sich hierbei um eine Treppenfunktion.

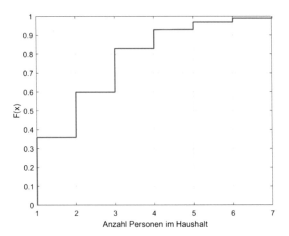

Abb. 4.2: Empirische Verteilungsfunktion des Merkmals Anzahl Personen im Haushalt

---

Info-Box

Aktuelle Informationen zu Haushalten und Haushaltsmitgliedern für Deutschland erhalten Sie hier.

◀

4.1.2 Stetige Merkmale

Beispiel 4.2 (Pegelstand). Betrachten wir ein anderes Beispiel. Es liegen uns die Pegelstände des Rheins am Messpunkt Ruhrort vom 01.03. bis zum 31.03.2020 vor. Pro Tag wird der Pegelstand einmal um 6 und einmal um 18 Uhr dokumentiert, somit erhalten wir insgesamt 62 Messwerte (in cm):

699	760	814	796	605	497	422	708	750
793	779	587	491	418	721	746	777	759
569	485	412	735	761	778	739	551	475
408	745	788	799	721	537	465	401	758
810	819	700	525	454	397	764	824	833
678	515	445	391	768	833	828	654	508
436	387	765	829	813	628	502	428	

Im Gegensatz zum ersten Beispiel handelt es sich beim Pegelstand um ein stetiges Merkmal. Eine Häufigkeitsverteilung, der wir entnehmen können, dass es den Pegelstand 387 genau einmal gab, macht hier keinen Sinn. Wir müssen die Ausprägungen zunächst zu *Gruppen* (auch *Klassen* genannt) zusammenfassen. Dazu bestimmen wir wieder zunächst die kleinste und größte Ausprägung:

```
U=[699 760 814 796 605 497 422 708 750 793 779 587 491 418 721 746 ...
   777 759 569 485 412 735 761 778 739 551 475 408 745 788 799 721 ...
   537 465 401 758 810 819 700 525 454 397 764 824 833 678 515 ...
   445 391 768 833 828 654 508 436 387 765 829 813 628 502 428];
min(U)
max(U)
```

```
U={699,760,814,796,605,497,422,708,750,793,779,587,491,418,721,746,
   777,759,569,485,412,735,761,778,739,551,475,408,745,788,799,721,
   537,465,401,758,810,819,700,525,454,397,764,824,833,678,515,
   445,391,768,833,828,654,508,436,387,765,829,813,628,502,428}
Min[U]
Max[U]
```

Wir erhalten 387 als kleinste Ausprägung und 833 als größte. Wir unterteilen den Wertebereich [300; 900] in sechs gleich große Intervalle und berechnen die Häufigkeiten für Pegelstände in diesen Intervallen. Alle Intervalle haben eine Breite von 100 cm (siehe Tab. 4.2).

Tab. 4.2: Häufigkeitsverteilung des Merkmals Pegelstand

i	Intervall $a_{i-1} < x \le a_i$	Absolute Häufigkeit H_i	Relative Häufigkeit h_i	Kumulierte Häufigkeit F_i
1	$300 < x \le 400$	3	0.0484	0.0484
2	$400 < x \le 500$	14	0.2258	0.2742
3	$500 < x \le 600$	8	0.1290	0.4032
4	$600 < x \le 700$	6	0.0968	0.5000
5	$700 < x \le 800$	22	0.3548	0.8548
6	$800 < x \le 900$	9	0.1452	1
Σ		62	1	nicht sinnvoll

Auch hier liefern MATLAB bzw. Mathematica mit den bereits oben eingeführten Befehlen die Häufigkeitsverteilung samt grafischer Darstellung (siehe Abb. 4.3):

```
hg=histogram(U,[300.5:100:900.5])
H=hg.Values      %absolute Haeufigkeiten
h=H/length(U)    %relative Haeufigkeiten
xlabel('Pegelstand (klassifiziert)')
ylabel('Absolute Haeufigkeit')
```

```
Histogram[U,{300.5,900.5,100},AxesLabel->
   {"Pegelstand (klassifiziert)","Absolute Haeufigkeit"}]
```

```
H=HistogramList[U,{300.5,900.5,100}] (*absolute Haeufigkeiten*)
h=Last[H]/Length[U] (*relative Haeufigkeiten*)
```

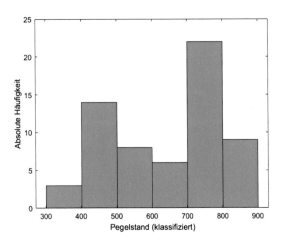

Abb. 4.3: Grafische Darstellung der Häufigkeitsverteilung des Merkmals Pegelstand
mit der Klassenbreite 100 cm

Falls wir keine weiteren Eingaben beim Befehl histogram bzw. Histogram
machen, wählt MATLAB bzw. Mathematica die Klassenbreite automatisch. Sie
kann in MATLAB unter der Eigenschaft binEdges eingesehen werden. Wir können sie aber auch vorgeben, indem wir die Klassen als zweites Argument übergeben, wie wir es oben bereits gemacht haben ([300.5:100:900.5] bzw.
{300.5,900.5,100}).

Hierbei ist zu beachten, dass im Gegensatz zur Einteilung in Tab. 4.2 in MATLAB
und Mathematica die untere Grenze mit zum Intervall gehört, die obere aber nicht.
Aus diesem Grund wählen wir die Intervalle $[300.5; 400.5)$, $[400.5; 500.5), \ldots$ In
MATLAB gehört beim letzten Intervall auch die obere Grenze mit dazu. In Mathematica ist das nicht der Fall.

Wir können die Klassenbreite auch auf 50 cm reduzieren (siehe Abb. 4.4 links):

```
hg=histogram(U,350.5:50:850.5)
```

```
Histogram[U,{350.5,850.5,50}]
```

Auch ist es jeweils möglich, unterschiedliche Klassenbreiten zu wählen (siehe
Abb. 4.4 rechts):

```
hg=histogram(U,[350.5 450.5 550.5 600.5 650.5 700.5 750.5 800.5 900])
```

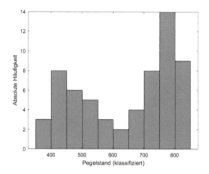 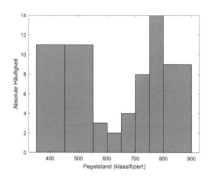

Abb. 4.4: Grafische Darstellung der Häufigkeitsverteilung des Merkmals Pegelstand
mit einer Klassenbreite von 50 cm (links) und unterschiedlich breiten
Klassen (rechts)

```
Histogram[U,{{350.5,450.5,550.5,600.5,650.5,700.5,750.5,800.5,900.5}}]
```

Bemerkung

Der Befehl histogram bzw. Histogram ist irreführend, da es sich bei
der grafischen Darstellung um **kein** Histogramm handelt. Bei einem *Histogramm* werden auf der *y*-Achse nicht die Häufigkeiten abgetragen, sondern
die Dichten. Eine *Dichte* erhält man, wenn man die relative Häufigkeit durch
die Klassenbreite teilt. Der Flächeninhalt eines Balkens entspricht dann der
relativen Häufigkeit der Klasse. In Abb. 4.5 ist das Histogramm mit unterschiedlichen Klassenbreiten dargestellt.

Wie Sie der letzten Spalte in Tab. 4.2 schon entnehmen können, können wir für die
Klassen auch die kumulierten Häufigkeiten berechnen.

Um diese mit MATLAB bzw. Mathematica zu berechnen, müssen wir eine „kleine"
Funktion erstellen, die basierend auf den relativen Häufigkeiten h die kumulierten
F berechnet:

```
function F=kumHaeufigKlassen(h)
    n=length(h);
    F=zeros(1,n+1);
    F(2)=h(1);
    for i=3:n+1 F(i)=F(i-1)+h(i-1); end
```

```
kumHaeufigKlassen[h_]:=(
    n=Length[h];
    F=ConstantArray[0,n+1];
    F[[2]]=h[[1]];
    For[i=3,i<=n+1,i++,F[[i]]=F[[i-1]]+h[[i-1]];]; Print[F]);
```

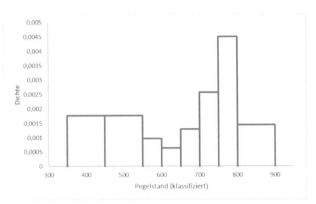

Abb. 4.5: Histogramm des Merkmals Pegelstand mit unterschiedlichen Klassenbreiten

Damit können wir die empirische Verteilungsfunktion darstellen (siehe Abb. 4.6):

```
F=kumHaeufigKlassen(h)
klassen=[300 400 500 600 700 800 900]
plot(klassen,F,'marker','o','lineWidth',1.5 ,'MarkerFaceColor','blue')
xlabel('Pegelstand (klassifiziert)')
ylabel('F(x)')
ylim([0 1])
```

```
kumHaeufigKlassen[h]
klassen={300,400,500,600,700,800,900}
ListLinePlot[Transpose[{klassen,F}],
    AxesLabel->{"Pegelstand (klassifiziert)","F(x)"}]
```

Beachten Sie, dass die Verbindungen zwischen den Datenpunkten im stetigen Fall
Linienelemente sind, da jede Ausprägung in dem jeweiligen Intervall realisiert werden könnte. Diese nähern wir mithilfe einer Geraden durch die zwei Punkte an. Wir
haben es also hier **nicht** wie im diskreten Fall mit einer Treppenfunktion zu tun.

Wir können auch die Originaldaten in die MATLAB- bzw. Mathematica-Funktion

```
cdfplot(U)
```

```
DiscretePlot[CDF[EmpiricalDistribution[U],x],{x,300,900}]
```

eingeben und erhalten die Verteilungsfunktion in Abb. 4.7.

Info-Box

Aktuelle Informationen zum Pegelstand des Rheins an der Mess-
stelle Duisburg-Ruhrort können Sie hier finden.

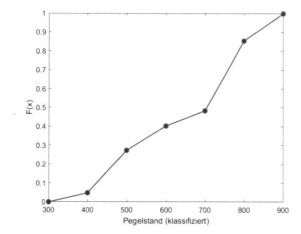

Abb. 4.6: Empirische Verteilungsfunktion des Merkmals Pegelstand (klassifiziert)

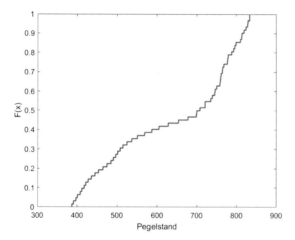

Abb. 4.7: Empirische Verteilungsfunktion des Merkmals Pegelstand (Originaldaten)

4.1.3 Aufgaben

Info-Box

Die Daten zu diesen Aufgaben können Sie auf der Springer-Produktseite zu diesem Buch abrufen.
Sie können alle Aufgaben auch mithilfe eines Softwaretools bearbeiten.

Übung 4.1 (Mathematik-Test). Ⓑ Zur Überprüfung der mathematischen Vorkenntnisse der Studienanfänger des Studiengangs Maschinenbau wurde an der Hochschule Eulerhausen zum Wintersemester 2019/20 ein Test geschrieben. Bei dem Test konnten maximal 15 Punkte erzielt werden, und es haben 50 Studienanfänger mitgeschrieben. Die Ergebnisse lauten:

$$
\begin{array}{cccccccccc}
15 & 8 & 13 & 8 & 9 & 9 & 6 & 6 & 7 & 8 \\
10 & 12 & 10 & 6 & 11 & 9 & 11 & 11 & 14 & 9 \\
11 & 14 & 15 & 11 & 10 & 10 & 12 & 13 & 13 & 10 \\
11 & 12 & 11 & 10 & 13 & 14 & 11 & 10 & 10 & 10 \\
9 & 9 & 13 & 8 & 9 & 12 & 10 & 9 & 8 & 9
\end{array}
$$

a) Geben Sie die Grundgesamtheit, den Merkmalsträger und das Merkmal dieser Untersuchung an.

b) Geben Sie das Skalenniveau des Merkmals an. Handelt es sich um ein diskretes oder stetiges Merkmal?

c) Geben Sie die Häufigkeitsverteilung des Merkmals an.

d) Stellen Sie die Häufigkeitsverteilung grafisch dar.

e) Geben Sie die kumulierten Häufigkeiten an und beantworten Sie mithilfe der empirischen Verteilungsfunktion folgende Fragen:

  (i) Wie viele Studienanfänger haben höchstens 10 Punkte im Mathematik-Test?

  (ii) Wie viele Studienanfänger haben mindestens 10 Punkte?

  (iii) Wie viele Studienanfänger haben mehr als 12 Punkte?

  (iv) Wie viele Punkte haben 40 % der Studienanfänger höchstens?

  (v) Wie viele Punkte haben 60 % der Studienanfänger mindestens?

f) Stellen Sie die empirische Verteilungsfunktion grafisch dar.

Übung 4.2. (Autoreifen.) Ⓑ Ⓥ Das Unternehmen Contistein hat eine Qualitätsprüfung zur Lebensdauer seiner Autoreifen, die im ersten Quartal des Jahres 2020 produziert wurden, durchgeführt. Dazu wurde eine Stichprobe von 64 Autoreifen erhoben, die folgende Ergebnisse (in km) liefert:

49 434	50 493	51 267	53 988	56 151	51 541	52 041	49 098
53 753	50 824	53 161	48 455	50 832	51 590	49 801	52 233
48 074	50 275	49 037	52 051	49 953	50 417	51 148	51 003
50 350	49 194	48 191	49 508	50 153	49 065	50 526	46 011
51 282	51 816	48 695	46 696	49 003	50 251	48 710	47 546
47 916	46 961	51 729	49 860	48 013	48 135	44 564	49 293
48 466	53 291	51 102	49 457	48 598	50 355	48 872	46 761
44 450	52 129	50 820	51 824	49 722	50 119	48 321	54 577

a) Geben Sie die Grundgesamtheit, den Merkmalsträger und das Merkmal dieser Untersuchung an.

b) Geben Sie das Skalenniveau des Merkmals an. Handelt es sich um ein diskretes oder stetiges Merkmal?

c) Wie erhält das Unternehmen eine geeignete Stichprobe?

d) Geben Sie die Häufigkeitsverteilung des Merkmals an.

e) Stellen Sie die Häufigkeitsverteilung grafisch dar.

f) Geben Sie die kumulierten Häufigkeiten an und beantworten Sie mithilfe der empirischen Verteilungsfunktion folgende Fragen:

   (i) Wie viele Autoreifen haben höchstens eine Lebensdauer von 50 000 km?

   (ii) Wie viele Autoreifen haben mindestens eine Lebensdauer von 50 000 km?

   (iii) Welche Lebensdauer haben 50 % der Autoreifen mindestens?

   (iv) Welche Lebensdauer haben 40 % der Autoreifen höchstens?

g) Stellen Sie die empirische Verteilungsfunktion grafisch dar.

Übung 4.3 (Schulform). Ⓑ Ein *Kreisdiagramm* bietet eine gute Möglichkeit, um vor allem nominale Merkmale mit wenigen Ausprägungen darzustellen. Dazu wird jeder Ausprägung x_i ein Kreissegment mit dem Mittelpunktswinkel Θ_i zugewiesen. Der Mittelpunktswinkel Θ_i wird berechnet, indem man $360°$ mit der relativen Häufigkeit h_i multipliziert.

Stellen Sie folgende Untersuchungsergebnisse mithilfe eines Kreisdiagramms dar:

Die Studienanfänger zum Wintersemester 2019/20 des Studiengangs Maschinenbaus der Hochschule Eulerhausen wurden zur ihrer zuletzt besuchten Schulform befragt. Die Befragung von 70 Studienanfängern lieferte folgende Häufigkeitsverteilung:

i	Ausprägung x_i	Absolute Häufigkeit H_i
1	Gymnasium	34
2	Gesamtschule	7
3	Berufliches Gymnasium	10
4	Fachoberschule	7
5	Sonstige	12

Übung 4.4 (Autoreifen). Das Unternehmen Contistein unterteilt die Ausprägungen des Merkmals Lebensdauer der Autoreifen (siehe Aufg. 4.2) in drei Klassen:

- schlechte Lebensdauer: $x \in (44\,000; 48\,000]$

- normale Lebensdauer: $x \in (48\,000; 52\,000]$

- sehr gute Lebensdauer: $x \in (52\,000; 57\,000]$

Erstellen Sie eine Häufigkeitsverteilung und ein Histogramm mit dieser Klasseneinteilung.

4.2 Maßzahlen für eindimensionale Verteilungen

Beispiel 4.3 (Pegelstand). Wir betrachten wieder unser Beispiel mit dem Pegelstand des Rheins (siehe Bsp. 4.2). Wir wollen die Jahre 2018, 2019 und 2020 miteinander vergleichen und die Aussage belegen, dass der Rhein im März 2020 höhere Pegelstände hatte als in den Jahren zuvor. Dazu stellen wir die Häufigkeitsverteilungen der einzelnen Jahre grafisch dar.

> **Info-Box**
>
> Die Historie der Pegelstände des Rheins können Sie hier abrufen.

Liegen die Daten in einem Excel-Sheet vor (siehe Abb. 4.8), können wir diese mit dem Befehl `readmatrix` nach MATLAB bzw. mit dem Befehl `Import` nach Mathematica importieren. Sie finden alle Datensätze aus diesem Kapitel auf der Springer-Produktseite zu diesem Buch.

```
M=readmatrix('Daten\B0403_Pegelstand.xlsx','Sheet','Daten','Range','B2:D32')
```

```
U18=Import["Daten\\B0403_Pegelstand.xlsx",{"Data",1,2;;32,2}]
U19=Import["Daten\\B0403_Pegelstand.xlsx",{"Data",1,2;;32,3}]
U20=Import["Daten\\B0403_Pegelstand.xlsx",{"Data",1,2;;32,4}]
```

Beachten Sie, dass Sie den Dateipfad entsprechend anpassen müssen.

	A	B	C	D
1	Datum	2018	2019	2020
2	1.3	404	320	698
3	2.3	392	319	719
4	3.3	385	324	744
5	4.3	381	330	764
6	5.3	376	354	766
7	6.3	379	368	751
8	7.3	383	373	758
9	8.3	387	388	809
10	9.3	392	405	833
11	10.3	403	412	816
12	11.3	414	424	778
13	12.3	425	453	796
14	13.3	426	488	832
15	14.3	448	523	815

Abb. 4.8: Pegelstände in Excel (Ausschnitt)

In MATLAB werden die Daten in einer Matrix gespeichert, dessen Spalten die Jahre und dessen Zeilen die Tage wiedergeben. In Mathematica wird für jedes Jahr eine Liste mit den jeweiligen Pegelständen erstellt.

Mit dem Befehl histogram bzw. Histogram erhalten wir die drei Häufigkeitsverteilungen (siehe Abb. 4.9):

```
klassen=[300.5:100:900.5];
U18=M(:,1);
hg18=histogram(U18,klassen)
xlabel('Pegelstand im Maerz 2018 (klassifiziert)')
ylabel('Absolute Haeufigkeit')
U19=M(:,2);
hg19=histogram(U19,klassen)
xlabel('Pegelstand im Maerz 2019 (klassifiziert)')
ylabel('Absolute Haeufigkeit')
U20=M(:,3);
hg20=histogram(U20,klassen)
xlabel('Pegelstand im Maerz 2020 (klassifiziert)')
ylabel('Absolute Haeufigkeit')
```

```
klassen={300.5,900.5,100}
hg18=Histogram[U18,klassen,AxesLabel->
    {"Pegelstand im Maerz 2018 (klassifiziert)","Absolute Haeufigkeit"}]
hg19=Histogram[U19,klassen,AxesLabel->
    {"Pegelstand im Maerz 2019 (klassifiziert)","Absolute Haeufigkeit"}]
hg20=Histogram[U20,klassen,AxesLabel->
    {"Pegelstand im Maerz 2020 (klassifiziert)","Absolute Haeufigkeit"}]
```

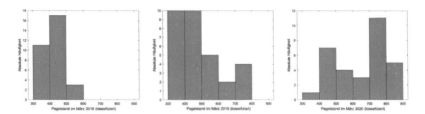

Abb. 4.9: Häufigkeitsverteilungen des Merkmals Pegelstand im März (2018, 2019 und 2020)

Man kann bereits gut erkennen, dass die Pegelstände des Jahres 2020 insgesamt höher waren als im Jahr 2018. Aber waren die Pegelstände auch höher als im Jahr 2019?

Dazu legen wir die drei Grafiken übereinander. Dies geschieht in MATLAB mit dem Befehl hold on (siehe Abb. 4.10):

```
histogram(U18,klassen)
hold on
histogram(U19,klassen)
histogram(U20,klassen)
hold off
xlabel('Pegelstand im Maerz (klassifiziert)')
ylabel('Absolute Haeufigkeit')
legend('Maerz 2018', 'Maerz 2019', 'Maerz 2020')
```

```
Histogram[{U18,U19,U20},klassen,ChartLegends->
         {"Maerz 2018","Maerz 2019","Maerz 2020"}
         AxesLabel->{"Pegelstand (klassifiziert)","Absolute Haeufigkeit"}]
```

Auch diese Darstellung hat nur eine begrenzte Aussagekraft. Zur Klärung der Aussage bestimmt man die durchschnittlichen Pegelstände der einzelnen Jahre und vergleicht diese. Der durchschnittliche Pegelstand ist eine sogenannte *Maßzahl* für die eindimensionale Verteilung.   ◄

Eine Maßzahl liefert Informationen in komprimierter Form. Wir erhalten viel Information in einer einzigen Zahl!

Lagemaße spiegeln das Zentrum der Verteilung wider. Dabei entscheidet das Skalenniveau des Merkmals (siehe Abschn. 1.3), welches Lagemaß überhaupt geeignet ist.

Die Aussagekraft der Lagemaße ist natürlich auch begrenzt. Zur besseren Charakterisierung werden zusätzlich *Streuungsmaße* erhoben. Streuungsmaße geben an, wie weit die Daten vom Lagemaß abweichen.

Zusätzlich kann die Gestalt einer Verteilung durch *Schiefe* und *Wölbung* näher beschrieben werden.

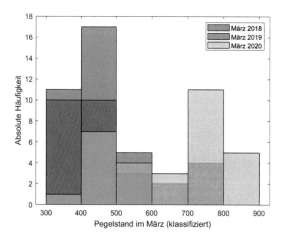

Abb. 4.10: Häufigkeitsverteilungen des Merkmals Pegelstand im März (2018, 2019 und 2020)

4.2.1 Lagemaße

Wir beginnen mit dem bekanntesten Lagemaß, dem *arithmetischen Mittel*, das Sie wahrscheinlich bereits aus Ihrer Schulzeit kennen.

Arithmetisches Mittel

Es seien n Messdaten eines metrisch messbaren Merkmals gegeben. Dann ergibt sich das *arithmetische Mittel* wie folgt:

$$\bar{x} = \frac{1}{n} \sum_{i=1}^{n} x_i.$$

Bemerkung

Liegt eine Häufigkeitsverteilung mit m verschiedenen Ausprägungen vor, dann gilt

$$\bar{x} = \frac{1}{n} \sum_{i=1}^{m} x_i H_i = \sum_{i=1}^{m} x_i h_i,$$

wobei im Falle einer Klassifizierung eines Merkmals die Intervallmitten anstelle der Ausprägungen verwendet werden.

Es sei noch einmal ausdrücklich hervorgehoben, dass die Berechnung des arithmetischen Mittels ausschließlich für metrische Merkmale sinnvoll ist. Somit macht es z. B. keinen Sinn, die Durchschnittsnote einer Klausur mithilfe des arithmetischen Mittels zu berechnen (wie es leider häufig geschieht), da es sich bei Notenskalen um ordinale Skalen handelt!

Beispiel 4.4 (Pegelstand). Wir kehren zu Bsp. 4.3 mit dem Merkmal Pegelstand des Rheins zurück. Um das arithmetische Mittel der einzelnen Jahre zu bestimmen, summieren wir alle Pegelstände eines Jahres auf und teilen diesen Wert durch die Anzahl der Messwerte (hier 31, da jeweils 31 Messwerte des Monats März vorliegen):

$$\bar{x}_{18} = \frac{1}{31}\left(404 + 392 + 385 + 381 + 376 + \dots\right) \approx 424.81$$

$$\bar{x}_{19} = \frac{1}{31}\left(320 + 319 + 324 + 330 + 354 + \dots\right) \approx 489.29$$

$$\bar{x}_{20} = \frac{1}{31}\left(698 + 719 + 744 + 764 + 766 + \dots\right) \approx 644.48.$$

Unsere Behauptung können wir mithilfe dieser Ergebnisse wie folgt beantworten: Der Pegelstand im März 2020 war im Mittel mit 644.48 cm deutlich höher als in den beiden Jahren zuvor.

Natürlich können wir die arithmetischen Mittel auch mit MATLAB bzw. Mathematica berechnen:

```
mean(U18)
mean(U19)
mean(U20)
```

```
Mean[U18]
Mean[U19]
Mean[U20]
```

Liegt uns nur eine Häufigkeitsverteilung für die Pegelstände vor, dann können wir die arithmetischen Mittel näherungsweise berechnen, indem wir die Intervallmitten verwenden. Dies wird hier exemplarisch für das Jahr 2020 gezeigt. In Tab. 4.3 gibt der Summenwert ($\sum$) in der Spalte $x_i h_i$ den Näherungswert für das arithmetische Mittel an, somit ist $\bar{x} \approx 641.94$.

Machen Sie sich klar, dass es sich hierbei nur um einen Näherungswert handelt, da wir durch die Zusammenfassung der Daten zu Klassen Informationen verlieren. Für den exakten Wert müssen wir immer die Berechnung mit den Originaldaten durchführen.   ◀

Ein weiteres Lagemaß ist der *Median*, der die Objekte einer Untersuchung in zwei Gruppen einteilt: Mindestens 50 % der Objekte haben eine Ausprägung, die höchstens so groß ist wie der Median, und mindestens 50 % der Objekte haben eine Ausprägung, die mindestens so groß ist wie der Median.

Tab. 4.3: Berechnung des arithmetischen Mittels des Merkmals Pegelstand mit der Häufigkeitsverteilung

i	Intervall $a_{i-1} < x \leq a_i$	Absolute Häufigkeit H_i	Relative Häufigkeit h_i	Intervall-mitte x_i	$x_i h_i$
1	$300 < x \leq 400$	3	0.0484	350	16.94
2	$400 < x \leq 500$	14	0.2258	450	101.61
3	$500 < x \leq 600$	8	0.1290	550	70.95
4	$600 < x \leq 700$	5	0.0968	650	62.92
5	$700 < x \leq 800$	23	0.3548	750	266.10
6	$800 < x \leq 900$	9	0.1452	850	123.42
Σ		62	1	–	641.94

Wenn wir unsere Daten der Urliste der Größe nach sortieren und unsere Untersuchung eine ungerade Anzahl Objekte umfasst, dann ist der Median genau die Ausprägung, die in der Mitte steht. Haben wir eine gerade Anzahl Objekte, dann wird der Median aus dem arithmetischen Mittel der beiden mittleren Werte bestimmt.

Um einen Median sinnvoll zu berechnen, muss das Merkmal mindestens ordinalskaliert sein.

Median

Es seien n der Größe nach sortierte Messdaten eines mindestens ordinalskalierten Merkmals gegeben. Dann ergibt sich der *Median* wie folgt:

$$\tilde{x}_{0.5} = \begin{cases} x_{\frac{n+1}{2}} & n \text{ ungerade} \\ \frac{1}{2}\left(x_{\frac{n}{2}} + x_{\frac{n}{2}+1}\right) & n \text{ gerade} \end{cases}$$

Beispiel 4.5 (Personen im Haushalt). Wir betrachten Bsp.4.1 mit dem Merkmal Anzahl Personen in einem Haushalt erneut. Um den Median zu bestimmen, sortieren wir die Daten zunächst der Größe nach:

```
1   1   1   1   1   1   1   1   1   1
1   1   1   1   1   1   1   1   1   1
1   1   1   1   1   1   1   1   1   1
1   1   1   1   1   1   2   2   2   2
2   2   2   2   2   2   2   2   2   2
2   2   2   2   2   2   2   2   2   2
3   3   3   3   3   3   3   3   3   3
3   3   3   3   3   3   3   3   3   3
3   3   3   4   4   4   4   4   4   4
4   4   4   5   5   5   5   6   6   7
```

Da die Anzahl an Daten ($n = 100$) gerade ist, ergibt sich der Median als arithmetisches Mittel aus dem 50. und 51. Wert unserer sortierten Datenreihe (blau hinterlegt):

$$\tilde{x}_{0.5} = \frac{1}{2}(x_{50} + x_{51}) = \frac{1}{2}(2 + 2) = 2.$$

Damit leben mindestens 50 % der Studierenden in einem Haushalt mit höchstens zwei Personen und mindestens 50 % mit mindestens zwei Personen.

Wir können den Median auch direkt aus den Werten der kumulierten Häufigkeiten in Tab. 4.1 ablesen. Die 50 %-Marke wird bei der Ausprägung 2 überschritten, da 36 % der Studierenden alleine leben, aber bereits 60 % höchstens zu zweit (siehe Tab. 4.4).

Tab. 4.4: Häufigkeitsverteilung des Merkmals Anzahl Personen im Haushalt zur Bestimmung des Medians

i	Ausprägung x_i	Absolute Häufigkeit H_i	Relative Häufigkeit h_i	Kumulierte Häufigkeit F_i
1	1	36	0.36	0.36
2	2	24	0.24	0.60
3	3	23	0.23	0.83
4	4	10	0.10	0.93
5	5	4	0.04	0.97
6	6	2	0.02	0.99
7	7	1	0.01	1
Σ		100	1	nicht sinnvoll

Man kann den Median auch grafisch mithilfe der empirischen Verteilungsfunktion ermitteln (siehe Abb. 4.11).

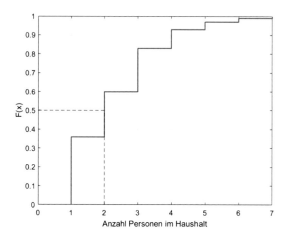

Abb. 4.11: Grafische Bestimmung des Medians mithilfe der empirischen Verteilungsfunktion

In MATLAB bzw. Mathematica erhält man den Median mit folgendem Befehl:

```
U=[1 3 2 3 2 3 1 1 2 2 3 1 2 2 1 1 1 6 1 1 1 1 3 3 1 2 1 1 2 3 1 4 1 1 ...
   2 1 3 1 1 1 4 3 2 3 1 2 3 2 3 2 2 2 2 4 1 3 3 5 2 7 2 1 1 4 1 1 1 ...
   2 1 1 5 4 3 3 3 4 4 2 3 3 3 1 2 1 2 4 3 1 2 1 3 3 2 5 4 4 1 5 6 1];
median(U)
```

```
U={1,3,2,3,2,3,1,1,2,2,3,1,2,2,1,1,1,6,1,1,1,1,3,3,1,2,1,1,2,3,1,4,1,1,
   2,1,3,1,1,1,4,3,2,3,1,2,3,2,3,2,2,2,2,4,1,3,3,5,2,7,2,1,1,4,1,1,1,
   2,1,1,5,4,3,3,3,4,4,2,3,3,3,1,2,1,2,4,3,1,2,1,3,3,2,5,4,4,1,5,6,1}
Median[U]
```

◀

Beispiel 4.6 (Pegelstand). Wir betrachten Bsp. 4.2 (Pegelstände im März 2020) erneut. Liegen uns zu einem stetigen Merkmal die Originaldaten vor, dann können wir
bei der Berechnung des Medians genauso vorgehen wie im vorherigen Beispiel beschrieben. Wir sortieren zunächst die Urliste z. B. mit MATLAB oder Mathematica:

```
n=length(U);
Usort=sort(U);
```

```
n=Length[U];
Usort=Sort[U];
```

Da $n = 62$ gerade ist, berechnet sich der Median als arithmetisches Mittel des 31.
und 32. Werts der sortierten Urliste

```
1/2*(Usort(n/2)+Usort(n/2+1))
```

```
1/2*(Usort[[n/2]]+Usort[[n/2+1]])
```

Es ergibt sich
$$\tilde{x}_{0.5} = 704,$$

d. h., an mindestens 50 % der Tage im März 2020 hatte der Rhein einen Pegelstand von höchstens 704 cm, und an mindestens 50 % der Tage hatte der Rhein einen Pegelstand von mindestens 704 cm. Wir können hier auch den Befehl median bzw. Median direkt auf die (unsortierte) Urliste anwenden.

Liegt uns nur eine Häufigkeitsverteilung vor, bei der die Daten in Klassen eingeteilt wurden, dann können wir den Median nur näherungweise berechnen. Der Median liegt in dem Intervall, bei dem die zugehörige kumulierte Häufigkeit das erste Mal größer oder gleich 0.5 ist. Aus Tab. 4.5 können wir entnehmen, dass $F_4 = 0.5$ ist. Damit ergibt sich die obere Grenze des 4. Intervals $a_4 = 700$ als Näherungswert für den Median (siehe Abb. 4.12)
$$\tilde{x}_{0.5} \approx 700.$$

Tab. 4.5: Häufigkeitsverteilung des Merkmals Pegelstand zur Berechnung des Medians

i	Intervall $a_{i-1} < x \le a_i$	Absolute Häufigkeit H_i	Relative Häufigkeit h_i	Kumulierte Häufigkeit F_i
1	$300 < x \le 400$	3	0.0484	0.0484
2	$400 < x \le 500$	14	0.2258	0.2742
3	$500 < x \le 600$	8	0.1290	0.4032
4	$600 < x \le 700$	6	0.0968	0.5000
5	$700 < x \le 800$	22	0.3548	0.8548
6	$800 < x \le 900$	9	0.1452	1
Σ		62	1	nicht sinnvoll

Falls die kumulierte Häufigkeitsverteilung den Wert 0.5 nicht exakt annimmt, können wir den Median mithilfe einer Linearisierung ermitteln. Das genaue Vorgehen wird in Bsp. 4.10 beschrieben.   ◄

Ein weiteres Lagemaß, das für alle Skalenniveaus geeignet ist, ist der *Modus*, der aber in der Praxis eine untergeordnete Rolle spielt. Der Modus (auch *Modalwert*) ist diejenige Ausprägung mit der größten Häufigkeit und lässt sich somit direkt aus der Häufigkeitsverteilung ablesen. Bei klassifizierten Merkmalen wird die Klasse mit der größten Häufigkeit als *modale Klasse* bezeichnet.

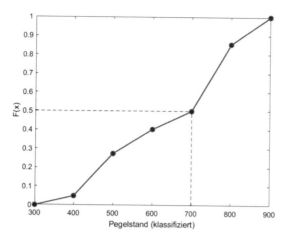

Abb. 4.12: Empirische Verteilungsfunktion des Merkmals Pegelstand (klassifiziert) zur Berechnung des Medians

---

Modus

Die Merkmalsausprägung, die am häufigsten vorkommt, wird *Modus* genannt. Es gilt

$$x_{\mathrm{mod}} \in \left\{ x_j \,\middle|\, H_j = \max_{i=1,\dots,m} (H_i) \right\},$$

wobei *m* die Anzahl der Ausprägungen bezeichnet.

Bemerkung

Gibt es mehrere Ausprägungen mit der größten Häufigkeit, dann gibt es auch mehrere Modi.

Beispiel 4.7 (Personen im Haushalt). Wir können den Modus direkt aus der Häufigkeitsverteilung ablesen (siehe Tab. 4.6). Der Modus ist 1, was bedeutet, dass die Studierenden am häufigsten alleine leben.

In MATLAB bzw. Mathematica erhalten wir den Modus mit den folgenden Befehlen:

```
mode(U)
```

```
Commonest[U]
```

Tab. 4.6: Häufigkeitsverteilung des Merkmals Anzahl Personen im Haushalt zur Bestimmung des Modus

i	Ausprägung x_i	Absolute Häufigkeit H_i
1	1	36
2	2	24
3	3	23
4	4	10
5	5	4
6	6	2
7	7	1
Σ		100

◀

Beispiel 4.8 (Pegelstand). Die Ausprägungen des stetigen Merkmals Pegelstand haben wir in Klassen eingeteilt (siehe Bsp. 4.2 und Tab. 4.7), deshalb können wir aus
der Häufigkeitsverteilung die modale Klasse bestimmen.

Tab. 4.7: Häufigkeitsverteilung des Merkmals Pegelstand zur Bestimmung der mo-
dalen Klasse

i	Intervall $a_{i-1} < x \leq a_i$	Absolute Häufigkeit h_i
1	$300 < x \leq 400$	3
2	$400 < x \leq 500$	14
3	$500 < x \leq 600$	8
4	$600 < x \leq 700$	6
5	$700 < x \leq 800$	22
6	$800 < x \leq 900$	9
Σ		62

Wir erhalten das Intervall $(700; 800]$ als modale Klasse mit einer Häufigkeit von 22,
d. h., an 22 von 31 Tagen des März 2020 war der Pegelstand des Rheins zwischen 7
und 8 Metern.   ◀

Quantile unterteilen einen geordneten Datensatz in zwei Gruppen. Ein besonderes Quantil haben Sie bereits kennengelernt. Das ist der Median, das 0.5-Quantil. Er unterteilt die Daten in zwei Gruppen: Mindestens 50 % liegen unterhalb des Medians und mindestens 50 % oberhalb. Aus diesem Grund haben wir den Median auch mit $\tilde{x}_{0.5}$ bezeichnet.

Auf diese Weise können wir auch jedes andere α-Quantil $\tilde{x}_\alpha$ bestimmen, das die Daten in zwei Gruppen teilt: Mindestens $\alpha \cdot 100\%$ der Daten sind kleiner oder gleich $\tilde{x}_\alpha$, und mindestens $(1 - \alpha) \cdot 100\%$ sind größer oder gleich.

Quantile

Es seien n der Größe nach sortierte Messdaten eines mindestens ordinalskalierten Merkmals gegeben. Dann ergibt sich das α-*Quantil* wie folgt:

$$\tilde{x}_\alpha = \begin{cases} \frac{1}{2}\left(x_{n\cdot\alpha} + x_{n\cdot\alpha+1}\right) & n \cdot \alpha \text{ ganzzahlig} \\ x_{\lfloor n\cdot\alpha \rfloor+1} & n \cdot \alpha \text{ nicht ganzzahlig.} \end{cases}$$

Dabei ist $\lfloor n \cdot \alpha \rfloor$ die größte ganze Zahl, die kleiner oder gleich $n \cdot \alpha$ ist.

Denkanstoß

Machen Sie sich klar, dass Sie in Aufg. 4.1 (iv) und (v) sowie in Aufg. 4.2 (iii) und (iv) bereits Quantile bestimmt haben!

Beispiel 4.9 (Personen im Haushalt). Wir wollen das 0.6-Quantil bestimmen. Dazu liegt uns wieder der geordnete Datensatz vor:

1	1	1	1	1	1	1	1	1	1
1	1	1	1	1	1	1	1	1	1
1	1	1	1	1	1	1	1	1	1
1	1	1	1	1	1	2	2	2	2
2	2	2	2	2	2	2	2	2	2
2	2	2	2	2	2	2	2	2	2
3	3	3	3	3	3	3	3	3	3
3	3	3	3	3	3	3	3	3	3
3	3	3	4	4	4	4	4	4	4
4	4	4	5	5	5	5	6	6	7

In unserem Fall ist $n \cdot \alpha = 100 \cdot 0.6 = 60$ ganzzahlig, somit ergibt sich das 0.6-Quantil als arithmetisches Mittel aus dem 60. und 61. Wert:

$$\frac{1}{2}(x_{60} + x_{61}) = \frac{1}{2}(2 + 3) = 2.5.$$

Das 0.6-Quantil beträgt 2.5. Es leben mindestens 60 % der Studierenden in einem Haushalt mit höchstens 2.5 Personen und mindestens 40 % mit mindestens 2.5 Personen.

Mit MATLAB bzw. Mathematica kann das 0.6-Quantil mit folgendem Befehl bestimmt werden:

```
quantile(U,0.6)
```

```
Quantile[U,0.6]
```

> **Hinweis**
>
> Im Gegensatz zu MATLAB gibt Mathematica das Quantil als ein Element der Liste (hier U) aus, sodass hier leider Abweichungen auftreten können.

◄

Beispiel 4.10 (Pegelstand). Wir betrachten Bsp. 4.2 (Pegelstände im März 2020) erneut und wollen das 0.6-Quantil anhand der Häufigkeitsverteilung näherungsweise bestimmen. Das 0.6-Quantil liegt in dem Intervall, bei dem die zugehörige kumulierte Häufigkeit das erste Mal größer oder gleich 0.6 ist. Wir können Tab. 4.8 entnehmen, dass die kumulierte Häufigkeitsverteilung den Wert 0.6 nicht exakt annimmt. Das erste Mal überschritten wird der Wert im Intervall $(700; 800]$. Somit muss das gesuchte Quantil in diesem Intervall liegen (siehe Abb. 4.13).

Tab. 4.8: Häufigkeitsverteilung des Merkmals Pegelstand zur Berechnung des 0.6-Quantils

i	Intervall $a_{i-1} < x \leq a_i$	Absolute Häufigkeit H_i	Relative Häufigkeit h_i	Kumulierte Häufigkeit F_i
1	$300 < x \leq 400$	3	0.0484	0.0484
2	$400 < x \leq 500$	14	0.2258	0.2742
3	$500 < x \leq 600$	8	0.1290	0.4032
4	$600 < x \leq 700$	6	0.0968	0.5000
5	$700 < x \leq 800$	22	0.3548	0.8548
6	$800 < x \leq 900$	9	0.1452	1
Σ		62	1	nicht sinnvoll

Wir nähern wie bei der grafischen Darstellung der Verteilungsfunktion die Verbindung zwischen zwei Datenpunkten durch eine Gerade an und erhalten als Näherung

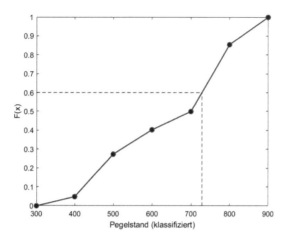

Abb. 4.13: Empirische Verteilungsfunktion des Merkmals Pegelstand (klassifiziert) zur Berechnung des 0.6-Quantils

für das 0.6-Quantil

$$\tilde{x}_{0.6} \approx 700 + \frac{0.6 - 0.5}{0.3548} \cdot (800 - 700) = 728.18.$$

Wir addieren zur obereren Grenze $a_i = 700$ des Intervalls $i = 4$ (das Intervall $i + 1 = 5$ enthält das gesuchte Quantil) den verbleibenden Prozentwert $\alpha - F_i = 0.6 - 0.5 = 0.1$ in Relation zur relativen Häufigkeit des $(i + 1)$-Intervalls $h_{i+1} = 0.3548$ multipliziert mit der Intervallbreite $a_{i+i} - a_i = 800 - 700 = 100$. ◄

Allgemein gilt folgende Formel zur Berechnung des α-Quantils eines stetigen Merkmals mithilfe der Häufigkeitsverteilung.

Quantile bei Intervalleinteilung

Es sei eine Häufigkeitsverteilung eines stetigen Merkmals gegeben, bei der die Ausprägungen zu Intervallen (Klassen) zusammengefasst wurden. Hierbei sei das Intervall $i + 1$ das Intervall, bei dem der Wert der Verteilungsfunktion F_{i+1} an der Intervallobergrenze das erste Mal größer oder gleich dem Wert α ist. Dann ergibt sich ein Näherungswert für das α-*Quantil* wie folgt:

$$\tilde{x}_{\alpha} \approx a_i + \frac{\alpha - F_i}{h_{i+1}} (a_{i+i} - a_i).$$

Hinweis

Für $\alpha = 0.5$ ergibt sich eine Näherungsformel für den Median.

Denkanstoß

Machen Sie sich klar, dass das arithmetische Mittel äußerst sensibel auf Ausreißer in einem Datensatz reagiert. Ein *Ausreißer* ist eine Ausprägung, die extrem weit von den übrigen Ausprägungen abweicht. Es kann sich dabei um einen Fehler bei der Erhebung der Daten handeln, aber es ist auch möglich, dass diese seltene Ausprägung korrekt ist.

Der Median und der Modus reagieren viel unempfindlicher auf Ausreißer. Aus diesem Grund bezeichnet man diese Lagemaße als *robust*.

Probieren Sie es aus, indem Sie in der Urliste zur Untersuchung der Personenanzahl im Haushalt (siehe Daten in Bsp. 4.1) den letzten Eintrag auf 100 ändern. Berechnen Sie die drei Lagemaße und interpretieren Sie die Ergebnisse!

Als letztes Lagemaß wollen wir das *geometrische Mittel* betrachten, das zur Berechnung von durchschnittlichen Wachstumsfaktoren herangezogen wird. Wir machen uns die Notwendigkeit und Verwendung dieses Lagemaßes an einem Beispiel deutlich.

Beispiel 4.11 (Einwohner in Duisburg). Tab. 4.9 stellt die Entwicklung der Einwohnerzahl der Stadt Duisburg von 2010 bis 2018 dar.

Wir möchten nun den durchschnittlichen Wachstumsfaktor ermitteln. Wir könnten mit unserem jetzigen Kenntnisstand hergehen und das arithmetische Mittel der Wachstumsfaktoren berechnen:

$$\overline{g} = \frac{1}{8}\sum_{i=1}^{8} g_i = \frac{1}{8}\left(0.9957 + 0.9987 + 1.0001 + \dots\right) = 1.002315.$$

Wir wenden die auf diese Weise ermittelte durchschnittliche Wachstumsrate

$$\overline{r} = 1 - \overline{g} = 1 - 1.002315 = 0.002315$$

auf unseren Ausgangswert im Jahr 2010 von 489 559 Einwohnern an und erhalten das in Tab. 4.10 zusammengefasste Ergebnis.

Tab. 4.9: Einwohnerzahlen der Stadt Duisburg von 2010 bis 2018

Jahr	Bevölkerungsstand (31.12.)	Absolute Veränderung zu Vorjahr	Relative Veränderung zu Vorjahr	Wachstumsfaktor
i	B_i		Wachstumsrate r_i	g_i
0 2010	489 559			
1 2011	487 470	-2089	-0.43 %	99.57 %
2 2012	486 816	-654	-0.13 %	99.87 %
3 2013	486 855	39	0.01 %	100.01 %
4 2014	485 465	-1390	-0.29 %	99.71 %
5 2015	491 231	5766	1.19 %	101.19 %
6 2016	499 845	8614	1.75 %	101.75 %
7 2017	498 110	-1735	-0.35 %	99.65 %
8 2018	498 590	480	0.10 %	100.10 %

Tab. 4.10: Einwohnerzahlen der Stadt Duisburg von 2010 bis 2018 mit **falscher** durchschnittlicher Wachstumsrate

Jahr	Bevölkerungsstand (31.12.)	Absolute Veränderung zu Vorjahr	Relative Veränderung zu Vorjahr
i	B_i		Wachstumsrate r_i
0 2010	489 559		
1 2011	490 692	1133	0.2315 %
2 2012	491 828	1136	0.2315 %
3 2013	492 967	1139	0.2315 %
4 2014	494 109	1141	0.2315 %
5 2015	495 252	1144	0.2315 %
6 2016	496 399	1147	0.2315 %
7 2017	497 548	1149	0.2315 %
8 2018	498 700	1152	0.2315 %

Wenn wir die beiden Einwohnerzahlen im Jahr 2018 (blau markiert) miteinander vergleichen, fällt uns auf, dass sie nicht übereinstimmen. Was ist bloß schiefgelaufen?

Der mithilfe des arithmetischen Mittels bestimmte durchschnittliche Wachstumsfaktor kann offensichtlich nicht korrekt sein. Wir gehen nochmal von vorne an die Sache heran: Wir wollen einen durchschnittlichen Wachstumsfaktor $\bar{g}$ ermitteln, der, wenn wir ihn auf unsere Einwohnerzahl im Jahr 2010 anwenden, die korrekte Einwohnerzahl im Jahr 2018 liefert. Die Einwohnerzahlen der einzelnen Jahre erhalten wir über folgende Rechnung:

$$B_1 = g_1 \cdot B_0$$
$$B_2 = g_2 \cdot B_1 = g_2 \cdot g_1 \cdot B_0$$
$$B_3 = g_3 \cdot B_2 = g_3 \cdot g_2 \cdot g_1 \cdot B_0$$
$$B_4 = g_4 \cdot B_3 = g_4 \cdot g_3 \cdot g_2 \cdot g_1 \cdot B_0$$
$$B_5 = g_5 \cdot B_4 = g_5 \cdot g_4 \cdot g_3 \cdot g_2 \cdot g_1 \cdot B_0$$
$$B_6 = g_6 \cdot B_5 = g_6 \cdot g_5 \cdot g_4 \cdot g_3 \cdot g_2 \cdot g_1 \cdot B_0$$
$$B_7 = g_7 \cdot B_6 = g_7 \cdot g_6 \cdot g_5 \cdot g_4 \cdot g_3 \cdot g_2 \cdot g_1 \cdot B_0$$
$$B_8 = g_8 \cdot B_7 = g_8 \cdot g_7 \cdot g_6 \cdot g_5 \cdot g_4 \cdot g_3 \cdot g_2 \cdot g_1 \cdot B_0 = \prod_{i=1}^{8} g_i B_0.$$

Mit unserem durchschnittlichen Wachstumsfaktor $\overline{g}$ ergibt sich:

$$\tilde{B}_1 = \overline{g} \cdot B_0$$
$$\tilde{B}_2 = \overline{g} \cdot B_1 = \overline{g}^2 \cdot B_0$$
$$\tilde{B}_3 = \overline{g} \cdot B_2 = \overline{g}^3 \cdot B_0$$
$$\vdots$$
$$\tilde{B}_8 = \overline{g} \cdot B_7 = \overline{g}^8 \cdot B_0.$$

Die Anwendung unseres durchschnittlichen Wachstumsfaktors $\overline{g}$ auf B_0 soll zur gleichen Einwohnerzahl B_8 im Jahr 2018 führen. Somit muss gelten:

$$B_8 = \tilde{B}_8$$
$$\prod_{i=1}^{8} g_i B_0 = \overline{g}^8 B_0$$
$$\prod_{i=1}^{8} g_i = \overline{g}^8$$
$$\overline{g} = \sqrt[8]{\prod_{i=1}^{8} g_i}.$$

Hiermit ergibt sich die folgende durchschnittliche Wachstumsrate

$$\overline{g} = \sqrt[8]{\prod_{i=1}^{8} g_i} = \sqrt[8]{0.9957 \cdot 0.9987 \cdot 1.0001 \cdot \ldots} = 1.002288.$$

Wir wenden die durchschnittliche Wachstumsrate

$$\overline{r} = \overline{g} - 1 = 0.002288$$

auf unsere Einwohnerzahl im Jahr 2010 an und erhalten das in Tab. 4.11 zusammen-gefasste Ergebnis.

Tab. 4.11: Einwohnerzahlen der Stadt Duisburg von 2010 bis 2018 mit **richtiger** durchschnittlicher Wachstumsrate

i	Jahr	Bevölkerungsstand (31.12.) B_i	Absolute Veränderung zu Vorjahr	Relative Veränderung zu Vorjahr Wachstumsrate r_i
0	2010	489 559		
1	2011	490 679	1120	0.2288 %
2	2012	491 801	1122	0.2288 %
3	2013	492 926	1125	0.2288 %
4	2014	494 054	1128	0.2288 %
5	2015	495 184	1130	0.2288 %
6	2016	496 317	1133	0.2288 %
7	2017	497 452	1135	0.2288 %
8	2018	498 590	1138	0.2288 %

Nun erhalten wir den richtigen Wert für das Jahr 2018. Die Werte für die anderen Jahre stimmen i. A. bei Anwendung der durchschnittlichen Wachstumsrate nicht mit den Originaldaten überein, da wir das bei der Herleitung dieses Lagemaßes auch nicht gefordert haben. Wir nennen dieses Lagemaß *geometrisches Mittel*.

In MATLAB bzw. Mathematica erhält man das geometrische Mittel wie folgt:

```
format long
G=[0.9957 0.9987 1.0001 0.9971 1.0119 1.0175 0.9965 1.0010];
geomean(G)
```

```
G={0.9957,0.9987,1.0001,0.9971,1.0119,1.0175,0.9965,1.0010};
GeometricMean[G]
```

Info-Box

Daten zu Einwohnerzahlen von Gemeinden in NRW erhalten Sie in der Landesdatenbank NRW. Sie können dort den Zeitraum und die Gemeinden auswählen.

◄

Geometrisches Mittel

Gegeben seien n aufeinanderfolgende Wachstumsfaktoren $g_1, g_2, \ldots, g_n$, dann heißt

$$\overline{g} = \sqrt[n]{\prod_{i=1}^{n} g_i}$$

das *geometrische Mittel* der Wachstumsfaktoren. Die durchschnittliche Wachstumsrate erhalten wir durch

$$\overline{r} = \overline{g} - 1.$$

Bemerkung

Logarithmiert man die Formel für das geometrische Mittel der Wachstumsfaktoren, kann man eine interessante Entdeckung machen:

$$\log(\overline{g}) = \log\left(\sqrt[n]{\prod_{i=1}^{n} g_i}\right) = \frac{1}{n}\left(\log g_1 + \log g_2 + \cdots + \log g_n\right) = \frac{1}{n}\sum_{i=1}^{n} \log g_i.$$

Der Logarithmus des geometrischen Mittels ist das arithmetische Mittel der logarithmierten Wachstumsfaktoren.

Beispiel 4.12 (Geldanlage). Betrachten wir dazu ein weiteres Beispiel. Wir bringen am 1.1.2015 1000 € auf die Bank. Im ersten Jahr erhalten wir 2 % Zinsen, im zweiten Jahr 3 %, im dritten Jahr 3.5 % und im vierten und fünften Jahr jeweils 4 %. Wie viel Geld haben wir am 1.1.2020? Mit welcher konstanten Durchschnittsverzinsung hätten wir nach den fünf Jahren den gleichen Betrag erhalten?

Wir haben nach fünf Jahren ein Kapital von

$$K_5 = 1000 \, \text{€} \cdot 1.02 \cdot 1.03 \cdot 1.035 \cdot 1.04 \cdot 1.04 = 1176.10 \, \text{€}.$$

Um die durchschnittliche Verzinsung, die zum gleichen Betrag nach fünf Jahren führt, zu erhalten, berechnen wir das geometrische Mittel der Wachstumsfaktoren:

$$\overline{g} = \sqrt[5]{\prod_{i=1}^{5} g_i} = \sqrt[5]{1.02 \cdot 1.03 \cdot 1.035 \cdot 1.04 \cdot 1.04} = 1.03297.$$

Mit einer durchschnittlichen Verzinsung von 3.297 % erhalten wir das gleiche Endkapital:

$$K_5 = 1000 \, \text{€} \cdot 1.03297^5 = 1176.08 \, \text{€}.$$

(Die geringe Differenz der beiden Beträge ergibt sich durch Rundungen.) ◄

An diesem Beispiel können wir uns nochmal klarmachen, warum die Berechnung mithilfe des arithmetischen Mittels zu falschen Ergebnissen führen würde. Im zweiten Jahr wird nicht nur das Startkapital verzinst, sondern auch die Zinsen des Startkapitals. Diese Zinseszinsen müssen in der Berechnung berücksichtigt werden, was durch das geometrische Mittel gewährleistet ist, aber eben nicht durch das arithmetische Mittel.

4.2.2 Streuungsmaße

Wir betrachten die in Abb. 4.14 dargestellten Verteilungen. Alle Verteilungen haben den gleichen arithmetischen Mittelwert $\bar{x} = 5$, sehen aber dennoch ganz anders aus. Die Beschreibung eines Datensatzes mithilfe einer einzigen Kennzahl reicht wohl nicht aus, um ihn zu beschreiben. Wichtige Informationen werden nicht berücksichtigt.

Abb. 4.14: Häufigkeitsverteilungen mit dem gleichen arithmetischen Mittelwert $\bar{x} = 5$, aber unterschiedlicher Streuung

Mithilfe von *Streuungsmaßen* können wir ausdrücken, wie weit die einzelnen Datenpunkte voneinander bzw. von einem Bezugspunkt entfernt sind. Das wichtigste Streuungsmaß ist die *Varianz*. Sie misst den mittleren quadratischen Abstand der Daten vom arithmetischen Mittelwert. Dieses Maß für die Streuung ist, wie das arithmetische Mittel, nur für metrische Merkmale geeignet. Wurde das Merkmal in Klassen eingeteilt, verwenden wir zur näherungsweisen Berechnung wieder die Intervallmitten.

Varianz

Es seien n Messdaten eines metrisch messbaren Merkmals und dessen arithmetischer Mittelwert $\bar{x}$ gegeben. Dann ergibt sich die *Varianz* wie folgt:

$$s^2 = \frac{1}{n} \sum_{i=1}^{n} (x_i - \bar{x})^2.$$

Bemerkung

Liegt eine Häufigkeitsverteilung mit m verschiedenen Ausprägungen vor, dann gilt

$$s^2 = \frac{1}{n} \sum_{i=1}^{m} (x_i - \bar{x})^2 H_i = \sum_{i=1}^{m} (x_i - \bar{x})^2 h_i,$$

wobei im Falle einer Klassifizierung eines Merkmals die Intervallmitten anstelle der Ausprägungen verwendet werden.

Standardabweichung

Die positive Quadratwurzel aus der Varianz heißt *Standardabweichung*, und es gilt:

$$s = \sqrt{s^2}.$$

Bemerkung

Liegt ein Merkmal mit einer Einheit vor (z. B. Pegelstand in cm), dann ist die Einheit der Varianz quadratisch (cm^2). Die Einheit der Standardabweichung stimmt mit der Einheit des Merkmals überein.

Beispiel 4.13 (Personen im Haushalt). Um die Varianz in unserem Beispiel zu berechnen, erweitern wir unsere Tabelle mit der Häufigkeitsverteilung (siehe Tab. 4.12).

Tab. 4.12: Häufigkeitsverteilung des Merkmals Anzahl Personen im Haushalt

i	Ausprägung x_i	Relative Häufigkeit h_i	$x_i \cdot h_i$	$(x_i - \bar{x})^2 h_i$
1	1	0.36	0.36	0.63
2	2	0.24	0.48	0.02
3	3	0.23	0.69	0.11
4	4	0.10	0.40	0.28
5	5	0.04	0.20	0.29
6	6	0.02	0.12	0.27
7	7	0.01	0.07	0.22
Σ		1	2.32	1.82

Wir können in der Summenzeile in der vierten Spalte den arithmetischen Mittelwert ablesen $\bar{x} = 2.32$ und in der fünften Spalte die Varianz $s^2 = 1.82$. Als Standardabweichung erhalten wir:

$$s = \sqrt{s^2} = \sqrt{1.82} = 1.35.$$

In MATLAB bzw. Mathematica gibt es vordefinierte Funktionen für Varianz und Standardabweichung (beachten Sie jedoch den folgenden Hinweis):

```
var(U)
std(U)
```

```
Variance[U]//N
StandardDeviation[U]//N
```

Hinweis

MATLAB und Mathematica berechnen die Varianz mit einer etwas anderen Formel:

$$S^2 = \frac{1}{n-1} \sum_{i=1}^{n} (x_i - \bar{x})^2 .$$

Hierbei handelt es sich um die sogenannte *korrigierte Varianz*. In Abschn. 7.2.2 werden Sie erfahren, wann und warum diese Korrektur sinnvoll ist. Da bei der korrigierten Varianz die Summe durch $n-1$ geteilt wird und bei der (nicht korrigierten) Varianz durch n, unterscheiden sich die Ergebnisse.

Mithilfe der folgenden Funktionen können wir die Varianz (ohne Korrektur) berechnen. Dazu multiplizieren wir das Ergebnis der vordefinierten Varianz-Funktion mit $(n-1)$ und dividieren anschließend durch n:

```
function sq=varianz(U)
    n=length(U);
    sq=((n-1)*var(U))/n;
```

```
Varianz[U_]:=(
    n=Length[U];
    ((n-1)*Variance[U])/n)
```

Aufruf von Varianz und Standardabweichung (ohne Korrektur):

```
sq=varianz(U)
sqrt(sq)
```

```
sq=Varianz[U]//N
Sqrt[sq]
```

◀

Durch folgende Umformungen erhalten wir eine praktische Formel für die Berechnung der Varianz:

$$s^2 = \frac{1}{n}\sum_{i=1}^{n}(x_i - \bar{x})^2 = \frac{1}{n}\sum_{i=1}^{n}\left(x_i^2 - 2x_i\bar{x} + \bar{x}^2\right)$$

$$= \frac{1}{n}\sum_{i=1}^{n}x_i^2 - 2\frac{1}{n}\sum_{i=1}^{n}x_i\bar{x} + \underbrace{\frac{1}{n}\sum_{i=1}^{n}\bar{x}^2}_{n\bar{x}^2}$$

$$= \frac{1}{n}\sum_{i=1}^{n}x_i^2 - 2\bar{x}\underbrace{\frac{1}{n}\sum_{i=1}^{n}x_i}_{\bar{x}} + \bar{x}^2$$

$$= \frac{1}{n}\sum_{i=1}^{n}x_i^2 - 2\bar{x}^2 + \bar{x}^2 = \frac{1}{n}\sum_{i=1}^{n}x_i^2 - \bar{x}^2.$$

Varianz - praktische Formel

Es seien n Messdaten eines metrisch messbaren Merkmals und dessen arithmetischer Mittelwert $\bar{x}$ gegeben. Dann ergibt sich die *Varianz* wie folgt:

$$s^2 = \frac{1}{n}\sum_{i=1}^{n}x_i^2 - \bar{x}^2.$$

4.2.3 Schiefe und Wölbung

In Abb. 4.15 sind drei Häufigkeitsverteilungen mit gleichem arithmetischen Mittelwert $\bar{x} = 5$ und gleicher Varianz $s^2 = 1.6$ dargestellt. Dennoch sehen die Verteilungen unterschiedlich aus. Wir benötigen weitere Kennzahlen, um diese Eigenschaften zu quantifizieren.

Zunächst fällt uns auf, dass die ersten beiden Verteilungen symmetrisch um den Mittelwert $\bar{x} = 5$ aufgebaut sind. Die dritte Verteilung hat eher eine ansteigende Gestalt. Die Häufigkeiten werden mit ansteigender Ausprägung, bis auf die Häufigkeit der Ausprägung 7, auch größer. Diese Eigenschaft kann man über die *Schiefe* messen.

Abb. 4.15: Häufigkeitsverteilungen mit gleichem arithmetischen Mittelwert $\bar{x} = 5$ und gleicher Varianz $s^2 = 1.6$, aber unterschiedlicher Schiefe und Wölbung

---

Schiefe

Es seien n Messdaten eines metrisch messbaren Merkmals, dessen arithmetischer Mittelwert $\bar{x}$ und Standardabweichung s gegeben. Dann ergibt sich die *Schiefe* wie folgt:

$$\xi = \frac{1}{n} \sum_{i=1}^{n} \frac{(x_i - \bar{x})^3}{s^3}.$$

Ist $\xi < 0$, dann liegt eine *linksschiefe* Verteilung vor.
Ist $\xi = 0$, dann ist die Verteilung *symmetrisch* zum arithmetischen Mittelwert $\bar{x}$.
Ist $\xi > 0$, dann liegt eine *rechtsschiefe* Verteilung vor.

Bemerkung

Liegt eine Häufigkeitsverteilung mit m verschiedenen Ausprägungen vor, dann gilt

$$\xi = \frac{1}{n} \sum_{i=1}^{m} \frac{(x_i - \bar{x})^3 H_i}{s^3} = \sum_{i=1}^{m} \frac{(x_i - \bar{x})^3 h_i}{s^3},$$

wobei im Falle einer Klassifizierung eines Merkmals die Intervallmitten anstelle der Ausprägungen verwendet werden.

Die dritte Verteilung in Abb. 4.15 ist linksschief ($\xi = -0.74$). Die beiden anderen Verteilungen sind symmetrisch zum arithmetischen Mittelwert ($\xi = 0$). Dennoch sehen beide Verteilungen unterschiedlich aus. Die erste ist eher schmal aufgebaut und die zweite breit. Diese Eigenschaft können wir über die *Wölbung* messen.

Wölbung

Es seien n Messdaten eines metrisch messbaren Merkmals, dessen arithmetischer Mittelwert $\bar{x}$ und Standardabweichung s gegeben. Dann ergibt sich die *Wölbung* (auch *Kurtosis* genannt) wie folgt:

$$\omega = \frac{1}{n} \sum_{i=1}^{n} \frac{(x_i - \bar{x})^4}{s^4}.$$

Bemerkung

Liegt eine Häufigkeitsverteilung mit m verschiedenen Ausprägungen vor, dann gilt

$$\omega = \frac{1}{n} \sum_{i=1}^{m} \frac{(x_i - \bar{x})^4 H_i}{s^4} = \sum_{i=1}^{m} \frac{(x_i - \bar{x})^4 h_i}{s^4},$$

wobei im Falle einer Klassifizierung eines Merkmals die Intervallmitten anstelle der Ausprägungen verwendet werden.

Um die Wölbung besser interpretieren zu können, vergleicht man sie mit der Wölbung der Normalverteilung. Diese Verteilung werden Sie noch in Abschn. 6.3.2 kennenlernen, falls sie Ihnen nicht aus Ihrer Schulzeit bekannt ist. Viele natur- und ingenieurwissenschaftliche Prozesse lassen sich mit der Normalverteilung gut beschreiben.

Exzess

Zur besseren Interpretierbarkeit vergleicht man die Wölbung einer Verteilung mit der Wölbung der Normalverteilung ($\omega_N = 3$)

$$\gamma = \omega - \omega_N = \omega - 3 = \frac{1}{n} \sum_{i=1}^{n} \frac{(x_i - \bar{x})^4}{s^4} - 3.$$

Diese Maßzahl nennt man *Exzess*.
Ist $\gamma = 0$, dann ist die Verteilung wie die Normalverteilung gewölbt.
Ist $\gamma < 0$, dann ist die Verteilung weniger gewölbt als die Normalverteilung, d. h., sie ist breiter und flacher.
Ist $\gamma > 0$, dann ist die Verteilung stärker gewölbt als die Normalverteilung, d. h., sie ist schmaler und spitzer.

Abb. 4.16 stellt die beiden ersten Häufigkeitsverteilungen aus Abb. 4.15 zusammen mit der Normalverteilung dar. Bei der ersten Verteilung beträgt der Exzess $\gamma = 0.67$.

Sie ist damit etwas schmaler als die Normalverteilung. Die zweite Verteilung ist mit einem Exzess von $\gamma = -0.97$ breiter als die Normalverteilung.

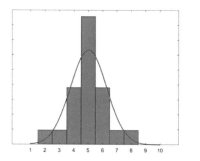 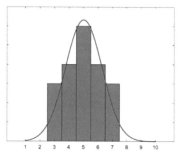

Abb. 4.16: Häufigkeitsverteilungen mit Normalverteilungen

Beispiel 4.14 (Personen im Haushalt). Auch für die Berechnung von Schiefe und Wölbung erweitern wir unsere Tabelle mit der Häufigkeitsverteilung (siehe Tab. 4.13).

Tab. 4.13: Häufigkeitsverteilung des Merkmals Anzahl Personen im Haushalt

i	Ausprägung x_i	Relative Häufigkeit h_i	$x_i \cdot h_i$	$(x_i - \bar{x})^2 h_i$	$(x_i - \bar{x})^3 h_i$	$(x_i - \bar{x})^4 h_i$
1	1	0.36	0.36	0.63	-0.83	1.09
2	2	0.24	0.48	0.02	-0.01	0.00
3	3	0.23	0.69	0.11	0.07	0.05
4	4	0.10	0.40	0.28	0.47	0.80
5	5	0.04	0.20	0.29	0.77	2.06
6	6	0.02	0.12	0.27	1.00	3.67
7	7	0.01	0.07	0.22	1.03	4.80
Σ		1	2.32	1.82	2.50	12.47

Für die Schiefe ergibt sich

$$\xi = \frac{2.50}{\sqrt{1.82}^3} = 1.02.$$

Damit ist die Verteilung rechtsschief. Machen Sie sich dies auch an Abb. 4.1 deutlich.

Für die Wölbung erhalten wir

$$\omega = \frac{12.47}{\sqrt{1.82}^4} = 3.76$$

und damit für den Exzess

$$\gamma = \omega - 3 = 3.76 - 3 = 0.76.$$

Die Verteilung ist stärker gewölbt als die Normalverteilung.

In MATLAB bzw. Mathematica erhalten Sie diese Maßzahlen mit den folgenden Befehlen:

```
sk=skewness(U)  %Schiefe
ku=kurtosis(U)  %Woelbung
z=ku-3          %Exzess
```

```
sk=Skewness[U]//N  (*Schiefe*)
ku=Kurtosis[U]//N  (*Woelbung*)
z=ku-3             (*Exzess*)
```

> **Hinweis**
>
> Für Schiefe und Wölbung werden in MATLAB und Mathematica standard-
> mäßig keine korrigierten Formeln verwendet.

◀

4.2.4 Boxplot

Mithilfe eines *Boxplots* können Lagemaße und Streuung zusammengefasst in einer Grafik dargestellt werden.

Mit den MATLAB- bzw. Mathematica-Befehlen

```
M=readmatrix('Daten\B0403_Pegelstand.xlsx','Sheet','Daten','Range','B2:D32')
boxplot(M,'Labels',{2018,2019,2020})
xlabel('Jahr')
ylabel('Pegelstand in cm')
```

```
U18=Import["Daten\\B0403_Pegelstand.xlsx",{"Data",1,2;;32,2}]
U19=Import["Daten\\B0403_Pegelstand.xlsx",{"Data",1,2;;32,3}]
U20=Import["Daten\\B0403_Pegelstand.xlsx",{"Data",1,2;;32,4}]
BoxWhiskerChart[{U18,U19,U20},ChartLabels->{"2018","2019","2020"},
    FrameLabel->{"Jahr","Pegelstand in cm"}]
```

erhalten wir den Boxplot für Bsp. 4.3 und können auf diese Weise die Pegelstände des Rheins im März der Jahre 2018, 2019 und 2020 miteinander vergleichen.

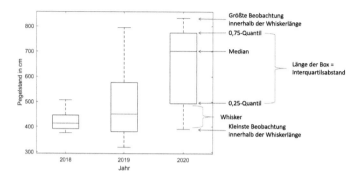

Abb. 4.17: Boxplot: Pegelstand des Rheins im März der Jahre 2018, 2019 und 2020

Der Boxplot liefert uns folgende Informationen:

- Die Ober- und Unterseite der Box stellen das 0.25- bzw. 0.75-Quantil dar. Der Abstand zwischen Ober- und Unterseite, d. h. die Länge der Box, wird *Interquartilsabstand* genannt.

- Die rote Linie in der Box kennzeichnet den Median (0.5-Quantil).

- Die Linien unter- und oberhalb der Box nennt man *Whisker*. Sie reichen von der Box bis zur kleinsten bzw. größten Beobachtung, die innerhalb der Whiskerlänge liegt.

- Beobachtungen, die außerhalb dieses Bereichs liegen, nennt man *Ausreißer*. Sie werden, sofern vorhanden, mit einem roten Plus-Zeichen (MATLAB) bzw. einem schwarzen Punkt (Mathematica) gekennzeichnet. Ausreißer werden in MATLAB standardmäßig angezeigt, in Mathematica muss die Option `Outliers` ergänzt werden.

4.2.5 Aufgaben

Übung 4.5 (Mathematik-Test). Ⓑ Der Mathematik-Test der Hochschule Eulerhausen lieferte die in Aufg. 4.1 dargestellten Ergebnisse.

a) Erweitern Sie Ihre Tabelle mit den Häufigkeiten, die Sie in Aufg. 4.1 angefertigt haben, um folgende Maßzahlen zu bestimmen:

i) Lagemaße: arithmetischer Mittelwert, Median, Modus,

ii) Varianz und Standardabweichung,

iii) Schiefe und Exzess.

b) Bestimmen Sie das 0.25- und das 0.75-Quantil und interpretieren Sie es.

c) Stellen Sie Lagemaße und Streuung mithilfe eines Boxplots dar. Nutzen Sie dazu MATLAB oder Mathematica.

d) Die Hochschule Eulerhausen vermutet, dass die Mathematik-Leistungen der Studienanfänger in den letzten Jahren abgenommen haben. Sie vergleicht dazu die Ergebnisse der Mathematik-Tests der letzten fünf Jahre mithilfe eines Boxplots. Zu welchem Ergebnis gelangt die Hochschule?
Hinweis: Sie finden die Testergebnisse in der Excel-Datei „U0405_Mathematiktest.xlsx". Importieren Sie die Daten nach MATLAB oder Mathematica und stellen Sie diese mithilfe eines Boxplots dar. Zeichnen Sie auch die durchschnittliche Punktanzahl der einzelnen Jahre in den Boxplot ein.

Übung 4.6. (Autoreifen). Ⓥ Die Qualitätsprüfung der Autoreifen lieferte die in Aufg. 4.2 dargestellten Ergebnisse.

a) Bestimmen Sie folgende Maßzahlen für die Daten der gegebenen Stichprobe. Verwenden Sie dazu zum einen die Daten der Urliste und zum anderen die klassifizierten Daten. Beachten Sie, dass Sie bei Verwendung der klassifizierten Daten nur Näherungswerte für die Maßzahlen erhalten.

i) Lagemaße: arithmetischer Mittelwert, Median, modale Klasse,

ii) Varianz und Standardabweichung,

iii) Schiefe und Exzess.

b) Bestimmen Sie das 0.25- und das 0.75-Quantil und interpretieren Sie es.

c) Stellen Sie Lagemaße und Streuung mithilfe eines Boxplots dar. Nutzen Sie dazu MATLAB oder Mathematica.

d) Das Unternehmen möchte die Qualität der Autoreifen des Jahres 2020 mit denen aus den Jahren 2017 bis 2019 vergleichen. Stellen Sie die Daten grafisch mithilfe eines Boxplots in MATLAB oder Mathematica dar und interpretieren Sie die Ergebnisse.
Hinweis: Sie finden die Ergebnisse der Qualitätsprüfung in der Excel-Datei „U0406_Autoreifen.xlsx". Importieren Sie die Daten nach MATLAB oder Mathematica und stellen Sie diese mithilfe eines Boxplots dar. Zeichnen Sie auch die durchschnittliche Lebensdauer der einzelnen Jahre in den Boxplot ein.

Übung 4.7 (Bevölkerungsentwicklung). Ⓑ Die folgende Tabelle stellt die Bevölkerungsentwicklung der über 90-Jährigen in NRW dar.

Stichtag	Bevölkerungsstand 90 Jahre und mehr
31.12.2010	121 755
31.12.2011	124 149
31.12.2012	133 134
31.12.2013	138 972
31.12.2014	147 185
31.12.2015	154 159
31.12.2016	161 097
31.12.2017	166 684
31.12.2018	172 471

a) Bestimmen Sie die durchschnittliche Wachstumsrate.

b) Wie hoch wäre nach dieser durchschnittlichen Wachstumsrate der Bevölkerungsstand der über 90-Jährigen im Jahr 2025 (Stichtag 31.12.2025)?

c) In wie vielen Jahren sind mehr als 200 000 Personen über 90 in NRW zu erwarten?

4.3 Bivariable Verteilungen

Wir haben uns in den vorherigen Abschnitten ausführlich mit der Untersuchung und Darstellung von *einem* Merkmal beschäftigt. Oft ist man aber auch an dem Zusammenhang zwischen *zwei* Merkmalen interessiert. Auch hier ist das Skalenniveau der untersuchten Merkmale von besonderer Bedeutung. Je nach Skalenniveau muss das passende Maß ausgewählt werden. Wir beginnen unsere Betrachtungen mit der Untersuchung des Zusammenhangs zwischen zwei metrischen Merkmalen.

4.3.1 Zusammenhang zwischen metrischen Merkmalen

Wir betrachten dazu zunächst ein Beispiel.

Beispiel 4.15 (Ausdauerleistung). Die *maximale Sauerstoffaufnahme* VO_2max ist ein wichtiger Parameter zur Beurteilung der Ausdauerleistung. Sie gibt an, wie viel Sauerstoff (in ml) der Körper unter Ausbelastung maximal pro Minute verwerten kann. Mittels Atemgasanalyse während einer Ausdauerbelastung kann sie bestimmt werden.

Es wurden folgende VO_2max-Daten von 20 Studentinnen in Alter von 20 bis 29 Jahren erhoben. Zusätzlich wurde ihre Ausdauerleistung mithilfe des *Cooper-Tests* ermittelt. Hierbei handelt es sich um einen 12-minütigen Lauf, bei dem die zurückgelegte Strecke gemessen wird.

i	Strecke in m (x_i)	VO_2max in ml/min (y_i)	i	Strecke in m (x_i)	VO_2max in ml/min (y_i)
1	1765.88	30.37	11	2020.79	30.05
2	2118.44	37.28	12	2006.04	32.88
3	1585.32	18.70	13	2325.13	39.54
4	2452.08	41.19	14	2190.41	44.38
5	2486.66	46.91	15	2234.91	32.82
6	2149.57	39.74	16	1660.01	26.18
7	1713.21	24.94	17	1531.87	18.37
8	1853.34	28.49	18	2234.42	41.48
9	2063.48	35.25	19	1663.23	25.62
10	2102.85	35.78	20	2390.22	43.94

Wir stellen die zurückgelegte Strecke beim Cooper-Test und den VO_2max-Wert in einem *Streudiagramm* dar (siehe Abb. 4.18).

Dieses Streudiagramm kann mit folgenden Befehlen in MATLAB bzw. Mathematica erstellt werden:

```
M=readmatrix('Daten\B0415_Ausdauerleistung.xlsx','Sheet','Daten',...
   'Range','B2:C21');
scatter(M(:,1),M(:,2),'filled')
xlabel('Strecke in m beim Cooper-Test')
ylabel('VO2max-Wert')
xticks(1500:100:2500)
```

```
M=Import["Daten\\B0415_Ausdauerleistung.xlsx",{"Data",1,2;;21,{2,3}}]
ListPlot[M, AxesLabel->{"Strecke in m beim Cooper-Test",
   "VOmax-Wert in ML/min"}]
```

Aus der Darstellung ist eine Tendenz ersichtlich: Eine „große" zurückgelegte Strecke (X) geht meist mit einer „großen" VO_2max (Y) einher und ebenso eine „kleine" Strecke mit einer „kleinen" VO_2max. Natürlich gibt es auch zu einer „größeren"

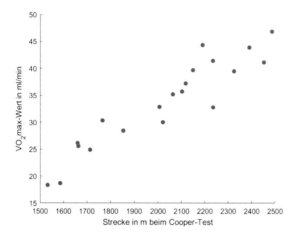

Abb. 4.18: Darstellung der Merkmale Strecke im Cooper-Test und VO_2max mit einem Streudiagramm

Strecke mal eine „kleinere" VO_2max. Aber wie können wir diese Tendenz formal beschreiben?

Dazu müssen wir zunächst präzisieren, was wir mit „groß" und „klein" meinen:

- Eine zurückgelegte Strecke im Cooper-Test x_i heißt *groß*, wenn gilt $x_i - \bar{x} > 0$.
- Eine zurückgelegte Strecke im Cooper-Test x_i heißt *klein*, wenn gilt $x_i - \bar{x} < 0$.

Hierbei bezeichne $\bar{x}$ den Mittelwert der zurückgelegten Strecke. Es gilt $\bar{x} = 2027.39$ m. Gleiches gilt für das Merkmal VO_2max mit $\bar{y} = 33.70$ ml min^{-1}.

Nun bilden wir das Produkt $(x_i - \bar{x})(y_i - \bar{y})$ und können auf diese Weise die x,y-Ebene in vier Quadranten einteilen (siehe Abb. 4.19).

Wir bilden den Mittelwert dieser Produkte über alle Wertepaare:

$$\frac{1}{20}\sum_{i=1}^{20}(x_i - \bar{x})\cdot(y_i - \bar{y}) = 2182.49.$$

Wir erhalten ein positives Ergebnis. Daraus können wir folgern, dass die Wertepaare eher in den „+"-Quadranten liegen und somit eine größere Strecke mit einer höheren VO_2max einhergeht. Man nennt diese Maßzahl *Kovarianz*. ◄

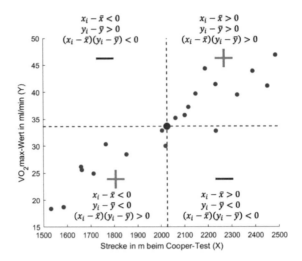

Abb. 4.19: Zerlegung des Streubereichs

Kovarianz

Es seien n zweidimensionale Messdaten der metrisch messbaren Merkmale X und Y gegeben. Dann ergibt sich die *Kovarianz* der Merkmale X und Y wie folgt:

$$s_{XY} = \frac{1}{n} \sum_{i=1}^{n} (x_i - \bar{x})(y_i - \bar{y}).$$

Es gilt: $-\infty \leq s_{XY} \leq \infty$. Das Vorzeichen sagt aus, ob die Punktewolke eher steigt oder fällt.

Für händische Berechnungen können wir, wie bei der Varianz, eine effizientere Formel herleiten:

$$
\begin{aligned}
s_{XY} &= \frac{1}{n} \sum_{i=1}^{n} (x_i - \bar{x}) \cdot (y_i - \bar{y}) \\
&= \frac{1}{n} \sum_{i=1}^{n} (x_i y_i - \bar{x} y_i - \bar{y} x_i + \bar{x} \cdot \bar{y}) \\
&= \frac{1}{n} \sum_{i=1}^{n} x_i y_i - \frac{1}{n} \sum_{i=1}^{n} \bar{x} y_i - \frac{1}{n} \sum_{i=1}^{n} \bar{y} x_i + \frac{1}{n} \sum_{i=1}^{n} \bar{x} \cdot \bar{y} \\
&= \frac{1}{n} \sum_{i=1}^{n} x_i y_i - \bar{x} \underbrace{\frac{1}{n} \sum_{i=1}^{n} y_i}_{\bar{y}} - \bar{y} \underbrace{\frac{1}{n} \sum_{i=1}^{n} x_i}_{\bar{x}} + \frac{1}{n} n \bar{x} \cdot \bar{y}
\end{aligned}
$$

$$= \frac{1}{n} \sum_{i=1}^{n} x_i y_i - \overline{x} \cdot \overline{y} - \overline{x} \cdot \overline{y} + \overline{x} \cdot \overline{y}$$

$$= \frac{1}{n} \sum_{i=1}^{n} x_i y_i - \overline{x} \cdot \overline{y}.$$

Kovarianz - praktische Formel

Es seien n zweidimensionale Messdaten der metrisch messbaren Merkmale X und Y gegeben. Dann ergibt sich die *Kovarianz* der Merkmale X und Y wie folgt:

$$s_{XY} = \frac{1}{n} \sum_{i=1}^{n} x_i y_i - \overline{x} \cdot \overline{y}.$$

Beispiel 4.16 (Ausdauerleistung). Wir berechnen für das Beispiel die Kovarianz mithilfe der „praktischen" Formel und stellen die Rechenschritte wieder mithilfe einer Tabelle dar (siehe Tab. 4.14).

Anhand der Ergebnisse der Summenzeile kann die Kovarianz bestimmt werden:

$$\overline{x} = \frac{1}{20} \sum_{i=1}^{20} x_i = \frac{1}{20} \cdot 40\,547.86 = 2027.39$$

$$\overline{y} = \frac{1}{20} \sum_{i=1}^{20} y_i = \frac{1}{20} \cdot 673.91 = 33.70$$

$$s_{XY} = \frac{1}{20} \sum_{i=1}^{20} x_i y_i - \overline{x} \cdot \overline{y} = \frac{1}{20} 1\,409\,922.34 - 2027.39 \cdot 33.70 = 2182.49.$$

Das positive Vorzeichen der Kovarianz zeigt uns, dass die Punkte eher in den +- Quadraten liegen, d. h., eine größere zurückgelegte Strecke beim Cooper-Lauf geht meist mit einer höheren VO_2max einher.

Mit MATLAB bzw. Mathematica erhalten wir die Kovarianz mit dem Befehl:

```
C=cov(M)
sxy=C(1,2)
```

```
C1=Covariance[M]
C1[[1,2]]
```

In der ersten Spalte der Matrix M befinden sich die Daten des Merkmals X und in der zweiten Spalte die des Merkmals Y. Der Befehl cov bzw. Covariance liefert als Ergebnis eine Matrix, die sogenannte *Kovarianzmatrix*. Sie besteht aus folgenden Einträgen:

Tab. 4.14: Berechnung der Kovarianz

i	Strecke in m (x_i)	VO$_2$max in ml/min (y_i)	$x_i y_i$
1	1765.88	30.37	53 628.10
2	2118.44	37.28	78 970.32
3	1585.32	18.70	29 648.10
4	2452.08	41.19	100 996.67
5	2486.66	46.91	116 645.75
6	2149.57	39.74	85 418.45
7	1713.21	24.94	42 725.64
8	1853.34	28.49	52 792.49
9	2063.48	35.25	72 746.99
10	2102.85	35.78	75 231.33
11	2020.79	30.05	60 722.70
12	2006.04	32.88	65 960.91
13	2325.13	39.54	91 939.83
14	2190.41	44.38	97 218.26
15	2234.91	32.82	73 356.98
16	1660.01	26.18	43 466.30
17	1531.87	18.37	28 142.86
18	2234.42	41.48	92 679.03
19	1663.23	25.62	42 608.88
20	2390.22	43.94	105 022.78
Σ	40 547.86	673.91	1 409 922.34

$$C = \begin{pmatrix} s_{X^2} & s_{XY} \\ s_{YX} & s_{Y^2} \end{pmatrix} = \begin{pmatrix} 87\,407.47 & 2297.35 \\ 2297.35 & 69.033 \end{pmatrix}.$$

Das Element $c_{12} = s_{XY} = 2297.35$ liefert unsere gesuchte Kovarianz. Hierbei treten Abweichungen zur händisch berechneten Kovarianz auf. Beachten Sie dazu den folgenden Hinweis. ◄

Hinweis

MATLAB und Mathematica berechnen die Kovarianz, genauso wie die Varianz (siehe Abschn. 4.2.2), mit einer etwas anderen Formel:

$$s_{XY} = \frac{1}{n-1} \sum_{i=1}^{n} (x_i - \overline{x})(y_i - \overline{y}).$$

Hierbei handelt es sich um die sogenannte *korrigierte Kovarianz*. Da bei der korrigierten Kovarianz die Summe durch $n-1$ geteilt wird und bei der (nicht korrigierten) Kovarianz durch n, unterscheiden sich die Ergebnisse.

In MATLAB bzw. Mathematica können wir die Kovarianz (ohne Korrektur) so berechnen:

```
function sxy=kovar(X,Y)
    n=length(X);
    C=((n-1)/n)*cov(X,Y);
    sxy=C(1,2);
```

```
kovar[A_]:=(
    n=Length[A];
    C2=((n-1)/n)*Covariance[A];
    C2[[1,2]]);
```

Aufruf:

```
sxy=kovar(M(:,1),M(:,2))
```

```
sxy=kovar[M]
```

(Siehe hierzu auch den Hinweis in Abschn. 4.2.2 zur Varianz.)

Die Kovarianz ist abhängig von den Einheiten, in denen die Merkmale gemessen werden. Wenn wir in unserem Beispiel die Strecke nicht in Metern, sondern in Zentimetern messen würden, wäre die Kovarianz 100-mal größer. Somit können wir nur das Vorzeichen für die Interpretation heranziehen, aber nicht die Stärke des Zusammenhangs angeben.

Um zu einer dimensionslosen Maßzahl zu gelangen, teilen wir die Faktoren jeweils durch ihre Standardabweichung:

$$u_i = \frac{x_i - \overline{x}}{s_X} \quad v_i = \frac{y_i - \overline{y}}{s_Y}.$$

Von diesen *standardisierten Merkmalen* bildet man dann die Kovarianz.

Denkanstoß

Machen Sie sich klar, dass das arithmetische Mittel dieser standardisierten Messdaten null beträgt und die Standardabweichung eins (siehe Aufg. 4.10)!

Korrelationskoeffizient nach Bravis und Pearson

Es seien n zweidimensionale Messdaten der metrisch messbaren Merkmale X und Y gegeben. Dann ergibt sich der *Korrelationskoeffizient nach Bravis und Pearson* (kurz *Korrelationskoeffizient*) aus der Kovarianz der standardisierten Merkmale U und V wie folgt:

$$r_{XY} = s_{UV} = \frac{1}{n} \sum_{i=1}^{n} \left(\frac{x_i - \bar{x}}{s_X} \right) \left(\frac{y_i - \bar{y}}{s_Y} \right) = \frac{s_{XY}}{s_X s_Y}.$$

Es gilt: $-1 \leq r_{XY} \leq 1$.

Je näher $|r_{XY}|$ an 1 liegt, umso stärker ist der lineare Zusammenhang zwischen den Merkmalen X und Y.

Ist $r_{XY} > 0$, spricht man von einem *gleichsinnigen* linearen Zusammenhang, d. h., große x_i-Werte gehen mit großen y_i-Werten einher und kleine x_i-Werte mit kleinen y_i-Werten.

Ist $r_{XY} < 0$, spricht man von einem *gegensinnigen* linearen Zusammenhang, d. h., große x_i-Werte gehen mit kleinen y_i-Werten einher und umgekehrt.

Ist $r_{XY} = 0$, so heißen X und Y *unkorreliert*.

In Abb. 4.20 sind Streudiagramme mit verschiedenen Korrelationskoeffizienten dargestellt, um einen Eindruck von der Stärke des linearen Zusammenhangs zu erhalten.

Wir wollen folgende Interpretationshilfe geben:

- $|r_{XY}| = 0$ kein linearer Zusammenhang
- $0 < |r_{XY}| < 0.5$ schwacher linearer Zusammenhang
- $0.5 \leq |r_{XY}| < 0.8$ mittlerer linearer Zusammenhang
- $0.8 \leq |r_{XY}| < 1$ starker linearer Zusammenhang
- $|r_{XY}| = 1$ vollständiger linearer Zusammenhang.

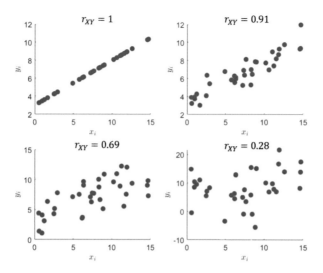

Abb. 4.20: Streudiagramme mit verschiedenen Korrelationskoeffizienten

Diese angegebenen Grenzen sind lediglich als Anhaltspunkte, nicht als feste Grenzen zu verstehen.

Warum wir den Korrelationskoeffizienten als Maß für den linearen Zusammenhang verwenden können und warum er immer zwischen -1 und 1 liegt, wird uns klar, wenn wir uns auf einen kleinen Ausflug in die Vektoralgebra begeben. Für die benötigten Grundbegriffe der Vektoralgebra verweisen wir auf Abschn. 2.3 und Papula 2018, Kap. II. Sie können diesen Exkurs auch überspringen und die Lektüre ab Bsp. 4.17 fortsetzen.

Wir fassen zunächst die Daten der Merkmale X und Y in Vektoren zusammen:

$$\vec{x} = \begin{pmatrix} x_1 \\ x_2 \\ \vdots \\ x_n \end{pmatrix} \quad \text{und} \quad \vec{y} = \begin{pmatrix} y_1 \\ y_2 \\ \vdots \\ y_n \end{pmatrix}.$$

Mithilfe einer linearen Transformation erhalten wir die standardisierten Merkmale

$$U = \frac{1}{s_X} X - \frac{\bar{x}}{s_X} \quad \text{und} \quad V = \frac{1}{s_Y} Y - \frac{\bar{y}}{s_Y}$$

mit den Vektoren:

$$\vec{u} = \begin{pmatrix} u_1 \\ u_2 \\ \vdots \\ u_n \end{pmatrix} = \frac{1}{s_X}\vec{x} - \frac{\overline{x}}{s_X}\mathbb{1}_n = \begin{pmatrix} \frac{x_1-\overline{x}}{s_X} \\ \frac{x_2-\overline{x}}{s_X} \\ \vdots \\ \frac{x_n-\overline{x}}{s_X} \end{pmatrix}, \quad \vec{v} = \frac{1}{s_Y}\vec{y} - \frac{\overline{y}}{s_Y}\mathbb{1}_n = \begin{pmatrix} v_1 \\ v_2 \\ \vdots \\ v_n \end{pmatrix} = \begin{pmatrix} \frac{y_1-\overline{y}}{s_Y} \\ \frac{y_2-\overline{y}}{s_Y} \\ \vdots \\ \frac{y_n-\overline{y}}{s_Y} \end{pmatrix}.$$

Machen Sie sich klar, dass die lineare Transformation eine Parallelverschiebung des (x,y)-Koordinatensystems in das (u,v)-Koordinatensystem bewirkt. Der Koordinatenursprung des neuen (u,v)-Koordinatensystems ist $(\overline{x};\overline{y})$, bezogen auf das alte (x,y)-Koordinatensystem (siehe Abb. 4.21). Man spricht in diesem Zusammenhang auch von einer *Zentrierung* der Daten. Diese bewirkt, dass der Mittelwert der zentrierten Daten null beträgt. Anschließend findet noch eine Skalierung der Daten um den Faktor $\frac{1}{s_X}$ bzw. $\frac{1}{s_Y}$ statt, wodurch die Standardabweichung der standardisierten Daten gleich eins ist.

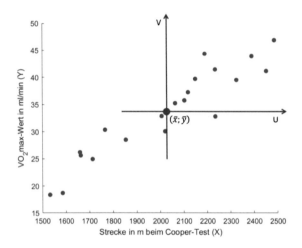

Abb. 4.21: Erläuterung zur geometrischen Interpretation des Korrelationskoeffizienten: Koordinatentransformation

Die Länge der standardisierten Vektoren erhalten wir mit

$$|\vec{u}| = \sqrt{\sum_{i=1}^{n}\left(\frac{x_i-\overline{x}}{s_X}\right)^2} = \frac{1}{s_X}\sqrt{\sum_{i=1}^{n}(x_i-\overline{x})^2} = \frac{1}{s_X}\sqrt{n}s_X = \sqrt{n}$$

$$|\vec{v}| = \sqrt{\sum_{i=1}^{n}\left(\frac{y_i-\overline{y}}{s_Y}\right)^2} = \frac{1}{s_Y}\sqrt{\sum_{i=1}^{n}(y_i-\overline{y})^2} = \frac{1}{s_Y}\sqrt{n}s_Y = \sqrt{n}$$

und für das Skalarprodukt gilt

$$\vec{u} \cdot \vec{v} = \sum_{i=1}^{n} \frac{(x_i - \bar{x})(y_i - \bar{y})}{s_X s_Y} = |\vec{u}| \cdot |\vec{v}| \cdot \cos \alpha,$$

wobei α der Winkel zwischen $\vec{u}$ und $\vec{v}$ ist. Damit ergibt sich für den Korrelationskoeffizient:

$$\begin{aligned} r_{XY} = \frac{s_{XY}}{s_X s_Y} &= \frac{\frac{1}{n} \sum_{i=1}^{n} (x_i - \bar{x})(y_i - \bar{y})}{s_X s_Y} \\ &= \frac{1}{n} |\vec{u}| \cdot |\vec{v}| \cdot \cos \alpha = \frac{1}{n} \sqrt{n} \sqrt{n} \cos \alpha = \cos \alpha. \end{aligned}$$

Der Korrelationskoeffizient ist gleich dem Kosinus vom Winkel zwischen den standardisierten Vektoren $\vec{u}$ und $\vec{v}$. Hieraus folgt direkt, dass $-1 \le r_{XY} \le 1$, da der Kosinus nur Werte zwischen -1 und 1 annehmen kann.

Zudem sind zwei Vektoren genau dann linear abhängig, wenn der Winkel zwischen ihnen $0°$ (parallel) bzw. $180°$ (antiparallel) beträgt. Aus diesem Grund folgt aus $\cos(0°) = r_{XY} = 1$ ein gleichsinniger linearer Zusammenhang, d. h. $y_i = a + bx_i$, mit $b > 0$, und aus $\cos(180°) = r_{XY} = -1$ ein gegensinniger linearer Zusammenhang der betrachteten Merkmale, d. h. $y_i = a + bx_i$, mit $b < 0$.

$\vec{x}$ und $\vec{y}$ sind unkorreliert, wenn die standardisierten Vektoren orthogonal sind ($r_{XY} = \cos(90°) = 0$). Orthogonale Vektoren sind linear unabhängig (siehe Abb. 4.22).

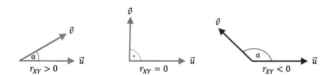

Abb. 4.22: Erläuterung zur geometrischen Interpretation des Korrelationskoeffizienten: $r_{XY} = \cos \alpha$ (α ist der Winkel zwischen den standardisierten Vektoren $\vec{u}$ und $\vec{v}$)

Beispiel 4.17 (Ausdauerleistung). Für unser Beispiel ergibt sich mit den Varianzen $s_X^2 = 83\,037.10$ und $s_Y^2 = 65.58$ der Korrelationskoeffizient

$$r_{XY} = \frac{s_{XY}}{s_X s_Y} = \frac{2182.49}{\sqrt{83\,037.10}\sqrt{65.58}} = 0.94$$

(die Kovarianz s_{XY} haben wir bereits in Bsp. 4.16 berechnet). Es besteht somit ein starker gleichsinniger linearer Zusammenhang zwischen der zurückgelegten Strecke im Cooper-Test und der VO_2max.

In MATLAB bzw. Mathematica kann der Korrelationskoeffizient mit folgendem Befehl bestimmt werden:

```
R=corr(M)
rXY=R(1,2)
```

```
R=Correlation[M]
rxy=R[[1,2]]
```

Das Ergebnis ist, wie bei der Kovarianz, eine Matrix:

$$R = \begin{pmatrix} r_{XX} & r_{XY} \\ r_{YX} & r_{YY} \end{pmatrix}.$$

> **Denkanstoß**
>
> Machen Sie sich klar, dass gilt $r_{XX} = r_{YY} = 1$ und $r_{XY} = r_{YX}$ (siehe Aufg. 4.11)!

◀

> **Hinweis**
>
> Es sei ausdrücklich darauf hingewiesen, dass der Korrelationskoeffizient nur den linearen Zusammenhang zwischen zwei metrischen Merkmalen messen kann. $r_{XY} = 0$ bedeutet, dass kein *linearer* Zusammenhang feststellbar ist. Es bedeutet nicht, das es keinen Zusammenhang zwischen den Merkmalen gibt.

Beispiel 4.18. Schauen wir uns dazu folgendes Beispiel an:

x_i	-4	-3	-2	-1	0	1	2	3	4
y_i	16	9	4	1	0	1	4	9	16

Wir erkennen direkt einen „perfekten" quadratischen Zusammenhang zwischen den Merkmalen, d. h. $y_i = x_i^2$. Für die Berechnung des Korrelationskoeffizienten erweitern wir unsere Tabelle

										Σ
x_i	-4	-3	-2	-1	0	1	2	3	4	0
y_i	16	9	4	1	0	1	4	9	16	60
x_i^2	16	9	4	1	0	1	4	9	16	60
y_i^2	256	81	16	1	0	1	16	81	256	708
$x_i y_i$	-64	-27	-8	-1	0	1	8	27	64	0

und erhalten daraus folgende Maßzahlen:

$$\bar{x} = \frac{0}{9} = 0, \quad \bar{y} = \frac{60}{9} = 6.\bar{6}, \quad s_X^2 = \frac{60}{9} - \bar{x}^2 = 6.\bar{6}, \quad s_Y^2 = \frac{708}{9} - \bar{y}^2 = 34.\bar{2},$$

$$s_{XY} = \frac{0}{9} - \bar{x} \cdot \bar{y} = 0.$$

Für den Korrelationskoeffizient ergibt sich

$$r_{XY} = \frac{s_{XY}}{s_X s_Y} = 0.$$

Die Merkmale sind somit unkorreliert, d. h., es konnte kein *linearer* Zusammenhang festgestellt werden. Der vorliegende quadratische Zusammenhang kann mit dieser Maßzahl nicht aufgedeckt werden. ◄

4.3.2 Zusammenhang zwischen ordinalen Merkmalen

Um den Zusammenhang zwischen zwei ordinalen Merkmalen zu messen, können wir auch den Korrelationskoeffizienten, den wir im letzten Abschnitt für metrische Merkmale kennengelernt haben, verwenden. Dazu müssen wir aber zunächst die Ausprägungen in Ränge transformieren, d. h., die kleinste Ausprägung in der Urliste erhält den Rang 1 und die größte den Rang n. Gibt es Ausprägungen mehrfach, wird der mittlere Rang vergeben. Wir machen uns das Verfahren direkt an einem Beispiel deutlich.

Beispiel 4.19 (Klausurnoten). Wir wollen herausfinden, ob es einen Zusammenhang zwischen den Leistungen der Studierenden in den Veranstaltungen Mathematik und Statistik gibt, d. h., ist ein Studierender, der gute Leistungen in Mathematik vorweist, auch gut in Statistik, oder umgekehrt, ein Studierender hat mit der Mathematik erhebliche Schwierigkeiten, gilt dann das Gleiche auch für Statistik.

Dazu betrachten wir die in Tab. 4.15 zusammengefassten Noten der beiden Klausuren.

Tab. 4.15: Mathematik- und Statistik-Noten

Studierender i	1	2	3	4	5	6	7	8	9	10
Mathematik-Note x_i	3,0	5,0	2,0	1,7	5,0	1,7	2,3	3,7	4,0	2,7
Statistik-Note y_i	2,3	5,0	2,3	1,7	4,0	2,0	2,3	3,7	3,0	4,0

Hierbei ist die Note 1,0 mit der Schulnote „sehr gut" gleichzusetzen, 1,3 mit „sehr gut (–)", 1,7 mit „gut (+)" usw. Mit der Note 5,0 gilt die Prüfung als nicht bestanden.

Wir ordnen den Noten jeweils Ränge zu (siehe Tab. 4.16). Der Studierende mit der besten Note erhält den Rang 1, der mit der zweitbesten Note den Rang 2 usw. Treten Noten mehrfach auf, dann ordnen wir diesen Studierenden den mittleren Rang zu. Wir bezeichnen den Rang der Mathematik-Note mit $Rg(x_i)$ und den der Statistik-Note mit $Rg(y_i)$.

Tab. 4.16: Mathematik- und Statistik-Noten mit Rängen

Studierender i	1	2	3	4	5	6	7	8	9	10
Mathematik-Note x_i	3,0	5,0	2,0	1,7	5,0	1,7	2,3	3,7	4,0	2,7
Statistik-Note y_i	2,3	5,0	2,3	1,7	4,0	2,0	2,3	3,7	3,0	4,0
$Rg(x_i)$	6	9.5	3	1.5	9.5	1.5	4	7	8	5
$Rg(y_i)$	4	10	4	1	8.5	2	4	7	6	8.5

Beispielsweise tritt die beste Mathematik-Note 1,7 zweimal auf (Studierender 4 und 6), sodass wir den mittleren Rang $\frac{1+2}{2} = 1.5$ für beide Studierenden vergeben. Die nächstbeste Note hat mit einer 2,0 der Studierende 3. Er erhält den Rang 3 usw.

Bei der Statistik-Klausur sind die Ränge eins und zwei eindeutig vergeben an die Studierenden 4 und 6 mit der Note 1,7 bzw. 2,0. Die Note 2,3 hingegen tritt dreimal auf (Studierender 1, 3 und 7). Wir ermitteln wieder den mittleren Rang $\frac{3+4+5}{3} = 4$. Alle Studierenden mit der Note 2,3 erhalten den Rang 4. Die nächstbeste Note hat der Studierende 9 mit der Note 3,0. Er erhält den Rang 6 usw.

Nun können wir den Korrelationskoeffizienten der Ränge bestimmen:

$$\rho_{XY} = r_{rg_X rg_Y} = \frac{s_{rg_X rg_Y}}{s_{rg_X} s_{rg_Y}},$$

der in diesem Zusammenhang auch als *Spearman'scher Rangkorrelationskoeffizient* bezeichnet wird.

Auch hier bietet es sich an, die Rechnungen tabellarisch darzustellen (siehe Tab. 4.17).

Tab. 4.17: Mathematik- und Statistik-Noten: Berechnung des Spearman'schen Korrelationskoeffizienten

i	1	2	3	4	5	6	7	8	9	10	Σ
x_i	3,0	5,0	2,0	1,7	5,0	1,7	2,3	3,7	4,0	2,7	
y_i	2,3	5,0	2,3	1,7	4,0	2,0	2,3	3,7	3,0	4,0	
$Rg(x_i)$	6	9.5	3	1.5	9.5	1.5	4	7	8	5	55
$Rg(y_i)$	4	10	4	1	8.5	2	4	7	6	8.5	55
$Rg(x_i) - \overline{Rg(x_i)}$	0.50	4.00	−2.50	−4.00	4.00	−4.00	−1.50	1.50	2.50	−0.50	
$Rg(y_i) - \overline{Rg(y_i)}$	−1.50	4.50	−1.50	−4.50	3.00	−3.50	−1.50	1.50	0.50	3.00	
$(Rg(x_i) - \overline{Rg(x_i)})^2$	0.25	16.00	6.25	16.00	16.00	16.00	2.25	2.25	6.25	0.25	81.50
$(Rg(y_i) - \overline{Rg(y_i)})^2$	2.25	20.25	2.25	20.25	9.00	12.25	2.25	2.25	0.25	9.00	80.00
$(Rg(x_i) - \overline{Rg(x_i)}) \cdot$ $(Rg(y_i) - \overline{Rg(y_i)})$	−0.75	18.00	3.75	18.00	12.00	14.00	2.25	2.25	1.25	−1.50	69.25

Mithilfe der Tab. 4.17 können wir zunächst die folgenden Maßzahlen berechnen:

$$\overline{Rg(x_i)} = \frac{1}{10}\sum_{i=1}^{10} Rg(x_i) = 5.5 \qquad \overline{Rg(y_i)} = \frac{1}{10}\sum_{i=1}^{10} Rg(y_i) = 5.5$$

$$s_{rgX}^2 = \frac{1}{10}\sum_{i=1}^{10}(Rg(x_i) - \overline{Rg(x_i)})^2 = 8.15$$

$$s_{rgY}^2 = \frac{1}{10}\sum_{i=1}^{10}(Rg(y_i) - \overline{Rg(y_i)})^2 = 8$$

$$s_{rgX rgY} = \frac{1}{10}\sum_{i=1}^{10}(Rg(x_i) - \overline{Rg(x_i)})(Rg(y_i) - \overline{Rg(y_i)}) = 6.925$$

und damit den Rangkorrelationskoeffizienten

$$\rho_{XY} = r_{rgX rgY} = \frac{s_{rgX rgY}}{s_{rgX} s_{rgY}} = \frac{6.925}{\sqrt{8.15}\sqrt{8}} = 0.86.$$

Es liegt ein starker Zusammenhang zwischen den Mathematik- und Statistik-Noten vor, d. h., ist ein Studierender gut in Mathematik, dann ist er es auch in Statistik, und umgekehrt geht ein schlechtes Klausurergebnis in Mathematik mit einem schlechten Ergebnis in Statistik einher.

In MATLAB erhält man den Rangkorrelationskoeffizienten, indem man den Befehl `corr` mit dem Zusatz `'type'`, `"Spearman"` verwendet. Auch hier wird die Korrelationsmatrix zurückgeliefert, deren Element ρ_{12} unseren gesuchten Korrelationskoeffizienten enthält:

```
M=readmatrix('Daten\B0419_Klausurnoten.xlsx','Sheet','Daten',...
    'Range','B2:K3')';
Rho=corr(M,'type',"Spearman");
rhoXY=Rho(1,2)
```

In Mathematica erhält man mit dem Befehl SpearmanRho direkt den gesuchten
Korrelationskoeffizienten:

```
v1=Import["Daten\\B0419_Klausurnoten.xlsx",{"Data",1,2,2;;11}]
v2=Import["Daten\\B0419_Klausurnoten.xlsx",{"Data",1,3,2;;11}]
rhoXY=SpearmanRho[v1,v2]
```

◀

Spearman'scher Rangkorrelationskoeffizient

Es seien n zweidimensionale Daten der mindestens ordinal skalierten Merkmale X und Y gegeben. Dann ergibt sich der *Spearman'sche Rangkorrelationskoeffizient* als Korrelationskoeffizient der rangtransformierten Ausprägungen $Rg(X)$ und $Rg(Y)$:

$$\rho_{XY} = r_{rg_X rg_Y} = \frac{s_{rg_X rg_Y}}{s_{rg_X} s_{rg_Y}}.$$

Es gilt: $-1 \le \rho_{XY} \le 1$.

Je näher $|\rho_{XY}|$ an 1 liegt, umso stärker ist der Zusammenhang zwischen den
Merkmalen X und Y.

Ist $\rho_{XY} > 0$, spricht man von einem *gleichsinnigen* Zusammenhang, d. h.,
große x_i-Werte gehen mit großen y_i-Werten einher und kleine x_i-Werte mit
kleinen y_i-Werten.

Ist $\rho_{XY} < 0$, spricht man von einem *gegensinnigen* Zusammenhang, d. h.,
große x_i-Werte gehen mit kleinen y_i-Werten einher und umgekehrt.

Ist $\rho_{XY} = 0$, so liegt kein Zusammenhang zwischen X und Y vor.

Auch hier kann die bereits vorgestellte Interpretationshilfe angewendet werden:

- $|\rho_{XY}| = 0$ kein Zusammenhang

- $0 < |\rho_{XY}| < 0.5$ schwacher Zusammenhang

- $0.5 \le |\rho_{XY}| < 0.8$ mittlerer Zusammenhang

- $0.8 \le |\rho_{XY}| < 1$ starker Zusammenhang

- $|\rho_{XY}| = 1$ vollständiger Zusammenhang.

Die angegebenen Grenzen sind wieder als Anhaltspunkte, nicht als feste Grenzen zu verstehen.

Können die Ränge eindeutig vergeben werden, d. h., es liegen keine gleichen Ausprägungen vor, dann vereinfacht sich die Formel zur Bestimmung des Rangkorrelationskoeffizienten erheblich.

Mithilfe der vollständigen Induktion können wir zeigen, dass gilt (siehe Proß und Imkamp 2018, Abschn. 1.1)

$$\sum_{i=1}^{n} Rg(x_i) = \sum_{i=1}^{n} i = \frac{n(n+1)}{2} \quad \text{und} \quad \sum_{i=1}^{n} Rg(x_i)^2 = \sum_{i=1}^{n} i^2 = \frac{n(n+1)(2n+1)}{6}.$$

Daraus ergibt sich für den Mittelwert und die Varianz

$$\overline{Rg(x_i)} = \frac{1}{n} \sum_{i=1}^{n} Rg(x_i) = \frac{1}{n} \sum_{i=1}^{n} i = \frac{1}{n} \frac{n(n+1)}{2} = \frac{n+1}{2}$$

$$s_{rgX}^2 = = \frac{1}{n} \sum_{i=1}^{n} (Rg(x_i) - \overline{Rg(x_i)})^2 = \frac{1}{n} \sum_{i=1}^{n} Rg(x_i)^2 - \overline{Rg(x_i)}^2$$

$$= \frac{1}{n} \frac{n(n+1)(2n+1)}{6} - \left(\frac{n+1}{2}\right)^2 = \frac{n^2-1}{12}.$$

Analog wird die Berechnung für das Merkmal Y durchgeführt. Für die Kovarianz gilt:

$$s_{rgXrgY} = \frac{1}{n} \sum_{i=1}^{n} Rg(x_i)Rg(y_i) - \overline{Rg(x_i)} \cdot \overline{Rg(y_i)}.$$

Aus der binomischen Formel folgt:

$$(Rg(x_i) - Rg(y_i))^2 = Rg(x_i)^2 - 2Rg(x_i)Rg(y_i) + Rg(x_i)^2$$

$$Rg(x_i)Rg(y_i) = \frac{1}{2}(Rg(x_i)^2 + Rg(y_i)^2 - \underbrace{(Rg(x_i) - Rg(y_i))}_{d_i}{}^2)$$

$$= \frac{1}{2}(Rg(x_i)^2 + Rg(y_i)^2 - d_i^2).$$

Wir setzen dies in die Kovarianz ein und erhalten:

$$s_{rgXrgY} = \frac{1}{n} \sum_{i=1}^{n} \frac{1}{2}(Rg(x_i)^2 + Rg(y_i)^2 - d_i^2) - \overline{Rg(x_i)} \cdot \overline{Rg(y_i)}$$

$$= \frac{1}{2} \left(\frac{1}{n} \sum_{i=1}^{n} Rg(x_i)^2 + \frac{1}{n} \sum_{i=1}^{n} Rg(y_i)^2 - \frac{1}{n} \sum_{i=1}^{n} d_i^2 \right) - \overline{Rg(x_i)} \cdot \overline{Rg(y_i)}$$

$$= \frac{1}{2}\left(\frac{(n+1)(2n+1)}{6} + \frac{(n+1)(2n+1)}{6} - \frac{1}{n}\sum_{i=1}^{n}d_i^2\right) - \frac{n+1}{2} \cdot \frac{n+1}{2}$$

$$= \frac{2(n+1)(2n+1) - 3(n+1)^2}{12} - \frac{1}{2n}\sum_{i=1}^{n}d_i^2$$

$$= \frac{n^2-1}{12} - \frac{1}{2n}\sum_{i=1}^{n}d_i^2$$

$$= \frac{n(n^2-1) - 6\sum_{i=1}^{n}d_i^2}{12n}.$$

Damit ergibt sich für den Rangkorrelationskoeffizienten:

$$\rho_{XY} = \frac{s_{rg_X rg_Y}}{s_{rg_X} s_{rg_Y}} = \frac{\frac{n(n^2-1) - 6\sum_{i=1}^{n}d_i^2}{12n}}{\sqrt{\frac{n^2-1}{12}}\sqrt{\frac{n^2-1}{12}}}$$

$$= \frac{n(n^2-1) - 6\sum_{i=1}^{n}d_i^2}{n(n^2-1)}$$

$$= 1 - \frac{6\sum_{i=1}^{n}d_i^2}{n(n^2-1)}.$$

Spearman'scher Rangkorrelationskoeffizient bei eindeutiger Rangzuordnung

Es seien n zweidimensionale Daten der mindestens ordinal skalierten Merkmale X und Y gegeben. Kann jeder Ausprägung eindeutig ein Rang zugeordnet werden, dann kann der *Spearman'sche Rangkorrelationskoeffizient* mit der folgenden vereinfachten Formel berechnet werden:

$$\rho_{XY} = 1 - \frac{6\sum_{i=1}^{n}d_i^2}{n(n^2-1)}.$$

Hierbei ist d_i die Differenz der rangtransformierten Ausprägungen $Rg(x_i)$ und $Rg(y_i)$: $d_i = Rg(x_i) - Rg(y_i)$.

Beispiel 4.20 (Klausurnoten). Wir betrachten dazu folgende Notenverteilung der Mathematik- und Statistik-Klausur:

Studierender i	1	2	3	4	5	6
Mathematik-Note x_i	3,0	4,0	5,0	1,7	3,7	2,7
Statistik-Note y_i	2,3	4,0	5,0	1,7	3,7	4,0

Da jede Note in der Mathematik- sowie Statistik-Klausur nur einmal vorkommt, können wir den Rangkorrelationskoeffizient mit der vereinfachten Formel berechnen. Wir ordnen den Noten entsprechende Ränge zu und bilden anschließend die Differenzen der Ränge $d_i = Rg(x_i) - Rg(y_i)$:

Studierender i	1	2	3	4	5	6
Mathematik-Note x_i	3,0	4,0	5,0	1,7	3,7	2,7
Statistik-Note y_i	2,3	3,3	5,0	1,7	3,7	4,0
$Rg(x_i)$	3	5	6	1	4	2
$Rg(y_i)$	2	3	6	1	4	5
d_i	1	2	0	0	0	-3
d_i^2	1	4	0	0	0	9

Wir setzen in die Formel ein und erhalten:

$$\rho_{XY} = 1 - \frac{6\sum_{i=1}^{6} d_i^2}{6(6^2 - 1)} = 1 - \frac{6 \cdot 14}{6 \cdot 35} = 1 - \frac{14}{35} = 1 - 0.4 = 0.6.$$

Es liegt ein mittlerer gleichsinniger Zusammenhang zwischen Mathematik- und Statistik-Note der Studierenden vor. ◀

Hinweis

Natürlich können Sie bei eindeutiger Rangzuordnung auch die Formel

$$\rho_{XY} = r_{rg_X rg_Y} = \frac{s_{rg_X rg_Y}}{s_{rg_X} s_{rg_Y}}$$

verwenden. Wenn Sie sich nur eine Formel merken möchten, dann diese, da die vereinfachte Formel nur bei eindeutiger Rangzuordnung anwendbar ist.

4.3.3 Zusammenhang zwischen nominalen Merkmalen

In diesem Abschnitt wollen wir uns damit auseinandersetzen, wie wir die Stärke des Zusammenhangs von nominalen Merkmalen bestimmen können. Auch dazu betrachten wir zum Einstieg ein Beispiel.

Beispiel 4.21 (Studiengang). Wir wollen herausfinden, ob die Wahl des Studiengangs vom Geschlecht abhängig ist. Dazu liegen uns 3359 codierte Datenpaare einer Hochschule vor (siehe Tab. 4.18).

Tab. 4.18: Ausschnitt codierte Datenpaare Geschlecht und Studiengang

Nr	Geschlecht	Studiengang
1	1	1
2	2	6
3	2	3
4	2	3
5	1	6
6	1	5
⋮	⋮	
3359	1	4

Hierbei bedeutet 1 männlich und 2 weiblich. Die Studiengänge sind wie folgt codiert: 1 - Architektur, 2 - Angewandte Mathematik, 3 - Maschinenbau, 4 - Wirtschaftsingenieurwesen, 5 - Betriebswirtschaftslehre und 6 - Soziale Arbeit.

> **Hinweis**
>
> In der Praxis werden die Daten aus Zeitgründen und zur Vermeidung von Fehlern häufig codiert eingegeben.

Um uns einen ersten Überblick zu verschaffen, können wir, wie bei der Untersuchung von einem Merkmal, eine Häufigkeitsverteilung erstellen (siehe Tab. 4.19).

Tab. 4.19: Kontingenztabelle zum Beispiel Studiengang

Studiengang Geschlecht	Architektur	Angewandte Mathematik	Maschinenbau	Wirtschaftsingenieurwesen	Betriebswirtschaftslehre	Soziale Arbeit	Σ
männlich	107	114	728	78	427	335	1789
weiblich	149	107	58	23	421	812	1570
Σ	256	221	786	101	848	1147	3359

Man nennt diese zweidimensionale Häufigkeitsverteilung auch *Kontingenztabelle*.

Die händische Erstellung durch Abzählen der jeweiligen Kombinationen ist bei 3359 Datensätzen natürlich sehr mühselig, deshalb überlassen wir MATLAB bzw. Mathematica diese Aufgabe und erhalten die Kontingenztabelle jeweils mit den folgenden Befehlen:

```
M=readmatrix('Daten\B0421_Studiengang.xlsx','Sheet','Daten',...
    'Range','A2:B3360')';
tbl=crosstab(M(1,:),M(2,:))
```

```
M=Import["Daten\\B0421_Studiengang.xlsx",{"Data",1,2;;3360,{1,2}}];
tbl=ResourceFunction["CrossTabulate"][M/.x_Real:>ToString[x]]
```

Wir bezeichnen die absolute Häufigkeit der Kombination x_i und y_j mit H_{ij}. Z. B. bedeutet $H_{24} = 23$, dass es 23 weibliche Studierende im Studiengang Wirtschaftsingenieurwesen gibt.

Die Summenzeile und -spalte wird als *Randverteilung* bezeichnet. Sie gibt Auskunft über die Verteilungen der beiden Merkmale, ohne das jeweils andere Merkmal zu berücksichtigen. Die Häufigkeiten der Randverteilungen bezeichnen wir mit $H_{i\cdot}$ für das Merkmal Geschlecht und $H_{\cdot j}$ für das Merkmal Studiengang. Beispielsweise bedeutet $H_{\cdot 6} = 1147$, dass 1147 Studierende den Studiengang Soziale Arbeit besuchen, und $H_{2\cdot} = 1570$ gibt an, dass es insgesamt 1570 weibliche Studierende gibt.

Um zu ermitteln, ob es einen Zusammenhang zwischen den Merkmalen Geschlecht und Studienwahl gibt, müssen wir uns zunächst überlegen, wie die Häufigkeiten verteilt wären, wenn die Merkmale keinen Zusammenhang aufweisen würden. Wir würden bei Unabhängigkeit erwarten, dass die Geschlechterverteilung in den einzelnen Studiengängen genauso ist wie an der gesamten Hochschule. Die Geschlechterverteilung an der Hochschule insgesamt (ohne Berücksichtigung der Studiengänge) können wir der Randverteilung entnehmen. An der Hochschule sind insgesamt $H_{1\cdot} = 1789$ Studenten und $H_{2\cdot} = 1570$ Studentinnen eingeschrieben. Als relative Häufigkeiten ergeben sich $h_{1\cdot} = \frac{H_{1\cdot}}{n} = \frac{1789}{3359} = 0.5326$ und $h_{2\cdot} = \frac{H_{2\cdot}}{n} = \frac{1570}{3359} = 0.4674$. Diese Verteilung erwarten wir, falls die Wahl des Studiengangs unabhängig vom Geschlecht ist, auch in den einzelnen Studiengängen. Es muss somit gelten:

$$\frac{\widetilde{H}_{ij}}{H_{\cdot j}} = \frac{H_{i\cdot}}{n},$$

wobei $\widetilde{H}_{ij}$ die erwartete Häufigkeit bei Unabhängigkeit der Merkmale darstellt. Wir stellen um und erhalten

$$\widetilde{H}_{ij} = \frac{H_{i\cdot}H_{\cdot j}}{n},$$

d. h., die erwartete Häufigkeit bei Unabhängigkeit ergibt sich aus dem Produkt von Zeilen- und Spaltensumme dividiert durch den Untersuchungsumfang (= Anzahl Studierende an der Hochschule).

Wir erhalten die in Tab. 4.20 zusammengefassten erwarteten Häufigkeiten bei Unabhängigkeit der Merkmale Geschlecht und Studiengang.

Tab. 4.20: Erwartete Häufigkeiten bei Unabhängigkeit der Merkmale Geschlecht und Studiengang

Studiengang Geschlecht	Architektur	Angewandte Mathematik	Maschinenbau	Wirtschafts- ingenieurwesen	Betriebswirt- schaftslehre	Soziale Arbeit	Σ
männlich	136.35	117.70	418.62	53.79	451.64	610.89	1789.00
weiblich	119.65	103.30	367.38	47.21	396.36	536.11	1570.00
Σ	256.00	221.00	786.00	101.00	848.00	1147.00	3359.00

Bei Unabhängigkeit der Merkmale würden sich beobachtete H_{ij} und erwartete Häufigkeiten $\widetilde{H}_{ij}$ nicht voneinander unterschieden, sodass wir die Differenz $H_{ij} - \widetilde{H}_{ij}$ für die Konstruktion eines Zusammenhangsmaßes nutzen können. Damit alle Differenzen positiv in die Rechnung eingehen und sich nicht gegenseitig auslöschen, werden die Differenzen quadriert. Mithilfe der Division durch $\widetilde{H}_{ij}$ werden sie zudem normiert. Somit erhalten wir das folgende Zusammenhangsmaß

$$\chi^2 = \sum_{i=1}^{k} \sum_{j=1}^{m} \frac{\left(H_{ij} - \widetilde{H}_{ij}\right)^2}{\widetilde{H}_{ij}}.$$

Für unser Beispiel ergibt sich

$$\chi^2 = \frac{(107 - 136.35)^2}{136.35} + \frac{(114 - 117.70)^2}{117.70} + \frac{(728 - 418.62)^2}{418.62} + \frac{(78 - 53.79)^2}{53.79}$$
$$+ \frac{(427 - 451.64)^2}{451.64} + \frac{(335 - 610.89)^2}{610.89} + \frac{(149 - 119.65)^2}{119.65}$$
$$+ \frac{(107 - 103.30)^2}{103.30} + \frac{(58 - 367.38)^2}{367.38} + \frac{(23 - 47.21)^2}{47.21}$$
$$+ \frac{(421 - 396.36)^2}{396.36} + \frac{(812 - 536.11)^2}{536.11} = 795.70.$$

Ein Wert für $\chi^2 > 0$ bedeutet, dass es einen Zusammenhang zwischen den Merkmalen gibt. Man kann aber von der Größe χ^2 nicht auf die Stärke des Zusammenhangs schließen, da diese Maßzahl von der Größe des Untersuchungsumfangs und der Anzahl der Ausprägungen abhängig ist.

Das Assoziationsmaß Chi-Quadrat χ^2 erhalten wir in MATLAB auch mit dem Befehl `crosstab`. Wir müssen lediglich ein weiteres Output-Argument einfügen:

```
[tbl,chi2]=crosstab(M(1,:),M(2,:))
```

In Mathematica ist das etwas aufwändiger, da es keinen integrierten Befehl zur Berechnung des Assoziationsmaßes Chi-Quadrat χ^2 gibt. Unter Verwendung der

„praktischen" Formel, die auf der nächsten Seite hergeleitet wird, kann man eine entsprechende Funktion programmieren:

```
Crosstab[M_]:=(tbl=ResourceFunction["CrossTabulate"]
    [M/.x_Real:>ToString[x]]);
Chi2[tbl_]:=(tbllist=Apply[List,Apply[List,Normal[tbl],{1}]];
    SpSum =Apply[Plus,tbllist];
    ZeSum=Apply[Plus,Transpose[tbllist]];
    n=Apply[Plus,ZeSum];
    chi2=n*(Apply[Plus,Apply[Plus,tbllist*tbllist/
        (Transpose[{ZeSum}].{SpSum})]] -1)//N);
tbl=Crosstab[M]
chi2=Chi2[tbl]
```

◀

Assoziationsmaß Chi-Quadrat χ^2

Das *Assoziationsmaß Chi-Quadrat χ^2* mit

$$\chi^2 = \sum_{i=1}^{k} \sum_{j=1}^{m} \frac{\left(H_{ij} - \widetilde{H}_{ij}\right)^2}{\widetilde{H}_{ij}}$$

misst den Zusammenhang zweier nominaler Merkmale.
Es gilt: $\chi^2 \geq 0$.

Ist $\chi^2 > 0$, besteht ein Zusammenhang zwischen den Merkmalen.

Ist $\chi^2 = 0$, besteht kein Zusammenhang zwischen den Merkmalen.

Für händische Berechnungen können wir eine effizientere Formel herleiten, die ohne die Berechnung der erwarteten Häufigkeiten auskommt:

$$\chi^2 = \sum_{i=1}^{k} \sum_{j=1}^{m} \frac{\left(H_{ij} - \widetilde{H}_{ij}\right)^2}{\widetilde{H}_{ij}} = \sum_{i=1}^{k} \sum_{j=1}^{m} \frac{\left(H_{ij}^2 - 2H_{ij}\widetilde{H}_{ij} + \widetilde{H}_{ij}^2\right)}{\widetilde{H}_{ij}}$$

$$= \sum_{i=1}^{k} \sum_{j=1}^{m} \left(\frac{H_{ij}^2}{\widetilde{H}_{ij}} - 2H_{ij} + \widetilde{H}_{ij}\right) = \sum_{i=1}^{k} \sum_{j=1}^{m} \frac{H_{ij}^2}{\widetilde{H}_{ij}} - 2\underbrace{\sum_{i=1}^{k} \sum_{j=1}^{m} H_{ij}}_{=n} + \underbrace{\sum_{i=1}^{k} \sum_{j=1}^{m} \widetilde{H}_{ij}}_{=n}$$

$$= \sum_{i=1}^{k} \sum_{j=1}^{m} \frac{H_{ij}^2}{\frac{H_{i\cdot}H_{\cdot j}}{n}} - 2n + n = n\left(\sum_{i=1}^{k} \sum_{j=1}^{m} \frac{H_{ij}^2}{H_{i\cdot}H_{\cdot j}} - 1\right).$$

Assoziationsmaß Chi-Quadrat χ^2 - praktische Formel

Das *Assoziationsmaß Chi-Quadrat* χ^2 kann auch mit der folgenden Formel berechnet werden:

$$\chi^2 = n\left(\sum_{i=1}^{k}\sum_{j=1}^{m}\frac{H_{ij}^2}{H_{i\cdot}H_{\cdot j}} - 1\right).$$

Beispiel 4.22 (Studiengang). Wir berechnen das Zusammenhangsmaß mithilfe der praktischen Formel:

$$\begin{aligned}
\chi^2 &= n\left(\sum_{i=1}^{k}\sum_{j=1}^{m}\frac{H_{ij}^2}{H_{i\cdot}H_{\cdot j}} - 1\right) \\
&= 3359 \cdot \left(\frac{107^2}{1789\cdot 256} + \frac{114^2}{1789\cdot 221} + \frac{728^2}{1789\cdot 786} + \frac{78^2}{1789\cdot 101}\right. \\
&\quad + \frac{427^2}{1789\cdot 848} + \frac{335^2}{1789\cdot 1147} + \frac{149^2}{1570\cdot 256} + \frac{107^2}{1570\cdot 221} \\
&\quad + \left.\frac{58^2}{1570\cdot 786} + \frac{23^2}{1570\cdot 101} + \frac{421^2}{1570\cdot 848} + \frac{812^2}{1570\cdot 1147} - 1\right) \\
&= 795.70 \qquad \blacktriangleleft
\end{aligned}$$

Wie bereits oben erwähnt, können wir mit dem χ^2 nicht direkt die Stärke des Zusammenhangs messen, da es vom Untersuchungsumfang und der Anzahl der Ausprägungen abhängt. Eine mögliche Normierung stellt das *Cramer'sche Assoziationsmaß V* dar.

Cramer'sches Assoziationsmaß V

Das *Cramer'sche Assoziationsmaß V* mit

$$V = \sqrt{\frac{\chi^2}{n\cdot(\min(k,m)-1)}}$$

misst den Zusammenhang zweier nominaler Merkmale, wobei k die Anzahl Ausprägungen des Merkmals X und m des Merkmals Y angibt.
Es gilt: $0 \leq V \leq 1$.

Je näher V bei 1 liegt, umso stärker ist der Zusammenhang.

Ist $V = 0$, besteht kein Zusammenhang zwischen den Merkmalen.

Auch hier kann die bereits vorgestellte Interpretationshilfe angewendet werden:

- $V = 0$ kein Zusammenhang
- $0 < V < 0.5$ schwacher Zusammenhang
- $0.5 \leq V < 0.8$ mittlerer Zusammenhang
- $0.8 \leq V < 1$ starker Zusammenhang
- $V = 1$ vollständiger Zusammenhang.

Die angegebenen Grenzen sind wieder als Anhaltspunkte, nicht als feste Grenzen zu verstehen.

Beispiel 4.23 (Studiengang). Wir berechnen das Cramer'sche Assoziationsmaß V für unser Beispiel. Für das Merkmal Geschlecht liegen zwei verschiedene Ausprägungen vor ($k = 2$) und für das Merkmal Studiengang sechs ($m = 6$). Bei der Berechnung des Zusammenhangsmaßes ist das Minimum von diesen beiden Anzahlen zu berechnen, d. h. $\min(k,m) = \min(2,6) = 2$:

$$V = \sqrt{\frac{\chi^2}{n \cdot (\min(k,m) - 1)}} = \sqrt{\frac{795.70}{3359 \cdot (\min(2,6) - 1)}} = \sqrt{\frac{795.70}{3359 \cdot (2 - 1)}}$$

$$= \sqrt{\frac{795.70}{3359}} = 0.49.$$

Es liegt ein schwacher bis mittlerer Zusammenhang zwischen dem Geschlecht und der Wahl des Studiengangs vor.

In MATLAB erhalten wir das Cramer'sche Assoziationsmaß V mit den folgenden Befehlen:

```
[tbl,chi2]=crosstab(M(1,:),M(2,:))
n=size(M,2);
minA=min(size(tbl));
V=sqrt(chi2/(n*(minA-1)))
```

In Mathematica verwenden wir die zuvor eingeführten Funktionen `Crosstab` und `Chi2`:

```
CramerV[chi2_]:=(Sqrt[chi2/(n*(Min[Dimensions[tbl]]-1))])//N)
tbl=Crosstab[M]
chi2=Chi2[tbl]
CramerV[chi2]
```

◄

4.3.4 Korrelation und Kausalität

An dieser Stelle wollen wir ausdrücklich darauf hinweisen, dass man mithilfe der vorgestellten Kennzahlen nur die sogenannte *statistische Abhängigkeit* von zwei Merkmalen belegen kann. Statistische Abhängigkeit bedeutet, dass es einen Zusammenhang zwischen den betrachteten Merkmalen gibt. Dieser muss nicht unbedingt linear sein.

Bei einem linearen Zusammenhang spricht man im Speziellen von einer *Korrelation*. Im Falle einer Korrelation sind die Merkmale somit auch statistisch abhängig.

Aus den vorgestellten Kennzahlen können wir ablesen, ob die untersuchten Merkmale eine Korrelation aufweisen, aber wir können damit keine Ursache-Wirkungsbeziehung aufdecken oder angeben, welches Merkmal die Ursache und welches die Wirkung darstellt.

In der Statistik unterscheidet man aus diesem Grund zwischen statistischer Abhängigkeit (im Falle eines linearen Zusammenhangs Korrelation) und *Kausalität*. Kausalität liegt vor, wenn zwei Merkmale einen Ursache-Wirkungszusammenhang aufweisen.

Korrelationen können Hinweise auf kausale Zusammenhänge geben, sie können diese aber nicht beweisen.

Kausalität kann i. A. nicht durch Berechnungen belegt werden. Hier muss der Sachzusammenhang wissenschaftlich betrachtet und logische Überlegungen angestellt werden. Umfassende Kenntnisse aus dem entsprechenden Forschungsgebiet sind an dieser Stelle unumgänglich.

Es können auch hohe Korrelationen zwischen zwei Merkmalen beobachtet werden, die aber aufgrund des Sachzusammenhangs nicht gerechtfertigt sind. Man spricht von *Scheinkorrelationen*.

Beispiel 4.24 (Störche und Geburten). Ein klassisches Beispiel ist die Korrelation zwischen der Anzahl an Störchen und Geburten. Man kann zeigen, dass die Anzahl der Störche (Brutpaare) und die der Geburten in Niedersachsen in der Zeit von 1972 bis 1985 positiv korrelieren ($r_{XY} = 0.67$) (siehe Abb. 4.23).

Was heißt das nun? Ist es ein Beleg dafür, dass die Kinder doch vom Storch gebracht werden? Nein, das ist natürlich totaler Unsinn. Es handelt sich hierbei um eine Scheinkorrelation. Ein kausaler Zusammenhang kann nicht festgestellt werden.

Auch Matthews 2000 hat das Thema noch einmal aufgegriffen. Er hat die Daten bezüglich Brutpaaren und Geburten aus 17 europäischen Ländern zusammengetragen (siehe Abb. 4.24).

Aus den Daten ermittelte er einen Korrelationskoeffizienten von $r_{XY} = 0.62$. Auch hier gibt es keinen kausalen Zusammenhang. Die Korrelation zwischen Geburten

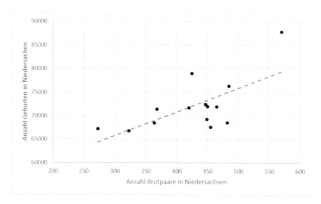

Abb. 4.23: Störche (Brutpaare) und Geburten pro Jahr in Niedersachsen in den Jahren 1972 bis 1985 (Daten: Online-Datenbank des Landesamts für Statistik Niedersachsen Tabelle Z1100001 https://www1.nls.niedersachsen.de/statistik/default.asp und Zang 2003)

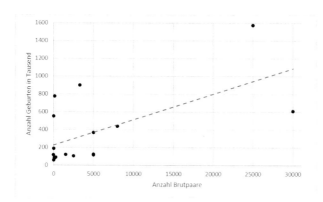

Abb. 4.24: Störche (Brutpaare) und Geburten pro Jahr in 17 Ländern Europas (Daten aus: Matthews 2000)

und Störchen könnte sich aus dem Umstand ergeben, dass in ländlichen Regionen sowohl mehr Störche nisten als auch mehr Kinder geboren werden.

Eine weitere Untersuchung zu dem Thema lässt sich in Höfer, Przyrembel und Verleger 2004 finden. Die Autoren untersuchten den Zusammenhang der Geburten in Berlin und der Storchenpopulation. Da es in Berlin keine Störche gibt, bezogen sie das Umland mit ein und konnten so eine positive Korrelation zwischen der Storchenpopulation in Brandenburg und den Hausgeburten in Berlin ermitteln $(r_{XY} = 0.7)$.

Bringen die Brandenburger Störche die Berliner Babys? Auch mit diesem Artikel wollen die Autoren wieder die Warnung aussprechen, dass aufgrund von Korrelation nicht auf die Kausalität geschlossen werden darf. ◀

Zusammenhänge können zufällig sein. In den vergangenen Jahren stiegen viele Datenwerte, ohne dass sie etwas miteinander zu tun haben (siehe Info-Box unten für weitere Beispiele). Die untersuchten Merkmale können aber auch auf komplizierte Weise von einem oder mehreren weiteren Merkmalen abhängen, wie es beispielsweise in Matthews' Untersuchung der Fall war.

Dazu noch ein kurzes Beispiel: Ein hoher Eiskonsum geht mit hohen Sonnenbrandzahlen einher. Verursacht Eis essen nun Sonnenbrand oder erhöht gar ein Sonnenbrand den Hunger auf Eis? Nein, natürlich nicht! Hier wurde ein Merkmal außer Acht gelassen: An sonnigen Tag essen sowohl mehr Menschen Eis als auch das Risiko für einen Sonnenbrand steigt. Nicht die Merkmale Eiskonsum und Anzahl der Sonnenbrände haben einen kausalen Zusammenhang, sondern beide Merkmale hängen kausal von der Sonnenscheindauer bzw. den Temperaturen ab.

Info-Box

Tyler Vigen hat auf seiner Internetseite „Spurious correlations" zahlreiche Scheinkorrelationen dargestellt, die zum Nachdenken anregen sollen.
Beispielsweise zeigt er eine positive Korrelation ($r_{XY} = 0.957087$) zwischen der Personenzahl, die durch einen Sturz aus ihrem Bett stirbt, und der Anzahl der Anwälte in Puerto Rico oder zwischen dem Geld, das für Haustiere ausgegeben wird, und der Anzahl Promotionen im Bauingenieurwesen ($r_{XY} = 0.983038$).

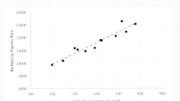 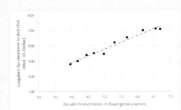

Schauen Sie sich diese Seite doch einmal an, um weitere interessante Scheinkorrelationen zu entdecken!

> **Info-Box**
>
> Gibt es einen Zusammenhang zwischen der Intelligenz eines Menschen und seinem Musikgeschmack?
> Dieser Frage ist der Programmierer Virgil Griffith in seinem Projekt „Musicthatmakesyoudumb" nachgegangen. Er nutzte dazu den durchschnittlichen SAT-Score (Scholastic Assessment Test, ein standardisierter Test, den Studienplatzanwärter an US-Universitäten absolvieren müssen) bestimmter Universitäten und ermittelte zudem die zehn Künstler dieser Universitäten mit den meisten Facebook-Likes.
> Seine Ergebnisse stellt er in einer Grafik dar (siehe z. B. `https://flowingdata.com/2009/04/03/music-that-makes-you-dumb/`).
> Besonders schlaue Studierende hören demnach gerne Beethoven. Aber auch U2 und Radiohead rangieren weit oben in der Favoritenliste. Am anderen Ende finden sich Künstler wie Beyonce und Lil Wayne.
> Ist dies ein Grund, nun die eigene Musiksammlung zu entrümpeln? Nein, natürlich nicht! Wissenschaftlich sauber ist die Vorgehensweise von Griffith nicht, und vor allem dürfen wir auch hier nicht Korrelation mit Kausalität verwechseln! Interessant sind seine Ergebnisse aber trotzdem. Schauen Sie sich die Ergebnisgrafik doch einmal an und suchen Sie nach Ihrem Lieblingskünstler!

4.3.5 Aufgaben

Übung 4.8 (Laufen). Ⓑ Gegeben sind die Pulswerte (in Schläge/min) und die dazugehörigen Geschwindigkeiten (in km/h) einer Freizeitläuferin:

Puls in Schläge/min	Geschwindigkeit in km/h
80	0.00
131	7.56
143	9.30
150	10.53
167	10.94
178	11.88
186	13.33

a) Stellen Sie Daten in einem Streudiagramm dar.

b) Bestimmen Sie die Kovarianz und interpretieren Sie den Wert.

c) Bestimmen Sie den Korrelationskoeffizienten und interpretieren Sie den Wert.

Übung 4.9. (Laktat).Ⓥ Wenn man Sport treibt, benötigt der Körper
Energie. Ist die Belastung moderat, dann wird die benötigte Energie
hauptsächlich aus Kohlenhydraten mithilfe des eingeatmeten Sauerstoffs gewonnen.
Bei extrem hohen Belastungen (z. B. ein 400-m-Sprint) reicht der eingeatmete Sauerstoff nicht mehr aus, um die benötigte Energiemenge zu erzeugen. Hierfür verfügt
der Körper über einen weiteren Stoffwechselweg, um aus Kohlenhydraten Energie
zu erzeugen, aber ohne Beteiligung von Sauerstoff. Dabei wird das „Abfallprodukt"
Laktat erzeugt. Ist mehr Laktat im Körper vorhanden als dieser abbauen kann, dann
übersäuern die Muskeln, und die gewünschte Leistung kann nicht mehr erbracht
werden.

Wir betrachten die folgenden Leistungen einer untrainierten Person auf einem Fahrradergometer und die dazugehörigen Laktatkonzentrationen im Blut.

Leistung (W)	Laktat (mmol/l)
0	0.8
100	1.9
130	2.5
160	3.1
185	3.9
215	4.8
250	7.5
260	10
275	13.7
280	14.9
285	16.1

a) Stellen Sie Daten in einem Streudiagramm dar.

b) Bestimmen Sie mit einer geeigneten Maßzahl, ob ein linearer Zusammenhang
   zwischen der Leistung und der Laktatkonzentration im Blut besteht.

Übung 4.10. Ⓑ Ⓥ Zeigen Sie, dass das arithmetische Mittel der standardisierten Messdaten

$$u_i = \frac{x_i - \bar{x}}{s_X}, \quad v_i = \frac{y_i - \bar{y}}{s_Y}, \quad i = 1, 2, \ldots, n$$

null beträgt und die Standardabweichung eins.

Übung 4.11. Ⓑ Zeigen Sie, dass für den Korrelationskoeffizienten gilt

a) $r_{XX} = r_{YY} = 1$

b) $r_{XY} = r_{YX}$.

Übung 4.12. Es wurde von acht Absolventen eines Studiengangs die Note der Statistik-Klausur und die Dauer ihres Studiums erhoben.

Student i	1	2	3	4	5	6	7	8
Statistiknote x_i	1,0	4,0	2,0	1,3	3,7	4,0	1,7	3,3
Dauer in Semestern y_i	7	10	8	7	9	9	8	11

Gibt es einen Zusammenhang zwischen der Statistiknote und der Studiendauer?

Übung 4.13. Ⓥ Bei 118 Studierenden wurde jeweils die Haar- und Augenfarbe festgestellt. Die Ergebnisse sind in der folgenden Kontingenztabelle zusammengefasst.

	blau	braun	grün
blond	20	16	11
braun	29	4	6
schwarz	11	16	5

a) Bestimmen Sie die Randhäufigkeiten.

b) Bestimmen Sie mit einem geeigneten Zusammenhangsmaß, ob es einen Zusammenhang zwischen Haar- und Augenfarbe der Studierenden gibt und wie stark dieser ist.

4.4 Regressionsanalyse

Wir haben bereits kennengelernt, wie wir den linearen Zusammenhang zwischen zwei metrischen Merkmalen messen können (siehe Abschn. 4.3.1). Hierbei wurden die beiden Merkmale als gleichartig betrachtet, und wir sprechen von einer *Korrelation*. In diesem Abschnitt hingegen unterstellen wir eine Ursache-Wirkungsbeziehung zwischen den Merkmalen, und wir wollen diese mithilfe einer mathematischen Funktion der Form

$$Y = f(X)$$

beschreiben. Wir nennen diesen Vorgang *Regression*. Hierbei stellt das Merkmal X die unabhängige Variable dar (Ursache) und Y die abhängige Variable (Wirkung). Welches Merkmal die Ursache und welches die Wirkung darstellt, muss mit entsprechender Sachkompentenz ermittelt werden.

Natürlich werden wir in den meisten Fällen keinen exakten funktionalen Zusammenhang aufdecken können, sodass wir dies mit dem Fehlerterm ε berücksichtigen:

$$Y = f(X) + \varepsilon.$$

Die Aufgabe ist, eine Funktion zu finden, die einen möglichst großen Teil der Variabilität der Daten erklärt und somit nur wenig auf den Fehler ε zurückzuführen ist.

Der Typ der Funktion wird durch das Streudiagramm aufgedeckt (siehe Abb. 4.18) oder/und den Sachzusammenhang. Häufig verwendete Regressionsfunktionen sind beispielsweise

- Lineare Funktion $f(x) = a_1 + a_2 x$ (*Regressionsgerade*)
- Quadratische Funktion $f(x) = a_1 + a_2 x + a_3 x^2$
- Potenzfunktion $f(x) = a_1 x^{a_2}$
- Exponentialfunktion $f(x) = a_1 a_2^x$, $(a_2 > 0, a_2 \neq 1)$
- Logistische Funktion $f(x) = \frac{a_3}{1 + e^{a_1 + a_2 x}}$.

Ziel ist es, die Parameter der Regressionsfunktion a_k, auch *Regressionskoeffizienten* genannt, bestmöglich an die Daten anzupassen, d. h., die Regressionsfunktion soll den Zusammenhang möglichst gut beschreiben.

Dazu müssen wir definieren, was „möglichst gut" heißt, d. h., wir benötigen eine Funktion, die den Fehler unserer Regression angibt.

Wir verwenden dazu die *Methode der kleinsten Fehlerquadrate* (siehe Abb. 4.25).

Wir berechnen den Fehler, indem wir die Differenz zwischen dem *Beobachtungswert* y_i und dem Wert der Regressionsfunktion $\hat{y}_i = f(x_i)$, auch *Regressionswert* oder *Schätzwert* genannt, bilden. Wir quadrieren alle Fehler, damit alle positiv in die Rechnung eingehen. Zudem werden kleine Fehler dadurch kleiner und große entsprechend größer:

$$(y_i - \hat{y}_i)^2.$$

Anschließend summieren wir alle Fehlerquadrate auf und erhalten auf diese Weise die Funktion, die den Fehler unserer Regression in Abhängigkeit der Regressionskoeffizienten $\vec{a} = (a_1, a_2, \ldots, a_k)$ misst:

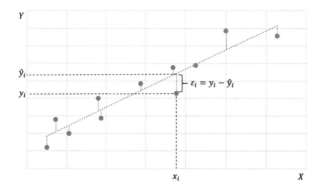

Abb. 4.25: Methode der kleinsten Fehlerquadrate

$$Q(\vec{a}) = \sum_{i=1}^{n} (y_i - \hat{y}_i)^2.$$

Wir bestimmen die Regressionkoeffizienten so, dass die Funktion Q ein Minimum annimmt.

> **Methode der kleinsten Fehlerquadrate**
>
> Die Regressionsfunktion $\hat{y} = f(x)$ soll den Zusammenhang zwischen den Merkmalen X und Y beschreiben. Die Regressionskoeffizienten $\vec{a} = (a_1, a_2, \ldots)$ dieser Regressionsfunktion werden so bestimmt, dass die Summe der Fehlerquadrate
>
> $$Q(\vec{a}) = \sum_{i=1}^{n} (y_i - \hat{y}_i)^2$$
>
> ein Minimum annimmt.

4.4.1 Lineare Regression

Bei der *linearen Regression* wird ein linearer Zusammenhang zwischen den Merkmalen X und Y unterstellt, der mithilfe einer Geraden

$$\hat{y} = a + bx$$

beschrieben werden soll. Die Regressionskoeffizienten a und b müssen so bestimmt werden, dass die Summe der Fehlerquadrate

$$Q(a,b) = \sum_{i=1}^{n}(y_i - \hat{y}_i)^2 = \sum_{i=1}^{n}(y_i - (a+bx_i))^2$$

minimal wird mit den Schätzwerten

$$\hat{y}_i = a + bx_i.$$

Wir haben es mit einer Problemstellung aus der mehrdimensionalen Analysis zu tun und suchen das Minimum einer Funktion mit zwei Variablen. Leserinnen und Leser ohne Kenntnisse in diesem Themenbereich seien z. B. auf Papula 2015, Kap. III verwiesen. Die Herleitung kann auch übersprungen werden. Dann setzen Sie mit Ihrer Lektüre ab Bsp. 4.25 wieder ein.

Notwendige Bedingung für das Vorliegen eines Minimums ist, dass die partiellen Ableitungen gleich null sind:

$$\frac{\partial Q(a,b)}{\partial a} = -2\sum_{i=1}^{n}(y_i - (a+bx_i)) = 0$$

$$\frac{\partial Q(a,b)}{\partial b} = -2\sum_{i=1}^{n}(y_i - (a+bx_i))x_i = 0.$$

Wir nennen die Werte a und b, für die die Funktion $Q(a,b)$ ein Minimum annimmt, *Kleinste-Quadrate-Schätzer* und bezeichnen sie mit $\hat{a}$ und $\hat{b}$:

$$-2\sum_{i=1}^{n}\left(y_i - (\hat{a}+\hat{b}x_i)\right) = 0$$

$$-2\sum_{i=1}^{n}\left(y_i - (\hat{a}+\hat{b}x_i)\right)x_i = 0.$$

Aus der ersten Gleichung erhalten wir

$$-2\sum_{i=1}^{n}y_i + 2n\hat{a} + 2\hat{b}\sum_{i=1}^{n}x_i = 0$$

$$\Leftrightarrow \hat{a} = \frac{1}{n}\sum_{i=1}^{n}y_i - \hat{b}\frac{1}{n}\sum_{i=1}^{n}x_i = \bar{y} - \hat{b}\bar{x},$$

wobei $\bar{x}$ und $\bar{y}$ jeweils das arithmetische Mittel der x- bzw. y-Werte bezeichnet.

Wir setzen $\hat{a}$ in die zweite Gleichung ein und stellen nach $\hat{b}$ um:

$$\sum_{i=1}^{n}\left(y_i - (\bar{y} - \hat{b}\bar{x} + \hat{b}x_i)\right)x_i = \sum_{i=1}^{n}x_iy_i - \bar{y}\sum_{i=1}^{n}x_i + \hat{b}\bar{x}\sum_{i=1}^{n}x_i - \hat{b}\sum_{i=1}^{n}x_i^2 = 0$$

$$\Leftrightarrow \hat{b} = \frac{\sum_{i=1}^{n}x_iy_i - \bar{y}\sum_{i=1}^{n}x_i}{\sum_{i=1}^{n}x_i^2 - \bar{x}\sum_{i=1}^{n}x_i}.$$

Somit erhalten wir folgende Formeln für die Regressionskoeffizienten $\hat{a}$ und $\hat{b}$:

$$\hat{b} = \frac{\sum_{i=1}^{n} x_i y_i - \bar{y} \sum_{i=1}^{n} x_i}{\sum_{i=1}^{n} x_i^2 - \bar{x} \sum_{i=1}^{n} x_i}$$

$$\hat{a} = \bar{y} - b\bar{x}.$$

Wir müssen mithilfe der hinreichenden Bedingung überprüfen, ob an der Stelle $(\hat{a}, \hat{b})$ tatsächlich ein Minimum vorliegt. Dazu bilden wir die Hesse-Matrix, die sich aus den partiellen Ableitungen zweiter Ordnung zusammensetzt:

$$H_f((a,b)) = \begin{pmatrix} \frac{\partial^2 Q(a,b)}{\partial a^2} & \frac{\partial^2 Q(a,b)}{\partial a \partial b} \\ \frac{\partial^2 Q(a,b)}{\partial b \partial a} & \frac{\partial^2 Q(a,b)}{\partial b^2} \end{pmatrix} = \begin{pmatrix} 2n & 2\sum_{i=1}^{n} x_i \\ 2\sum_{i=1}^{n} x_i & 2\sum_{i=1}^{n} x_i^2 \end{pmatrix}.$$

Damit an der Stelle $(\hat{a}, \hat{b})$ ein Minimum vorliegt, muss die Hesse-Matrix positiv definit sein. Wir bestimmen die Definitheit mithilfe des Determinanten-Kriteriums, da die Matrix symmetrisch ist. Für die Unterdeterminanten erhalten wir

$$D_1 = 2n > 0$$

$$D_2 = 4n \sum_{i=1}^{n} x_i^2 - 4\left(\sum_{i=1}^{n} x_i\right)^2 = 4\left(n\sum_{i=1}^{n} x_i^2 - \left(\sum_{i=1}^{n} x_i\right)^2\right)$$

$$= 4\left(n\sum_{i=1}^{n} x_i^2 - (n\bar{x})^2\right) = 4n\left(\sum_{i=1}^{n} x_i^2 - n\bar{x}^2\right)$$

$$= 4n\left(\sum_{i=1}^{n} x_i^2 - 2n\bar{x}^2 + n\bar{x}^2\right) = 4n\left(\sum_{i=1}^{n} x_i^2 - 2n\bar{x}\frac{1}{n}\sum_{i=1}^{n} x_i + n\bar{x}^2\right)$$

$$= 4n\left(\sum_{i=1}^{n} x_i^2 - 2\sum_{i=1}^{n} x_i\bar{x} + \sum_{i=1}^{n} \bar{x}^2\right) = 4n\sum_{i=1}^{n}\left(x_i^2 - 2x_i\bar{x} + \bar{x}^2\right)$$

$$= 4n\sum_{i=1}^{n}(x_i - \bar{x})^2 > 0.$$

Die Hesse-Matrix ist positiv definit, und damit liegt ein Minimum vor.

Kleinste-Quadrate-Schätzer der linearen Regression

Es liegen n zweidimensionale metrische Daten (x_i, y_i), $i = 1, \ldots, n$ vor. Die Kleinste-Quadrate-Schätzer $\hat{a}$ und $\hat{b}$ der linearen Regression

$$\hat{y} = \hat{a} + \hat{b}x$$

ergeben sich wie folgt:

$$\hat{b} = \frac{\sum_{i=1}^{n} x_i y_i - \bar{y} \sum_{i=1}^{n} x_i}{\sum_{i=1}^{n} x_i^2 - \bar{x} \sum_{i=1}^{n} x_i}$$

$$\hat{a} = \bar{y} - \hat{b}\bar{x}.$$

Beispiel 4.25 (Regression). Wir bestimmen die Regressionsgerade für die Daten in Abb. 4.26.

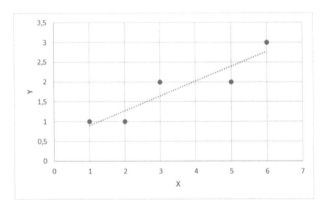

Abb. 4.26: Beispiel zur linearen Regression

Hierfür ist es hilfreich und übersichtlicher, die Berechnungen in Form einer Tabelle darzustellen (siehe Tab. 4.21).

Mithilfe von Tab. 4.21 lassen sich die Regressionskoeffizienten berechnen:

$$\bar{x} = \frac{17}{5}, \quad \bar{y} = \frac{9}{5}$$

$$\hat{b} = \frac{\sum_{i=1}^{n} x_i y_i - \bar{y} \sum_{i=1}^{n} x_i}{\sum_{i=1}^{n} x_i^2 - \bar{x} \sum_{i=1}^{n} x_i} = \frac{37 - \frac{9}{5} \cdot 17}{75 - \frac{17}{5} \cdot 17} = \frac{16}{43} \approx 0.37$$

$$\hat{a} = \bar{y} - b\bar{x} \approx \frac{9}{5} - 0.37 \cdot \frac{17}{5} = 0.542$$

Die Daten lassen sich mithilfe der Regressionsgeraden

Tab. 4.21: Berechnungen zur linearen Regression

i	x_i	y_i	$x_i y_i$	x_i^2
1	1	1	1	1
2	2	1	2	4
3	3	2	6	9
4	5	2	10	25
5	6	3	18	36
Σ	17	9	37	75

$$\hat{y} = \hat{a} + \hat{b}x = 0.542 + 0.37x$$

modellieren. Wenn wir die Parameter so wählen, wird die Summe der Fehlerquadrate minimal. ◀

Eine alternative Berechnungsmöglichkeit des Regressionskoeffizienten $\hat{b}$ erhalten wir, indem wir den Bruch mit dem Faktor $\frac{1}{n}$ erweitern:

$$\hat{b} = \frac{\frac{1}{n}\sum_{i=1}^{n} x_i y_i - \bar{y}\frac{1}{n}\sum_{i=1}^{n} x_i}{\frac{1}{n}\sum_{i=1}^{n} x_i^2 - \bar{x}\frac{1}{n}\sum_{i=1}^{n} x_i} = \frac{\frac{1}{n}\sum_{i=1}^{n} x_i y_i - \bar{x}\cdot\bar{y}}{\frac{1}{n}\sum_{i=1}^{n} x_i^2 - \bar{x}^2}.$$

Der Zähler ist die Kovarianz der Merkmale X und Y, und der Nenner ist die Varianz des Merkmals X. Somit gilt

$$\hat{b} = \frac{s_{XY}}{s_X^2}.$$

Kleinste-Quadrate-Schätzer der linearen Regression

Der Steigungsparameter der linearen Regression lässt sich auch als Quotient aus Kovarianz und Varianz des Merkmals X ausdrücken. Es gilt

$$\hat{b} = \frac{s_{XY}}{s_X^2}$$

$$\hat{a} = \bar{y} - \hat{b}\bar{x}.$$

Beispiel 4.26 (Ausdauerleistung). Wir betrachten Bsp. 4.15 erneut. Wir haben bereits mithilfe der Berechnung des Korrelationskoeffizienten

$$r_{XY} = 0.94$$

herausgefunden, dass es einen starken linearen Zusammenhang zwischen der zurückgelegten Strecke im Cooper-Test und der VO_2max gibt (siehe Bsp. 4.17). Nun möchten wir diesen Zusammenhang mithilfe einer Regressionsgeraden beschreiben. Das hat den Vorteil, dass der VO_2max-Wert nicht über eine Atemgasanalyse aufwändig bestimmt werden muss, sondern man mithilfe des Ergebnisses des Cooper-Tests auf den VO_2max-Wert schließen kann.

Wir berechnen die Kleinste-Quadrate-Schätzer mithilfe der Ergebnisse aus Bsp. 4.16 und 4.17:

$$\bar{x} = 2027.39, \quad \bar{y} = 33.70, \quad s_X^2 = 83\,037.10, \quad s_{XY} = 2182.49$$

$$\hat{b} = \frac{s_{XY}}{s_X^2} = \frac{2182.49}{83\,037.10} = 0.02628$$

$$\hat{a} = \bar{y} - \hat{b}\bar{x} = 33.70 - 0.02628 \cdot 2027.39 = -19.5912.$$

Aus den Ergebnissen des Cooper-Tests lässt sich mithilfe der Regressionsgeraden

$$\hat{y}(x) = -19.5912 + 0.02628x$$

der VO_2max-Wert ermitteln. Läuft eine Person im Cooper-Test eine Strecke von 2300 m, dann ergibt sich nach diesem Modell eine geschätzte VO_2max von:

$$\hat{y}(2300) = -19.5912 + 0.02628 \cdot 2300 = 40.86.$$

Das ist nur ein Schätzwert, der sich aus dem Modell ergibt. Wir müssen nun noch die Güte dieses Modells angeben.   ◄

Um die Güte einer linearen Regression zu bestimmen, müssen wir uns überlegen, welcher Anteil der Variabilität der Beobachtungsdaten y_i durch das Modell geklärt wird und welcher Anteil unerklärt bleibt und somit auf den Fehlerterm zurückzuführen ist.

Das sogenannte *Bestimmtheitsmaß* gibt an, welcher Anteil der Varianz des Merkmals Y durch das Modell erklärt werden kann:

$$B = \frac{s_{\hat{y}}^2}{s_y^2} = \frac{\frac{1}{n}\sum_{i=1}^n (\hat{y}_i - \bar{y})^2}{s_y^2} = \frac{\frac{1}{n}\sum_{i=1}^n (\hat{a} + \hat{b}x_i - \hat{a} - \hat{b}\bar{x})^2}{s_y^2} = \frac{\frac{1}{n}\sum_{i=1}^n (\hat{b}x_i - \hat{b}\bar{x})^2}{s_y^2}$$

$$= \frac{\hat{b}^2 \frac{1}{n}\sum_{i=1}^n (x_i - \bar{x})^2}{s_y^2} = \frac{\hat{b}^2 s_x^2}{s_y^2} = \left(\frac{\hat{b}s_x}{s_y}\right)^2 = \left(\frac{s_{xy}}{s_x^2}\frac{s_x}{s_y}\right)^2 = \left(\frac{s_{xy}}{s_x s_y}\right)^2 = r_{XY}^2.$$

Das Bestimmtheitsmaß entspricht dem quadrierten Korrelationskoeffizienten. Somit ergibt sich direkt, dass es nur Werte zwischen 0 und 1 annehmen kann. Je näher es an 1 liegt, umso besser beschreibt die Regressionsgerade die Beobachtungsdaten und umso besser ist sie für Prognosen geeignet.

Bestimmtheitsmaß

Die Güte einer linearen Regression wird durch das *Bestimmtheitsmaß*

$$B = r_{XY}^2$$

angegeben. Es gilt:

$$0 \leq B \leq 1.$$

Beispiel 4.27 (Ausdauerleistung). In diesem Beispiel ergibt sich ein Bestimmtheitsmaß von

$$B = r_{XY}^2 = 0.94^2 = 0.87.$$

Den Korrelationskoeffizienten haben wir bereits in Bsp. 4.17 berechnet.

Das Regressionsmodell beschreibt die Daten gut. 87 % der Varianz der VO_2max-Werte können durch das Modell erklärt werden, die restlichen 13 % jedoch nicht. ◄

Wir wollen anhand von Bsp. 4.25 vorstellen, wie man eine lineare Regression mit MATLAB bzw. Mathematica durchführt.

Beispiel 4.28 (Regression). Zunächst geben wir die Daten aus Bsp. 4.25 in MAT-LAB in Form von Vektoren

```
X=[1 2 3 5 6];
Y=[1 1 2 2 3];
```

und in Mathematica in Form einer Liste

```
XY={{1,1},{2,1},{3,2},{5,2},{6,3}};
```

ein. Wir können die Daten mit dem Befehl `scatter` bzw. `Listplot` grafisch in einem Streudiagramm darstellen (siehe Abb. 4.27):

```
scatter(X,Y,'filled','b')
xlabel('X')
ylabel('Y')
```

```
ListPlot[XY,AxesLabel->{"X", "Y"}]
```

Mit dem Befehl `polyfit` erhalten wir in MATLAB die Kleinsten-Quadrate-Schätzer für die lineare Regression. Der Befehl benötigt den Datenvektor mit den x-Werten und den Datenvektor mit den y-Werten. Zudem muss die Ordnung des Polynoms angegeben werden, das an die Daten bestmöglich angepasst werden soll. Wir müssen hierfür eine lineare Regression 1 eintragen, da ein Polynom vom Grad 1 (also eine Gerade) gefunden werden soll, die die Daten bestmöglich wiedergibt. Dieser Befehl kann also auch genutzt werden, wenn die Regressionsfunktion ein Polynom höheren Grades ist, wie wir in Abschn. 4.4.2 noch sehen werden.

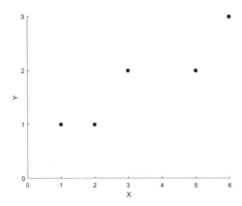

Abb. 4.27: Streudiagramm in MATLAB

```
p=polyfit(X,Y,1)
a=p(2)
b=p(1)
```

Hierbei ergibt sich $\hat{a} = p(2) = 0.535$ und $\hat{b} = p(1) = 0.372$. Um die Regressionsgerade im Streudiagramm darzustellen, kann man den Befehl `polyval` nutzen (siehe Abb. 4.28). Er liefert die Schätzwerte $\hat{y}_i$:

```
Ys=polyval(p,X);
scatter(X,Y,'filled','b')
hold on
plot(X,Ys,'g')
hold off
xlabel('X')
ylabel('Y')
```

In Mathematica liefert der Befehl `Fit` direkt die Geradengleichung

```
lm=Fit[XY,{1,x},x]
Show[ListPlot[XY,PlotStyle->Blue],
    Plot[lm,{x,0,6},PlotStyle->Green],AxesLabel->{"X","Y"}]
```

Mit dem Zusatz `BestFitParameters` erhält man nur die Regressionskoeffizienten

```
p=Fit[XY,{1,x},x,"BestFitParameters"]
a=p[[1]]
b=p[[2]]
```

Das Bestimmtheitsmaß zur Ermittlung der Güte der Regression erhält man mit dem Befehl `corr` bzw. `Correlation`, der Ihnen schon aus Abschn. 4.3.1 bekannt ist:

```
B=corr(X',Y')^2
```

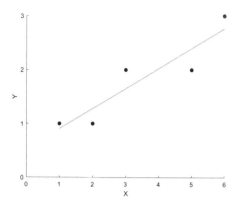

Abb. 4.28: Streudiagramm mit Regressionsgerade in MATLAB

```
B=Correlation[XY[[All,1]],XY[[All,2]]]^2//N
```

Es ergibt sich ein Bestimmtheitsmaß von $B = 0.85$. Die Daten werden gut durch das Regressionsmodell wiedergegeben.

Curve-Fitting-Tool in MATLAB

Zudem bietet MATLAB die Möglichkeit, die lineare Regression (und auch andere Regressionen, wie wir in Abschn. 4.4.2 noch sehen werden) mithilfe einer Oberfläche durchzuführen. Dazu wird allerdings die CURVE-FITTING-Toolbox benötigt.

Um mit dem Curve-Fitting-Tool zu arbeiten, geben wir zunächst die Vektoren mit den Daten ein:

```
X=[1 2 3 5 6];
Y=[1 1 2 2 3];
```

Anschließend öffnen wir die Oberfläche, indem wir im Command Window den Befehl `cftool` eingeben oder unter dem Reiter „APPS" „Curve Fitting" auswählen (siehe Abb. 4.29).

Wir wählen bei *X-Data* X aus und bei *Y-Data* Y. Oben im mittleren Bereich wählen wir *Polynomial* mit *Degree* 1 aus. Sofort erscheint das Ergebnis der Regression. Unter *Results* können die Regressionskoeffizienten abgelesen werden ($\hat{a} = p2 = 0.5349$ und $\hat{b} = p1 = 0.3721$). Zudem wird das Bestimmtheitsmaß angegeben ($B =$ R-Square = 0.8505). Es werden noch weitere Ergebnisse angegeben, auf die wir im Rahmen dieser Einführung nicht weiter eingehen werden. Das Ergebnis wird außerdem grafisch dargestellt (siehe Abb. 4.29). ◄

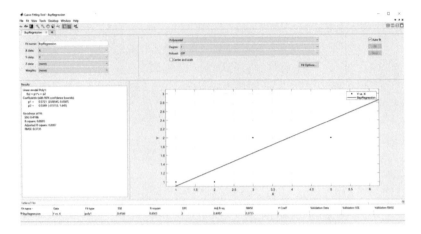

Abb. 4.29: Curve-Fitting-Tool in MATLAB

4.4.2 Nichtlineare Regression

Vor jeder Regressionsanalyse sollte man sich ein Streudiagramm zeichnen und überprüfen, ob eine Modellierung mit einer linearen Funktion sinnvoll ist. Oft liegen
auch theoretische Erkenntnisse über den Sachzusammenhang vor. Stellt man fest,
dass ein nichtlinearer Zusammenhang besteht, muss eine nichtlineare Funktion zur
Modellierung bestimmt werden.

Definition 4.1. Eine Regressionsfunktion ist *linear* (in den Variablen und
den Regressionskoeffizienten), wenn gilt

$$\hat{y} = a + bx,$$

andernfalls ist sie *nichtlinear*.

Eine Regressionsfunktion ist *nichtlinear*

- *in den Variablen*, wenn nichtlineare Terme der unabhängigen Variable
  x in der Gleichung vorkommen (z. B. x^2, e^x, $\sin(x)$, $\ln(x)$, $\sqrt{x}$);
- *in den Regressionskoeffizienten*, wenn nichtlineare Terme der Regressionskoeffizienten in der Gleichung vorkommen (z. B. a^2, $\frac{1}{a}$, $\ln(a)$);
- *in den Variablen und den Regressionskoeffizienten*, wenn beides zutrifft.
  Ein Beispiel hierfür ist die logistische Funktion $f(x) = \frac{c}{1+e^{a+bx}}$.

Beispiel 4.29 (COVID-19). Im Dezember 2019 ist in der chinesischen Millionen-
stadt Wuhan die bis dahin unbekannte Atemwegserkrankung COVID-19 ausgebro-

chen. Sie wird von einem neuartigen Coronavirus mit der offiziellen Bezeichnung SARS-CoV-2 verursacht. Bereits im Januar 2020 hat sich die Krankheit zu einer Epidemie in China entwickelt und kurz darauf zu einer weltweiten Pandemie.

Wir betrachten die kumulierten Krankheitsfälle in Deutschland. Hierbei beschränken wir uns zunächst auf die erste Phase der Erkrankung vom 02.03. bis zum 17.03.2020 (siehe Tab. 4.22). Ab dem 18.03.2020 sind die ersten Ausgangsbeschränkungen und Kontaktverbote in Kraft getreten.

> **Info-Box**
>
> Aktuelle Daten zur COVID-19-Erkrankung können Sie auf den Seiten des Robert-Koch-Instituts finden.

Tab. 4.22: Kumulierte COVID-19-Erkrankungsfälle in Deutschland

Tag	Datum des Erkrankungsbeginns	COVID-19-Fälle kumuliert
0	02.03.2020	224
1	03.03.2020	484
2	04.03.2020	810
3	05.03.2020	1205
4	06.03.2020	1716
5	07.03.2020	2394
6	08.03.2020	3294
7	09.03.2020	4573
8	10.03.2020	6304
9	11.03.2020	8598
10	12.03.2020	11 458
11	13.03.2020	14 905
12	14.03.2020	18 820
13	15.03.2020	23 093
14	16.03.2020	27 970
15	17.03.2020	33 067

Wir stellen uns den Zusammenhang in einem Streudiagramm dar (siehe Abb. 4.30) und erkennen sofort einen nichtlinearen Zusammenhang zwischen den Variablen Zeit und kumulierte Krankheitsfälle. ◄

Nichtlineare Regressionen sind meist rechenaufwändig, da die Regressionskoeffizienten nicht analytisch bestimmt werden können, und man muss auf numerische Verfahren zurückgreifen, um das Minimierungsproblem zu lösen. Hierbei gibt es oft keine Gewähr, dass das verwendete Verfahren konvergiert und ein globales Minimum gefunden werden kann. Zudem müssen bei numerischen Verfahren Start-

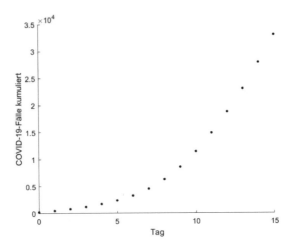

Abb. 4.30: Kumulierte COVID-19-Erkrankungen in Deutschland

werte vorgegeben werden. Von diesen Startwerten hängt ab, ob und wie schnell das Verfahren das Minimum findet.

Aber nicht für jedes nichtlineare Modell ist auch eine nichtlineare Regression erforderlich. Oft können die Regressionsfunktionen durch Substitution der Variablen bzw. der Regressionskoeffizienten oder durch Transformation der Variablen *linearisiert* werden.

Beispiel 4.30 (COVID-19). Das Streudiagramm in Abb. 4.30 deutet auf einen exponentiellen Zusammenhang der Form

$$\hat{y} = ae^{bx}$$

hin, wobei die unabhängige Variable x die Anzahl der Tage und der Schätzwert $\hat{y}$ die geschätzten kumulierten COVID-19-Fälle darstellt.

Wir gehen davon aus, dass der Fehler der Regression ε_i multiplikativ eingeht

$$y_i = \varepsilon_i ae^{bx_i}$$

und wenden auf beiden Seiten den natürlichen Logarithmus an

$$\ln(y_i) = \ln\left(\varepsilon_i ae^{bx_i}\right)$$
$$\ln(y_i) = \ln(\varepsilon_i) + \ln(a) + bx_i.$$

Mithilfe der logarithmierten Beobachtungswerte y_i können wir die lineare Regression anwenden.

Wir nutzen dazu MATLAB bzw. Mathematica:

```
M=readmatrix('Daten\B0429_Covid19.xlsx','Sheet','Daten','Range','A2:C17');
xp1=M(:,1);
yp1=M(:,3);
yp1ln=log(yp1);
p=polyfit(xp1,yp1ln,1)
B=corr(xp1,yp1ln)^2
```

```
xp1=Import["Daten\\B0429_Covid19.xlsx",{"Data",1,2;;17,1}]
yp1=Import["Daten\\B0429_Covid19.xlsx",{"Data",1,2;;17,3}]
yp1ln=Log[yp1]
XY1n=Transpose[{xp1,yp1ln}]
lm=Fit[XY1n,{1,x},x]
R=Correlation[XY1n];
B=R[[1,2]]^2//N
```

und erhalten folgende Ergebnisse für die Regressionskoeffizienten

$$\ln \hat{a} = 6.0267 \quad \Rightarrow \quad \hat{a} = e^{6.0267} = 414.3552$$
$$\hat{b} = 0.3168$$

und damit die Regressionsgerade

$$\ln \hat{y}_i = \ln \hat{a} + \hat{b} x_i = 6.0267 + 0.3168 x_i$$

für die logarithmierten Schätzwerte. Der Zusammenhang kann demnach mit der Exponentialfunktion

$$\hat{y}_i = a e^{b x_i} = 414.3552 e^{0.3168 x_i}$$

beschrieben werden (siehe Abb. 4.31). Als Bestimmtheitsmaß ergibt sich $B = 0.9761$. Das lineare Modell gibt die logarithmierten Fallzahlen sehr gut wieder.

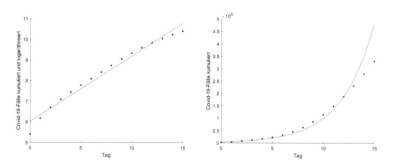

Abb. 4.31: Links: lineare Regression mit logarithmierten Fallzahlen; rechts: Model-
          lierung mithilfe der Exponentialfunktion

Bei der Rücktransformation der Parameter und Darstellung mit den Originaldaten wird allerdings deutlich, dass die Fallzahlen ab Tag 13 stark vom Modell abweichen. Das liegt daran, dass die Anpassung auf Grundlage der logarithmierten Fallzahlen stattgefunden hat.

Wir versuchen das Modell zu verbessern und nutzen dazu zunächst das Curve-Fitting-Tool von MATLAB. Wir machen die in Abb. 4.32 dargestellten Eingaben. Zur Bestimmung der Regressionskoeffizienten a, b der Exponentialfunktion wird ein numerisches Verfahren verwendet. Ob das Verfahren gegen das globale Minimum konvergiert, hängt, wie eingangs bereits erwähnt, von der Wahl der Startwerte für a und b ab. Wir wählen die aus der linearen Regression ermittelten Koeffizienten als Startwerte für das numerische Verfahren (siehe Abb. 4.33). Die Startwerte können unter *Fit Options* angepasst werden.

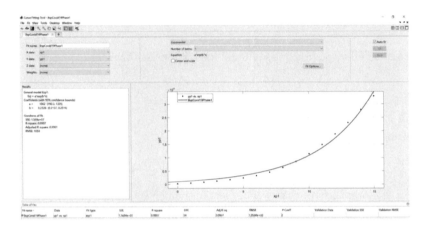

Abb. 4.32: Regression der COVID-19-Krankheitsfälle mit dem Curve-Fitting-Tool in MATLAB

Fit Options			×
Method:	NonlinearLeastSquares		
Robust:	Off		
Algorithm:	Trust-Region		
DiffMinChange:			1.0e-8
DiffMaxChange:			0.1
MaxFunEvals:			600
MaxIter:			400
TolFun:			1.0e-6
TolX:			1.0e-6
Coefficients	StartPoint	Lower	Upper
a	414.3552	-Inf	Inf
b	0.3168	-Inf	Inf
			Close

Abb. 4.33: Eingabe der Startwerte

Die Anpassung des Modells an die Daten hat sich deutlich verbessert.

Wir können die Methode des exponentiellen Fits ebenfalls mit den entsprechenden MATLAB- bzw. Mathematica-Befehlen durchführen:

```
a=exp(p(2));
b=p(1);
f=fit(xp1,yp1,'exp1','StartPoint',[a b])
x=0:0.1:15;
scatter(xp1,yp1,'filled','b','SizeData',10)
hold on
plot(x,f.a*exp(f.b*x),'g')
hold off
xlabel('Tag')
ylabel('COVID-19-Faelle kumuliert')
```

```
p=Fit[XY1n,{1,x},x,"BestFitParameters"];
a1=Exp[p[[1]]];
b1=p[[2]];
XY=Transpose[{xp1,yp1}];
nlm=NonlinearModelFit[XY,a*Exp[b*x],{{a,a1},{b,b1}},x]
Normal[nlm]
Show[Plot[nlm[x],{x,0,15},PlotStyle->Green],ListPlot[XY,PlotStyle->Blue]],
    AxesLabel->{"Tag", "COVID-19-Faelle kumuliert"}
```

Wir erhalten den gleichen exponentiellen Fit wie mit dem Curve-Fitting-Tool in MATLAB und die gleiche Kurve wie in Abb. 4.32 dargestellt. ◄

Beispiel 4.31 (COVID-19). Wir wollen nun den Verlauf der Krankheitsfälle vom 02.03.2020 bis zum 26.06.2020 betrachten (siehe Abb. 4.34). Den vollständigen Datensatz finden Sie in der Datei „B0431_Covid19.xls".

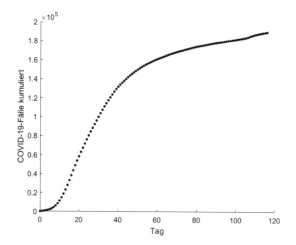

Abb. 4.34: Kumulierte Krankheitsfälle in Deutschland vom 02.03.2020 bis zum 26.06.2020

Auf Grundlage des Streudiagramms wählen wir die s-förmige *Gompertz-Funktion* mit Sättigungsgrenze c

$$\hat{y} = ce^{-a \cdot b^x}.$$

Auch in diesem Fall gehen wir von einem multiplikativen Fehler ε_i aus

$$y_i = \varepsilon_i ce^{-a \cdot b^{x_i}}.$$

Wir probieren zunächst mithilfe der Curve-Fitting-Toolbox von MATLAB die Regressionskoeffizienten zu bestimmen. Dazu legen wir zunächst die Datenvektoren an:

```
M=readmatrix('Daten\B0431_Covid19.xlsx','Sheet','Daten','Range','A2:C118');
x=M(:,1);
y=M(:,3);
```

und öffnen anschließend das Curve-Fitting-Tool. Bei *XData* wählen wir x aus und bei *YData* y. Anschließend können wir die Gompertz-Funktion unter Custom Equation eintragen: `c*exp(-a*b^x)`.

Wir erhalten eine Fehlermeldung. Ohne Vorgabe adäquater Startwerte ist das Auffinden passender Regressionskoeffizienten mithilfe von numerischen Methoden nicht möglich.

Wir versuchen wieder, wie im vorherigen Beispiel, die Startwerte mithilfe einer Transformation der Modellgleichung zu erhalten. Dazu logarithmieren wir wieder beide Seiten

$$\ln y_i = \ln\left(\varepsilon_i ce^{-a \cdot b^{x_i}}\right)$$

$$\ln y_i = \ln \varepsilon_i + \ln c - ab^{x_i}$$

$$\ln c - \ln y_i + \ln \varepsilon_i = ab^{x_i}$$

$$\ln\left(\ln c - \ln y_i + \ln \varepsilon_i\right) = \ln a + x_i \ln b$$

$$z_i = \ln a + x_i \ln b$$

und erhalten eine lineare Gleichung für die transformierten Beobachtungswerte

$$z_i = \ln\left(\ln c - \ln y_i + \ln \varepsilon_i\right).$$

Wir können die Beobachtungswerte somit nur transformieren, wenn wir die Sättigungsgrenze c vorgeben. Wir wählen dazu einen Wert, der größer als der größte Beobachtungswert in unserem Datensatz ist.

Die Bestimmung der Regressionskoeffizienten überlassen wir wieder MATLAB bzw. Mathematica:

```
c=200000;
z=log(log(c)-log(y));
p=polyfit(x,z,1)
B=corr(x,z)^2
```

```
xp=Import["Daten\\B0431_Covid19.xlsx",{"Data",1,2;;118,1}]
yp=Import["Daten\\B0431_Covid19.xlsx",{"Data",1,2;;118,3}]
c=200000;
zp=Log[Log[c]-Log[yp]]
XZ=Transpose[{xp,zp}];
Fit[zp,{1,x},x]
B=Correlation[XZ[[All,1]],XZ[[All,2]]]^2// N
```

Wir erhalten folgende Ergebnisse:

$$\ln \hat{a} = 0.9601 \qquad \Rightarrow \quad \hat{a} = e^{0.9601} = 2.6119$$
$$\ln \hat{b} = -0.0360 \qquad \Rightarrow \quad \hat{b} = e^{-0.0360} = 0.9646.$$

Diese Werte wählen wir zusammen mit $c = 200\,000$ als Startwerte im Curve-Fitting-Tool und erhalten das in Abb. 4.35 dargestellte Ergebnis.

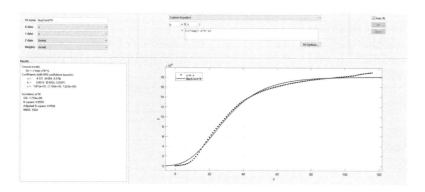

Abb. 4.35: Gompertz-Modell

Die gleichen Ergebnisse erhalten wir mit den Eingaben:

```
a=exp(p(2));
b=exp(p(1));
c=200000;
f=fit(x,y,'c*exp(-a*b^x)','StartPoint',[a b c])
```

```
p=Fit[XZ,{1,x},x,"BestFitParameters"];
a1=Exp[p[[1]]];
b1=Exp[p[[2]]];
c=200000;
XY=Transpose[{xp,yp}];
nlm=NonlinearModelFit[XY,cc*Exp[-a*b^x],{{a,a1},{b,b1},
    {cc,c}},x];
Normal[nlm]
```

Wir erhalten ein Modell, das sehr gut an die Daten angepasst ist. Lediglich ab Tag 100 werden Unterschiede deutlich. Das Modell prognostiziert eine Stagnation bei $c = 181120$ Krankheitsfällen. Anschließend gibt es keine Neuinfektionen mehr. In den Daten ist aber ein deutlicher Anstieg der Infektionszahlen zu erkennen, der eventuell durch die Lockerungen in Bezug auf die Kontaktsperren hervorgerufen wurde. Dies kann aber durch die verwendete Modellgleichung nicht abgebildet werden. Um das Modell zu verbessern, könnte man für verschiedene Phasen der Pandemie verschiedene Modellgleichungen verwenden. ◄

Im Rahmen dieses Buches ist nur eine knappe Einführung in das Themengebiet der nichtlinearen Regression möglich. Interessierte Leserinnen und Leser seien auf Backhaus, Erichson und Weiber 2015, Chatterjee und Simonoff 2013 und Schwarze 2014 verwiesen für weitere theoretische Aspekte und Anwendungen.

4.4.3 Aufgaben

Übung 4.14 (Laufen). Ⓑ Gegeben sind die Pulswerte (in Schläge/min) und die dazugehörigen Geschwindigkeiten (in km/h) einer Freizeitläuferin.

Puls in Schläge/min	Geschwindigkeit in km/h
80	0.00
131	7.56
143	9.30
150	10.53
167	10.94
178	11.88
186	13.33

a) Bestimmen Sie auf Grundlage der Ergebnisse aus Aufg. 4.8 die lineare Regression, die den Zusammenhang zwischen den Pulswerten und der Geschwindigkeit der Läuferin beschreibt.

b) Stellen Sie die Daten zusammen mit der Regressionsgerade grafisch dar.

c) Bestimmen Sie die Güte dieser linearen Regression.

d) Welche Geschwindigkeit kann man aufgrund des linearen Modells bei einem Puls von 160 erwarten?

e) Welchen Beitrag leistet gemäß des linearen Modells jeder zusätzliche Pulsschlag zur Geschwindigkeit?

f) Welchen Anteil (in %) hat die Regressionsgerade an der Varianz der Geschwindigkeit?

Übung 4.15. Der Blutdruck ist der Druck, mit dem das Herz das Blut in die Gefäße pumpt. Er wird mit zwei Zahlenwerten angegeben: dem systolischen Druck, der gemessen wird, wenn das Herz pumpt, und dem diastolischen Druck während der Ruhephase. Als optimal wird ein Blutdruck angesehen, der den Wert 120/80 mmHg nicht überschreitet. Der Blutdruck wird in der traditionellen Einheit mmHg (Millimeter Quecksilbersäule) angegeben.

Es wurden von 52 zufällig ausgewählten Personen die systolischen Blutdruckwerte x_i und das jeweilige Alter y_i erhoben. Auf Grundlage dieser Daten wurden folgende Kennzahlen berechnet.

$$\bar{x} = 41.25, \quad \bar{y} = 149.26, \quad s_X = 14.17, \quad s_Y = 18.66, \quad s_{XY} = 221.47.$$

a) Interpretieren Sie die Maßzahl s_{XY}.

b) Berechnen Sie den Korrelationskoeffizienten nach Bravis und Pearson und interpretieren Sie diesen.

c) Bestimmen Sie die Regressionsgerade mithilfe der Methode der kleinsten Fehlerquadrate.

d) Welchen Blutdruck kann man nach dem linearen Modell bei einer 45-jährigen Person erwarten?

e) Bestimmen Sie die Güte des Modells und interpretieren Sie den Wert.

f) Mit welcher Blutdruckveränderung ist laut dem linearen Modell pro Lebensjahr zu rechnen?

g) Welcher Anteil der Variabilität der Blutdruckwerte wird durch das lineare Modell erklärt?

Übung 4.16. (Laktat). Ⓥ Wir betrachten die erneut Leistungen einer untrainierten Person auf einem Fahrradergometer und die dazugehörigen Laktatkonzentrationen im Blut aus Aufg. 4.9.

Leistung (W)	Laktat (mmol/l)
0	0.8
100	1.9
130	2.5
160	3.1
185	3.9
215	4.8
250	7.5
260	10
275	13.7
280	14.9
285	16.1

a) Geben Sie die Daten als Vektoren in MATLAB bzw. als Liste in Mathematica ein.

b) Führen Sie die lineare Regression mit dem Curve-Fitting-Tool oder mit den entsprechenden Befehlen in MATLAB bzw. Mathematica durch und interpretieren Sie die Ergebnisse.

c) Versuchen Sie mithilfe des Curve-Fitting-Tools oder mit den entsprechenden Befehlen in MATLAB bzw. Mathematica ein nichtlineares Modell zu finden, das die Daten besser wiedergibt.

Übung 4.17 (COVID-19). Ⓑ Wir betrachten erneut die Daten zum Krankheitsverlauf der COVID-19-Erkrankung aus Bsp. 4.31 vom 02.03.2020 bis zum 26.06.2020 (siehe Abb. 4.34). Den vollständigen Datensatz finden Sie in der Excel-Datei „B0431_Covid19.xls".

Wir wählen als Modell die *logistische Funktion* der Form

$$\hat{y} = \frac{c}{1 + e^{a+bx}}.$$

a) Linearisieren Sie das Modell zunächst unter der Annahme eines additiven Fehlers

$$y_i = \frac{c}{1 + e^{a+bx_i}} + \varepsilon_i$$

und einer gegebenen Sättigungsgrenze c.

b) Führen Sie eine lineare Regression für die transformierten Beobachtungswerte z_i durch. Wählen Sie $c = 200\,000$.

c) Stellen Sie die Regressionsgerade zusammen mit den transformierten Daten grafisch dar.

d) Stellen Sie die logistische Funktion zusammen mit den Originaldaten dar. Verwenden Sie die in b) ermittelten Regressionskoeffizienten.

e) Versuchen Sie die nichtlineare Regression zu verbessern, indem Sie die in b) ermittelten Regressionskoeffizienten als Startwerte für ein numerisches Optimierungsverfahren verwenden. Nutzen Sie dazu z. B. das Curve-Fitting-Tool in MATLAB.

4.5 Anwendungen in Naturwissenschaft und Technik

4.5.1 Enzymkinetik

In biologischen Systemen (z. B. Bakterien) werden fast alle chemischen Reaktionen durch sogenannte *Enzyme* katalysiert. Enzyme sind meist Proteine und können die Reaktionsgeschwindigkeit enorm erhöhen. Sie sind an allen wichtigen Lebensvorgängen, wie beispielsweise Verdauung, Atmung und Wachstum, direkt beteiligt. Enzyme sind reaktions- und substratspezifisch, d. h., sie katalysieren nur bestimmte Reaktionen mit einem bestimmten Substrat. Aus einer Reaktion gehen sie unverändert hervor und stehen für weitere Reaktionen zur Verfügung. Für eine detaillierte Einführung in Stoffwechselprozesse siehe z. B. Campbell und Reece 2015, Kap. 8.

Wir betrachten folgenden biochemischen Reaktionstyp

$$S + E \; \underset{k_{-1}}{\overset{k_1}{\rightleftarrows}} \; ES \; \overset{k_2}{\longrightarrow} \; P + E,$$

wobei *S* das Substrat, *E* das Enzym, *ES* den Enzym-Substrat-Komplex und *P* das Produkt bezeichnet. Das freie Enzym bindet also zunächst an das Substrat und bildet einen *Enzym-Substrat-Komplex*. In diesem Zustand wird das Substrat in das Produkt umgewandelt und das Enzym wieder freigesetzt.

Die Untersuchung der Geschwindigkeit, mit der das Substrat in das Produkt umgewandelt wird, wird *Enzymkinetik* genannt. In mehreren Versuchen wird die Substratkonzentration variiert und die sich ergebende Reaktionsgeschwindigkeit ermittelt.

Trägt man nun die Substratkonzentrationen gegen die Geschwindigkeiten auf, ergibt sich eine Sättigungskurve mit hyperbolischem Verlauf (siehe Abb. 4.36).

Diese Kurve lässt sich mathematisch mit der *Michaelis-Menten-Kinetik* beschreiben, die auf Leonor Michaelis (1875–1949) und Maud Menten (1879–1960) zurückgeht.

Die Michaelis-Menten-Kinetik kann man aus einem System von Differentialgleichungen erster Ordnung unter Berücksichtigung einiger Annahmen herleiten (siehe dazu Imkamp und Proß 2019, Abschn. 2.4.9):

$$v = \frac{v_{\max}[S]_t}{[S]_t + K_M}.$$

Die Geschwindigkeit, mit der das Produkt *P* gebildet wird, ist abhängig von der aktuellen Substratkonzentration $[S]_t$. Der Parameter $v_{\max}$ bezeichnet die maximal mögliche Reaktionsgeschwindigkeit, mit der das Enzym katalytisch tätig sein kann. Sie wird erreicht, wenn das Enzym vollständig mit Substrat gesättigt ist. Die *Michaelis-Konstante* K_M entspricht der Substratkonzentration bei halbmaximaler Geschwindigkeit (siehe Abb. 4.36).

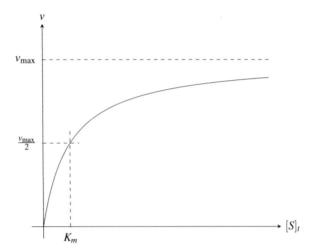

Abb. 4.36: Michaelis-Menten-Diagramm

Wenn man auf Grundlage eines gegebenen Datensatzes bestehend aus Reaktionsgeschwindigkeit und zugehöriger Substratkonzentration die Parameter v_{max} und K_M
bestimmen möchte, dann liegt eine nichtlineare Regression vor, und man muss
auf numerische Methoden zurückgreifen. Diese numerischen Methoden benötigen
Startwerte, die wir mithilfe einer Transformation der Funktionsgleichung ermitteln
können:

$$v = \frac{v_{max}[S]_t}{[S]_t + K_M}$$
$$\frac{1}{v} = \frac{[S]_t + K_M}{v_{max}[S]_t} = \frac{1}{v_{max}} + \frac{K_M}{v_{max}}\frac{1}{[S]_t}$$
$$\tilde{v} = a + b\tilde{S}$$

mit $\tilde{v} = \frac{1}{v}$, $\tilde{S} = \frac{1}{[S]_t}$, $a = \frac{1}{v_{max}}$ und $b = \frac{K_M}{v_{max}}$.

Hierdurch erhält man eine lineare Funktion, die im sogenannten *Lineweaver-Burk-
Diagramm* dargestellt werden kann (siehe Abb. 4.37). Die Nullstelle entspricht
$-1/K_m$ und der y-Achsenabschnitt $1/v_{max}$.

Beispiel 4.32 (E. coli). Wir betrachten das Bakterium *Escherichia coli* (kurz: *E. coli*), das im menschlichen und tierischen Darm vorkommt und dort unverzichtbar z. B.
als Vitaminproduzent tätig ist. Aber es gibt auch krankheitsauslösende Stämme. Es
gilt als einer der häufigsten Verursacher von menschlichen Infektionskrankheiten.
Einer dieser Stämme wird EHEC genannt und hat im Jahr 2011 für eine Durchfall-
epidemie in Norddeutschland gesorgt. Der Grund war kontaminiertes Sprossenge-
müse.

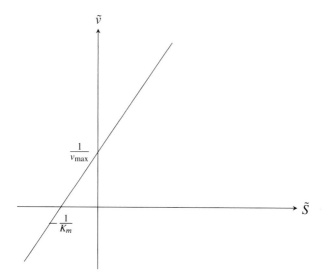

Abb. 4.37: Lineweaver-Burk-Diagramm

Das Bakterium benötigt Kohlenhydrate, um mithilfe von speziellen Stoffwechsel-vorgängen Energie zu erzeugen, die es wiederum für das Wachstum benötigt. Vor-nehmlich wird Glucose als Kohlenhydratlieferant verwendet. Falls dem Bakterium aber keine Glucose zur Verfügung steht, kann es Lactose (Milchzucker) mithilfe des Enzyms β-Galactosidase in Glucose und Galactose spalten (siehe Abb. 4.38). Die Glucose kann dann in der Glykolyse, einem zentralen Stoffwechselweg zur Ener-giegewinnung, verwendet werden.

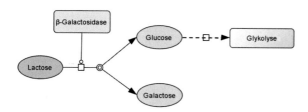

Abb. 4.38: Aufspaltung von Lactose in Glucose und Galactose mithilfe des Enzyms
β-Galactosidase

Wir betrachten dazu den Datensatz in Tab. 4.23, der aus Wenzel, Grotjohann und Röllke 2019 entnommen wurde. Hier wurden die Reaktionsgeschwindigkeiten in Abhängigkeit der Substratkonzentration (Lactose) gemessen.

Tab. 4.23: Gemessene Reaktionsgeschwindigkeiten in Abhängigkeit der Substratkonzentrationen

$[S]_t$ in mM	v in mM/min
0.125	0.051
0.2	0.059
0.3	0.063
0.4	0.07
0.6	0.075
0.7	0.077
0.8	0.076
1	0.074
1.25	0.075
1.5	0.075
2	0.073
2.5	0.071

Zunächst lesen wir die Daten in MATLAB ein:

```
M=readmatrix('Daten\B0432_Ecoli.xlsx','Sheet','Daten','Range','A2:B13');
S=M(:,1);
v=M(:,2);
```

und stellen sie im Michaelis-Menten-Diagramm dar (siehe Abb. 4.39):

```
scatter(S,v,'filled','b')
xlabel('Substratkonzentration S in mM')
ylabel('Reaktionsgeschwindigkeit v in mM/Minute')
```

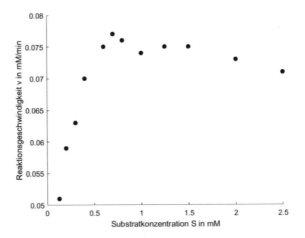

Abb. 4.39: Michaelis-Menten-Diagramm

Da der Verlauf dem der vorgestellten Sättigungskurve ähnelt (siehe Abb. 4.36), entscheiden wir uns für eine nichtlineare Regression durch die Michaelis-Menten-Kinetik. Dazu transformieren wir die Daten zunächst, indem wir jeweils die Kehrwerte bilden und bestimmen anschließend die lineare Regression

```
vt=1./v;
St=1./S;
p=polyfit(St,vt,1)
```

Die resultierenden Regressionskoeffizienten verwenden wir als Startwerte für die nichtlineare Regression mittels numerischer Methoden

$$v_{\max} = \frac{1}{p(2)} = 0.0791 \quad K_M = p(1) \cdot v_{\max} = 0.0668.$$

Hierfür verwenden wir wieder das Curve-Fitting-Tool in MATLAB (siehe Abb. 4.40).

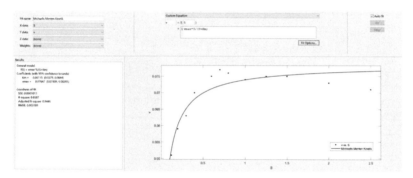

Abb. 4.40: Ergebnis der nichtlinearen Regression mit dem Curve-Fitting-Tool in MATLAB

Die Ergebnisse der nichtlinearen Regression können Sie Abb. 4.40 entnehmen. ◄

4.5.2 Experimentalphysik: Versuchsauswertung und Fehlerrechnung

Physikalische Experimente liefern in der Regel keine exakten Ergebnisse, sondern Messungen sind immer mit Fehlern behaftet. Man unterscheidet zwischen *systematischen* und *statistischen* Messfehlern. Systematische Fehler haben unter gleichen Bedingungen einen konstanten Wert, und dieser ändert sich bei Veränderung der Versuchsbedingungen nach den Regeln dieser Änderung. Wird z. B. ein falsch geeichtes Lineal für eine Längenmessung verwendet, so tritt hierdurch ein konstanter systematischer Fehler bei allen Messungen auf, der sich nach dem Austausch des Lineals verändert. Ein häufiger systematischer Fehler ist auch das nicht-parallaxefreie Ablesen eines Zeigers. Statistische Fehler lassen sich hingegen durch hinreichend häufige Wiederholung der Messung verändern und bestenfalls minimieren. Zum Standardrepertoire der Experimentalphysiker gehört daher auch die Fehlerrechnung. Messfehler werden häufig als absolute oder relative Fehler angegeben.

Beispiel 4.33. Bei einer Längenmessung wird z. B. das folgende Ergebnis angegeben:

$$l = (2.11 \pm 0.02)\,\text{m},$$

(absoluter Fehler) oder

$$l = 2.11\,\text{m} \pm 1\,\%$$

(relativer Fehler). Was wird hierdurch ausgedrückt? Das Messergebnis ist ein Resultat aus n Messungen. Die Streuung der Messwerte wird durch die sogenannte korrigierte Varianz

$$\frac{1}{n-1} \sum_{i=1}^{n} (x_i - \bar{x})^2$$

wiedergegeben, die in Abschn. 4.2.2 kurz erwähnt wurde und in der beurteilenden Statistik von großer Bedeutung ist (siehe Kap. 7). Die Wurzel daraus, also die Standardabweichung, wird noch einmal durch $\sqrt{n}$ dividiert, und man erhält den *Standardfehler* des Mittelwertes

$$s_{\bar{x}} = \sqrt{\frac{\sum_{i=1}^{n} (x_i - \bar{x})^2}{n(n-1)}}.$$

Dieser Standardfehler wird bei obigem Messergebnis als 0.02 m oder als (genäherter) Prozentsatz angegeben. Natürlich lassen sich auch die Standardabweichungen direkt angeben.   ◀

Betrachten wir ein ausführliches Beispiel.

Beispiel 4.34. Eine Gruppe von zehn Studierenden misst die Schwingungsdauer eines Fadenpendels, wobei jeder mit seiner eigenen digitalen Stoppuhr eine Messung durchführt. Sie erhalten folgende Ergebnisse:

$$
\begin{array}{ccccc}
12.01\,\text{s} & 12.22\,\text{s} & 12.13\,\text{s} & 12.30\,\text{s} & 11.96\,\text{s} \\
12.03\,\text{s} & 12.19\,\text{s} & 11.89\,\text{s} & 12.29\,\text{s} & 12.25\,\text{s}.
\end{array}
$$

Es gilt $n = 10$. Im ersten Schritt der Fehlerrechnung bilden wir das arithmetische Mittel

$$\bar{x} = \frac{1}{10} \sum_{i=1}^{10} x_i.$$

Wir verwenden Mathematica für die Rechnungen, ebenso eignen sich MATLAB, Excel oder ein TR mit Statistik-Modus. Wir geben die Daten unter dem Namen *datalist* ein und berechnen mit `Mean` das arithmetische Mittel. Die Mathematica-Funktion `StandardDeviation` liefert die korrigierte Standardabweichung

$$s_X = \sqrt{\frac{1}{n-1} \sum_{i=1}^{n} (x_i - \bar{x})^2}.$$

```
datalist={12.01,12.22,12.13,12.3,11.96,12.03,12.19,11.89,12.29,12.25};
Mean[datalist]
StandardDeviation[datalist]
```

Als Ergebnis erhalten wir $\bar{x} = 12.127$ s und $s = 0.145\,835$ s. Der Standardfehler des Mittelwertes beträgt demnach

$$s_{\bar{x}} = \sqrt{\frac{\sum_{i=1}^{n}(x_i - \bar{x})^2}{n(n-1)}} = 0.046117.$$

Die Fehlerangabe und die Messgröße werden hier auf drei zählende Stellen gerundet. Somit schreiben wir das Messergebnis mit absolutem und relativem Fehler als

$$t_{\text{Pendel}} = (12.127 \pm 0.046)\,\text{s} = 12.127\,\text{s} \pm 0.38\,\%. \qquad \blacktriangleleft$$

Beispiel 4.35. Auch lineare Regression spielt in der Physik eine Rolle, wenn es darum geht, eine Ausgleichsgerade zu finden, die den Messergebnissen optimal angepasst ist. Als Beispiel betrachten wir die Bestimmung eines elektrischen Widerstandes bei unterschiedlichen Spannungen und den zugehörigen Stromstärken. Der verwendete Widerstand ist als $47\,\Omega$-Widerstand ausgezeichnet und soll überprüft werden. Wir erhalten die Mess-Tab. 4.24.

Wir bestimmen die Gleichung der Regressionsgeraden $y = \hat{a} + \hat{b}x$ zunächst direkt und dann mithilfe von Mathematica . Es gilt

$$\hat{b} = \frac{s_{XY}}{s_X^2}$$

und

$$\hat{a} = \bar{y} - \hat{b}\bar{x}.$$

Die *x*-Werte sind die Spannungen, die *y*-Werte die Stromstärken.

Somit erhalten wir nach manueller Rechnung (dimensionslos)

$$\bar{x} = 13, \ \bar{y} = 0.275417, \ \hat{b} = 0.0211661, \ \hat{a} = 0.0002577.$$

Tab. 4.24: Widerstandsbestimmung bei verschiedenen Spannungen

Spannung U in V	Stromstärke I in A
2	0.042
4	0.085
6	0.127
8	0.169
10	0.213
12	0.255
14	0.297
16	0.339
18	0.380
20	0.424
22	0.467
24	0.507

Mathematica liefert mit der Eingabe

```
datalistR={{2,0.042},{4,0.085},{6,0.127},{8,0.169},{10,0.213},{12,0.255},
    {14,0.297},{16,0.339},{18,0.38},{20,0.424},{22,0.467},{24,0.507}};
lm=LinearModelFit[datalistR,x,x]
```

als `FittedModel` den Output

$$y = 0.000257576 + 0.0211661x,$$

also eine Gerade, die nahezu durch den Ursprung verläuft und die Steigung 0.0211661 hat. Mathematica bestätigt somit unser Ergebnis. Die Geradensteigung ist im Kontext der reziproke Widerstand, in der Elektrotechnik auch *Leitwert* genannt. Für den Widerstand R ergibt sich daraus

$$R = \frac{1}{0.0211661} \,\Omega = 47.2454\,\Omega. \qquad \blacktriangleleft$$

4.5.3 Aufgaben

Übung 4.18. (E. coli). Ⓥ Wir betrachten wieder die Aufspaltung von Lactose in Glucose und Galactose mithilfe des Enzyms β-Galactosidase im E.-Coli-Bakterium (siehe Bsp. 4.32 und Abb. 4.38). Wir wollen diesen Stoffwechselprozess wieder mit der Michaelis-Menten-Kinetik

$$v = \frac{v_{\max}[S]_t}{[S]_t + K_M}$$

beschreiben.

Sie haben bereits in Abschn. 4.5.1 eine Linearisierungsmethode der Michaelis-Menten-Kinetik kennengelernt

$$\frac{1}{v} = \frac{1}{v_{\max}} + \frac{K_M}{v_{\max}} \frac{1}{[S]_t},$$

die uns zum Lineweaver-Burk-Diagramm führte (siehe Abb. 4.37).

a) Welche Nachteile hat diese Linearisierungsmethode?

b) Eine andere Linearisierungsmethode erhält man, wenn man die Linearisierung oben mit $v_{\max} \cdot v$ multipliziert und nach v umstellt. Sie führt zum *Eadie-Hofstee-Diagramm*, in dem v gegen $\frac{v}{[S]_t}$ aufgetragen wird.

   i) Stellen Sie die lineare Funktion auf.

   ii) Transformieren Sie die Variablen entsprechend und führen Sie die lineare Regression mit den Daten in Tab. 4.23 durch.

   iii) Stellen Sie die transformierten Variablen zusammen mit der Regressionsgeraden im Eadie-Hofstee-Diagramm grafisch dar.

   iv) Welche Nachteile könnte diese Linearisierungsmethode haben?

c) Die Multiplikation der Linearisierung oben mit $[S]_t$ ergibt eine weitere Linearisierungsmethode der Michaelis-Menten-Kinetik. Sie liegt dem sogenannten *Hanes-Woolf-Diagramm*, in dem $[S]_t$ gegen $\frac{[S]}{v}$ aufgetragen wird, zugrunde. Führen Sie auch für diese Geradengleichung die Punkte i) - iv) wie in Aufgabenteil b) durch.

d) Mit welcher der drei vorgestellten Linearisierungsverfahren erhalten Sie das am besten an die transformierten Daten angepasste Modell? Beurteilen Sie auf Grundlage des Bestimmtheitsmaßes.

Übung 4.19 (Saccharose). Michaelis und Menten untersuchten die Aufspaltung von Saccharose zu Glucose und Fructose mithilfe des Enzyms Invertase (siehe Abb. 4.41) und leiteten daraus ihre kinetische Gleichung ab, die wir in Abschn. 4.5.1 kennengelernt haben.

Wir betrachten einen Teil der Daten aus ihrer Veröffentlichung Menten und Michaelis 1913 (siehe auch Saal 2020):

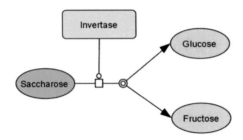

Abb. 4.41: Aufspaltung von Saccharose zu Glucose und Fructose mithilfe des Enzyms Invertase

$[S]_t$ in mM	v in mM/min
5.2	0.11
10.4	0.205
20.8	0.35
41.6	0.5
83.3	0.575

a) Führen Sie die in Abschn. 4.5.1 und Aufg. 4.18 vorgestellten Linearisierungsmethoden durch, um die Parameter v_{max} und K_M mithilfe einer linearen Regression zu bestimmen.

b) Beurteilen Sie auf Grundlage des Bestimmtheitsmaßes, welche Linearisierung die transformierten Daten am besten wiedergibt.

c) Verwenden Sie die Parameter des am besten angepassten linearen Modells als Startwerte für das numerische Verfahren zur nichtlinearen Regression. Verwenden Sie dazu das Curve-Fitting-Tool in MATLAB.

Info-Box

Auf der MATLAB-File-Exchange-Seite finden Sie das Tool *Enzkin* zur Schätzung der Michaelis-Menten-Parameter. Auf Grundlage der Substratkonzentrationen und den dazugehörigen Reaktionsgeschwindigkeiten ermittelt diese MATLAB-Funktion die Michaelis-Menten-Parameter v_{max} und K_M mithilfe verschiedener Linearisierungsmethoden und nichtlinearer Regression. Alle Ergebnisse werden grafisch dargestellt. Probieren Sie es mit den Daten dieser Aufgabe aus!

Übung 4.20. Zwölf Studierende messen unabhängig voneinander die Falldauer eines Massenstückes mit Smartphone-Stoppuhren. Anschließend vergleichen sie ihre Ergebnisse:

$$2.06\,\text{s} \quad 2.22\,\text{s} \quad 2.43\,\text{s} \quad 2.31\,\text{s} \quad 2.77\,\text{s} \quad 2.23\,\text{s}$$
$$2.59\,\text{s} \quad 2.29\,\text{s} \quad 2.29\,\text{s} \quad 2.25\,\text{s} \quad 2.40\,\text{s} \quad 2.42\,\text{s}.$$

Bestimmen Sie das arithmetische Mittel sowie den Median der Daten und berechnen Sie die korrigierte Standardabweichung sowie den Standardfehler des Mittelwertes.

Übung 4.21. Die Ingenieure einer Automobilfirma messen die (konstante) Beschleunigung eines neuen Elektro-Rennwagens während der ersten vier Sekunden mithilfe genauer Bodensensoren. Die folgende Messtabelle zeigt das Ergebnis:

Zeit t in s	Strecke s in m
0.5	4.20
1.0	15.62
1.5	35.12
2.0	63.00
2.5	97.80
3.0	141.10
3.5	190.83
4.0	251.50

a) Bestimmen Sie eine geeignete Regressionskurve, die die Daten möglichst gut annähert.

b) Ermitteln Sie mithilfe dieser Kurve bzw. des zugehörigen funktionalen Zusammenhangs die Beschleunigung des Rennwagens und die Zeit, die er für die ersten 50 m bzw. 150 m benötigt hat.

Tipp: Googeln Sie notfalls zur Unterstützung den Begriff *gleichmäßig beschleunigte Bewegung* oder schlagen Sie ihn in einem Physik-Lehrbuch nach!

Kapitel 5

Grundlagen der Wahrscheinlichkeitstheorie

5.1 Grundbegriffe

Klassische physikalische Experimente (wie z. B. die Bestimmung der Sprungtemperatur eines Supraleiters oder die Messung der Lichtgeschwindigkeit) zeichnen sich dadurch aus, dass sich unter den gleichen Bedingungen ihre Ergebnisse gut reproduzieren lassen. Das bedeutet, dass sich, abgesehen von kleinen Messfehlern, immer ein nahezu gleiches Messergebnis ergibt. Dies ist in den Naturwissenschaften ein wesentlicher Aspekt des experimentellen Arbeitens, zumal so gewährleistet ist, dass andere Forschergruppen die veröffentlichten Ergebnisse der Entdecker reproduzieren können. Man spricht in diesem Fall auch von *deterministischen Experimenten*.

Anders sieht es bei so genannten *Zufallsexperimenten* aus. Hier hängt das Ergebnis vom Zufall ab, d. h., es gibt bei der mehrfachen Wiederholung des Versuchs unterschiedliche Ergebnisse, und zwar im Wesentlichen unvorhersagbar. Dies ist ein essentieller Aspekt von Zufall: Ein Ereignis ist auf Basis unseres aktuellen Wissens unvorhersagbar, bekannt sind in der Regel lediglich die Möglichkeiten, die eintreten können. Derartige Zufallsexperimente findet man bei klassischen Glücksspielen wie Roulette, Poker oder auch der wöchentlichen Ziehung der Lottozahlen. Es ist möglich, dass beim nächsten Wurf der Roulettekugel die Zahl 13 fällt, aber für uns im Moment des Einwurfs des Croupiers völlig offen.

Wir haben eine intuitive Idee, wie „wahrscheinlich" es ist, dass im nächsten Wurf die „13" fällt. Von dieser Intuition hängt aber i. Allg. die Bereitschaft ab, auf ein solches Ereignis zu wetten. Pokerspieler wiederum haben häufig konkrete Daten im Kopf, mit denen sie die Wahrscheinlichkeit eines bestimmten Blattes ihrer Mitspieler abschätzen können. Mithilfe der Methoden von Wahrscheinlichkeitsrechnung und Kombinatorik lassen sich die Wahrscheinlichkeiten einzelner Pokerblätter berechnen. An der Börse wetten professionelle Broker auf die Entwicklung bestimmter Aktien, und das Wetter stellt die Meteorologen vor die schwierige Aufgabe, Prognosen für die kurz-, mittel- oder gar langfristige Entwicklung abzugeben („Die

Regenwahrscheinlichkeit in Bielefeld beträgt morgen...“). Versicherungen bewerten Risiken auf der Basis vorgegebener empirischer Datensätze hinsichtlich zukünftiger Entwicklungen. Aber auch im Geschäftsleben und der Technik spielen derartige Überlegungen eine Rolle, wenn es z. B. um Ausfallwahrscheinlichkeiten („Ausfallrisiko“) bestimmter Anlagen geht oder darum, wie häufig eine bestimmte Anzahl von Maschinen einer Lieferfirma nicht ausreicht, um alle geforderten Aufträge zu bedienen.

Wir wollen in diesem Abschnitt zunächst erste Ideen zur einfachen Modellierung eines Zufallsexperimentes entwickeln und in den nächsten Abschnitten auf ein mathematisch sicheres Fundament stellen. Hierbei ergeben sich Fragen, die in diesen Abschnitten beantwortet werden.

Beispiel 5.1. Wir betrachten den einmaligen Wurf eines gewöhnlichen Würfels.

Eine erste Idee zur Modellierung des Würfelwurfes besteht in der Angabe aller möglichen Ergebnisse. Die Menge dieser möglichen Ergebnisse eines Zufallsexperiments fasst man im sogenannten *Ergebnisraum* Ω (auch *Stichprobenraum* genannt) zusammen. In unserem Beispiel gilt

$$\Omega = \{1; 2; 3; 4; 5; 6\}.$$

Der Stichprobenraum hat in diesem Fall als Menge 6 Elemente. Man sagt, seine *Kardinalzahl* sei 6 und schreibt $|\Omega| = 6$.

Die einzelnen Ergebnisse werden in der Regel mit dem Buchstaben ω bezeichnet, also etwa

$$\omega_1 = 1, \ \omega_2 = 2, \ ..., \ \omega_6 = 6.$$

Teilmengen der Menge Ω nennt man allgemein *Ereignisse*. So stellt z. B. die Menge

$$E_1 := \{2; 4; 6\}$$

das Ereignis dar, dass eine gerade Zahl fällt, hingegen

$$E_2 := \{4; 5; 6\}$$

das Ereignis, dass eine Zahl ≥ 4 fällt. Es gilt $|E_1| = |E_2| = 3$.

Das Ereignis

$$\overline{E}_2 = \{1; 2; 3\},$$

also dass eine Zahl < 4 fällt, heißt das *Gegenereignis* oder *Komplementärereignis* zu E_2.

Ereignisse lassen sich kombinieren. So ist etwa

$$E_1 \cup E_2 = \{2; 4; 5; 6\}$$

das *ODER-Ereignis*, dass eine gerade oder eine Zahl ≥ 4 fällt, und

$$E_1 \cap E_2 = \{4; 6\}$$

das *UND-Ereignis*, dass eine Zahl fällt, die gerade und ≥ 4 ist.

Die Ergebnisse selbst liefern als einelementige Teilmengen von Ω sogenannte *Elementarereignisse*, also z. B.

$$E_3 := \{6\}.$$

Dieser Begriff wird in der Literatur jedoch nicht eindeutig verwendet und gelegentlich mit dem Begriff des Ergebnisses gleichgesetzt.

Das Ereignis Ω nennt man in diesem Zusammenhang auch das *sichere Ereignis*, denn eine der sechs Zahlen fällt ganz sicher. Hingegen ist es unmöglich, etwa die Zahl 7 zu werfen. Ein solches Ereignis nennt man ein *unmögliches Ereignis*.

Wir gehen beim Würfeln davon aus, dass der Würfel fair gestaltet ist, also homogen gefertigt, das bedeutet, dass alle möglichen Ergebnisse die gleiche „Chance" haben. Was genau bedeutet das in diesem Fall?   ◄

Beispiel 5.2. Wir betrachten den zweimaligen Wurf einer Münze.

Für den Stichprobenraum in diesem Beispiel gilt

$$\Omega = \{WW; WZ; ZW; ZZ\},$$

wobei W für Wappen und Z für Zahl steht. Hier gilt

$$\omega_1 = WW, \quad \omega_2 = WZ, \quad \omega_3 = ZW, \quad \omega_4 = ZZ.$$

Wir gehen davon aus, dass die Münze fair gestaltet ist, also alle Ergebnisse die gleiche Chance ihres Eintretens haben. Was genau bedeutet dies für einen Spieler, der darauf wetten möchte, dass das Ereignis „zweimal Zahl", also $\{\omega_4\}$, eintritt?

Wir können dieses Zufallsexperiment auch als die zweimalige Durchführung des Zufallsversuchs „Werfen einer Münze" mit dem Stichprobenraum

$$\Omega = \{W; Z\}$$

auffassen.   ◄

Beispiel 5.3 (Urne 1). Als weiteres Beispiel eines Zufallsexperimentes betrachten wir das mehr symbolische Ziehen von Kugeln aus einer Urne. Tatsächlich werden derartige *Urnenmodelle* in der Wahrscheinlichkeitstheorie häufig verwendet, um den Kern etwa eines kombinatorischen Problems sichtbar zu machen. Wir stellen uns eine Urne vor, die drei blaue Kugeln, zwei rote und eine weiße enthält (siehe Abb. 5.1). Das Zufallsexperiment besteht im einmaligen Ziehen einer Kugel.

Für den Stichprobenraum in diesem Beispiel gilt

$$\Omega = \{B; R; W\}.$$

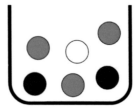

Abb. 5.1: Urne mit drei blauen, zwei roten und einer weißen Kugel

Im Gegensatz zu den vorherigen Beispielen sind die drei Ergebnisse

$$\omega_1 = B, \ \omega_2 = R, \ \omega_3 = W$$

aber nicht gleich wahrscheinlich: Man wird bei Wiederholung des Experimentes häufiger eine blaue Kugel ziehen als eine rote und häufiger eine rote als eine weiße. Intuitiv würde man also sagen, dass die Wahrscheinlichkeit, bei diesem Experiment eine blaue Kugel zu ziehen, am größten ist.   ◄

Unsere Überlegungen im einführenden Text und die vorhergehenden Beispiele, auf die wir in den nächsten Abschnitten zurückkommen werden, zeigen, dass es notwendig ist, eine mathematische Interpretation des Begriffs der „Wahrscheinlichkeit" einzuführen. Wir werden hierzu diesen auch umgangssprachlich häufig verwendeten Begriff der *Wahrscheinlichkeit* auf eine mathematisch solide Basis stellen und feststellen, dass es mehrere Wahrscheinlichkeitsbegriffe gibt.

5.1.1 Von der relativen Häufigkeit zur Wahrscheinlichkeit

Um einen ersten Kontakt zu einem mathematisch präzisen Wahrscheinlichkeitsbegriff zu bekommen, greifen wir den Begriff der relativen Häufigkeit aus der beschreibenden Statistik wieder auf (siehe Abschn. 4.1) und stellen uns vor, dass wir den homogenen Würfel aus dem letzten Abschnitt 60-mal werfen. In der Sprache der Statistik nehmen wir also eine Stichprobe vom Umfang $n = 60$. Wir erhalten z. B. die folgende Ergebnisliste:

2, 6, 4, 3, 6, 5, 1, 5, 5, 6, 5, 1, 1, 6, 1, 5, 6, 5, 2, 3,
3, 3, 6, 3, 3, 1, 4, 2, 5, 2, 2, 3, 5, 6, 1, 5, 3, 1, 4, 3,
6, 1, 1, 5, 3, 2, 4, 2, 1, 3, 4, 2, 3, 5, 4, 4, 1, 2, 2, 6.

Zunächst stellen wir die Anzahlen, also die absoluten Häufigkeiten der einzelnen Ergebnisse, als Histogramm dar (siehe Abb. 5.2).

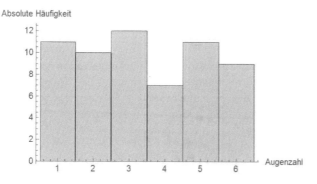

Abb. 5.2: Histogramm zum Würfelwurf

Wir erkennen, dass sich die absoluten Häufigkeiten der einzelnen Zahlen alle grob in der Nähe von 10 befinden, es gilt:

$$H(\{1\}) = 11, \, H(\{2\}) = 10, \, H(\{3\}) = 12, \, H(\{4\}) = 7, \, H(\{5\}) = 11, \, H(\{6\}) = 9.$$

Die relativen Häufigkeiten $h(\{k\}) = \frac{H(\{k\})}{n}$ für $k = 1, 2, 3, 4, 5, 6$ ergeben sich näherungsweise zu

$$h(\{1\}) = 0.183, \, h(\{2\}) = 0.167, \, h(\{3\}) = 0.2,$$
$$h(\{4\}) = 0.117, \, h(\{5\}) = 0.183, \, h(\{6\}) = 0.15.$$

Die relativen Häufigkeiten liegen alle in der Nähe des Wertes $\frac{1}{6}$, und wir erwarten intuitiv, dass sich alle relativen Häufigkeiten bei einem hinreichend großen Stichprobenumfang bei diesem Wert einpendeln werden, wenn der Würfel wirklich fair ist, d. h., dass dann

$$h(\{k\}) \approx \frac{1}{6}$$

gilt. Was hier geschieht, ist eine Häufigkeitsinterpretation des Begriffs der Wahrscheinlichkeit. Den Zufallsversuch „Werfen eines homogenen Würfels" können wir uns hier als n-mal durchgeführt denken. Wir bezeichnen dann die Zahl $\frac{1}{6}$ als die *statistische Wahrscheinlichkeit* für die einzelnen Ergebnisse im Sinne der folgenden Definition.

Definition 5.1. Sei $H_n(\{k\})$ die absolute Häufigkeit des Auftretens eines Ereignisses k bei der n-fachen Durchführung eines Zufallsversuchs. Dann ist

$$P(\{k\}) = \lim_{n \to \infty} \frac{H_n(\{k\})}{n}$$

die *statistische Wahrscheinlichkeit* des Ereignisses k.

Für Wahrscheinlichkeiten wird in der Regel der Buchstabe P verwendet (engl. probability).

Beispiel 5.4. Wir betrachten den n-fachen Wurf einer fairen Münze. In diesem Fall erwarten wir, dass sich die relativen Häufigkeiten von „Wappen (W)" bzw. „Zahl (Z)" bei immer größer werdendem n bei etwa 0.5 einpendeln werden. Für die statistischen Wahrscheinlichkeiten gilt also

$$P(W) = P(Z) = 0.5.$$ ◄

Beispiel 5.5 (Urne 1). Wir betrachten die Urne aus Bsp. 5.3 mit drei blauen (B), zwei roten (R) und einer weißen (W) Kugel. Das Zufallsexperiment des Ziehens einer Kugel wird sehr häufig wiederholt. Die relativen Häufigkeiten pendeln sich für $n \to \infty$ bei den statistischen Wahrscheinlichkeiten

$$P(B) = \frac{1}{2}, \ P(R) = \frac{1}{3}, \ P(W) = \frac{1}{6}$$

ein.   ◄

Bemerkung

Die Summe der statistischen Wahrscheinlichkeiten aller möglichen Ergebnisse ergibt immer 1.

Beispiel 5.6. Ein interessantes Phänomen, das der kanadische Mathematiker Simon Newcomb (1835–1909) im Jahre 1881 entdeckte, wurde rund 60 Jahre später von dem amerikanischen Ingenieur Frank Benford (1883–1948) wiederentdeckt und ist heute als *Benford'sches Gesetz* bekannt (siehe Newcomb 1881 und Benford 1938).

Es gibt demnach in Logarithmentafeln folgende Verteilungshäufigkeit von Ziffern in ein- und mehrstelligen Zahlen: Es tauchen als erste Ziffern bei mehrstelligen Zahlen häufiger Einsen auf als Zweien, häufiger Zweien als Dreien usw. Somit gibt es hier also keine gleiche Häufigkeit der verschiedenen ersten Ziffern, anders als beim Würfelwurf. Diese Beobachtung lässt sich auch auf andere Zahlentafeln und Dokumente, wie z. B. Bevölkerungsstatistiken oder Tafeln physikalischer Konstanten, verallgemeinern.

Das Benford'sche Gesetz besagt genau, dass für alle zufällig gegebenen Zahlen die Ziffer k als erste Ziffer mit Wahrscheinlichkeit

$$\log_{10}\left(1 + \frac{1}{k}\right) = \log_{10}\left(\frac{k+1}{k}\right) = \log_{10}(k+1) - \log_{10}(k)$$

auftaucht. Interessanterweise sind die zweiten, dritten etc. Ziffern der Zahlen annähernd gleich verteilt.

MATLAB und Mathematica berechnen uns die Wahrscheinlichkeitswerte für $k = 1, ..., 9$ mit

```
k=1:9;
lg=log10(k+1)-log10(k);
table(k',lg')
```

```
N[Table[{k,Log[10,k+1]-Log[10,k]},{k,1,9}]]//TableForm
```

Der Output lautet:

k	$\log_{10}(k+1) - \log_{10}(k)$
1	0.3010300
2	0.1760913
3	0.1249387
4	0.0969100
5	0.0791812
6	0.0669468
7	0.0579919
8	0.0511525
9	0.0457575

Benfords (eher philosophische) Erklärung hierzu war, dass der Mensch arithmetisch, die Natur aber exponentiell zählt. Nähern wir uns der Sache etwas mathematischer:

Sei X eine positive, reelle Zufallszahl. Ihre erste von null verschiedene Ziffer ist genau dann kleiner oder gleich k, wenn es eine ganze Zahl z gibt mit

$$10^z \leq X < (k+1)10^z.$$

Durch Logarithmieren der Ungleichung erkennt man: Die Gültigkeit des Benford'schen Gesetzes ist genau dann gegeben, wenn die Wahrscheinlichkeit dafür, dass der gebrochene Teil von $\log_{10} X$ kleiner oder gleich $\log_{10}(k+1)$ ist, genau $\log_{10}(k+1)$ beträgt. Dies ist jedoch bei einer Gleichverteilung des gebrochenen Teils von $\log_{10} X$ im Intervall $]0; 1[$ gegeben. ◀

5.1.2 Laplace-Wahrscheinlichkeit

Der im letzten Abschnitt definierte Begriff der statistischen Wahrscheinlichkeit bezieht sich auf die Stabilisierung relativer Häufigkeiten bei einem hinreichend großen

Stichprobenumfang n. Jedoch möchte der geneigte Spieler seine Einschätzung der Wahrscheinlichkeit eines bestimmten Ereignisses nicht von einer großen durchzuführenden Anzahl von Wiederholungen eines Zufallsversuchs abhängig machen. Vielmehr wird er seine Einschätzung und damit seine Bereitschaft, auf ein bestimmtes Ereignis zu wetten, aufgrund einer einfachen Symmetrieüberlegung treffen. Hier spielt der Begriff der *Laplace-Wahrscheinlichkeit* eine Rolle, dem wir uns jetzt zuwenden wollen (Pierre Simon de Laplace, franz. Mathematiker, 1749–1827).

Definition 5.2. Ein Zufallsversuch mit $|\Omega| = m$ möglichen Ergebnissen, die aus Symmetriegründen alle die gleiche Chance haben einzutreffen, heißt *Laplace-Versuch*. Den einzelnen Ergebnissen wird die Laplace-Wahrscheinlichkeit $\frac{1}{m}$ zugeordnet.

Bemerkung

Die Vorstellung gleicher Wahrscheinlichkeit aller sich ausschließenden Ergebnisse ist als *Indifferenzprinzip* von Laplace (1812) bekannt und basiert auf der Vorstellung der Austauschbarkeit der Ergebnisse aufgrund fehlender Hinweise auf eine Begünstigung einzelner Ergebnisse.

Beispiel 5.7. Beim homogenen Würfel $(m = 6)$ wird jedem möglichen Ergebnis ω die (Laplace-)Wahrscheinlichkeit $\frac{1}{6}$ zugeordnet. ◀

Definition 5.3. Die Abbildung $k \to P(\{k\})$, die allen Elementarereignissen ihre (Laplace-)Wahrscheinlichkeiten zuordnet, heißt *Wahrscheinlichkeitsverteilung*.

Beim Laplace-Würfel in Bsp. 5.7 spricht man von einer *Gleichverteilung*, da jedes Elementarereignis die gleiche Wahrscheinlichkeit hat. Die Summe aller Wahrscheinlichkeiten einer Wahrscheinlichkeitsverteilung beträgt 1:

$$\sum_k P(\{k\}) = 1.$$

Da Ereignisse aus einer Menge von Ergebnissen bestehen, setzt sich die Laplace-Wahrscheinlichkeit eines Ereignisses additiv aus den (gleichen) Einzelwahrscheinlichkeiten der Ergebnisse zusammen. Wir können den Begriff der Laplace-Wahrscheinlichkeit somit auf beliebige Ereignisse ausdehnen.

In diesem Abschnitt verwenden wir ab jetzt den Begriff Wahrscheinlichkeit, wenn wir die Laplace-Wahrscheinlichkeit meinen.

Ein Zufallsexperiment habe $|\Omega| = m$ mögliche Ergebnisse. Für die Wahrscheinlichkeit eines Ereignisses E gilt dann die *Laplace-Regel*

$$P(E) = \frac{|E|}{|\Omega|}.$$

Beispiel 5.8 (Urne 1). Wir betrachten die Urne aus Bsp. 5.5 mit drei blauen (B), zwei roten (R) und einer weißen (W) Kugel. Die Laplace-Wahrscheinlichkeiten für das Ziehen einer blauen, roten bzw. weißen Kugel ergeben sich mittels der Laplace-Regel zu

$$P(B) = \frac{3}{6} = \frac{1}{2}, \quad P(R) = \frac{2}{6} = \frac{1}{3}, \quad P(W) = \frac{1}{6}$$

und stimmen mit den jeweiligen statistischen Wahrscheinlichkeiten numerisch überein. ◄

Beispiel 5.9. Eine Lostrommel enthält Lose mit den Zahlen 1 bis 100. Man darf einmal ziehen und gewinnt, wenn die gezogene Zahl eine Primzahl ist. Wie groß ist die Gewinnwahrscheinlichkeit?

Lösung: Unter den ersten 100 natürlichen Zahlen gibt es genau 25 Primzahlen. Somit ist die Gewinnwahrscheinlichkeit

$$P(\text{Gewinn}) = \frac{25}{100} = \frac{1}{4} = 25\,\%. \quad ◄$$

Häufig findet man die Wahrscheinlichkeit eines Ereignisses über die Wahrscheinlichkeit des Gegenereignisses.

Beispiel 5.10. In einer Urne befinden sich sechs schwarze (S) und sechs weiße (W) Kugeln. Man darf dreimal hintereinander eine Kugel ziehen, wobei nach jedem Zug die Kugel wieder zurückgelegt wird. Wie groß ist die Wahrscheinlichkeit, dabei mindestens eine weiße Kugel zu ziehen?

Lösung: Der Stichprobenraum hat acht Elemente:

$$SSS, \; SSW, \; SWW, \; WWW, \; WWS, \; WSS, \; WSW, \; SWS,$$

wobei die Reihenfolge der Symbole die Reihenfolge der gezogenen Ergebnisse angibt.

Das Ereignis $\overline{E}$, mindestens eine weiße Kugel zu ziehen, ist das Gegenereignis des Ereignisses E, keine weiße Kugel zu ziehen. Keine weiße Kugel zu ziehen bedeutet jedoch, nur schwarze Kugeln zu ziehen, und dieses Ereignis hat die Wahrscheinlichkeit

$$P(E) = P(SSS) = \frac{1}{8}.$$

Somit gilt für die gesuchte Wahrscheinlichkeit, mindestens eine weiße Kugel zu ziehen,

$$P(\overline{E}) = 1 - P(SSS) = 1 - \frac{1}{8} = \frac{7}{8}.$$ ◄

Eine mathematisch fundierte Begründung für die anschauliche Vorstellung, dass

$$P(E) + P(\overline{E}) = 1$$

gilt, wird im folgenden Kapitel gegeben.

5.1.3 Aufgaben

Übung 5.1. Ⓑ Die folgende Liste enthält eine zufällig erzeugte binäre Folge von Ziffern 0 und 1:

$$1, 0, 0, 0, 1, 0, 0, 0, 1, 0,$$
$$0, 1, 1, 1, 0, 1, 1, 1, 0, 0,$$
$$0, 1, 1, 0, 0, 1, 0, 1, 0, 1,$$
$$0, 1, 1, 0, 0, 0, 0, 0, 0, 0,$$
$$0, 0, 1, 0, 0, 1, 1, 1, 0, 1.$$

Bestimmen Sie die relativen und absoluten Häufigkeiten der Ziffern und berechnen Sie die prozentuale Abweichung von den statistischen Wahrscheinlichkeiten, wenn beide Ziffern gleich wahrscheinlich ausgewählt wurden.

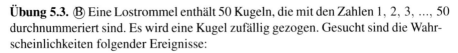

Übung 5.2. Ⓥ In einer Urne befinden sich drei schwarze (*S*), vier rote (*R*) und fünf weiße (*W*) Kugeln. Man darf zweimal hintereinander eine Kugel ziehen, wobei nach jedem Zug die Kugel wieder zurückgelegt [nicht wieder zurückgelegt] wird. Wie groß ist die Wahrscheinlichkeit, dabei zwei gleichfarbige Kugeln zu ziehen?

Übung 5.3. Ⓑ Eine Lostrommel enthält 50 Kugeln, die mit den Zahlen 1, 2, 3, ..., 50 durchnummeriert sind. Es wird eine Kugel zufällig gezogen. Gesucht sind die Wahrscheinlichkeiten folgender Ereignisse:

A: Die Zahl auf der Kugel ist durch 4 teilbar.

B: Die Zahl auf der Kugel ist durch 6 teilbar.

$A \cup B$: Die Zahl auf der Kugel ist durch 4 oder durch 6 teilbar (ODER-Ereignis).

5.2 Vertiefung: axiomatische Wahrscheinlichkeitstheorie

Die Wahrscheinlichkeitstheorie entstand in ihren Grundzügen aus Fragen und Problemen des französischen Adels bei bestimmten Spielproblemen. Daher darf sie durchaus als ein Teilgebiet der angewandten Mathematik verstanden werden. Erst in den 1930er Jahren wurde die Wahrscheinlichkeitstheorie auf eine solide mathematische (und axiomatische) Basis gestellt, hauptsächlich durch die Arbeiten des sowjetischen Mathematikers Andrei Nikolajewitsch Kolmogorow (1903–1987). Wir werden uns in diesem Abschnitt mit den Grundzügen der Theorie beschäftigen. Der Abschnitt ist daher als Vertiefung für an der Theorie interessierte Leser gedacht, stellt aber auch einige wichtige Begriffe für die weiteren Kapitel bereit.

5.2.1 σ-Algebren, Kolmogorow-Axiome und Wahrscheinlichkeitsräume

Als Einstieg erinnern wir uns an die Modellierung des Würfelwurfs: Wir hatten dort u. a. die Ereignisse

$$E_1 := \{2;4;6\}, \quad E_2 := \{4;5;6\}, \quad E_3 := \{6\}$$

und

$$\overline{E}_2 = \{1;2;3\}$$

betrachtet. Dabei gilt offensichtlich $E_2 \cap \overline{E}_2 = \varnothing$. Man sagt, dass die Ereignisse E_2 und $\overline{E}_2$ *unvereinbar* oder *disjunkt* seien. Ebenso sind die Ereignisse E_3 und $\overline{E}_2$ disjunkt. Betrachten wir jetzt zusätzlich das Ereignis $E_4 := \{2;5\}$. Dann gilt

$$E_1 \cap E_4 = \{2\} \neq \varnothing, \quad E_1 \cap E_2 = \{4;6\} \neq \varnothing, \quad E_2 \cap E_4 = \{5\} \neq \varnothing.$$

Somit sind die drei Ereignisse E_1, E_2 und E_4 paarweise nicht-disjunkt. Es gilt jedoch

$$E_1 \cap E_2 \cap E_4 = \varnothing.$$

Somit sind die drei Ereignisse insgesamt disjunkt, also unvereinbar. Wir halten dies in der folgenden allgemeinen Definition fest.

Definition 5.4. Gilt für endlich oder abzählbar unendlich viele Ereignisse $E_1, E_2, E_3, \dots$

$$\bigcap_k E_k = \varnothing,$$

so heißen die Ereignisse *insgesamt disjunkt* oder *insgesamt unvereinbar*. Sie heißen *paarweise disjunkt*, wenn gilt

$$E_i \cap E_j = \varnothing \quad \forall i,j, \; i \neq j.$$

Für eine axiomatische Theorie der Wahrscheinlichkeit und ihre korrekte mathematische Formulierung müssen wir jetzt ein wenig tiefer in die Sprache der Mengentheorie eindringen. Wir betrachten eine nicht-leere Menge Ω (man denke hierbei z. B. an den Stichprobenraum eines Zufallsexperiments) sowie die zugehörige Potenzmenge $\mathscr{P}(\Omega)$, also die Menge aller Teilmengen (somit die Menge der möglichen Ereignisse; siehe dazu auch Abschn. 2.2).

Definition 5.5. Unter einer σ-Algebra versteht man eine Menge $\mathscr{A}$ von Teilmengen einer Menge Ω (also $\mathscr{A} \subset \mathscr{P}(\Omega)$), sodass Folgendes gilt:

1. $\Omega \in \mathscr{A}$.
2. $A \in \mathscr{A} \Rightarrow \overline{A} \in \mathscr{A}$.
3. Für jede Folge $(A_n)_{n \in \mathbb{N}}$ von Mengen aus $\mathscr{A}$ gilt

$$\bigcup_{n \in \mathbb{N}} A_n \in \mathscr{A}.$$

Eine σ-Algebra ist also ein Mengensystem, d. h. eine Menge von Teilmengen einer bestimmten Menge mit speziellen Eigenschaften. Insbesondere ist natürlich $\mathscr{P}(\Omega)$ eine σ-Algebra. Wir können Ereignisse (= Teilmengen von Ω) somit mathematisch auffassen als Elemente einer σ-Algebra. Die Definition besagt dann insbesondere, dass mit einem beliebigen Ereignis auch das Komplementärereignis in der σ-Algebra liegt und auch beliebige abzählbare Vereinigungen von Ereignissen der σ-Algebra.

Kolmogorow definiert nun ein sogenanntes *Wahrscheinlichkeitsmaß* auf einer σ-Algebra mit den folgenden Eigenschaften:

Kolmogorow-Axiome

1. Für jedes Ereignis $E \in \mathscr{A}$ ist die Wahrscheinlichkeit eine reelle Zahl $P(E)$ mit $0 \leq P(E) \leq 1$.
2. Es gilt $P(\Omega) = 1$.
3. Es gilt die σ-Additivität: Für paarweise disjunkte Ereignisse $E_1, E_2, E_3, \ldots$ gilt

$$P\left(\bigcup_k E_k\right) = \sum_{k=1}^{\infty} P(E_k).$$

Man sagt auch: Das Kolmogorow'sche Wahrscheinlichkeitsmaß ist ein positives, normiertes, σ-additives Maß auf einer σ-Algebra.

Bemerkung

Insbesondere folgt aus 3., dass für zwei disjunkte Ereignisse E und F gilt:

$$P(E \cup F) = P(E) + P(F).$$

Ausschließlich mithilfe der Kolmogorow-Axiome lassen sich jetzt einfache Regeln beweisen, die man schon in der Schule in der Wahrscheinlichkeitsrechnung intuitiv benutzt.

Satz 5.1. Für beliebige Ereignisse E und F gilt

1. $P(E) + P(\overline{E}) = 1$.
2. $P(\varnothing) = 0$.
3. $P(E \cup F) = P(E) + P(F) - P(E \cap F)$.
4. $E \subset F \Rightarrow P(E) \leq P(F)$.
5. $P(E) \leq 1$.

Beweis. 1. Es gilt

$$1 = P(\Omega) = P(E \cup \overline{E}) = P(E) + P(\overline{E}),$$

da die Vereinigung $E \cup \overline{E}$ disjunkt ist.

2. Es gilt $\varnothing \cap \Omega = \varnothing$ und $\varnothing \cup \Omega = \Omega$. Somit folgt (disjunkte Vereinigung)

$$1 = P(\Omega) = P(\varnothing \cup \Omega) = P(\varnothing) + P(\Omega) = P(\varnothing) + 1,$$

und damit $P(\varnothing) = 0$.

3. $E \cup F$ ist eine disjunkte Vereinigung dreier Mengen (also eine Vereinigung mit leerer Schnittmenge, im Folgenden durch das Symbol $\dot{\cup}$ gekennzeichnet):

$$E \cup F = (E \setminus F) \,\dot{\cup}\, (E \cap F) \,\dot{\cup}\, (F \setminus E).$$

Somit ergibt sich

$$P(E \cup F) = P(E \setminus F) + P(E \cap F) + P(F \setminus E).$$

Weiterhin gilt:
$$P(E) = P(E \setminus F) + P(E \cap F)$$

und
$$P(F) = P(F \setminus E) + P(E \cap F),$$

da $(E \setminus F) \cap (E \cap F) = \varnothing$ und $(F \setminus E) \cap (E \cap F) = \varnothing$. Daraus folgt

$$P(E \cup F) = P(E) - P(E \cap F) + P(E \cap F) + P(F) - P(E \cap F)$$
$$= P(E) + P(F) - P(E \cap F).$$

4. Sei $E \subset F$. Dann gilt $F = E \,\dot{\cup}\, (F \setminus E)$. Somit gilt

$$P(F) = P(E) + P(F \setminus E) \geq P(E),$$

da $P(F \setminus E) \geq 0$ gilt, wie bei allen Ereignissen.

5. Dies ist ein Spezialfall von 4., wenn wir $F = \Omega$ setzen, denn dann ist nach 4. $P(E) \leq P(\Omega) = 1$. $\qquad\qquad\qquad\qquad\qquad\qquad\qquad\qquad\qquad\qquad\qquad\Box$

Einige Beispiele sollen diese etwas abstrakt anmutenden Regeln verdeutlichen.

Beispiel 5.11. Eine Lostrommel enthält 30 Kugeln, die von 1 bis 30 durchnummeriert sind. Es wird eine Kugel zufällig gezogen. Gesucht sind die Wahrscheinlichkeiten folgender Ereignisse:

E: Die Zahl auf der Kugel ist durch 3 teilbar.

F: Die Zahl auf der Kugel ist durch 5 teilbar.

$E \cup F$: Die Zahl auf der Kugel ist durch 3 oder durch 5 teilbar (ODER-Ereignis).

Lösung: Es gilt $|\Omega| = 30$. Für $A := \{3; 6; 9; ...; 30\}$ ist $|A| = 10$ und für $B := \{5; 10; 15; ...; 30\}$ ist $|B| = 6$, und somit folgt aus der Laplace-Regel:

$$P(E) = \frac{|A|}{|\Omega|} = \frac{10}{30} = \frac{1}{3}, \quad P(F) = \frac{|B|}{|\Omega|} = \frac{6}{30} = \frac{1}{5}.$$

Wegen $|A \cap B| = |\{15; 30\}| = 2$, folgt aus

$$P(E \cup F) = P(E) + P(F) - P(E \cap F)$$

sofort

$$P(E \cup F) = \frac{1}{3} + \frac{1}{5} - \frac{1}{15} = \frac{7}{15}. \qquad \blacktriangleleft$$

Beispiel 5.12. Aus einem Kartenspiel (Pokerblatt, 52 Karten) wird zufällig eine Karte gezogen. Mit welcher Wahrscheinlichkeit ist die gezogene Karte eine Herz- oder Bild-Karte?

Lösung: Es gibt insgesamt 13 Herz-Karten und 12 Bild-Karten (Bube, Dame, König von jeder Farbe). Drei Karten erfüllen beide Bedingungen (Herz-Bube, Herz-Dame und Herz-König). Somit gilt für die gesuchte Wahrscheinlichkeit

$$P(\text{Herz oder Bild}) = \frac{13}{52} + \frac{12}{52} - \frac{3}{52} = \frac{22}{52} = \frac{11}{26}. \qquad \blacktriangleleft$$

Beispiel 5.13. Zwei Prüfingenieure kontrollieren Bauteile für ein Flugzeugtriebwerk. Der erste (P_1) findet Materialfehler in 90 %, der zweite, etwas unerfahrenere (P_2) in 80 % der Fälle. 75 % der Materialfehler werden von beiden entdeckt. Mit welcher Wahrscheinlichkeit wird der Fehler von mindestens einem der beiden entdeckt?

Lösung:

$$P(P_1 \cup P_2) = P(P_1) + P(P_2) - P(P_1 \cap P_2) = 0.9 + 0.8 - 0.75 = 0.95. \qquad \blacktriangleleft$$

Kommen wir zur Theorie zurück. Das oben eingeführte Kolmogorow'sche Wahrscheinlichkeitsmaß wird auf einem Mengensystem $\mathscr{A}$ definiert, einer σ-Algebra. Zur vollständigen Beschreibung nimmt man nun den Kern der Kolmogorow-Axiome hinzu und definiert einen sogenannten *Wahrscheinlichkeitsraum*.

Definition 5.6. Unter einem *Wahrscheinlichkeitsraum* versteht man ein Tripel $(\Omega, \mathscr{A}, P)$ bestehend aus einer nicht-leeren Menge Ω, einer σ-Algebra $\mathscr{A}$ und einem Wahrscheinlichkeitsmaß $P : \mathscr{A} \to [0; 1]$, sodass

$$P(\Omega) = 1$$

und für paarweise disjunkte Mengen $A_1, A_2, \ldots$ in $\mathscr{A}$ gilt

$$P\left(\bigcup_k A_k\right) = \sum_{k=1}^{\infty} P(A_k).$$

In dieser Definition fassen wir im Sinne unserer obigen Terminologie Ω als Stichprobenraum auf, die Elemente von $\mathscr{A}$ sind die Ereignisse und die reellen Zahlen $P(A_k)$ die Wahrscheinlichkeiten der Ereignisse. Wir werden bei unseren Modellierungen in späteren Kapiteln den Begriff des Wahrscheinlichkeitsraumes immer wieder verwenden.

Beispiel 5.14. Der einmalige Wurf eines Laplace-Würfels erlaubt folgende Modellierung mithilfe eines Wahrscheinlichkeitsraumes: $\Omega = \{1;2;3;4;5;6\}$, $\mathscr{A} = \mathscr{P}(\Omega)$, das Wahrscheinlichkeitsmaß P ist gegeben durch $P(\{i\}) = \frac{1}{6}$ für $i = 1,...,6$. Die Wahrscheinlichkeiten der möglichen Ereignisse ergeben sich mithilfe der Kolmogorow'schen Axiome.   ◀

5.2.2 Theorie der σ-Algebren und unendliche Stichprobenräume

Die Def. 5.6 schließt auch unendliche Stichprobenräume mit ein, während wir bei klassischen Zufallsexperimenten von einem endlichen Stichprobenraum ausgehen, also $|\Omega| = n$ mit $n \in \mathbb{N}$. Um die Betrachtung derartiger Stichprobenräume mathematisch zu begründen, müssen wir zunächst etwas tiefer in die Theorie der σ-Algebren einsteigen. Detaillierte Beweise der hier getroffenen Aussagen übersteigen jedoch den Rahmen einer Einführung. Wir verweisen daher auf die weiterführende Literatur (siehe z. B. Bauer 2011).

Wir erinnern uns an die Def. 5.5 des Begriffs σ-Algebra. Hieraus ergibt sich der folgende Satz.

> **Satz 5.2.** Jeder Durchschnitt $\bigcap_k \mathscr{A}_k$ einer Familie $(\mathscr{A}_k)_k$ von σ-Algebren in Ω ist wieder eine σ-Algebra in Ω.

Beweis. Der Beweis erfolgt auf direktem Weg durch Nachprüfen der drei Eigenschaften aus Def. 5.5.

Betrachten wir jetzt eine Menge $\mathscr{G}$ von Teilmengen von Ω, also $\mathscr{G} \subset \mathscr{P}(\Omega)$. Es existiert dann eine kleinste σ-Algebra, die $\mathscr{G}$ enthält. Wir bezeichnen sie mit $\Sigma(\mathscr{G})$ und nennen sie die von $\mathscr{G}$ erzeugte (generierte) σ-Algebra.

Beispiel 5.15. Sei $\mathscr{G} = \{A\}$ mit $A \subset \Omega$. Dann gilt

$$\Sigma(\mathscr{G}) = \{\varnothing; A, \Omega \setminus A; \Omega\}.$$ ◀

> **Definition 5.7.** Sei $\Omega = \mathbb{R}^n$ und $\mathscr{O}$ die Menge aller offenen Mengen in $\mathbb{R}^n$. Dann heißt
> $$\Sigma(\mathscr{O})$$
> die σ-Algebra der *Borel'schen Mengen* oder *Borel'sche σ-Algebra* in $\mathbb{R}^n$.

> **Bemerkung**
>
> Für eine allgemeine Definition offener Mengen verweisen wir z. B. auf
> Forster 2017. Speziell für $\Omega = \mathbb{R}$ sind offene Mengen (in Bezug auf die
> euklidische Metrik) alle offenen Intervalle, endliche Durchschnitte offener
> Intervalle sowie beliebige Vereinigungen davon. Die in Def. 5.7 definierte
> σ-Algebra $\Sigma(\mathscr{O})$ enthält im Fall $n = 1$ neben den offenen Intervallen auch
> alle abgeschlossenen und alle links- bzw. rechtsseitig halboffenen Intervalle,
> wie sich leicht aus der Definition einer σ-Algebra ergibt.

Wir betrachten jetzt Beispiele für unendliche Stichprobenräume, über die wir mithilfe von Def. 5.7 Wahrscheinlichkeitsräume konstruieren können.

Beispiel 5.16. Sei $\Omega = [0;1]$, $\mathscr{O}_1$ die Menge aller offenen Mengen in Ω und $\mathscr{A} = \Sigma(\mathscr{O}_1)$. Wir definieren mittels

$$P(]a;b[) = b - a$$

für $0 \le a \le b \le 1$ ein Wahrscheinlichkeitsmaß. Dadurch wird eine Gleichverteilung auf $\Omega = [0;1]$ definiert, und durch $(\Omega, \Sigma(\mathscr{O}_1), P)$ ist ein Wahrscheinlichkeitsraum gegeben.

Die Wahrscheinlichkeit, dass eine aus dem Intervall $[0;1]$ zufällig gezogene Zahl im Intervall $]0; \frac{1}{2}[$ liegt, beträgt dann $\frac{1}{2}$, was der Anschauung entspricht. Hier taucht allerdings ein Phänomen auf, das es bei endlichen Stichprobenräumen nicht gibt: Während die Wahrscheinlichkeit eines unmöglichen Ereignisses null ist, gilt die Umkehrung nicht: So ist die Wahrscheinlichkeit, dass beim zufälligen Ziehen die Zahl $\frac{1}{2}$ gezogen wird, exakt gleich null:

$$P\left(\left\{\frac{1}{2}\right\}\right) = 0,$$

jedoch ist es nicht unmöglich, diese Zahl zu ziehen. Man kann das auch so formulieren: Die Wahrscheinlichkeit, eine von $\frac{1}{2}$ verschiedene Zahl zu ziehen, ist gleich eins. In der Theorie der unendlichen Stichprobenräume nennt man Ereignisse mit Wahrscheinlichkeit 1 *fast sichere Ereignisse*. Beachten Sie, dass Folgendes gilt:

$$P([a;b]) = P(\{a\}) + P(]a;b[) + P(\{b\}) = 0 + b - a + 0 = b - a,$$

sodass dem abgeschlossenen Intervall $[a;b]$ die gleiche Ziehungswahrscheinlichkeit zugeordnet wird wie dem offenen Intervall $]a;b[$. ◄

Beispiel 5.17. Unendliche Stichprobenräume sind insbesondere für Anfänger ungewohnt, weil man im Stochastik-Unterricht in der Schule nur mit endlichen Stichprobenräumen konfrontiert wurde. Daher wirken einige Vorstellungen schnell paradox. Betrachten wir erneut den Stichprobenraum $\Omega = [0;1]$. Wir ziehen wieder zufällig eine reelle Zahl aus diesem Intervall. In Bsp. 5.16 haben wir gesehen, dass die Wahrscheinlichkeit für das Ziehen der Zahl $\frac{1}{2}$ gleich null ist. Betrachten wir jetzt die Menge

$$M := \left\{ \frac{1}{2^n} \,\middle|\, n \in \mathbb{N}_0 \right\},$$

dann gilt $M \subset \Omega$, und M enthält unendlich viele Elemente. Es gilt jedoch

$$P(M) = \sum_{i=0}^{\infty} P\left(\left\{ \frac{1}{2^i} \right\}\right) = 0,$$

sodass die Wahrscheinlichkeit, irgendeine natürlichzahlige Potenz von $\frac{1}{2}$ zu ziehen, genauso groß ist wie die Wahrscheinlichkeit, genau die Zahl $\frac{1}{2}$ zu ziehen, nämlich null. Was ist hier los?

Lösung: Ein ähnliches Problem ist aus der Analysis bekannt. Die Menge $\mathbb{N}$ der natürlichen Zahlen ist als *abzählbar unendlich* bekannt. Eine Zahlbereichserweiterung zur Menge $\mathbb{Z}$ der ganzen Zahlen führt dazu, dass man unendlich viele Zahlen dazubekommt, sich jedoch die Mächtigkeit der Menge nicht ändert. Es gibt genauso viele natürliche Zahlen wie ganze Zahlen, man schreibt $|\mathbb{N}| = |\mathbb{Z}| = \aleph_0$ (lies: Aleph null, Aleph ist der erste Buchstabe des hebräischen Alphabets) und nennt $\aleph_0$ die Kardinalzahl abzählbarer Mengen.

Verschiedene abzählbar unendliche Mengen haben also die gleiche Anzahl an Elementen!

Die Menge der reellen Zahlen ist jedoch größer, man spricht hier von einer *überabzählbaren Menge*! Schon das Intervall $[0; 1]$ als echte Teilmenge von $\mathbb{R}$ ist überabzählbar. Für einen Beweis verweisen wir auf die Standardliteratur zur Analysis (siehe z. B. Forster 2016).

Ein ähnliches Problem haben wir auch in unserem Beispiel. Obwohl die Mengen M und $\{\frac{1}{2}\}$ eine unterschiedliche Anzahl von Elementen haben, wird ihnen die gleiche Wahrscheinlichkeit zugeordnet. Dieser scheinbare Widerspruch rührt von der menschlichen Schwierigkeit her, sich Unendlichkeiten vorzustellen, und auch in der Wahrscheinlichkeitstheorie widersprechen die Ergebnisse und Erkenntnisse häufig der Erfahrung. Wir werden in diesem Buch dazu noch einige Beispiele kennenlernen. Unsere Argumentation ist aber völlig korrekt.

Einen mathematisch möglichen Ausweg findet man jedoch, wenn man anstelle der an den Hochschulen gelehrten Standard-Analysis übergeht zu der von Abraham Robinson (1918–1974, amerikanischer Mathematiker) Anfang der 1960er Jahre entwickelten *Nonstandard-Analysis*, in der infinitesimale Größen eine Renaissance erleben, nachdem sie aus der klassischen Analysis entfernt wurden (siehe Landers und Rogge 2013). ◄

Die Einführung eines Wahrscheinlichkeitsmaßes auf abzählbar unendliche Mengen kann manchmal zu Problemen führen, wie das folgende Beispiel zeigt.

Beispiel 5.18. Sei $\Omega = \mathbb{N}$. Wir ziehen aus dieser Menge zufällig eine natürliche Zahl. Wie groß ist die Wahrscheinlichkeit, dass es sich um die Zahl 7 handelt?

Lösung: Wählen wir hier eine Gleichverteilung für die Wahrscheinlichkeiten, so haben wir zwei Möglichkeiten:

Möglichkeit 1:

$$P(\{i\}) = 0 \; \forall i \in \mathbb{N}.$$

In diesem Fall wäre unsere gesuchte Wahrscheinlichkeit gleich null, so wie für jede andere natürliche Zahl auch. Wir bekommen an dieser Stelle aber Probleme mit den Kolmogorow-Axiomen, nämlich mit der σ-Additivität. Die Wahrscheinlichkeit, irgendeine natürliche Zahl zu ziehen, beträgt eins. Daher gilt:

$$1 = P(\mathbb{N}) = \sum_{i=1}^{\infty} P(\{i\}) = 0 \quad \text{(Widerspruch!)}.$$

Möglichkeit 2: Angenommen, die auf Basis der Gleichverteilung angenommene Wahrscheinlichkeit für jede einzelne natürliche Zahl ist positiv, also $P(\{i\}) = \varepsilon > 0 \; \forall i \in \mathbb{N}$. Dann bekommen wir wieder ein Problem, nämlich

$$1 = P(\mathbb{N}) = \sum_{i=1}^{\infty} P(\{i\}) = \infty \quad \text{(Widerspruch!)},$$

da wir unendlich viele Zahlen $\varepsilon > 0$ addieren.

Somit ist es unmöglich, eine Gleichverteilung auf der Menge $\mathbb{N}$ zu wählen, und die gestellte Frage lässt sich auf dieser Basis nicht beantworten.

Stellen wir hingegen die Frage nach der Wahrscheinlichkeit, beim einmaligen zufälligen Ziehen aus der Menge $\mathbb{N}$ eine ungerade Zahl zu erhalten, so können wir uns auf den Begriff der statistischen Wahrscheinlichkeit (siehe Def. 5.1) zurückziehen und erhalten so einen Wert von $\frac{1}{2}$. ◀

Beispiel 5.19 (Infinite Monkey Theorem). Ein Beispiel, wie Intuition und stochastische Realität gerade dann auseinanderliegen, wenn es um die Unendlichkeit geht, liefert das sogenannte *Infinite Monkey Theorem*, also die Vorstellung von einem unendlich lange an einer Schreibmaschine (Computertastatur) tippenden Affen. Wir stellen uns vor, dass der Affe zufällig und immer unabhängig voneinander Zeichen in die Computertastatur eingibt. Wie groß ist die Wahrscheinlichkeit, dass er dabei Shakespeares gesammelte Werke in der richtigen Reihenfolge schreibt?

Die faszinierende Antwort lautet: eins!

In einem unendlich langen Zufallstext kommt jede endliche Zeichenfolge mit Wahrscheinlichkeit 1 sogar unendlich oft vor!

Etwas einfacher vorstellbar wird das Ganze, wenn man sich ein einzelnes Zeichen, sagen wir den Buchstaben E, heraussucht. Hier kann man sich gut vorstellen, dass die Wahrscheinlichkeit seines Vorkommens in einem sehr langen Zufallstext sehr hoch ist. Bei einem unendlich langen Text kommt man so intuitiv auf die Wahrscheinlichkeit 1.

Bei einem Wort aus drei Buchstaben, etwa EIS, kann man sich das auch noch gut vorstellen. Wenn man aber bedenkt, dass im Falle der Unendlichkeit die Länge jeder endlichen Zeichenfolge irrelevant ist, wird die Sache anschaulich klarer.

Aus mathematischer Sicht steckt das *Borel-Cantelli-Lemma* hinter der Aussage des Infinite Monkey Theorems (siehe Bauer 2002). Aus diesem folgt, dass das Auftreten der einzelnen Ereignisse einer unendlichen Folge unabhängiger Ereignisse entweder die Wahrscheinlichkeit null oder eins hat.

Man unterteilt also die zufällige Zeichenfolge unendlicher Länge in Zeichenketten der gewünschten endlichen Länge (also z. B. der Länge von Shakespeares Werken, deren Größe den Autoren leider unbekannt, jedoch sicher endlich ist). Das Eintreten jedes Einzelereignisses dieser Länge besitzt die gleiche positive Wahrscheinlichkeit. Die Summe über unendlich viele gleiche positive Zahlen ist aber unendlich. Nach dem Borel-Cantelli-Lemma folgt daraus im Falle der vorausgesetzten Unabhängigkeit für das unendlich häufige Auftreten dieser Ereignisse die Wahrscheinlichkeit 1.   ◄

5.2.3 Aufgaben

Übung 5.4. Ⓥ Beweisen Sie: Ist $\mathscr{A}$ eine σ-Algebra, dann gilt für jede Folge $(A_n)_{n\in\mathbb{N}} \subset \mathscr{A}$

$$\bigcap_{n\in\mathbb{N}} A_n \subset \mathscr{A}.$$

Übung 5.5. Ⓥ Beweisen Sie: Ist $\mathscr{A}$ eine σ-Algebra in einer Menge Ω und $X \subset \Omega$, dann ist

$$X \cap \mathscr{A} := \{X \cap A \,|\, A \in \mathscr{A}\}$$

eine σ-Algebra in der Menge X, die sogenannte *Spur* von $\mathscr{A}$ in X.

Übung 5.6. Ⓑ Eine Urne enthält 60 Kugeln, die mit den Zahlen $1, 2, 3, ..., 60$ beschriftet sind. Es wird eine Kugel zufällig gezogen. Bestimmen Sie die Wahrscheinlichkeiten folgender Ereignisse:

a) Die Zahl auf der Kugel ist durch 4 teilbar.

b) Die Zahl auf der Kugel ist ein Vielfaches von 6.

c) Die Zahl auf der Kugel ist durch 4 teilbar oder ein Vielfaches von 6.

d) Die Zahl auf der Kugel ist entweder durch 4 teilbar oder ein Vielfaches von 6.

e) Die Zahl auf der Kugel ist durch 4 teilbar und ein Vielfaches von 6.

Führen Sie Ihre Berechnungen auf die Kolmogorow-Axiome zurück.

Übung 5.7. Ⓑ Zwei Würfel werden gleichzeitig geworfen. Wie groß ist die Wahrscheinlichkeit, dass der eine oder der andere Würfel eine gerade Zahl zeigt?

5.3 Pfadregeln

In diesem Abschnitt geht es darum, mehrstufige Zufallsexperimente zu beschreiben und konkrete Wahrscheinlichkeiten zu berechnen. Das bedeutet, dass man den gleichen Versuch mehrfach hintereinander durchführt, z. B. das Werfen eines Würfels, einer Münze oder das Ziehen von Kugeln aus Urnen. Man spricht je nach der Anzahl der Durchführungen von zweistufigen, dreistufigen etc. Versuchen. Dabei spielen zwei wichtige Regeln eine Rolle, die wir im folgenden Unterabschnitt einführen wollen.

5.3.1 Pfadadditionsregel und Pfadmultiplikationsregel

Wir beginnen zur Erläuterung mit einem einfachen Beispiel.

Beispiel 5.20 (Urne 2). Wir betrachten eine Urne mit sechs blauen und vier roten Kugeln (siehe Abb. 5.3). Man entnimmt der Urne nun nacheinander zwei Kugeln. Dabei soll die beim ersten Versuch gezogene Kugel vor dem zweiten Zug wieder zurückgelegt werden. Wie groß ist die Wahrscheinlichkeit, nacheinander zwei blaue Kugeln zu ziehen?

Lösung: Für die Modellierung mehrstufiger Versuche kann man sogenannte *Baumdiagramme* verwenden, in denen die einzelnen Wahrscheinlichkeiten dargestellt sind (siehe Abb. 5.4).

Im ersten Teilversuch wird eine von zehn Kugeln gezogen. Nach der Laplace-Regel ist die Wahrscheinlichkeit dafür, eine blaue Kugel zu ziehen

$$P(B, 1.\,\text{Zug}) = \frac{6}{10} = \frac{3}{5}.$$

Abb. 5.3: Urne mit sechs blauen und vier roten Kugeln

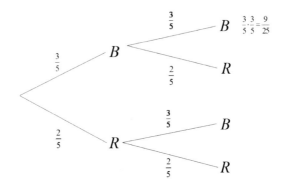

Abb. 5.4: Baumdiagramm zu Bsp. 5.20

Da die Kugel nach dem ersten Zug wieder zurückgelegt wird, ergibt sich beim zweiten Zug die gleiche Wahrscheinlichkeit

$$P(B, 2.\,\text{Zug}) = \frac{6}{10} = \frac{3}{5}.$$

Wie erhält man daraus die Wahrscheinlichkeit für das Ziehen zweier blauer Kugeln? Denken wir uns dazu die blauen Kugeln von eins bis sechs durchnummeriert und die roten Kugeln von eins bis vier. Dann gibt es insgesamt 100 mögliche (unterscheidbare) Kombinationen von Kugeln. Systematisches Abzählen ergibt 36 Kombinationen mit jeweils zwei blauen Kugeln. Somit erhalten wir nach Laplace

$$P(BB) = \frac{36}{100} = \frac{9}{25}.$$

Am Baum erkennen wir, dass man die Wahrscheinlichkeiten entlang der oberen beiden Teilpfade multiplizieren muss, um auf dieses Ergebnis zu kommen:

$$P(BB) = P(B, 1.Zug) \cdot P(B, 2.Zug) = \frac{3}{5} \cdot \frac{3}{5} = \frac{9}{25}. \qquad \blacktriangleleft$$

Schauen wir und noch ein zweites, etwas abgewandeltes Beispiel an.

Beispiel 5.21 (Urne 2). Wir betrachten wieder die Urne mit sechs blauen und vier roten Kugeln (siehe Abb. 5.3). Man entnimmt der Urne wieder nacheinander zwei Kugeln, dabei soll die beim ersten Versuch gezogene Kugel vor dem zweiten Zug diesmal nicht zurückgelegt werden. Wie groß ist in diesem Fall die Wahrscheinlichkeit, nacheinander zwei blaue Kugeln zu ziehen?

Lösung: Wir müssen den Baum aus dem vorherigen Beispiel etwas abwandeln (siehe Abb. 5.5).

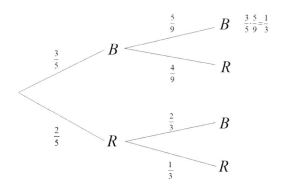

Abb. 5.5: Baumdiagramm zu Bsp. 5.21

Jetzt ergibt sich

$$P(B, 1.\,\text{Zug}) = \frac{6}{10} = \frac{3}{5},$$

aber

$$P(B, 2.\,\text{Zug}) = \frac{5}{9},$$

da beim zweiten Zug nur noch neun Kugeln in der Urne sind, davon fünf blaue. Systematisches Abzählen der Möglichkeiten nach Durchnummerieren der Kugeln ergibt hier

$$P(BB) = \frac{30}{90} = \frac{1}{3}.$$

Multiplizieren wir wieder die Wahrscheinlichkeiten entlang der oberen beiden Teilpfade, so erhalten wir:

$$P(BB) = P(B, 1.\,\text{Zug}) \cdot P(B, 2.\,\text{Zug}) = \frac{3}{5} \cdot \frac{5}{9} = \frac{1}{3}. \qquad \blacktriangleleft$$

Die beiden Beispiele liefern eine allgemeine Regel für mehrstufige Zufallsexperimente, die *Pfadmultiplikationsregel.*

Satz 5.3 (Pfadmultiplikationsregel). Bei mehrstufigen Zufallsexperimenten ist die Wahrscheinlichkeit eines Ergebnisses gleich dem Produkt der Einzelwahrscheinlichkeiten längs des zugehörigen Pfades.

Beispiel 5.22 (Urne 2). Wir betrachten wieder die Urne mit sechs blauen und vier roten Kugeln (siehe Abb. 5.3). Man entnimmt der Urne wieder nacheinander zwei Kugeln, wobei die Kugeln nach dem Ziehen wieder zurückgelegt werden. Wie groß ist in diesem Fall die Wahrscheinlichkeit, eine blaue und eine rote Kugel zu ziehen?

Lösung: Aus dem Baum (siehe Abb. 5.6) lesen wir ab, dass wir es hier mit zwei Pfaden zu tun haben, je nachdem, ob die erste gezogene Kugel blau und die zweite rot ist, oder umgekehrt.

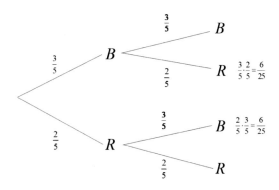

Abb. 5.6: Baumdiagramm zu Bsp. 5.22

Es ergibt sich nach der Pfadmultiplikationsregel:

$$P(BR) = \frac{3}{5} \cdot \frac{2}{5} = \frac{6}{25}$$

und

$$P(RB) = \frac{2}{5} \cdot \frac{3}{5} = \frac{6}{25}.$$

Natürlich haben beide Pfade in diesem Fall aus Symmetriegründen die gleichen Wahrscheinlichkeiten. Wie groß ist jedoch die gesuchte Wahrscheinlichkeit? Hier kommen uns die Überlegungen des letzten Abschnitts zur Hilfe. Gesucht ist ja der Wert von $P(BR$ oder $RB)$, also die Wahrscheinlichkeit eines ENTWEDER-ODER-Ereignisses: Die Elementarereignisse $\{BR\}$ und $\{RB\}$ sind disjunkt. Somit ergibt sich nach der Bemerkung vor Satz 5.1 der Wert zu

$$P(BR \text{ oder } BR) = P(BR) + P(RB) = \frac{6}{25} + \frac{6}{25} = \frac{12}{25}. \quad \blacktriangleleft$$

Daher gibt es auch eine *Pfadadditionsregel*.

Satz 5.4 (Pfadadditionsregel). Setzt sich ein Ereignis bei einem mehrstufigen Zufallsexperiment aus mehreren Pfaden zusammen, so ist die Wahrscheinlichkeit des Ereignisses gleich der Summe der Einzelwahrscheinlichkeiten längs der zugehörigen Pfade.

Beispiel 5.23. Wir betrachten jetzt eine Urne mit vier weißen, drei schwarzen und drei roten Kugeln. Man entnimmt der Urne wieder nacheinander drei Kugeln, wobei die Kugeln nach dem Ziehen nicht wieder zurückgelegt werden. Wie groß ist die Wahrscheinlichkeit, mindestens zwei weiße Kugeln zu ziehen?

Lösung: Wir haben es hier mit einem dreistufigen Zufallsversuch zu tun und können den Baum auf die uns interessierenden Pfade reduzieren. Anschließend wenden wir die Pfadregeln an. Mindestens zwei weiße Kugeln zu ziehen bedeutet bei diesem Versuch, entweder genau zwei weiße oder genau drei weiße Kugeln zu ziehen.

Denkanstoß

Zeichnen Sie den Baum und suchen sich die relevanten Pfade aus!

Wir erhalten für die einzelnen Pfadwahrscheinlichkeiten nach der Pfadmultiplikationsregel:

$$P(WWW) = \frac{4}{10} \cdot \frac{3}{9} \cdot \frac{2}{8} = \frac{1}{30}$$
$$P(WWR) = \frac{4}{10} \cdot \frac{3}{9} \cdot \frac{3}{8} = \frac{1}{20}$$
$$P(WWS) = \frac{4}{10} \cdot \frac{3}{9} \cdot \frac{3}{8} = \frac{1}{20}$$
$$P(WRW) = \frac{4}{10} \cdot \frac{3}{9} \cdot \frac{3}{8} = \frac{1}{20}$$
$$P(WSW) = \frac{4}{10} \cdot \frac{3}{9} \cdot \frac{2}{8} = \frac{1}{20}$$
$$P(SWW) = \frac{3}{10} \cdot \frac{4}{9} \cdot \frac{3}{8} = \frac{1}{20}$$
$$P(RWW) = \frac{3}{10} \cdot \frac{4}{9} \cdot \frac{3}{8} = \frac{1}{20}.$$

Nach der Pfadadditionsregel ergibt sich somit für die gesuchte Wahrscheinlichkeit

$$P(\text{mind. 2W}) = \frac{1}{30} + \frac{1}{20} + \frac{1}{20} + \frac{1}{20} + \frac{1}{20} + \frac{1}{20} + \frac{1}{20} = \frac{1}{3}. \quad \blacktriangleleft$$

> **Bemerkung**
>
> Man muss bei der Anwendung der Pfadmultiplikationsregel bei jedem Teilversuch überlegen, ob sich die Versuchsbedingungen verändert haben oder nicht. So sind in Bsp. 5.22 (Zurücklegen der Kugel nach dem Ziehen) die Versuchsbedingungen bei jedem Zug gleich. Das bedeutet, dass das Ergebnis des zweiten Teilversuchs unabhängig davon ist, welches Ergebnis der erste Teilversuch hatte.
> In Bsp. 5.23 (erste gezogene Kugel wird nicht zurückgelegt) ändern sich jedoch die Versuchsbedingungen nach dem ersten Zug: Es befindet sich eine Kugel weniger in der Urne. Somit ist das Ergebnis des zweiten Zuges abhängig vom Ergebnis des ersten Zuges. Wir werden die Begriffe Abhängigkeit und Unabhängigkeit von Ereignissen im nächsten Kapitel weiter präzisieren.

Beispiel 5.24 (Geburtstagsproblem). Eine erstaunliche Anwendung der eingeführten Pfadregeln ist das berühmte *Geburtstagsproblem*. Dabei geht es um die Frage: Ab welcher Anzahl n von Personen in einem Raum lohnt es sich darauf zu wetten, dass mindestens zwei von ihnen am selben Tag des Jahres Geburtstag haben? Dabei gehen wir davon aus, dass das Jahr 365 Tage hat, ignorieren also die Existenz von Schaltjahren.

Hierzu muss man konkrete Werte für n ausprobieren. Wir betrachten z. B. $n = 23$ und können dann die Fragestellung mithilfe eines 23-stufigen Zufallsversuchs untersuchen, bei dem nacheinander alle Personen nach ihrem Geburtstag gefragt werden.

Das Ereignis

E: Mindestens zwei von den 23 Personen haben am gleichen Tag Geburtstag

ist das Gegenereignis zu

$\overline{E}$: Alle Personen haben an verschiedenen Tagen Geburtstag.

Die Wahrscheinlichkeit für E kann man berechnen, indem man die Wahrscheinlichkeiten des zugehörigen Pfades für $\overline{E}$ multipliziert und das Ergebnis von 1 subtrahiert:

$$P(E) = 1 - P(\overline{E}) = 1 - \frac{365}{365} \cdot \frac{364}{365} \cdot \ldots \frac{343}{365} \approx 0.507.$$

Es lohnt sich also bei 23 anwesenden Personen schon, darauf zu wetten, dass mindestens zwei von ihnen am gleichen Tag Geburtstag haben!

Mithilfe eines kurzen MATLAB- oder Mathematica-Programms lassen wir uns die Wahrscheinlichkeitswerte für $n = 20, \ldots, 40$ berechnen:

```
P=zeros(20,2);
for n=20:40 P(n-19,:)=[n 1-prod(365-(0:n-1))/365^n]; end
P
```

```
P[n_]:=1-Product[365-i,{i,0,n-1}]/365^n
For[n=20,n<=40,n++,Print[{n,N[P[n]]}]]
```

Als Output erhalten wir (in abgekürzter Darstellung):

n	$P(n)$
20	0.411438
21	0.443688
22	0.475695
23	0.507297
24	0.538344
25	0.568700
⋮	
36	0.832182
37	0.848734
38	0.864068
39	0.878220
40	0.891232

Somit beträgt die Wahrscheinlichkeit, dass von 40 Personen im Raum mindestens zwei am gleichen Tag Geburtstag haben, schon fast 90 %, ein erstaunliches Ergebnis, das der Intuition widerspricht! ◀

Bei vier- oder höherstufigen Versuchen werden sowohl das Zeichnen der Bäume als auch die Anwendung der Pfadregeln sehr schnell unübersichtlich. Wir werden daher in Kap. 6 ein effektiveres Verfahren zur Berechnung benötigter Wahrscheinlichkeiten kennenlernen.

5.3.2 Aufgaben

Übung 5.8. Ⓑ Ein französischer Spieler des 17. Jahrhunderts, der Chevalier de Méré, stellte dem Mathematiker Blaise Pascal (1623–1662) Fragen über Glücksspiele. Eine davon lautete (etwas vereinfacht wiedergegeben):

Beim einfachen Würfelwurf lohnt es sich darauf zu wetten, dass bei vier aufeinanderfolgenden Würfen mindestens eine Sechs fällt. Es lohnt jedoch nicht, darauf zu wetten, dass bei 24 aufeinanderfolgenden Würfen mit zwei Würfeln mindestens eine Doppelsechs fällt.

Warum ist das so? Erklären Sie diese Beobachtung!

Bemerkung

Das Ergebnis war de Méré bekannt. Eigentlich wollte er den scheinbaren Widerspruch verstehen, warum sich die Ergebnisse nicht proportional, also wie $4 : 6 = 24 : 36$, verhielten. Diese Proportionalitätsregel gilt jedoch nur für kleine Werte der Wahrscheinlichkeiten des Elementarereignisses. Der Wert $p = \frac{1}{6}$ ist bereits zu groß (siehe hierzu die folgende Aufg. 5.9).

Übung 5.9. Ⓥ Erklären Sie das Problem in der Bemerkung zu Aufg. 5.8. Betrachten Sie dazu allgemein die Wahrscheinlichkeit p eines Ereignisses. Die Erfolgswahrscheinlichkeit, dass dieses Ereignis mindestens einmal eintritt, soll nun größer als $\frac{1}{2}$ sein, das bedeutet

$$1 - (1 - p)^n > \frac{1}{2},$$

wobei n die Anzahl der Durchführungen des Versuchs ist. Wir betrachten den Grenzfall der Gleichung

$$1 - (1 - p)^n = \frac{1}{2}.$$

Lösen Sie diese Gleichung nach n auf und verwenden Sie die Taylorreihe des Logarithmus im Nenner (für die Taylorreihe siehe z. B. Proß und Imkamp 2018, Kap. 16). Versuchen Sie zu erklären, wann in guter Näherung $n \cdot p \approx \ln 2$ gilt, also näherungsweise umgekehrte Proportionalität zwischen n und p.

Übung 5.10. Ⓑ Das folgende sogenannte *Aufteilungsparadoxon* stammt aus dem 15. Jahrhundert und steht in einem Werk von Luca Pacioli (1445–1517):

Zwei Personen, A und B, spielen ein faires Spiel, d. h., jeder gewinnt und verliert jede Runde jeweils mit einer Wahrscheinlichkeit von 50 %. Es gewinnt derjenige, der zuerst 6 Runden gewonnen hat. Das Spiel wird nun jedoch beim Stand von 5:3 für Spieler A abgebrochen. Wie soll der Gewinn unter A und B gerecht aufgeteilt werden?

Übung 5.11 (Handyhüllen). Ⓑ Das Unternehmen BaldHand stellt Handyhüllen auf vier verschiedenen Maschinen her, die alle auf einem unterschiedlichen technischen Stand sind. Teilweise bilden sich während der Produktion Einschlüsse auf den Hüllen, die als schwarze Punkte sichtbar sind. Falls auf einer Hülle mehr als fünf dieser Einschlüsse bei der Qualitätsprüfung entdeckt werden, gilt die Hülle als Ausschuss.

Folgende Fertigungs- und Ausschussanteile sind für die jeweiligen Maschinen bekannt:

Maschine	Fertigungsanteil	Ausschussanteil
1	0.25	0.07
2	0.15	0.05
3	0.20	0.02
4	0.40	0.09

a) Wie groß ist die Wahrscheinlichkeit, dass genau acht mit der Maschine 2 hergestellte Hüllen der Qualitätsnorm genügen?

b) Wie groß ist die Wahrscheinlichkeit, dass genau zwei mit der Maschine 1 und fünf mit der Maschine 4 hergestellte Hüllen der Qualitätsnorm genügen?

c) Mit welcher Wahrscheinlichkeit besteht mindestens eine der beiden auf Maschine 2 und 3 gefertigten Hüllen die Qualitätsprüfung?

d) Mit welcher Wahrscheinlichkeit ist mindestens eine von drei mit den Maschinen 1, 2 und 4 hergestellten Hüllen ein Ausschussteil?

e) Wie groß ist die Wahrscheinlichkeit, dass eine zufällig ausgewählte Hülle ein Ausschussteil ist?

5.4 Bedingte Wahrscheinlichkeit, Unabhängigkeit und Theorem von Bayes

Es soll jetzt darum gehen, zu untersuchen, inwieweit vorausgegangene Ergebnisse die weiteren beeinflussen. Diese Fragestellung führt uns zum Begriff der *bedingten Wahrscheinlichkeit* oder *A-posteriori-Wahrscheinlichkeit*. Die Berechnung bedingter Wahrscheinlichkeiten läuft häufig der Intuition zuwider, wie wir im Laufe unserer Untersuchungen sehen werden.

5.4.1 *A-priori- und A-posteriori-Wahrscheinlichkeiten: das Theorem von Bayes*

Wir starten zunächst mit einem einfachen Urnenbeispiel.

Beispiel 5.25 (Urne 2). Wir betrachten wieder die Urne mit sechs blauen und vier roten Kugeln aus Bsp. 5.22 (siehe Abb. 5.3). Man entnimmt der Urne wieder nacheinander zwei Kugeln, wobei die Kugeln nach dem Ziehen nicht wieder zurückgelegt werden. In diesem Fall beeinflusst das Ergebnis des ersten Zuges das Ergebnis des zweiten Zuges.

Wenn wir fragen: Mit welcher Wahrscheinlichkeit ist die zweite gezogene Kugel blau?, dann wäre diese im Falle des Zurücklegens der Kugel nach dem ersten Zug unabhängig von dessen Ergebnis $\frac{6}{10}$ (siehe Abb. 5.4).

Legen wir die erste Kugel nicht zurück und nehmen an, dass diese Kugel blau war. Die Wahrscheinlichkeit, dass die zweite Kugel blau ist, beträgt jetzt $\frac{5}{9}$ (siehe Abb. 5.5), da insgesamt nur noch neun Kugeln in der Urne sind und davon fünf blaue. Man nennt diese Wahrscheinlichkeit die bedingte Wahrscheinlichkeit dafür, dass die zweite Kugel blau ist unter der Bedingung, dass die erste ebenfalls blau war.

Am Baum können wir ablesen, dass die bedingte Wahrscheinlichkeit dafür, dass die zweite Kugel blau ist, unter der Bedingung, dass die erste Kugel rot war, $\frac{2}{3}$ beträgt. ◀

Wir fassen unsere Überlegungen aus dem obigen Beispiel in eine allgemeine Definition.

Definition 5.8. Sei $(\Omega, \mathscr{A}, P)$ ein Wahrscheinlichkeitsraum und A ein Ereignis mit $P(A) > 0$. Dann heißt die reelle Zahl

$$P_A(B) = \frac{P(A \cap B)}{P(A)}$$

(siehe Abb. 5.7) die *bedingte Wahrscheinlichkeit* von B unter der Bedingung A.

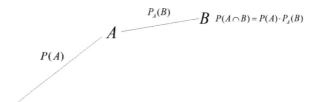

Abb. 5.7: Reduziertes Baumdiagramm mit benötigten Bezeichnungen zur bedingten Wahrscheinlichkeit

---

Bemerkung

1. Die Formel aus Def. 5.8 ergibt sich aus der Pfadmultiplikationsregel. Es gilt
$$P(A) \cdot P_A(B) = P(A \cap B).$$
   Man betrachte hierzu den Pfad in der Abb. 5.7.
2. In der Literatur findet man auch die Bezeichnung $P(B|A)$ anstelle von $P_A(B)$.
3. Die bedingten Wahrscheinlichkeiten $P_B(A)$ heißen auch *A-posteriori-Wahrscheinlichkeiten*, während man die Wahrscheinlichkeiten $P(A)$ auch als *A-priori-Wahrscheinlichkeiten* bezeichnet.

Eine Fragestellung aus der Qualitätssicherung soll uns etwas tiefer in das Thema führen.

Beispiel 5.26. Als wesentlicher Teil des Qualitätsmanagements umfasst die Qualitätssicherung u. a. die Prüfung von Produkten und Materialien bei Herstellerfirmen. Insbesondere in der Raumfahrttechnik gelten strenge Maßstäbe an Elektronik und Materialien. Vertrauen ist gut, Kontrolle ist besser. Die Ingenieure eines Raumfahrtunternehmens prüfen daher Sensoren und Steuerungskomponenten für die Lageregelung einer neuen Generation von Raumfahrzeugen.

Aus der Erfahrung ist bekannt, dass 95 % der Sensoren funktionstüchtig und damit missionstauglich sind. Allerdings ist auch ein technischer Prüfprozess nicht frei von Fehlern. So kommt es in 1 % der Fälle vor, dass ein eigentlich funktionstüchtiger Sensor irrtümlicherweise als defekt erkannt wird. Ein defekter Sensor wird jedoch in 96 % der Fälle korrekt als defekt erkannt.

a) Angenommen, ein Sensor wird als defekt erkannt. Mit welcher Wahrscheinlichkeit ist er trotzdem brauchbar?

b) Angenommen, ein Sensor wird als brauchbar erkannt. Mit welcher Wahrscheinlichkeit ist er auch tatsächlich brauchbar?

Lösung: Wir zeichnen zunächst ein Baumdiagramm (siehe Abb. 5.8) und verwenden die dortigen Bezeichnungen.

Hier muss man sehr genau aufpassen, da diese Fragestellungen gerade bei ungeübten Menschen häufig zu Verwechslungen führen. Aus dem Baumdiagramm lassen sich bedingte Wahrscheinlichkeiten ablesen, z. B. $P_B(DE) = 0.01$. Dies ist die Wahrscheinlichkeit, dass ein Sensor als defekt erkannt wird, wenn er aber tatsächlich brauchbar ist. Wir suchen in Teilaufgabe a) aber die bedingte Wahrscheinlichkeit $P_{DE}(B)$, also die Wahrscheinlichkeit, dass ein Sensor brauchbar ist, wenn er als fehlerhaft erkannt wurde. Das ist ein Unterschied!

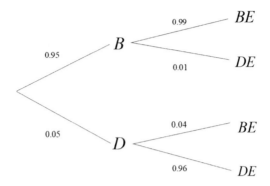

Abb. 5.8: Baumdiagramm zu Bsp. 5.26, $B = $ brauchbar, $D = $ defekt, $BE = $ als brauchbar erkannt, $DE = $ als defekt erkannt

a) Um die gesuchte Wahrscheinlichkeit zu finden, benötigen wir mehrere Wahrscheinlichkeiten aus dem Baum, die wir geeignet zusammensetzen müssen. Nach Definition der bedingten Wahrscheinlichkeit ist

$$P_{DE}(B) = \frac{P(B \cap DE)}{P(DE)}.$$

Betrachten wir Zähler und Nenner einzeln. Die Wahrscheinlichkeit $P(B \cap DE)$ lässt sich leicht nach der Pfadmultiplikationsregel bestimmen. Es gilt:

$$P(B \cap DE) = P(B) \cdot P_B(DE).$$

Die Wahrscheinlichkeit im Nenner erhalten wir mithilfe der Pfadadditionsregel zu

$$P(DE) = P(B \cap DE) + P(D \cap DE).$$

Die beiden Summanden lassen sich wieder mithilfe bedingter Wahrscheinlichkeiten aus dem Baumdiagramm ablesen, sodass wir insgesamt erhalten:

$$P_{DE}(B) = \frac{P(B \cap DE)}{P(DE)} = \frac{P(B \cap DE)}{P(B \cap DE) + P(D \cap DE)}$$
$$= \frac{P(B) \cdot P_B(DE)}{P(B) \cdot P_B(DE) + P(D) \cdot P_D(DE)}.$$

Mithilfe dieser Gleichung und den gegebenen Daten können wir jetzt die gesuchte Wahrscheinlichkeit berechnen zu

$$P_{DE}(B) = \frac{P(B) \cdot P_B(DE)}{P(B) \cdot P_B(DE) + P(D) \cdot P_D(DE)} = \frac{0.95 \cdot 0.01}{0.95 \cdot 0.01 + 0.05 \cdot 0.96} \approx 0.165.$$

Die Wahrscheinlichkeit, dass ein als fehlerhaft erkannter Sensor in Wirklichkeit brauchbar ist, beträgt demnach 16.5 %.

b) Analog erhalten wir

$$P_{BE}(B) = \frac{P(B) \cdot P_B(BE)}{P(B) \cdot P_B(BE) + P(D) \cdot P_D(BE)} = \frac{0.95 \cdot 0.99}{0.95 \cdot 0.99 + 0.05 \cdot 0.04} \approx 0.998.$$

Die Wahrscheinlichkeit, dass ein als brauchbar erkannter Sensor tatsächlich brauchbar ist, beträgt demnach 99.8 %. Wie beruhigend dieser Wert für potentielle Astronauten ist, mögen sie selbst entscheiden. ◄

Das vorhergehende Beispiel führt uns zu Verallgemeinerungen, neuen Begriffen und einem wichtigen Satz der Stochastik. Im Beispiel hatten wir jeweils zwei mögliche Ergebnisse. Betrachten wir jetzt einen Wahrscheinlichkeitsraum $(\Omega, \mathscr{A}, P)$ und die allgemeinere Situation, bei der wir von einer finiten Partition des Stichprobenraumes Ω ausgehen, d. h., es gibt n paarweise disjunkte Ereignisse $A_1, ..., A_n$ mit

$$\Omega = \dot{\bigcup}_{k=1}^{n} A_k,$$

wobei $P(A_k) > 0 \ \forall k$. In diesem Fall gilt für ein Ereignis $B \in \mathscr{A}$ die Gleichung

$$P(B) = \sum_{k=1}^{n} P(A_k) \cdot P_{A_k}(B),$$

in Verallgemeinerung der Situation im Beispiel. Diese Gleichung ist auch als Formel von der *totalen* oder *vollständigen* Wahrscheinlichkeit bekannt. Für die Berechnung der bedingten Wahrscheinlichkeiten ergibt sich daraus die *Formel von Bayes* (Thomas Bayes, ca. 1701–1761, englischer Mathematiker und Statistiker).

Satz 5.5. Sei $(\Omega, \mathscr{A}, P)$ ein Wahrscheinlichkeitsraum und $A_1, ..., A_n$ eine finite Partition von Ω. Dann gilt für jedes Ereignis $B \in \mathscr{A}$ mit $P(B) > 0$

$$P_B(A_k) = \frac{P(A_k) \cdot P_{A_k}(B)}{\sum_{k=1}^{n} P(A_k) \cdot P_{A_k}(B)}.$$

5.4.2 Das Ziegenproblem und stochastische Unabhängigkeit

Als Anwendung des Satzes von Bayes betrachten wir ein Problem, das vor einigen Jahren zu kontroversen Diskussionen führte und selbst einige Mathematiker zum Narren hielt, nämlich das sogenannte *Ziegenproblem*.

Beispiel 5.27 (Ziegenproblem). In einer Spielshow hat der Kandidat die Wahl zwischen drei Türen. Hinter einer der Türen befindet sich ein Auto, das der Kandidat im Falle der Wahl dieser Tür gewinnt. Hinter den anderen Türen steht jeweils eine Ziege. Nehmen wir an, der Kandidat hat sich für Tür 1 entschieden. Der Showmaster, der weiß, wo sich das Auto befindet, öffnet Tür Nr. 3, hinter der eine Ziege hervorkommt. Er gibt dem Kandidaten die einmalige Möglichkeit, zu Tür 2 zu wechseln.

Die Frage lautet: Was ist besser, Tür 1 beizubehalten oder zu Tür 2 zu wechseln?

Viele Menschen gehen davon aus, dass die Wahrscheinlichkeit, das Auto zu gewinnen, in beiden Fällen gleich groß ist und somit 50 % beträgt. Allerdings trügt die Intuition hier, wie wir mithilfe des Satzes von Bayes sofort erkennen. In der Abb. 5.9 ist die Situation als Baumdiagramm dargestellt.

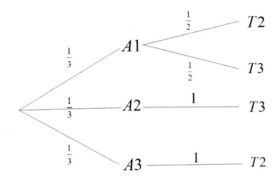

Abb. 5.9: Baumdiagramm zu Bsp. 5.27 (Ziegenproblem)

Angenommen, das Auto stünde tatsächlich hinter der vom Kandidaten gewählten Tür 1. Dann hätte der Moderator beim Öffnen einer der beiden übrigen Türen die Wahl zwischen Tür 2 und Tür 3. Steht das Auto hinter einer der anderen beiden Türen, so hat er jeweils nur noch eine Möglichkeit, eine Tür zu öffnen, da er ja dem Kandidaten nicht verraten will, hinter welcher Tür das Auto steht. Das erklärt die Asymmetrie des Baumes und macht plausibel, dass es mit der Fifty-Fifty-Idee nicht zum Besten steht.

Gesucht ist hier eine bedingte Wahrscheinlichkeit, nämlich die, dass das Auto hinter Tür 2 steht unter der Bedingung, dass der Moderator Tür 3 geöffnet hat, also $P_{T3}(A2)$.

Nach der Formel von Bayes ergibt sich

$$P_{T3}(A2) = \frac{P_{A2}(T3) \cdot P(A2)}{P_{A2}(T3) \cdot P(A1) + P_{A1}(T3) \cdot P(A1)} = \frac{1 \cdot \frac{1}{3}}{1 \cdot \frac{1}{3} + \frac{1}{2} \cdot \frac{1}{3}} = \frac{2}{3}.$$

Somit hat der Kandidat beim Wechseln zu Tür 2 eine Gewinnwahrscheinlichkeit von $\frac{2}{3}$, jedoch nur $\frac{1}{3}$, wenn er stehen bleibt! ◄

Das eben präsentierte Problem nebst Lösung wurde um 1990 herum durch eine Kolumne der US-amerikanischen Schriftstellerin und Kolumnistin Marilyn vos Savant bekannt, die diese Lösung unter vielfachem Protest als die richtige ansah und damit Recht hatte.

Man kann auch Varianten des Ziegenproblems betrachten, z. B. wenn es 100 Türen gibt. Angenommen, der Kandidat steht vor Tür 1 und der Moderator öffnet nach und nach alle Türen außer Tür Nr. 29. Beim Wechseln zu Tür 29 hat der Kandidat jetzt eine Wahrscheinlichkeit von $\frac{99}{100}$, das Auto zu gewinnen! Anschaulich liegt das natürlich daran, dass der Kandidat durch das Öffnen der Türen keine Information über die Situation hinter seiner eigenen Tür erhält. Somit verändert sich diese nicht und bleibt bei $\frac{1}{100}$ (bzw. im obigen Beispiel bei $\frac{1}{3}$). Eine weitere Variante, das *Gefangenenparadoxon*, finden Sie in Aufg. 5.13.

Aus Gründen der Vollständigkeit beweisen wir noch die allgemeine *Multiplikationsformel* für bedingte Wahrscheinlichkeiten.

Satz 5.6. Sei $(\Omega, \mathscr{A}, P)$ ein Wahrscheinlichkeitsraum und $A_1, A_2, \dots A_n$ Ereignisse mit $P(A_1 \cap A_2 \cap \dots \cap A_{n-1}) > 0$. Dann gilt

$$P(A_1 \cap A_2 \cap \dots \cap A_n) = P(A_1) \cdot P_{A_1}(A_2) \cdot P_{A_1 \cap A_2}(A_3) \cdot \dots \cdot P_{A_1 \cap A_2 \cap \dots \cap A_{n-1}}(A_n).$$

Beweis. Es gilt nach Satz 5.1

$$P(A_1) \geq P(A_1 \cap A_2) \geq P(A_1 \cap A_2 \cap A_3) \geq \dots \geq P(A_1 \cap A_2 \cap \dots \cap A_{n-1}) > 0,$$

wegen $A_1 \supset (A_1 \cap A_2) \supset \dots \supset (A_1 \cap \dots \cap A_{n-1})$.

Daher sind die folgenden Ausdrücke definiert und nach Definition der bedingten Wahrscheinlichkeit gilt

$$P(A_1) \cdot P_{A_1}(A_2) \cdot P_{A_1 \cap A_2}(A_3) \cdot \dots \cdot P_{A_1 \cap A_2 \cap \dots \cap A_{n-1}}(A_n)$$

$$= P(A_1) \cdot \frac{P(A_1 \cap A_2)}{P(A_1)} \cdot \frac{P(A_1 \cap A_2 \cap A_3)}{P(A_1 \cap A_2)} \cdot \dots \cdot \frac{P(A_1 \cap \dots \cap A_n)}{P(A_1 \cap \dots \cap A_{n-1})}.$$

Durch Kürzen folgt die Behauptung. $\qquad\qquad\qquad\qquad\qquad\qquad\qquad\qquad$ □

Bemerkung

Streng genommen haben wir diese Multiplikationsformel schon beim Geburtstagsproblem (siehe Bsp. 5.24) verwendet. Hierbei brauchten wir noch nicht auf bedingte Wahrscheinlichkeiten zurückzugreifen, da sich die einzelnen Wahrscheinlichkeiten einfach mit der Laplace-Regel berechnen ließen. Wir haben dort stillschweigend vorausgesetzt, dass ein bestimmter Tag bzw. mehrere Tage bereits herausgenommen wurden, was streng genommen eine Vorbedingung ist, unter der sich die gesuchten Wahrscheinlichkeiten berechnen lassen.

Beispiel 5.28 (Pólyas Urne). Das *Pólya'sche Urnenmodell* (George Pólya, 1887–1985, ungarisch-amerikanischer Mathematiker) beschreibt in einfacher Weise die Ansteckungsgefahr durch infizierte Personen.

Ein Beispiel: In einer Urne befinden sich zehn weiße (suszeptible Personen) und zwei schwarze Kugeln (infizierte Personen). Eine Kugel wird zufällig gezogen, dann wieder zurückgelegt, gemeinsam mit zwei weiteren Kugeln derselben Farbe (Infizierte ziehen weitere Infizierte nach sich). Dieses Prozedere wird dreimal durchgeführt.

a) Wie groß ist die Wahrscheinlichkeit, im dritten Zug eine schwarze Kugel zu ziehen unter der Bedingung, dass die ersten beiden Kugeln auch schwarz waren?

b) Wie groß ist die Wahrscheinlichkeit, drei schwarze Kugeln zu ziehen?

Lösung: Es handelt sich hier um einen dreistufigen Versuch, bei dem sich die Bedingungen von Teilversuch zu Teilversuch verändern. In Abb. 5.10 sind die zugehörigen relevanten Pfade dargestellt.

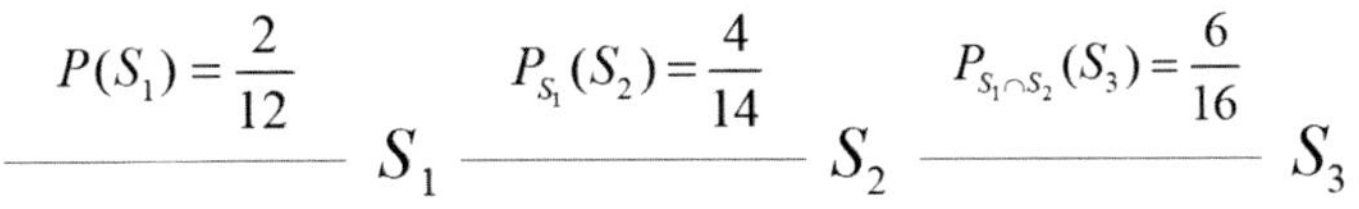

$$P(S_1) = \frac{2}{12} \qquad P_{S_1}(S_2) = \frac{4}{14} \qquad P_{S_1 \cap S_2}(S_3) = \frac{6}{16}$$
$$\underline{\qquad\qquad} S_1 \underline{\qquad\qquad} S_2 \underline{\qquad\qquad} S_3$$

Abb. 5.10: Baumdiagramm zu Bsp. 5.28 (Pólyas Urne)

a) Die gesuchte bedingte Wahrscheinlichkeit lässt sich direkt am Baumdiagramm ablesen und beträgt

$$P_{S_1 \cap S_2}(S_3) = \frac{6}{16} = \frac{3}{8}.$$

b) Mit $P(S_1) = \frac{2}{12} =$, $P_{S_1}(S_2) = \frac{4}{14}$ und $P_{S_1 \cap S_2}(S_3) = \frac{6}{16}$ erhalten wir für die gesuchte Wahrscheinlichkeit nach der Multiplikationsformel

$$P(S_1) \cdot P_{S_1}(S_2) \cdot P_{S_1 \cap S_2}(S_3) = \frac{2}{12} \cdot \frac{4}{14} \cdot \frac{6}{16} = \frac{1}{56}.$$ ◄

Die obigen Probleme mit bedingten Wahrscheinlichkeiten öffnen den Blick auf einen wichtigen Begriff, nämlich den der *stochastischen Unabhängigkeit* von Ereignissen.

Definition 5.9. Gegeben sei ein Wahrscheinlichkeitsraum $(\Omega, \mathscr{A}, P)$. Dann heißen zwei Ereignisse A und B stochastisch unabhängig, wenn gilt

$$P(A \cap B) = P(A) \cdot P(B),$$

andernfalls heißen sie *stochastisch abhängig*.

Aus der stochastischen Unabhängigkeit folgt nach Definition der bedingten Wahrscheinlichkeit wegen

$$P(A \cap B) = P(A) \cdot P_A(B) = P(B) \cdot P_B(A)$$

sofort, dass $P_A(B) = P(B)$ und $P_B(A) = P(A)$, was den Begriff der stochastischen Unabhängigkeit von A und B erklärt.

Beispiel 5.29. Betrachten wir den einmaligen Wurf eines Laplace-Würfels, also $\Omega = \{1; 2; 3; 4; 5; 6\}$, $\mathscr{A} = \mathscr{P}(\Omega)$ und das Wahrscheinlichkeitsmaß P ist gegeben durch $P(\{i\}) = \frac{1}{6}$ für $i = 1, ..., 6$. Dann sind die Ereignisse $E_1 := \{2; 3; 5\}$ und $E_2 := \{5; 6\}$ stochastisch unabhängig, weil gilt:

$$P(E_1) \cdot P(E_2) = \frac{1}{2} \cdot \frac{1}{3} = \frac{1}{6} = P(E_1 \cap E_2) = P(\{5\}).$$

Jedoch sind die Ereignisse E_1 und $E_3 := \{2; 4; 6\}$ stochastisch abhängig, weil gilt:

$$P(E_1) \cdot P(E_3) = \frac{1}{2} \cdot \frac{1}{2} = \frac{1}{4} \neq \frac{1}{6} = P(E_1 \cap E_3) = P(\{2\}).$$ ◄

Ähnlich wie man in der beschreibenden Statistik zwischen statistischen und kausalen Zusammenhängen zu unterscheiden hat (siehe Abschn. 4.3.4), muss man auch hier den Unterschied zwischen stochastischer und kausaler Unabhängigkeit beachten.

Beispiel 5.30. Wir betrachten den gleichzeitigen Wurf zweier Laplace-Würfel. Betrachtet man die Ergebnisse der Würfelwürfe einzeln, so sind diese sowohl stochastisch als auch kausal unabhängig.

Sei nun $E := \{1; 3; 5\}$ das Ereignis, dass der erste Würfel eine ungerade Zahl anzeigt, und F das Ereignis, dass die Summe der Augenzahlen beider Würfe eine ungerade Zahl ist, so gilt

$$P(E) = \frac{1}{2}, \quad P(F) = \frac{1}{2}$$

und wegen

$$E \cap F = \{(1|2); (1|4); (1|6), (3|2); (3|4); (3|6); (5|2); (5|4); (5|6)\}$$

gilt

$$P(E \cap F) = \frac{9}{36} = \frac{1}{4} = P(E) \cdot P(F),$$

sodass die Ereignisse E und F stochastisch unabhängig sind. Dies ändert jedoch nichts an der Tatsache, dass das Ergebnis des ersten Wurfs das Gesamtergebnis kausal beeinflusst, E und F in diesem Sinne also nicht kausal unabhängig sind! ◄

5.4.3 Aufgaben

Übung 5.12. Ⓑ Eine Urne enthält sieben blaue Kugeln und drei rote Kugeln. Es werden nacheinander zufällig Kugeln gezogen, wobei diese nach dem Ziehen nicht zurückgelegt werden.

a) Wie groß ist die Wahrscheinlichkeit, dass beim zweimaligen Ziehen die zweite gezogene Kugel blau ist, wenn die erste blau (rot) war?

b) Wie groß ist die Wahrscheinlichkeit, dass beim zweimaligen Ziehen die zweite gezogene Kugel rot ist, wenn die erste blau (rot) war?

c) Wie groß ist die Wahrscheinlichkeit, dass beim dreimaligen Ziehen die dritte gezogene Kugel rot ist, wenn die erste blau und die zweite rot war?

Übung 5.13. Ⓥ **(Gefangenenparadoxon).** Das *Gefangenenparadoxon*: Drei Gefangene A, B und C sitzen in ihrer Zelle und wissen, dass zwei von ihnen in den nächsten Tagen hingerichtet werden, während der dritte freigelassen wird. Der Gefangene A denkt sich Folgendes:

Meine Überlebenswahrscheinlichkeit ist ohne weitere Informationen gleich $\frac{1}{3}$. Wenn ich den Wärter jedoch frage, ob er mir den Namen eines Mitgefangenen nennt, der hingerichtet wird, erhöhe ich meine Chancen, freigelassen zu werden. Angenommen, der Wärter sagt mir, C werde sicher hingerichtet, dann habe ich eine Überlebenswahrscheinlichkeit von 50 % und meine Situation verbessert, weil es ja nur zwei Möglichkeiten gibt: Entweder C und B werden hingerichtet oder C und ich!

Erklären Sie, warum der Gefangene A einem Trugschluss aufsitzt!

Übung 5.14. Ⓑ Ein neuer Schnelltest für eine Virusinfektion ist mit Unsicherheiten behaftet. So erfolgt lediglich bei 96 % der tatsächlich Infizierten eine positive Testreaktion (*Sensitivität* des Tests). Andererseits erfolgt mit 94 % Wahrscheinlichkeit eine negative Testreaktion bei den tatsächlich Nicht-Infizierten (*Spezifität* des Tests). In der Bevölkerung sind aktuell 2 % mit dem Virus infiziert. Angenommen, eine Testperson erhält ein positives Testergebnis. Wie groß ist die Wahrscheinlichkeit für diese Person, tatsächlich infiziert zu sein?

Übung 5.15. Ⓑ In einer Firma für Halbleiterbauelemente gibt es zwei Produktionsmaschinen. Maschine *A* produziert 2000 Bauelemente pro Tag, davon sind 0.5 % fehlerhaft. Maschine *B* produziert 2500 Bauelemente pro Tag, davon sind 0.8 % fehlerhaft. Am Abend eines bestimmten Produktionstages erwischt ein Mitarbeiter für einen Test ein defektes Bauelement. Mit welcher Wahrscheinlichkeit stammt dieses von Maschine *B*?

Übung 5.16 (Handyhüllen). Ⓑ Nehmen Sie für den in Aufg. 5.11 dargestellten Sachverhalt an, dass eine zufällig ausgewählte Handyhülle nicht der Qualitätsnorm entspricht.

a) Wie groß ist die Wahrscheinlichkeit, dass sie auf Maschine 2 produziert wurde?

b) Wie groß ist die Wahrscheinlichkeit, dass sie auf Maschine 4 produziert wurde?

5.5 Kombinatorik

In diesem Abschnitt lernen wir die elementare *Kombinatorik* kennen. Unter Kombinatorik versteht man das Teilgebiet der Mathematik, das sich mit endlichen oder abzählbar unendlichen diskreten Strukturen beschäftigt. Von wesentlicher Bedeutung in diesem Buch sind dabei Lösungen spezieller Abzählprobleme, wie sie in der Stochastik benötigt werden. Insbesondere werden wir verschiedene Abzählverfahren bei endlichen Mengen kennenlernen, wie sie klassisch im 17. Jahrhundert bei der Analyse von Glücksspielsituationen entstanden sind.

5.5.1 Kombinatorische Zählverfahren: geordnete und ungeordnete Stichproben

Beginnen wollen wir unsere Einführung in die Kombinatorik mit dem elementaren Zählprinzip, welches zur *Produktregel* der Kombinatorik führt und durch folgendes Beispiel motiviert werden soll.

Beispiel 5.31. Auf einem Mathematikerkongress haben die Teilnehmer die Möglichkeit, jeweils drei aufeinanderfolgende Vorträge zu hören. Im Vortragsband I um 12 Uhr gibt es zwei Vorträge Ia und Ib zur Auswahl, in Band II um 14 Uhr drei Vorträge (IIa, IIb, IIc) und in Band III um 16 Uhr wieder zwei (IIIa, IIIb). Wie viele Möglichkeiten haben die Teilnehmer, einen individuellen Vortragsplan zu entwerfen?

Lösung: Ähnlich wie bei der Bestimmung von Wahrscheinlichkeiten bei mehrstufigen Versuchen kann auch hier ein Baumdiagramm helfen (siehe Abb. 5.11).

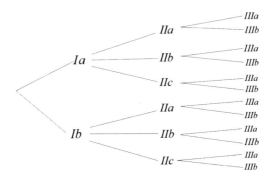

Abb. 5.11: Baumdiagramm zu Bsp. 5.31

- Im ersten Band gibt es zwei Möglichkeiten.
- Im zweiten Band gibt es jeweils drei Möglichkeiten.
- Im dritten Band gibt es jeweils zwei Möglichkeiten.

Die Gesamtanzahl an Möglichkeiten erhält man durch das Abzählen aller möglichen Pfade, sie beträgt hier also $2 \cdot 3 \cdot 2 = 12$. ◄

Die Verallgemeinerung der Überlegungen des Bsp. 5.31 führt uns zur *Produktregel* der Kombinatorik.

Satz 5.7 (Produktregel). Ein n-stufiger Versuch habe auf der i-ten Stufe k_i Auswahlmöglichkeiten, also k_i mögliche Ergebnisse. Dann hat der Versuch im Falle der Unabhängigkeit der Ergebnisse einer Stufe von denen der vorherigen Stufen insgesamt

$$k_1 \cdot k_2 \cdot \ldots \cdot k_n$$

mögliche Ergebnisse.

Eine grundlegende Frage der elementaren Kombinatorik ist die nach der Anzahl der möglichen Anordnungen von Gegenständen, z. B. von Büchern in einem Regal. Nehmen wir an, wir haben drei Bücher, die wir im Folgenden der Einfachheit halber mit 1, 2 und 3 bezeichnen, dann gibt es nach Satz 5.7 genau $3 \cdot 2 \cdot 1 = 6$ mögliche Anordnungen der Bücher (wenn man das erste Buch seinem Platz zugewiesen hat, gibt es für das zweite Buch noch zwei Möglichkeiten, und das dritte Buch muss dann mit dem übriggebliebenen Platz vorliebnehmen). Die möglichen Anordnungen sind:

$$\{1;2;3\}, \{1;3;2\}, \{2;1;3\}, \{2;3;1\}, \{3;1;2\}, \{3;2;1\}.$$

Aus mathematischer Sicht haben wir eine dreielementige Menge $\{1;2;3\}$ von Plätzen und eine dreielementige Menge von Büchern, die wir genauso durchnummerieren können. Wir bilden in diesem Sinne die Menge $\{1;2;3\}$ bijektiv auf sich selbst ab. Ein solche bijektive Selbstabbildung heißt auch *Permutation*.

Definition 5.10. Eine *Permutation* ist eine bijektive Abbildung einer (endlichen) Menge auf sich.

Definition 5.11. Sei $n \in \mathbb{N}$. Dann ist

$$n! := n \cdot (n-1) \cdot (n-2) \cdot \ldots \cdot 2 \cdot 1.$$

$n!$ wird n *Fakultät* gelesen. Speziell gilt $0! := 1$.

Unmittelbar aus Satz 5.7 folgt die mathematische Übersetzung der Tatsache, dass sich n Gegenstände auf $n!$ Arten anordnen lassen.

Satz 5.8. Eine n-elementige Menge besitzt $n!$ Permutationen ihrer Elemente.

Die Fakultäten wachsen hyperexponentiell, wie das folgende MATLAB- bzw. Mathematica-Programm zeigt.

```
for n=0:10 disp([n factorial(n)]) end
```

```
For[n=0,n<=10,n++,Print[{n,n!}]]
```

Das Programm liefert den folgenden Output.

n	$n!$
0	1
1	1
2	2
3	6
4	24
5	120
6	720
7	5040
8	40320
9	362880
10	3628800

Die eben eingeführten Begriffe und gewonnenen Erkenntnisse finden Anwendung bei verschiedenen Glücksspielen und Wettangeboten.

Beispiel 5.32. Es gibt verschiedene Varianten von Fußballwetten, z. B. das klassische Toto (13er-Wette). Hierbei tippt man bei 13 Spielen darauf, ob das Spiel mit einem Heimsieg (1), Unentschieden (0) oder einem Auswärtssieg (2) endet. Für jedes Spiel kreuzt man eine der drei Zahlen an. Wie viele Möglichkeiten hat man, einen Totoschein auszufüllen?

Lösung: Satz 5.7 liefert uns die Antwort. Es handelt sich um einen 13-stufigen Versuch mit jeweils 3 Ergebnissen, somit gibt es 3^{13} Möglichkeiten, den Totoschein auszufüllen. Man kann bei anderen Varianten auch andere Anzahlen von Spielen tippen.   ◄

Bsp. 5.32 stellt ein kombinatorisches Modell dar, bei dem nach der Anzahl k-elementiger Anordnungen (hier: $k = 13$) einer n-elementigen Menge (hier die 3-elementige Menge $\{0;1;2\}$) mit Wiederholungen gefragt wird. Aus Satz 5.7 folgt allgemein der folgende Satz.

Satz 5.9. Die Anzahl der k-elementigen Anordnungen einer n-elementigen Menge M mit Wiederholungen ist gleich

$$n^k.$$

Wir können die k-elementigen Anordnungen von Elementen der Menge M auch als *geordnete Stichprobe* (oder *Variation*) vom Umfang k mit Wiederholungen aus der

Grundgesamtheit M betrachten, somit als k-Tupel:

$$(m_1, m_2, ..., m_k) \in M^k.$$

Geordnet heißt die Stichprobe, weil die Reihenfolge (z. B. die der Fußballspiele) eine Rolle spielt.

Anhand eines Urnenmodells wenden wir uns jetzt der *geordneten Stichprobe* ohne Wiederholungen zu.

Beispiel 5.33. Eine Urne enthält zehn Kugeln, die von 1 bis 10 durchnummeriert sind. Es werden nacheinander ohne Zurücklegen vier Kugeln gezogen. Wie viele Möglichkeiten gibt es hierfür?

Lösung: Satz 5.7 liefert uns auch hier die Antwort. Da wir beim ersten Ziehen zehn Möglichkeiten haben, beim zweiten neun usw., gilt für die gesuchte Anzahl

$$10 \cdot 9 \cdot 8 \cdot 7 = 5040.$$

Man kann dieses Ergebnis auch mithilfe von Fakultäten schreiben, wenn man geeignet erweitert:

$$10 \cdot 9 \cdot 8 \cdot 7 = 5040 = \frac{10!}{6!} = \frac{10!}{(10-4)!}. \qquad \blacktriangleleft$$

Wir können diese Überlegungen allgemeiner formulieren mit dem auch aus Satz 5.7 folgenden Satz.

Satz 5.10. Die Anzahl der k-elementigen Anordnungen einer n-elementigen Menge M ohne Wiederholungen ist gleich

$$\frac{n!}{(n-k)!}.$$

Denkanstoß

Machen Sie sich klar, dass gilt:

$$\frac{n!}{(n-k)!} = n \cdot (n-1) \cdot ... \cdot (n - (k-1)).$$

Beispiel 5.34. Eine Anwendung von geordneten Stichproben ohne Wiederholung findet man beim Pferderennen: Auf einer Pferderennbahn laufen acht Pferde um die Wette. Wie viele Möglichkeiten gibt es, den Zieleinlauf der ersten drei Pferde zu tippen?

Lösung: Es handelt sich um eine geordnete Stichprobe vom Umfang 3 (die Reihenfolge der Pferde spielt beim Einlauf eine Rolle) ohne Wiederholung (kein Pferd läuft zweimal ein) aus einer 8-elementigen Grundgesamtheit. Also gilt für die Anzahl möglicher Zieleinläufe

$$\frac{8!}{(8-3)!} = 8 \cdot 7 \cdot 6 = 336. \quad \blacktriangleleft$$

Ein Beispiel für eine *ungeordnete Stichprobe* ohne Wiederholungen liefert die wöchentliche Ziehung der Lottozahlen. Hierbei hat der Spieler die Möglichkeit, auf dem Tippschein in verschiedenen Tippreihen aus jeweils 49 Zahlen sechs auszuwählen und nach der Ziehung zu schauen, wie viele Zahlen in seinen einzelnen Tippreihen mit den gezogenen Zahlen übereinstimmen.

Beispiel 5.35. Bei der Ziehung der Lottozahlen wird eine Trommel mit 49 (von 1 bis 49 durchnummerierten) Kugeln in Form von Tischtennisbällen gedreht. Dabei werden nacheinander ohne Zurücklegen sechs Kugeln gezogen. Wie viele Möglichkeiten gibt es hierfür?

Lösung: Zunächst gibt es nach den Sätzen 5.7 und 5.10 für die geordnete Stichprobe ohne Wiederholung in diesem Fall

$$\frac{49!}{(49-6)!} = \frac{49!}{43!} = 49 \cdot 48 \cdot 47 \cdot 46 \cdot 45 \cdot 44$$

Möglichkeiten. Beim Lotto spielt allerdings die Reihenfolge der gezogenen Kugeln keine Rolle. So hat ein Spieler, der die Zahlen $2, 13, 20, 21, 23, 40$ angekreuzt hat, unabhängig davon sechs Richtige getippt, ob die Reihenfolge der Ziehung z. B. $13, 20, 2, 40, 23, 21$ oder $20, 40, 13, 23, 21, 2$ war. Für die Anzahl der Permutationen dieser 6-elementigen Stichprobe gibt es $6!$ Möglichkeiten nach Satz 5.8.

Somit beträgt die gesuchte Anzahl an Möglichkeiten

$$\frac{49!}{(49-6)!6!} = 13983816. \quad \blacktriangleleft$$

Wir formulieren diese Überlegungen wieder allgemein als Satz, der aus den Sätzen 5.7 und 5.10 sowie 5.8 folgt.

Satz 5.11. Die Anzahl der ungeordneten Stichproben vom Umfang k aus einer n-elementigen Menge M ohne Wiederholungen ist gleich

$$\frac{n!}{(n-k)!k!}.$$

Der Ausdruck $\frac{n!}{(n-k)!k!}$ wird in der Stochastik gerne abgekürzt.

Definition 5.12. Seien k, $n \in \mathbb{N}_0$ und $k \leq n$. Der Ausdruck

$$\binom{n}{k} := \frac{n!}{(n-k)!k!}$$

heißt *Binomialkoeffizient*. Für $k > n$ definiert man

$$\binom{n}{k} := 0.$$

Beispiel 5.36. Es gilt

$$\binom{9}{4} = 126, \quad \binom{11}{5} = 462, \quad \binom{11}{6} = 462, \quad \binom{6}{4} = 15, \quad \binom{6}{2} = 15. \quad \blacktriangleleft$$

Die letzten vier Unterbeispiele decken einen allgemeinen Satz auf.

Satz 5.12. Seien k, $n \in \mathbb{N}_0$ und $k \leq n$. Dann gilt

$$\binom{n}{k} = \binom{n}{n-k}.$$

Beweis. Es gilt

$$\binom{n}{k} = \frac{n!}{(n-k)!k!} = \frac{n!}{(n-k)!(n-(n-k))!}$$
$$= \frac{n!}{(n-(n-k))!(n-k)!} = \binom{n}{n-k}. \qquad \square$$

Der Vollständigkeit halber und ohne Beweis geben wir noch die Anzahl der *ungeordneten Stichproben* (oder *Kombinationen*) vom Umfang k aus einer n-elementigen Menge M mit Wiederholungen an.

Satz 5.13. Die Anzahl der ungeordneten Stichproben vom Umfang k aus einer n-elementigen Menge M mit Wiederholungen ist gleich

$$\binom{n+k-1}{k}.$$

Tab. 5.1 gibt einen zusammenfassenden Überblick über die in diesem Abschnitt behandelten Zählverfahren.

Tab. 5.1: Übersicht über kombinatorische Zählverfahren

	mit Wiederholung	ohne Wiederholung
geordnete Stichprobe	n^k	$\dfrac{n!}{(n-k)!}$
ungeordnete Stichprobe	$\binom{n+k-1}{k}$	$\binom{n}{k}$

5.5.2 Aufgaben

Übung 5.17. Ⓥ Binomialkoeffizienten lassen sich im *Pascal'schen Dreieck* anordnen (siehe Abb. 5.12). Beweisen Sie die folgenden aus dem Pascal'schen Dreieck leicht abzulesenden Regeln mithilfe der Def. 5.12 für $k, n \in \mathbb{N}_0$ mit $k \leq n$:

$$\binom{n}{0} = 1 \quad \text{und} \quad \binom{n}{n} = 1$$
$$\binom{n+1}{k} = \binom{n}{k-1} + \binom{n}{k}.$$

Übung 5.18. Ⓑ Sechs 100 m-Läufer treten bei den olympischen Spielen gegeneinander an. Wie viele Möglichkeiten gibt es, Gold-, Silber- und Bronzemedaille zu verteilen?

Übung 5.19. Ⓑ Beim Pokern erhält man fünf Karten aus einem Kartendeck mit 52 Karten.

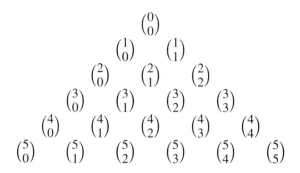

Abb. 5.12: Pascal'sches Dreieck mit Binomialkoeffizienten

a) Wie viele Möglichkeiten gibt es für ein Full House (ein Drilling und ein Paar)?

b) Wie viele Möglichkeiten gibt es für zwei Paare?

c) Wie viele Möglichkeiten gibt es für eine Straße (Straight)?

Übung 5.20. Ⓑ Wie viele Tippreihen muss man beim Italien-Lotto 6 aus 90 ausfüllen, um mit Wahrscheinlichkeit 1 sechs Richtige zu haben?

Übung 5.21. Ⓑ Drei Urnen enthalten jeweils durchnummerierte Kugeln unterschiedlicher Farben. In Urne 1 gibt es 16 gelbe Kugeln, in Urne 2 acht rote Kugeln und in Urne 3 zehn blaue Kugeln. Man darf aus jeder Urne drei Kugeln auswählen. Wie viele unterschiedliche Kombinationsmöglichkeiten aus neun Kugeln gibt es?

Übung 5.22. Ⓑ Das berühmte *Traveling-Salesman-Problem* (Problem des Handlungsreisenden) besteht darin, einen möglichst kurzen Weg durch n Städte zu finden. Hier soll es nur um folgende Frage gehen: Wie viele mögliche Wege gibt es durch n Städte?

Übung 5.23. Ⓥ (**Fischer-Random-Schach**). Der ehemalige Schachweltmeister Bobby Fischer (1943–2008) erfand das sogenannte *Fischer-Random-Schach*. Hierbei stehen die weißen Figuren (zwei Läufer, zwei Springer, zwei Türme, Dame und König) zufällig verteilt in der ersten Reihe nach folgenden Regeln (die Bauern stehen wie gewöhnlich davor):

• Der weiße König steht irgendwo zwischen den beiden Türmen.

• Einer der Läufer steht auf einem weißen, der andere auf einem schwarzen Feld.

- Die restlichen Figuren werden auf den freien Plätzen der ersten Reihe angeordnet (die schwarzen Figuren stehen den weißen spiegelsymmetrisch gegenüber).

Wie viele Möglichkeiten gibt es, die weißen Figuren nach diesen Regeln in der ersten Reihe (Felder A1,..., H1) anzuordnen?

5.6 Geometrische Wahrscheinlichkeit

5.6.1 Die Zahl π und der Zufallsregen

Dem Begriff der *geometrischen Wahrscheinlichkeit* nähern wir uns mit einem kleinen MATLAB- bzw. Mathematica-Projekt, bei dem wir einen Zufallsregen auf ein Quadrat der Seitenlänge 1 fallen lassen.

Die Frage ist: Wie groß ist die Wahrscheinlichkeit, dabei das Innere eines in das Quadrat eingefügten Viertelkreises mit Radius 1 zu treffen?

Zur Beantwortung ordnen wir jedem gefallenen Tropfen bijektiv einen Punkt des Einheitsquadrates zu, also $(x|y)$, wobei $0 \leq x \leq 1$ und $0 \leq y \leq 1$ gilt.

Das MATLAB- bzw. Mathematica-Programm, das uns eine Visualisierung des Problems liefert, sieht folgendermaßen aus:

```
pts=rand(1000,2);
x=0:0.01:1;
scatter(pts(:,1),pts(:,2),'filled','r','SizeData',10)
hold on
plot(x,sqrt(1-x.^2),'Color','b','LineWidth',2)
hold off
```

```
pts=RandomReal[{0,1},{1000,2}];
p1=Graphics[{RGBColor[1,0,0],PointSize[0.006],Point[pts]},
    GridLines->{{0,1},{0,1}}];
p2=Graphics[Plot[Sqrt[1-x^2],{x,0,1}]];
Show[p1,p2]
```

Als Output erhalten wir Abb. 5.13. Das Programm stellt eine Simulation des 1000-fachen Tropfens auf ein Einheitsquadrat dar. Da diese Simulation mit (Pseudo)-Zufallszahlen arbeitet, spricht man von einer *Monte-Carlo-Simulation*.

Der Anteil, also die relative Häufigkeit an Punkten innerhalb des Viertelkreises, liefert eine Näherung für die gesuchte Wahrscheinlichkeit. Betrachten wir die linke untere Ecke des Quadrates als Ursprung $(0|0))$ eines Koordinatensystems, so wie im Programm vorgesehen. Dann gilt für die Koordinaten $(x|y)$ dieser Punkte $\sqrt{x^2+y^2} < 1$.

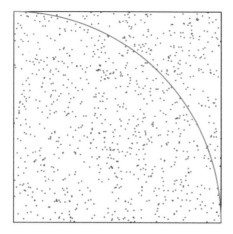

Abb. 5.13: Zufallsregen mit $n = 1000$ Tropfen

Suchen wir nach einem exakten Wert für die gesuchte Wahrscheinlichkeit, so stoßen wir auf etwas Neues: Der Stichprobenraum ist nicht mehr abzählbar! Er besteht aus der Menge aller Punkte des Einheitsquadrats, also

$$\Omega = \left\{ (x|y) \in \mathbb{R}^2 | 0 \leq x \leq 1,\ 0 \leq y \leq 1 \right\}$$

(mit den Problemen und Paradoxien unendlicher, hier sogar überabzählbarer Stichprobenräume befassen wir uns im folgenden Abschnitt etwas ausführlicher). Das Ereignis

E : Der Tropfen fällt in den Viertelkreis

kann formal geschrieben werden als

$$E = \{ (x|y) \in \mathbb{R}^2_+ | \sqrt{x^2 + y^2} < 1 \}$$

und formal interpretiert werden als: Ein zufällig ausgewählter Punkt liegt im Viertelkreis.

Dann ist, ähnlich wie bei den Laplace-Wahrscheinlichkeiten, das Verhältnis der Flächen von E und Ω anschaulich ein geeigneter Kandidat für die gesuchte Wahrscheinlichkeit. Bezeichnen wir diese Flächen mit $\mu(E)$ bzw. $\mu(\Omega)$, so gilt für die Wahrscheinlichkeit p, dass ein zufällig herausgesuchter Punkt im Viertelkreis liegt:

$$p = \frac{\mu(E)}{\mu(\Omega)} = \frac{\frac{1}{4}\pi \cdot 1^2}{1} = \frac{\pi}{4}.$$

Hier taucht die Zahl π im Zusammenhang mit dem Zufall auf! Eine interessante Entdeckung!

Die oben durchgeführte Monte-Carlo-Simulation lässt sich auch gut mit Excel oder einem vergleichbaren Tabellenkalkulationsprogramm durchführen. Ein Beispiel mit $n = 2000$ ist in Abb. 5.14 gezeigt. In Zelle $F1$ finden Sie die relative Häufigkeit der Punkte im Viertelkreis als Näherungswert für die Wahrscheinlichkeit.

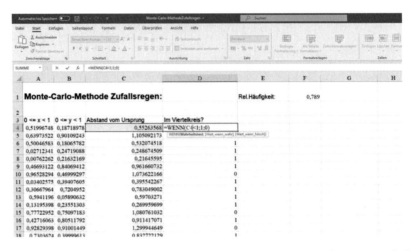

Abb. 5.14: Zufallsregen mit $n = 2000$ Tropfen als Excel-Arbeitsblatt (Ausschnitt)

5.6.2 Berechnung geometrischer Wahrscheinlichkeiten

Allgemein definieren wir mittels der in Abschn. 5.6.1 durchgeführten Überlegungen die *geometrische Wahrscheinlichkeit*.

> **Definition 5.13.** Seien A und B Punktmengen mit $A \subset B$. Das Längen-, Flächen- bzw. Raummaß dieser Punktmengen sei $\mu(A)$ bzw. $\mu(B)$. Dann beträgt die geometrische Wahrscheinlichkeit dafür, dass ein beliebiger Punkt $P \in B$ in der Menge A liegt,
> $$\frac{\mu(A)}{\mu(B)}.$$

Denkanstoß

Überzeugen Sie sich davon, dass diese Definition die Kolmogorow-Axiome erfüllt!

Bemerkung

Für theoretisch interessierte und ambitionierte Leser:
Das in Def. 5.13 genannte Längen-, Flächen- bzw. Raummaß ist das aus der Maß- und Integrationstheorie bekannte *Lebesgue-Maß*. Des Weiteren haben wir es bei der geometrischen Wahrscheinlichkeit in der Regel mit unendlichen (hier: überabzählbaren) Stichprobenräumen zu tun, mit denen wir uns in Abschnitt 5.2.2 beschäftigt haben. Im Sinne unserer Überlegungen dort ist klar, dass die Wahrscheinlichkeit, dass ein zufällig gewählter Punkt unseres Einheitsquadrats im einführenden Beispiel auf der Kreislinie (Peripherie) des Viertelkreises liegt, exakt gleich null ist! Man sagt: Die Peripherie ist (als Teilmenge eines zweidimensionalen Quadrates) eine Menge vom Lebesgue-Maß null (siehe Bauer 2011 oder Forster 2012).

Beispiel 5.37. Gegeben seien zwei konzentrische Kreise mit den Radien r_1 und $r_2 > r_1$ (siehe Abb. 5.15). Ein Punkt des größeren Kreises wird zufällig ausgewählt. Mit welcher Wahrscheinlichkeit p liegt er außerhalb des inneren Kreises?

Lösung: Nach Def. 5.13 ergibt sich die gesuchte Wahrscheinlichkeit als Quotient aus der Fläche des Kreisrings und der großen Kreisfläche:

$$p = \frac{\pi(r_2^2 - r_1^2)}{\pi r_2^2} = 1 - \frac{r_1^2}{r_2^2}. \qquad \blacktriangleleft$$

Beispiel 5.38. Alice und Bob verabreden sich in einer Buchhandlung. Alice wird irgendwann zwischen 19 und 20 Uhr eintreffen und dann dort 20 Minuten warten. Die Buchhandlung schließt jedoch um Punkt 20 Uhr. Bob kommt ebenfalls zufällig irgendwann zwischen 19 und 20 Uhr in der Buchhandlung an. Mit welcher Wahrscheinlichkeit p trifft Bob seine Freundin Alice bereits in der Buchhandlung an?

Lösung: Hier müssen wir die Fragestellung zunächst in ein geometrisches Problem übersetzen. Tragen wir die Zeit für Alice auf der x-Achse eines Koordinatensystems ab und die Zeit für Bob auf der y-Achse (siehe Abb. 5.16). Der Ursprung sei (19 Uhr|19 Uhr). Dann ist die gesuchte Wahrscheinlichkeit die Fläche zwischen den beiden eingezeichneten Strecken im Einheitsquadrat (Seitenlänge = 1 Stunde).

Somit gilt

$$p = 1 - \frac{1}{2} - \frac{1}{2} \cdot \frac{2}{3} \cdot \frac{2}{3} = \frac{5}{18} \approx 28\,\%. \qquad \blacktriangleleft$$

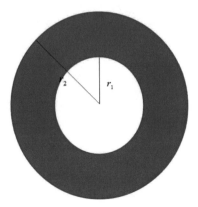

Abb. 5.15: Kreisring

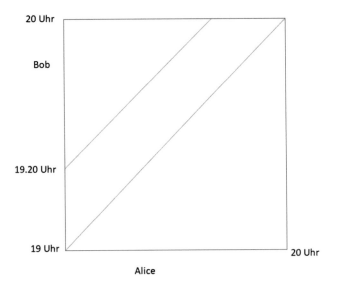

Abb. 5.16: Treffen von Alice und Bob

> **Info-Box**
>
> In der Theorie der geometrischen Wahrscheinlichkeit kann es vorkommen, dass eine Fragestellung, die auf den ersten Blick eindeutig wirkt, auf verschiedene Lösungen führt. Berühmt wurde in dieser Hinsicht das *Bertrand'sche Paradoxon*, benannt nach seinem Entdecker Joseph Bertrand (1822–1900, französischer Mathematiker), das in folgender Fragestellung steckt:
>
> In einem gegebenen Kreis mit Mittelpunkt M werde auf zufällige Weise eine Sehne ausgewählt. Wie groß ist die Wahrscheinlichkeit dafür, dass diese Sehne länger ist als die Seite des in den Kreis einbeschriebenen gleichseitigen Dreiecks?
>
> Je nach verwendetem Verfahren ergeben sich verschiedene Wahrscheinlichkeiten!

5.6.3 Aufgaben

Übung 5.24. Ⓑ Bestimmen Sie die Wahrscheinlichkeit dafür, dass ein zufällig ausgewählter Punkt eines Kreises im einbeschriebenen Quadrat liegt (siehe Abb. 5.17).

Abb. 5.17: Kreis und einbeschriebenes Quadrat

Übung 5.25. Ⓑ Zwei Zahlen werden zufällig aus dem Intervall $[0; 1]$ gewählt. Bestimmen Sie die Wahrscheinlichkeit dafür, dass die Summe der beiden Zahlen größer als 1 ist.

Übung 5.26. Ⓥ **(Buffon'sches Nadelproblem).** Georges Buffon (1707–1788) löste das nach ihm benannte *Nadelproblem*: Eine Tischfläche ist in parallele Streifen der Breite b eingeteilt. Eine Nadel der Länge a mit $a < b$ fällt zufällig auf den Tisch. Bestimmen Sie die Wahrscheinlichkeit dafür, dass die Nadel eine der Streifenlinien schneidet.

5.7 Anwendungen in Naturwissenschaft und Technik

Methoden der Wahrscheinlichkeitstheorie haben zahlreiche Anwendungen in den Natur- und Ingenieurwissenschaften. Wir wollen in diesem Abschnitt einige Beispiele vorstellen.

5.7.1 Mikrozustand, Makrozustand und Entropie

Die statistische Mechanik ist ein Teilgebiet der Physik, das sich mit dem Verhalten von Vielteilchensystemen beschäftigt. Dabei geht es um die mikroskopische Betrachtung der Systemfreiheitsgrade, und es gibt enge Verbindungen zur Thermodynamik, die sich mit makroskopischen Größen wie Temperatur oder Entropie befasst. Der Begriff der *Entropie* wird häufig etwas vereinfacht mit der Unordnung in thermodynamischen Systemen korreliert. Wir wollen diesen Begriff mit den bisher entwickelten stochastischen Methoden veranschaulichen. Das Modell, das wir dabei verwenden, wird später im Zusammenhang mit Markoff-Ketten noch einmal aufgegriffen werden (Ehrenfest'sches Urnenmodell, siehe Bsp. 8.4 in Abschn. 8.1).

Wir benötigen zunächst die Begriffe *Mikrozustand* und *Makrozustand*. Betrachten wir ein System aus n Laplace-Würfeln, die gleichzeitig geworfen werden. Der Mikrozustand dieses Systems ist durch die Angabe der Augenzahlen aller n Würfel definiert. Wir schreiben den Mikrozustand als n-Tupel:

$$(k_1, k_2, \ldots, k_n),$$

mit $k_i \in \{1; 2; 3; 4; 5; 6\}$ für $i = 1, \ldots, n$. Das System kann sich somit in 6^n verschiedenen Mikrozuständen befinden.

Ein weiteres Beispiel sei ein Kasten mit $n = 10^{24}$ Molekülen eines klassischen, idealen Gases. Zur Zeit t wird der Kasten durch eine Trennwand in zwei Bereiche A und B geteilt. Stellen wir uns die Moleküle durchgezählt vor, so kann jedem einzelnen Molekül eindeutig der Bereich (A oder B) zugeordnet werden, in dem es sich befindet. Der Mikrozustand m ist dann ein 10^{24}-Tupel, z. B. der Form

$$m = (A, B, B, B, A, B, A, \ldots, A).$$

Eine weitere Möglichkeit der Angabe eines Mikrozustandes des beschriebenen Gases wäre die Angabe aller Orts- und Impulsvektoren, wie in der klassischen Mechanik üblich:

$$(\vec{r}_1, \vec{r}_2, \ldots, \vec{r}_n, \vec{p}_1, \vec{p}_2, \ldots, \vec{p}_n).$$

Das letzte Beispiel mit 10^{24} Gasmolekülen verdeutlicht die Unmöglichkeit, Mikrozustände von Vielteilchensystemen vollständig zu erfassen und anzugeben. Hinzu kommt, dass sich die Mikrozustände von Vielteilchensystemen (wie dem betrachteten idealen Gas) permanent verändern. Der Mikrozustand der 10^{24} Moleküle ist gegeben durch die Angabe des Bereichs A oder B, in dem sich die einzelnen Moleküle jeweils aufhalten. So kann es vorkommen, dass sich genau $5 \cdot 10^{23}$ Moleküle in Bereich A aufhalten und ebenso viele in Bereich B. Der Makrozustand ist dann:

$M = 5 \cdot 10^{23}$ Moleküle befinden sich in A und $5 \cdot 10^{23}$ Moleküle in B.

Man beschränkt sich auf die Angabe der Wahrscheinlichkeiten der Mikrozustände zur Beschreibung des betrachteten Systems. Es ergibt sich eine Wahrscheinlichkeitsverteilung des Makrozustands, etwa durch die Schreibweise

$$(P_1, P_2, P_3, \dots)$$

dargestellt, also $\sum_i P_i = 1$. Dabei handelt es sich bei den P_i um statistische Wahrscheinlichkeiten für hinreichend große Systeme (Stichproben) im Sinne von Def. 5.1. Den Zusammenhang zwischen Mikro- und Makrozustand sowie den Begriff der Entropie verdeutlichen wir in folgendem Beispiel, das das sogenannte *Ehrenfest'sche Urnenmodell* darstellt. Paul Ehrenfest (1880–1933) war ein österreichischer Physiker.

Beispiel 5.39 (Ehrenfest'sches Urnenmodell). Wir betrachten zwei Urnen mit jeweils zehn Kugeln, wobei die Kugeln in Urne 1 alle schwarz und die in Urne 2 alle weiß sind (siehe Abb. 5.18).

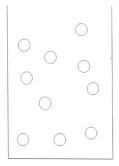

Abb. 5.18: Die beiden Urnen im Anfangszustand

Wir ziehen jetzt beginnend mit Urne 1 abwechselnd jeweils eine Kugel und legen sie in die andere Urne. Dies wiederholen wir jeweils z. B. 50-mal. Es könnte sich die Verteilung in Abb. 5.19 ergeben.

Denken wir uns jetzt die Kugeln jeweils von 1 bis 10 durchnummeriert, also unterscheidbar $(S_1, S_2, \dots, S_{10}, W_1, W_2, \dots, W_{10})$, und betrachten nur Urne 1. Zu Beginn waren alle Kugeln schwarz. Der Makrozustand:

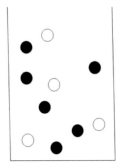 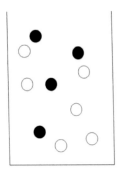

Abb. 5.19: Die beiden Urnen nach z. B. jeweils 50 Zügen

$$M = 10 \text{ schwarze Kugeln}$$

hat nur den einen Mikrozustand

$$m = (S_1, S_2, \ldots, S_{10}).$$

Nach 50 Zügen ist der Makrozustand:

$$M_{50} = 6 \text{ schwarze Kugeln und 4 weiße Kugeln.}$$

Dieser Makrozustand besteht jedoch aus wesentlich mehr Mikrozuständen, deren Anzahl wir mithilfe kombinatorischer Verfahren berechnen können:

Es gibt zehn schwarze Kugeln, von denen sechs in Urne 1 liegen. Außerdem gibt es zehn weiße Kugeln, von denen vier in Urne 1 liegen. Somit gibt es

$$\binom{10}{6} \cdot \binom{10}{4} = 44\,100$$

Mikrozustände, die zu dem Makrozustand M_{50} gehören.

Betrachten wir alle möglichen Makrozustände von Urne 1 und lassen uns die Anzahl der zugehörigen Mikrozustände mit Mathematica berechnen:

```
For[k=0,k<=10,k++,Print[{k*"schwarze Kugeln",Evaluate[10-k]*"weisse Kugeln",
    "Mikrozustaende"*Binomial[10,k]*Binomial[10,10-k]}]]
```

Der Output ist in Tab. 5.2 zusammengefasst.

Die größte Anzahl von Mikrozuständen hat der Makrozustand

$$M = 5 \text{ schwarze und 5 weiße Kugeln}$$

Tab. 5.2: Makrozustände von Urne 1 und zugehörige Anzahl Mikrozustände

Schwarze Kugeln	Weiße Kugeln	Mikrozustände
0	10	1
1	9	100
2	8	2025
3	7	14 400
4	6	44 100
5	5	63 504
6	4	44 100
7	3	14 400
8	2	2025
9	1	100
10	0	1

mit insgesamt 63 504. Man sagt, dies sei der Zustand größtmöglicher Entropie: Entropie ist ein Maß für die Anzahl der Mikrozustände, die ein Makrozustand hat. Die höchste Entropie wird somit dem wahrscheinlichsten Zustand zugeordnet.

Die Wahrscheinlichkeiten können wir gemäß der Laplace-Regel bilden. Für den Makrozustand

$$M_k = k \text{ schwarze und } 10 - k \text{ weiße Kugeln in Urne 1}$$

gibt es

$$\binom{10}{k} \cdot \binom{10}{10-k}$$

Mikrozustände. Insgesamt gibt es $\binom{20}{10}$ Möglichkeiten, je zehn Kugeln in Urne 1 und 2 zu verteilen, also insgesamt ebenso viele Mikrozustände. Somit gilt

$$P(M_k) = \frac{\binom{10}{k} \cdot \binom{10}{10-k}}{\binom{20}{10}}.$$

Die Wahrscheinlichkeitsverteilung der Makrozustände ist somit

$$(P(M_0), P(M_1), P(M_2), \ldots, P(M_{10})),$$

und es gilt

$$\sum_{k=0}^{10} \frac{\binom{10}{k} \cdot \binom{10}{10-k}}{\binom{20}{10}} = 1. \qquad \blacktriangleleft$$

Wir können uns die beiden Urnen in Bsp. 5.39 auch ersetzt denken durch zwei Gasbehälter, die durch eine Trennwand zwischen ihnen daran gehindert werden, Gasmoleküle auszutauschen. Wenn sich in dem ersten Behälter, sagen wir, 10^{24} Sauerstoffmoleküle befinden und der zweite Behälter leer ist, dann wird sich der Erfahrung entsprechend nach Entfernung der Trennwand nach einiger Zeit der Zu-

stand höchster Entropie einstellen: Der Sauerstoff hat sich dann gleichmäßig auf
beide Behälter verteilt, d. h., ca. die Hälfte der Moleküle befindet sich im ersten
Behälter, die andere Hälfte im zweiten (siehe Abb. 5.20). Dieser Zustand wird sich,
von geringen Fluktuationen abgesehen, nicht mehr verändern. Das System ist im
thermodynamischen Gleichgewicht. Dies ist der Makrozustand, in dem sich makro-
skopische Größen wie eben die Teilchenzahl oder auch Temperatur oder Druck nicht
mehr verändern.

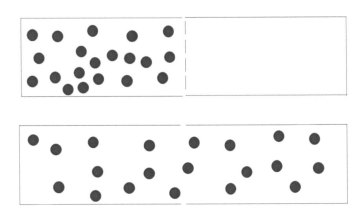

Abb. 5.20: Wird die Trennwand zwischen den Behältern herausgenommen, befin-
          det sich das Gas zunächst im Zustand geringster Entropie (oben). Mit
          der Zeit stellt sich der Zustand maximaler Entropie ein, der Gleichge-
          wichtszustand (unten)

Man geht in der statistischen Mechanik davon aus, dass sich abgeschlossene Systeme im Gleichgewicht mit der gleichen Wahrscheinlichkeit in allen zugänglichen
Mikrozuständen befinden (Grundpostulat der statistischen Mechanik).

Beispiel 5.40. Der Spin von Elektronen ist eine quantenmechanische Größe und
richtet sich in externen Magnetfeldern aus. Er kann in zwei Zuständen auftreten,
Spin-up ($\uparrow$) und Spin-down ($\downarrow$). Betrachten wir ein System aus vier Elektronen, so
gibt es insgesamt $\binom{4}{2} = 6$ Mikrozustände des Makrozustands

$$M = \text{zweimal Spin-up und zweimal Spin-down,}$$

nämlich

$$((\uparrow,\uparrow,\downarrow,\downarrow),(\uparrow,\downarrow,\uparrow,\downarrow),(\uparrow,\downarrow,\downarrow,\uparrow),(\downarrow,\downarrow,\uparrow,\uparrow),(\downarrow,\uparrow,\downarrow,\uparrow),(\downarrow,\uparrow,\uparrow,\downarrow)).$$

Diese Mikrozustände sind nach dem Grundpostulat gleich wahrscheinlich, haben
also alle die Wahrscheinlichkeit $\frac{1}{6}$. Hier liegt eine Gleichverteilung wie beim klassischen Würfelwurf vor.   ◄

Der Entropiebegriff spielt auch in der Informationstheorie eine Rolle und liefert dort ein Maß für die Unsicherheit bei der Übertragung digitaler Signale.

Betrachten wir eine Nachricht in Form einer Buchstabenfolge, die Alice an Bob übertragen möchte. Es gibt N verschiedene Buchstaben eines Alphabets, die wir mit $x_1, x_2, x_3, \ldots, x_N$ bezeichnen. In der gewählten Signalsprache seien diesen Buchstaben die Wahrscheinlichkeiten $p_1, p_2, p_3, \ldots, p_N$ zugeordnet mit $\sum_{i=1}^{N} p_i = 1$ und $p_i > 0 \; \forall i = 1, \ldots, N$. Bob ist dabei sowohl das Alphabet als auch die gegebene Wahrscheinlichkeitsverteilung bekannt. Wir suchen ein Maß für die Unsicherheit, die Bob bleibt. Dieses Maß lässt sich dann auch als Maß für die Informationsmenge interpretieren, die diese Unsicherheit aufhebt.

Die zu übertragende Nachricht soll aus n Zeichen des Alphabets bestehen und einer *gedächtnislosen Signalquelle* entstammen. Das bedeutet, dass die Buchstabenfolge als Folge voneinander unabhängiger Buchstaben betrachtet wird (bei realen Sprachen ist dies nicht der Fall, diese Tatsache soll hier jedoch ignoriert werden). Es gibt N^n Möglichkeiten für Alice, eine solche Nachricht an Bob zu senden (kombinatorisches Modell: geordnete Stichprobe vom Umfang n mit Wiederholung aus einer N-elementigen Grundgesamtheit).

Ist n hinreichend groß, dann können wir davon ausgehen, dass die relative Häufigkeit der einzelnen Buchstaben in guter Näherung die jeweilige Wahrscheinlichkeit wiedergibt, dass also gilt:

$$p_i \approx \frac{n_i}{n},$$

wobei n_i die absolute Häufigkeit des Buchstabens x_i ist. Es gilt $\sum_{i=1}^{N} n_i = n$.

Für $n \to \infty$ gilt $p_i = \frac{n_i}{n}$. Wie viele Buchstabenfolgen der Länge n gibt es nun, die exakt diese Gleichung erfüllen? Es gibt nach Satz 5.8 genau $n!$ mögliche Anordnungen der n Buchstaben. Jeder Buchstabe x_i mit $i = 1, \ldots, N$ taucht in den betrachteten Buchstabenfolgen n_i-mal auf. Somit gibt es jeweils $n_i!$ Permutationen und daher

$$S_n = \frac{n!}{\prod_{i=1}^{N} n_i!}$$

Sequenzen der gesuchten Art. Man kann mithilfe des Logarithmus diesen Ausdruck vereinfachen. Es gilt:

$$\ln(S_n) = \ln\left(\frac{n!}{\prod_{i=1}^{N} n_i!}\right) = \ln(n!) - \sum_{i=1}^{N} \ln(n_i!),$$

wie man sich mithilfe der Logarithmengesetze leicht klarmacht. Wir verwenden im Folgenden die Stirling'sche Formel. Diese liefert für hinreichend große n die Näherung

$$\ln(n!) \approx n \ln(n) - n.$$

Somit gilt

$$\ln(S_n) \approx n \ln(n) - n - \sum_{i=1}^{N} (n_i \log_2(n_i) - n_i) = n \ln(n) - \sum_{i=1}^{N} n_i \ln(n_i),$$

wegen $\sum_{i=1}^{N} n_i = n$. Setzen wir nun $n_i = p_i n$, so erhalten wir schließlich (wegen $\sum_{i=1}^{N} p_i = 1$):

$$\ln(S_n) \approx n \ln(n) - \sum_{i=1}^{N} p_i \, n \, \ln(p_i \, n) = -n \sum_{i=1}^{N} p_i \, \ln(p_i),$$

wiederum nach den Logarithmengesetzen.

Wir dividieren noch durch n und verwenden, wie in der Informationstheorie üblich, den Logarithmus zur Basis 2 ($\log_2$). Dann erhalten wir folgende Definition.

Definition 5.14. Gegeben seien eine gedächtnislose Signalquelle, ein Alphabet $\{x_1; x_2; x_3; \ldots; x_N\}$ und eine zugehörige Wahrscheinlichkeitsverteilung $(p_i)_{i=1,\ldots,N}$. Dann heißt die Größe

$$H := -\sum_{i=1}^{N} p_i \, \log_2(p_i)$$

Shannon-Entropie der Wahrscheinlichkeitsverteilung $(p_i)_{i=1,\ldots,N}$.

Bemerkung

Das Formelsymbol H für die Entropie ist übrigens nicht das lateinische H, sondern der griechische Buchstabe Eta.

Beispiel 5.41. Eine virtuelle Urne enthält sechs Bits, drei Nullen und drei Einsen: $\{0; 0, 0, 1; 1; 1\}$. Wie groß ist die Entropie beim zufälligen Ziehen eines Bits?

Lösung: Es gilt

$$H = -\sum_{i=1}^{2} p_i \, \log_2(p_i) = -p_0 \log_2(p_0) - p_1 \log_2(p_1)$$

$$= -\frac{1}{2} \log_2\left(\frac{1}{2}\right) - \frac{1}{2} \log_2\left(\frac{1}{2}\right) = 1.$$

Die Entropie, also die Unsicherheit, beträgt ein Bit. Kleiner wird die Unsicherheit, wenn sich unterschiedliche Anzahlen von Nullen und Einsen in der virtuellen Urne befinden. Betrachten wir etwa $\{0; 0; 1; 1; 1; 1\}$. Jetzt gilt

$$H = -\sum_{i=1}^{2} p_i \log_2(p_i) = -\frac{1}{3}\log_2\left(\frac{1}{3}\right) - \frac{2}{3}\log_2\left(\frac{2}{3}\right) \approx 0.918.$$

Je mehr Bits von ein und derselben Sorte sich in der virtuellen Urne befinden, desto geringer wird die Entropie, was anschaulich klar ist. Befinden sich sechs Nullen in der Urne, dann ist die Entropie Null. Hier benötigt man für die Rechnung die Tatsache, dass $\lim_{x \to 0}(x \log_2(x)) = 0$ gilt. ◄

5.7.2 Zufallszahlen, Pseudozufallszahlen und Monte-Carlo-Simulationen

Echte *Zufallszahlen* lassen sich auf verschiedene Arten erzeugen, z. B. mithilfe eines Würfels, eines Glücks- oder Rouletterades oder auch der Lottotrommel. Häufig benötigt man jedoch für extensive numerische Simulationen, etwa in der Physik der Vielteilchensysteme, eine sehr große Anzahl solcher Zufallszahlen, die sich mit vertretbarem Aufwand durch klassische Methoden nicht beschaffen lassen. Man greift daher auf Computer zurück, die zwar keine echten Zufallszahlen erzeugen können, jedoch mithilfe deterministischer Algorithmen in der Lage sind, sogenannte *Pseudozufallszahlen* zu generieren, die in ihren essentiellen Eigenschaften von echten Zufallszahlen nicht zu unterscheiden sind. Kommerzielle Programme und Programmiersprachen haben integrierte Pseudozufallszahlengeneratoren, wie z. B. ZUFALLSZAHL() in Excel, rand() in der Programmiersprache C und in MATLAB oder Random[] in Mathematica. Ein guter Pseudozufallszahlengenerator muss viele Pseudozufallszahlen mit den gewünschten Verteilungseigenschaften generieren können, die eine hinreichende Unabhängigkeit voneinander haben. Wir verwenden als Beispiel den Pseudozufallszahlengenerator von MATLAB und Mathematica .

Beispiel 5.42. Wir wollen mithilfe von MATLAB bzw. Mathematica einen Laplace-Würfel simulieren. Dazu lassen wir den virtuellen Würfel 6 000-mal würfeln. Aus Platzgründen unterdrücken wir die Ausgabe durch ein Semikolon und lassen die Ergebnisse zählen.

```
data=randi(6,[1,6000]);
histcounts(data)
```

```
data=Table[RandomInteger[{1,6}],6000];
HistogramList[data,{1,7,1}]//Grid
```

Ein Beispiel-Output ist in Tab. 5.3 dargestellt.

Das sieht auf den ersten Blick gut aus und kann mit dem Ausfall eines echten 6 000-maligen Würfelwurfs verglichen werden. Wir werden später in diesem Buch statis-

Tab. 5.3: Beispiel-Output in Bsp. 5.42

Ziffer	1	2	3	4	5	6
Anzahl	991	1010	966	991	994	1048

tische Verfahren kennenlernen, mit denen die Güte solcher Daten beurteilt werden kann (siehe Abschn. 7.3.3). ◄

Beispiel 5.43 (Zweidimensionaler Random Walk). Als erste Anwendung eines Pseudozufallszahlengenerators programmieren wir einen zweidimensionalen *Random Walk*, also die Irrfahrt eines Teilchens auf einem Koordinatengitter bestehend aus Punkten mit ganzzahligen Koordinaten, also auf der Punktmenge $\mathbb{Z}^2$ (Gitterweite 1). Die Irrfahrt beginnt im Punkt $(0|0)$. Das Teilchen bewegt sich in jedem Schritt mit gleicher Wahrscheinlichkeit $\frac{1}{4}$ nach links, rechts, oben oder unten. Wir wollen $n = 10\,000$ Schritte durchführen. Der Algorithmus sieht folgendermaßen aus:

1. Starte in $(0|0)$, Schritt $k = 0$.

2. Ziehe eine (Pseudo-)Zufallszahl aus der Menge $\{1; 2; 3; 4\}$.

3. Wenn 1, springe einen Schritt nach rechts, sonst wenn 2, springe einen Schritt nach links, sonst wenn 3, springe einen Schritt nach unten, sonst springe einen Schritt nach oben. Der erreichte Punkt ist der Startpunkt für den nächsten Schritt.

4. Gehe von Schritt k zu Schritt $k + 1$. Wenn $k = n$, stoppe den Prozess, sonst gehe zu 2.

In Mathematica bzw. MATLAB lässt sich dieser Algorithmus sehr leicht programmieren (siehe auch Abschn. 3.1.5 bzw. 3.2.2):

```
clf
n=10000;
p=[0 0];
for k=1:n
    Z=randi(4);
    if Z==1
        pneu=p+[1 0];
    elseif Z==2
        pneu=p+[-1 0];
    elseif Z==3
        pneu=p+[0 -1];
    else
        pneu=p+[0 1];
    end
    hold on
    plot([p(1) pneu(1)],[p(2) pneu(2)],"Color","black");
    drawnow;
    p=pneu;
end
hold off
```

```
r:=Switch[Random[Integer,{1,4}],1,{1,0},2,{-1,0},3,{0,1},4,{0,-1}]
randwalk[n_]:=NestList[#1+r&,{0,0},n]
Show[Graphics[Line[randwalk[10000]]],Axes->True,AspectRatio->Automatic]
```

Ein mögliches Ergebnis zeigt Abb. 5.21. Jeder neue Start des Programms liefert einen neuen Random Walk. Das durchgeführte Verfahren liefert einen *symmetrischen Random Walk*, weil die Wahrscheinlichkeiten für die vier möglichen Richtungen gleich sind.

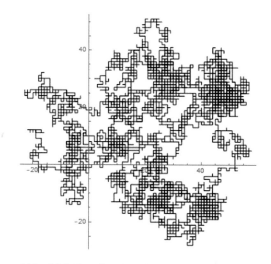

Abb. 5.21: Random Walk mit 10000 Schritten

Wir stellen uns vor, dass die Gitterweite verkleinert wird, betrachten also einen Random Walk auf der Punktmenge $(h\mathbb{Z})^2$ mit $h < 1$. Lässt man h gegen 0 streben, so wird die Struktur des Gitters nicht mehr wahrgenommen, und der Random Walk geht in eine kontinuierliche Bewegung über. Diese Bewegung ist ein gutes mathematisches Modell für die von dem schottischen Botaniker Robert Brown (1773–1858) im Jahre 1827 entdeckte irreguläre Wärmebewegung kleiner Pflanzenpollen in Wasser. Man spricht daher auch von einer *Brown'schen Bewegung*. Das in Abb. 5.21 dargestellte Bild ist streng genommen die Spur eines Brown'schen Pfades. Weitere Experimente lieferten Hinweise darauf, dass die Brown'sche Bewegung eine Folge der irregulären (und in diesem Sinne zufälligen) Bewegung der Wassermoleküle ist. Eine passende physikalische Theorie dazu stammt von Albert Einstein (1879–1955) im Jahre 1905, der von der molekularen Theorie der Wärme ausging (siehe Einstein 1905).

Wir werden aus mathematischer Sicht die in diesem Beispiel vorgestellten Random Walks noch einmal im Rahmen der Theorie der Markoff-Ketten genauer unter die Lupe nehmen. ◄

Wissenschaftliche Standards verlangen eine hohe Anforderung an die Qualität der Pseudozufallszahlen, und daher ist es wichtig, die verwendeten numerischen Algorithmen zu kennen. Dahinter stecken in der Regel Rekursionen, also Programme, die sich immer wieder selbst aufrufen, bis die benötigte Anzahl von Pseudozufallszahlen erreicht ist. Es lässt sich jedoch zeigen, dass Rekursionen zur Entstehung von Perioden, also ständigen Wiederholungen, führen. Ziel muss es sein, eine Periode zu erhalten, die wesentlich größer ist als die Anzahl benötigter Pseudozufallszahlen. Kommerzielle Programme wie Mathematica, Maple, MATLAB oder Excel erfüllen diese Voraussetzungen.

5.7.3 Medizinische Tests und der Satz von Bayes

Wir kennen das alle: Eine medizinische Untersuchung (Test) wird durchgeführt, und wir erhalten das Ergebnis. Aber wie sollen wir es interpretieren? Sind die Ergebnisse immer zu 100 % richtig? Wann gibt es Grund zur Skepsis und wann sollten wir den Test erneut durchführen? Diesen Fragen wollen wir in diesem Abschnitt mithilfe der Formel von Bayes, die Sie im Abschn. 5.4.1 bereits kennengelernt haben (siehe Satz 5.5), beantworten. Die Kenntnisse dieser Zusammenhänge sind für Ihr alltägliches Leben von immenser Bedeutung, denn wie wir gleich sehen werden, sollten wir nicht jedem Testergebnis blind vertrauen.

Beispielsweise wurden im Jahr 2020 massenhaft Tests auf ein neuartiges Coronavirus durchgeführt. Aber wie wahrscheinlich ist es, dass man auch wirklich an dem Virus erkrankt ist, wenn man ein positives Testergebnis erhält? Noch viel wichtiger ist die Frage, wie wahrscheinlich es ist, dass man mit einem negativen Testergebnis auch wirklich gesund ist. Ein falsch positives Ergebnis hat zur Folge, dass man sich unberechtigterweise in Quarantäne begeben muss, aber ein falsch negatives Ergebnis bewirkt u. U., dass man sich in falscher Sicherheit wiegt und so weitere Personen mit dem Virus infiziert. Somit ist es unerlässlich, sich Gedanken über diese Wahrscheinlichkeiten zu machen, nachdem man sein Testergebnis erhalten hat.

Um die Fragen zu beantworten, benötigen wir zunächst einige Informationen zu dem Test. Wir müssen wissen, mit welcher Wahrscheinlichkeit eine erkrankte Person auch als erkrankt identifiziert wird. Man nennt das die *Sensitivität* eines Tests. Zudem benötigen wir die Wahrscheinlichkeit, mit der gesunde Personen richtig als gesund erkannt werden. Dies bezeichnet man als *Spezifität* des Tests.

Beachten Sie: Die Kenntnis von Sensitivität und Spezifität beantwortet noch nicht unsere Fragen! Wir suchen nach den Wahrscheinlichkeiten für gesund bzw. krank, die sich nach der Kenntnis des Testergebnisses ergeben (*A-posteriori-Wahrscheinlichkeiten*). Das ist ein Unterschied. Machen Sie sich das deutlich!

Aber neben Sensitivität und Spezifität des medizinischen Tests benötigen wir auch eine *Vortestwahrscheinlichkeit* (*A-priori-Wahrscheinlichkeit*): Wie groß ist die Wahrscheinlichkeit vor dem Test, dass man die Krankheit überhaupt haben könnte?

Wir rechnen zwei Szenarien durch, um ein Gespür für die Interpretation von Testergebnissen zu erlangen. Wir gehen hierbei von einer Sensitivität von 70 % aus (70 % der erkrankten Personen werden richtig als krank erkannt) und einer Spezifität von 95 % (95 % der gesunden Personen werden richtig als gesund erkannt). Weiterhin gehen wir von einer übertragbaren Viruserkrankung aus (wie z. B. beim genannten Coronavirus).

Szenario 1: Eine 34-jährige Erzieherin lässt sich routinemäßig auf das Virus testen. Sie hat keine Symptome, und auch in ihrem Umfeld ist kein Fall dieser Viruserkrankung bekannt. Wir nehmen eine Vortestwahrscheinlichkeit von 3 % an, dass sie mit dem Virus infiziert ist, und berechnen mithilfe der Formel von Bayes die gesuchten Wahrscheinlichkeiten.

Dazu stellen wir uns die Wahrscheinlichkeiten zunächst mithilfe eines Baumdiagramms dar (siehe Abb. 5.22).

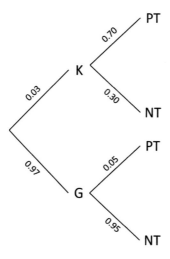

Abb. 5.22: Baumdiagramm zu Szenario 1; K = krank, G = gesund, PT = positives Testergebnis, NT = negatives Testergebnis

Wir berechnen die Wahrscheinlichkeit, mit der die Erzieherin bei Erhalt eines positiven Testergebnisses auch tatsächlich krank ist:

$$P_{PT}(K) = \frac{P(K) \cdot P_K(PT)}{P(K) \cdot P_K(PT) + P(G) \cdot P_G(PT)} = \frac{0.03 \cdot 0.7}{0.03 \cdot 0.7 + 0.97 \cdot 0.05} \approx 0.30.$$

Die Wahrscheinlichkeit, dass die Erzieherin an dem Virus erkrankt ist, wenn sie ein positives Testergebnis erhält, beträgt lediglich 30 %!

Die Wahrscheinlichkeit, dass sie bei Erhalt eines negativen Ergebnisses auch wirklich gesund ist, beträgt dagegen

$$P_{NT}(G) = \frac{P(G) \cdot P_G(NT)}{P(G) \cdot P_G(NT) + P(K) \cdot P_K(NT)} = \frac{0.97 \cdot 0.95}{0.97 \cdot 0.95 + 0.03 \cdot 0.3} \approx 0.99.$$

Bei einem negativen Testergebnis kann sich die Erzieherin also ziemlich sicher sein, dass sie auch wirklich gesund ist. Bei einem positiven Ergebnis ist jedoch die Wahrscheinlichkeit größer, dass sie gesund ist, als dass sie krank ist. Sie sollte den Test unbedingt wiederholen.

Szenario 2: Ein 45-jähriger Krankenpfleger hat seit zwei Tagen 39 °C Fieber, Husten und klagt über Atemnot. Er arbeitet auf einer Station in einem Krankenhaus, auf der bereits zahlreiche Patienten mit der Viruserkrankung behandelt worden sind. Wir schätzen seine Vortestwahrscheinlichkeit auf 85 % und berechnen wie in Szenario 1 die gesuchten Wahrscheinlichkeiten mithilfe der Formel von Bayes (siehe Abb. 5.23).

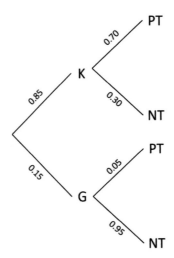

Abb. 5.23: Baumdiagramm zu Szenario 2; K = krank, G = gesund, PT = positives Testergebnis, NT = negatives Testergebnis

Die Wahrscheinlichkeit, dass der Krankenpfleger bei Erhalt eines positiven Testergebnisses auch tatsächlich krank ist, beträgt:

$$P_{PT}(K) = \frac{P(K) \cdot P_K(PT)}{P(K) \cdot P_K(PT) + P(G) \cdot P_G(PT)} = \frac{0.85 \cdot 0.7}{0.85 \cdot 0.7 + 0.15 \cdot 0.05} \approx 0.99.$$

Für die Wahrscheinlichkeit, bei einem negativen Testergebnis auch tatsächlich gesund zu sein, ergibt sich:

$$P_{NT}(G) = \frac{P(G) \cdot P_G(NT)}{P(G) \cdot P_G(NT) + P(K) \cdot P_K(NT)} = \frac{0.15 \cdot 0.95}{0.15 \cdot 0.95 + 0.85 \cdot 0.3} \approx 0.36.$$

Bei dem Krankenpfleger mit einer hohen Vortestwahrscheinlichkeit ergibt sich also ein ganz anderes Bild: Wenn er ein positives Testergebnis erhält, dann kann er sehr sicher sein, dass er auch an dem Virus erkrankt ist. Bei einem negativen Testergebnis jedoch liegt die Wahrscheinlichkeit, dass er tatsächlich gesund ist, nur bei 36 %! D. h., mit einer Wahrscheinlichkeit von 64 % ist er doch an dem Virus erkrankt. Er sollte den Test unbedingt wiederholen, um sich nicht in falscher Sicherheit zu wiegen und eventuell weitere Personen mit dem Virus anzustecken.

Diese beiden Szenarien zeigen, dass die Vortestwahrscheinlichkeit von entscheidender Bedeutung ist für die Interpretation der Testergebnisse.

Denkanstoß

Bearbeiten Sie dazu Aufg. 5.31!

Info-Box

Auf den Seiten des British Medical Journals (BMJ) finden Sie den *Covid-19 test calculator*, um Ihre Testergebnisse interpretieren zu können. Die entsprechenden Wahrscheinlichkeiten werden grafisch dargestellt. Beachten Sie auch den dazugehörigen Artikel Watson, Whiting und Brush 2020, um weitere Informationen zu diesem Thema zu erhalten.

5.7.4 Aufgaben

Übung 5.27. Ⓑ Zwei Urnen enthalten jeweils 100 Kugeln, Urne 1 am Anfang nur blaue Kugeln, Urne 2 nur rote. Aus den Urnen wird abwechselnd je eine Kugel gezogen und in die andere Urne gelegt. Dies wird eine hinreichend große Anzahl N von Malen wiederholt, sagen wir $N = 10\,000$. Betrachten Sie Urne 1 und bestimmen Sie die Anzahl der Mikrozustände zu den folgenden Makrozuständen

a) 50 blaue und 50 rote Kugeln

b) 51 blaue und 49 rote Kugeln

c) 52 blaue und 48 rote Kugeln.

Übung 5.28. Ⓑ Programmieren Sie in MATLAB oder Mathematica einen asymmetrischen zweidimensionalen Random Walk mit $n = 1000$ Schritten, bei dem die Wahrscheinlichkeit nach links oder unten zu hüpfen doppelt so groß ist wie nach rechts oder oben (siehe auch Aufg. 3.9).

Übung 5.29. Ⓑ Programmieren Sie in MATLAB oder Mathematica einen symmetrischen dreidimensionalen Random Walk mit $n = 1000$ Schritten.

Übung 5.30. Ⓑ Berechnen Sie die Entropie der Wahrscheinlichkeitsverteilung beim einmaligen Wurf eines Laplace-Würfels.

Übung 5.31. In Bezug auf Abschn. 5.7.3 betrachten wir folgendes **Szenario 3**: Ein 87-jähriger Bewohner eines Altenheims wird auf das Virus getestet. Wir nehmen eine Vortestwahrscheinlichkeit von 20 % an, dass er an dem Virus erkrankt ist. Die Spezifität des Tests beträgt weiterhin 95 % und die Sensitivität 70 %. Berechnen Sie für dieses Szenario die Wahrscheinlichkeiten, dass der Bewohner

a) bei einem positiven Testergebnis auch wirklich krank ist und

b) bei einem negativen Testergebnis auch wirklich gesund ist.

Kapitel 6
Wahrscheinlichkeitsverteilungen

6.1 Zufallsvariablen

6.1.1 Grundlagen

Ein einfaches Beispiel führt uns zu den für alles Weitere wichtigen Begriffen der *Zufallsvariablen* und ihrer *Wahrscheinlichkeitsverteilung*.

Beispiel 6.1. Wir betrachten den zweimaligen Wurf eines Würfels und interessieren uns für die gefallene Augensumme. Die Elementarereignisse setzen sich aus den Ergebnissen des ersten und zweiten Wurfs zusammen. Z. B. ist $(2;3)$ das Ereignis, dass im ersten Wurf eine 2 und im zweiten Wurf eine 3 fällt. Die Augensumme ist in diesem Fall 5. Die Menge der Elementarereignisse lässt sich

$$\{(i;j)|i,j \in \{1;2;3;4;5;6\}\}$$

schreiben. Elementarereignisse werden in der Regel abkürzend mit dem Buchstaben ω bezeichnet. Wir können nun jedem Elementarereignis die zugehörige Augensumme mittels

$$X : \Omega \to \mathbb{R}, \ \omega = (i;j) \mapsto X(\omega) := i+j$$

zuordnen. Diese Augensumme hängt vom Zufall ab, man nennt die Funktion X daher eine *zufällige Größe*.

Mit den Methoden aus Abschn. 5.3 (Pfadregeln) lassen sich die zu den möglichen Augensummen gehörigen Wahrscheinlichkeiten sehr leicht berechnen. Sei k die jeweilige Augensumme und $P(X = k)$ die Wahrscheinlichkeit, dass die zufällige Größe X den Wert k annimmt. Dann erhalten wir Tab. 6.1.

Die Tab. 6.1 ordnet jeder Augensumme eine reelle Zahl als Wahrscheinlichkeit zu:

$$k \mapsto P(X = k)$$

Tab. 6.1: Wahrscheinlichkeiten der Augensumme beim zweimaligen Würfelwurf

k	2	3	4	5	6	7	8	9	10	11	12
$P(X = k)$	$\frac{1}{36}$	$\frac{2}{36}$	$\frac{3}{36}$	$\frac{4}{36}$	$\frac{5}{36}$	$\frac{6}{36}$	$\frac{5}{36}$	$\frac{4}{36}$	$\frac{3}{36}$	$\frac{2}{36}$	$\frac{1}{36}$

Die Tabelle kann also als Wertetabelle einer Abbildung aufgefasst werden. Diese Abbildung heißt *Wahrscheinlichkeitsverteilung* der zufälligen Größe X. Die Symmetrie dieser Verteilung lässt sich mithilfe eines Säulendiagramms verdeutlichen, welches sich leicht z. B. mit Excel erstellen lässt (siehe Abb. 6.1).

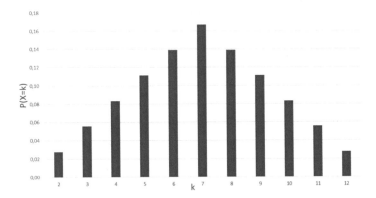

Abb. 6.1: Säulendiagramm der Wahrscheinlichkeitsverteilung aus Bsp. 6.1 ◄

Wir wollen jetzt die in Bsp. 6.1 motivierten Begriffe mathematisch auf ein sicheres Fundament stellen. Dazu benötigen wir einige Begriffe aus Abschn. 5.2.2.

Definition 6.1. Sei $(\Omega, \mathscr{A}, P)$ ein Wahrscheinlichkeitsraum und $(\mathbb{R}, \Sigma(\mathcal{O}))$ die Menge der reellen Zahlen, versehen mit der Borel'schen σ-Algebra (Borel'scher Messraum). Eine Abbildung

$$X : (\Omega, \mathscr{A}, P) \to (\mathbb{R}, \Sigma(\mathcal{O})), \omega \mapsto X(\omega),$$

die jedem Elementarereignis $\omega \in \Omega$ eine reelle Zahl $X(\omega)$ zuordnet, heißt (reelle) *Zufallsvariable*, falls für jede Menge $A \in \Sigma(\mathcal{O})$ gilt

$$X^{-1}(A) \in \mathscr{A}.$$

Man sagt dann auch: X ist $\mathscr{A} - \Sigma(\mathcal{O})$-messbar.

Die zufällige Größe $X :=$ *Augensumme beim zweimaligen Würfelwurf* aus Bsp. 6.1 ist nach Def. 6.1 eine Zufallsvariable.

Denkanstoß

Definieren Sie den zugehörigen Wahrscheinlichkeitsraum $(\Omega, \mathscr{A}, P)$.

Die einzelnen Werte $X(\omega)$ nennt man auch *Realisierungen* der Zufallsvariablen X. In diesem Buch wollen wir etwas vereinfachend die Abbildung

$$k \mapsto P(X = k)$$

die *Wahrscheinlichkeitsverteilung* der Zufallsvariablen nennen.

Beispiel 6.2. In einer Urne befinden sich 25 durchnummerierte Kugeln, von denen eine zufällig gezogen wird. Wir betrachten die Zufallsvariable

$$X = Anzahl\ der\ Teiler\ der\ Kugelnummer.$$

Gesucht ist die Wahrscheinlichkeitsverteilung von X.

Lösung: Wir lassen uns die Teileranzahlen mit MATLAB oder Mathematica berechnen. Das Programm

```
for n=1:25 T(n)=length(divisors(n)); disp([n T(n)]) end
histcounts(T)
```

```
data=Table[Length[Divisors[n]],{n,25}]
HistogramList[data,{1,9,1}]//Grid
```

liefert uns die Anzahlen der Teiler der Zahlen $1, \ldots, 25$, und damit lässt sich die in Tab. 6.2 dargestellte Verteilung schnell ermitteln.

Tab. 6.2: Wahrscheinlichkeiten der Teileranzahl beim Ziehen einer Zufallszahl
aus $\{1;2;3;...;25\}$

k	1	2	3	4	5	6	7	8
$P(X=k)$	$\frac{1}{25}$	$\frac{9}{25}$	$\frac{3}{25}$	$\frac{7}{25}$	$\frac{1}{25}$	$\frac{3}{25}$	0	$\frac{1}{25}$

◀

Neben der Wahrscheinlichkeitsverteilung spielt auch noch die sogenannte *kumulative Verteilung* eine Rolle.

Definition 6.2. Sei $(\Omega, \mathscr{A}, P)$ ein Wahrscheinlichkeitsraum und X eine darauf definierte Zufallsvariable. Die Funktion F_X mit

$$F_X(x) := P(X \leq x)$$

heißt *kumulative Wahrscheinlichkeitsverteilungsfunktion*.

Die kumulative Wahrscheinlichkeitsverteilungsfunktion (kurz: *Verteilungsfunktion*) gibt also die Wahrscheinlichkeit dafür an, dass X einen Wert annimmt, der kleiner oder gleich x ist. In Bsp. 6.1 gilt z. B.

$$F_X(6) = P(X \leq 6) = \frac{15}{36} = \frac{5}{12}$$

und

$$F_X(11) = P(X \leq 11) = \frac{35}{36}.$$

Die Verteilungsfunktion zu diesem Beispiel wird in Abb. 6.2 dargestellt.

Denkanstoß

Machen Sie sich klar, dass in den bisherigen Beispielen gilt $P(X < 7) = P(X \leq 6)$ und $P(X < 12) = P(X \leq 11)$.
Allgemein gilt $P(X < k) = P(X \leq k - 1)$ bei sogenannten diskreten Verteilungen mit Werten in $\mathbb{Z}$, mit denen wir uns in Abschn. 6.2 beschäftigen werden.

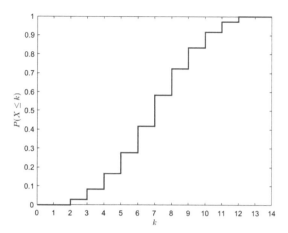

Abb. 6.2: Verteilungsfunktion zu Bsp. 6.1

Wir werden uns im Zusammenhang mit stetigen Verteilungen (siehe Abschn. 6.3) etwas eingehender mit den Eigenschaften der kumulativen Verteilungsfunktion beschäftigen.

Wir definieren jetzt noch eine wichtige Zufallsvariable, die wir noch benötigen werden.

Definition 6.3. Sei $(\Omega, \mathscr{A}, P)$ ein Wahrscheinlichkeitsraum. Für $A \in \mathscr{A}$ definieren wir

$$1_A(\omega) = \begin{cases} 1, & \omega \in A \\ 0, & \omega \notin A \end{cases}.$$

Die Variable 1_A heißt *Indikatorvariable* (auch *Indikatorfunktion* oder *charakteristische Funktion*) der Menge A.

6.1.2 Erwartungswert, Varianz, Kovarianz und Korrelation

In diesem Abschnitt soll es darum gehen, einige Begriffe der beschreibenden Statistik (arithmetisches Mittel, Varianz etc.) in die Wahrscheinlichkeitstheorie zu übertragen. Wir nähern uns zunächst dem Begriff des *Erwartungswertes* mit einem Beispiel.

Beispiel 6.3. Betreiberfirmen von Glücksspielautomaten sind zur Einhaltung gesetzlicher Bedingungen für die Gewinnausschüttung verpflichtet. Z. B. muss gewährleistet sein, dass ein Spieler pro Stunde nicht mehr als 60 € verlieren kann. Die den Automaten steuernden (deterministischen) Algorithmen müssen dies garantieren. Ein neuer Glücksspielautomat der Firma Goodluck GmbH schafft in einer Stunde 60 Spiele. Der Einsatz des Spielers pro Spiel beträgt 50 ct. Die Gewinnwahrscheinlichkeiten und Gewinnbeträge (Reingewinne) werden in Tab. 6.3 dargestellt.

Tab. 6.3: Gewinne und Gewinnwahrscheinlichkeiten beim Automaten der Goodluck GmbH

Reingewinn (in €)	Gewinnwahrscheinlichkeit
0	0.4
0.2	0.4
0.5	0.15
2	0.05

Wie groß ist der mittlere Auszahlungsbetrag, mit dem der Spieler pro Spiel rechnen kann und wie groß ist der mittlere Gewinn?

Lösung: Aus der Tab. 6.3 lässt sich ablesen, dass man auf lange Sicht in 40 % der Spiele nichts ausgezahlt bekommt, in weiteren 40 % lediglich 20 ct, in 15 % der Spiele erhält man seinen Einsatz von 50 ct zurück, und lediglich in 5 % der Fälle gewinnt man 2 €. Damit wird im Mittel der Betrag

$$0.4 \cdot 0 \,€ + 0.4 \cdot 0.2 \,€ + 0.15 \cdot 0.5 \,€ + 0.05 \cdot 2 \,€ = 0.255 \,€$$

ausgezahlt. Da der Spieler 50 ct eingezahlt hat, beträgt der Gewinn

$$0.255 \,€ - 0.5 \,€ = -0.245 \,€.$$

Der Spieler verliert also auf Dauer. Da pro Stunde 60 Spiele durchgeführt werden können, kann der maximale Verlust pro Stunde $0.5 \,€ \cdot 60 = 30 \,€$ betragen, was den gesetzlichen Vorschriften entspricht.

Man kann für die Berechnung des zu erwartenden mittleren Gewinns pro Spiel auch eine Zufallsvariable einführen. Sei $X = $ *Gewinn pro Spiel*. Dann gibt Tab. 6.4 die Wahrscheinlichkeitsverteilung von X an.

Bilden wir die Summe der vier Werte in der dritten Spalte von Tab. 6.4, so erhalten wir wie oben berechnet $-0.245€$. ◄

Wir verwenden die Berechnungen im Beispiel zur Definition des Erwartungswertes einer Zufallsvariablen.

Tab. 6.4: Wahrscheinlichkeitsverteilung der Zufallsvariablen $X = Gewinn\ pro\ Spiel$

Gewinn g (in €)	$P(X = g)$	$gP(X = g)$
−0.5	0.4	−0.2
−0.3	0.4	−0.12
0	0.15	0
1.5	0.05	0.075

Definition 6.4. Sei $(\Omega, \mathscr{A}, P)$ ein Wahrscheinlichkeitsraum und X eine auf ihm definierte Zufallsvariable. Nimmt die Zufallsvariable die endlich vielen Werte $x_1, x_2, ..., x_n$ an, so ist der *Erwartungswert* von X

$$E(X) := \sum_{i=1}^{n} x_i P(X = x_i).$$

Im Fall, dass X abzählbar unendlich viele Werte annimmt, gilt: Konvergiert die Reihe

$$\sum_{x \in X(\Omega)} xP(X = x)$$

absolut, so ist

$$E(X) := \sum_{x \in X(\Omega)} xP(X = x).$$

Bemerkung

1. Die Def. 6.4 erklärt den Erwartungswert für Zufallsvariablen, die höchstens abzählbar viele Werte annehmen können (diskrete Zufallsvariablen). Den Fall überabzählbar unendlich vieler Werte betrachten wir im Rahmen von stetigen Zufallsvariablen.
2. Der Begriff des Erwartungswertes überträgt den Begriff des arithmetischen Mittels $\sum_{i=1}^{n} x_i h_i$ in die Wahrscheinlichkeitstheorie (siehe Abschn. 4.2.1).
3. Absolute Konvergenz bedeutet, dass gilt:

$$\sum_{x \in X(\Omega)} |x| P(X = x) < \infty.$$

Ebenso, wie der Erwartungswert einer Zufallsvariablen das Analogon des arithmetischen Mittels der Statistik darstellt, gibt es auch einen Median für Zufallsvariablen. Wir benötigen die folgende Definition erst später.

Definition 6.5. Sei X eine Zufallsvariable über einem Wahrscheinlichkeits-raum $(\Omega, \mathscr{A}, P)$. Eine reelle Zahl m heißt *Median* von X, wenn gilt

$$P(X \leq m) \geq \frac{1}{2} \quad \text{und} \quad P(X \geq m) \geq \frac{1}{2}.$$

Beispiel 6.4. Die in Def. 6.3 eingeführte Indikatorvariable

$$1_A(\omega) = \begin{cases} 1, & \omega \in A \\ 0, & \omega \notin A \end{cases}$$

des Ereignisses A hat den Erwartungswert

$$E(1_A) = 0 \cdot P(1_A = 0) + 1 \cdot P(1_A = 1) = P(1_A = 1) = P(A),$$

also die Wahrscheinlichkeit des Ereignisses A. ◄

Beispiel 6.5 (St. Petersburg-Paradoxon). Der Schweizer Mathematiker und Physiker Daniel Bernoulli (1700–1782) präsentierte im Jahr 1738 dieses Glücksspiel-Paradoxon mitsamt einer Lösung. Dabei wird in einem gedachten St. Petersburger Casino eine faire Münze so lange geworfen, bis zum ersten Mal „Kopf" fällt. Das Spiel ist dann sofort beendet. Fällt Zahl, so wird weitergewürfelt. War bis zum Ergebnis „Kopf" nur ein Wurf nötig, dann erhält der Spieler 1 €, bei zwei Würfen 2 €, bei drei Würfen 4 €, also allgemein nach n Würfen 2^{n-1} €.

Wie groß ist der Einsatz des Spielers zu wählen, damit das Spiel fair ist?

Lösung: Fair bedeutet, dass der Erwartungswert des Reingewinns null ist. Berechnen wir jedoch den Erwartungswert der Auszahlung, so erhalten wir

$$\sum_{i=1}^{\infty} \frac{1}{2^i} \cdot 2^{i-1} = \frac{1}{2} \cdot 1 + \frac{1}{4} \cdot 2 + \frac{1}{8} \cdot 4 + \ldots = \infty,$$

da unendlich oft $\frac{1}{2}$ addiert wird. Der formale Erwartungswert ist unendlich groß, was einem unendlich großen Gewinn entspricht. Somit müsste auch der Einsatz unendlich groß sein, und dieses Spiel ist so nicht durchführbar!

Eine Idee, das Paradoxon aufzulösen, besteht darin, dass nach dem Überschreiten eines bestimmten, vom Casino festgelegten Gewinnbetrags, z. B. 100 000 €, abgebrochen wird. Das bedeutet in diesem Fall, dass wegen $2^{17} = 131\,072$ nach dem 18. Spiel spätestens der Gewinn ausgezahlt wird, falls bis dahin nicht Kopf fällt. Mit der Festlegung eines Limits lässt sich auch ein fairer (endlicher) Einsatz bestimmen. ◄

Wir gehen an dieser Stelle etwas tiefer in die Theorie. Streng genommen ist die Schreibweise $P(X = x)$ eine Abkürzung für $P\big(\{\omega \in \Omega \,|\, X(\omega) = x\}\big)$. In Bsp. 6.1

nahm die Zufallsvariable X z. B. den Wert 4 an, wenn die Elementarereignisse $\omega_1 = (1;3)$, $\omega_2 = (2;2)$ oder $\omega_3 = (3;1)$ eintraten. Damit ergab sich nach der Additionsregel

$$P(X=4) = P\left(\{\omega \in \Omega \,|\, X(\omega) = 4\}\right) = P(\{\omega_1\}) + P(\{\omega_2\}) + P(\{\omega_3\}) = \frac{3}{36} = \frac{1}{12}.$$

Die Def. 6.4 des Erwartungswertes einer Zufallsvariablen X geht davon aus, dass X höchstens abzählbar viele Werte annehmen kann. Dies lässt Rückschlüsse auf den Stichprobenraum Ω zu, der sich folgendermaßen schreiben lässt:

$$\Omega = \bigcup_{x \in X(\Omega)} \{\omega \in \Omega \,|\, X(\omega) = x\}.$$

Damit lässt sich der Erwartungswert etwas umschreiben, sodass wir spezifische Eigenschaften leichter erkennen können:

$$\begin{aligned}
E(X) &= \sum_{x \in X(\Omega)} x P(X = x) \\
&= \sum_{x \in X(\Omega)} x P\left(\{\omega \in \Omega \,|\, X(\omega) = x\}\right) \\
&= \sum_{x \in X(\Omega)} x \sum_{\omega: X(\omega) = x} P(\{\omega\}) \\
&= \sum_{x \in X(\Omega)} \sum_{\omega: X(\omega) = x} X(\omega) P(\{\omega\}) \\
&= \sum_{\omega \in \Omega} X(\omega) P(\{\omega\}).
\end{aligned}$$

Denkanstoß

Machen Sie sich alle Schritte der Herleitung klar, indem Sie die einzelnen Summen ausführlich hinschreiben.

Aus der Darstellung $E(X) = \sum_{\omega \in \Omega} X(\omega) P(\{\omega\})$ folgt sofort die Linearitätseigenschaft des Erwartungswertes.

Satz 6.1 (Linearität von Erwartungswerten). Seien X und Y zwei Zufallsvariablen über $(\Omega, \mathscr{A}, P)$ und $a, b \in \mathbb{R}$. Dann gilt

$$E(aX + bY) = aE(X) + bE(Y).$$

Beweis.

$$E(aX + bY) = \sum_{\omega \in \Omega} (aX + bY)(\omega) P(\{\omega\})$$

$$= \sum_{\omega \in \Omega} (aX(\omega) + bY(\omega)) P(\{\omega\})$$

$$= a \sum_{\omega \in \Omega} X(\omega) P(\{\omega\}) + b \sum_{\omega \in \Omega} Y(\omega) P(\{\omega\})$$

$$= aE(X) + bE(Y). \qquad \qquad \square$$

Beispiel 6.6. Sei

$$X = Augenzahl\ beim\ Wurf\ mit\ einem\ Oktaederwürfel$$

und

$$Y = Augenzahl\ beim\ Wurf\ mit\ einem\ Dodekaederwürfel.$$

Dann gilt

$$E(X) = (1 + 2 + \ldots + 8) \cdot \frac{1}{8} = \frac{9}{2}$$

und

$$E(Y) = (1 + 2 + \ldots + 12) \cdot \frac{1}{12} = \frac{13}{2}.$$

Daher ist

$$E(X + Y) = \frac{9}{2} + \frac{13}{2} = 11.$$

Würfelt man mit beiden Würfeln gleichzeitig, so kann man im Mittel eine Augensumme von 11 erwarten. ◀

Ein weiterer wichtiger Begriff ist der der *stochastischen Unabhängigkeit von Zufallsvariablen.* Wir motivieren diesen Begriff wieder zunächst durch ein Beispiel.

Beispiel 6.7. Die Zufallsvariablen in Bsp. 6.6 gaben die jeweiligen Augenzahlen beim Wurf mit zwei verschiedenen Würfeln an. Es liegt intuitiv nahe, dass diese Augenzahlen voneinander unabhängig sind. Das Gleiche würde man behaupten, wenn zweimal hintereinander der Oktaederwürfel geworfen würde. Wir haben in den Abschn. 5.3 bzw. 5.4 von unabhängigen Ereignissen gesprochen. Wie kann man diese Vorstellung von Unabhängigkeit auf Zufallsvariablen übertragen?

Betrachten wir die beiden Zufallsvariablen

$$X = Augenzahl\ beim\ ersten\ Wurf\ mit\ einem\ Oktaederwürfel$$

und

$$Z = Augenzahl\ beim\ zweiten\ Wurf\ mit\ einem\ Oktaederwürfel.$$

Der Stichprobenraum für X und Z ist jeweils $\Omega = \{1;2;...;8\}$. Die Wahrscheinlichkeitsverteilungen sind:

$$P(X = i) = \frac{1}{8} \quad \forall i \in \{1;2;...;8\}$$

und

$$P(Z = j) = \frac{1}{8} \quad \forall j \in \{1;2;...;8\}.$$

Wir können jetzt die Pfadregeln anwenden, die wir beim zweimaligen Würfelwurf im Abschn. 5.3 gelernt haben. Es gilt

$$P(X = i \text{ und } Z = j) = P(X = i) \cdot P(Z = j) = \frac{1}{8} \cdot \frac{1}{8} = \frac{1}{64}.$$

Wir betrachten die Ereignisse, dass mit dem ersten Würfel eine Zahl < 4 geworfen wird und mit dem zweiten Würfel eine gerade Zahl. Dann erhalten wir

$$P(X \in \{1;2;3\}) = \frac{3}{8}$$

und

$$P(Z \in \{2;4;6;8\}) = \frac{1}{2}.$$

Es gilt

$$P(X \in \{1;2;3\}) \cdot P(Z \in \{2;4;6;8\}) = \frac{3}{8} \cdot \frac{1}{2} = \frac{3}{16}.$$

Das Ereignis E, dass beides eintritt, lässt sich als Menge schreiben:

$$E = \{(1,2);(1,4);(1,6);(1,8);(2,2);(2,4);(2,6);(2,8);(3,2);(3,4);(3,6);(3,8)\},$$

wobei die erste (zweite) Zahl der geordneten Paare das Ergebnis des ersten (zweiten) Wurfs anzeigt. Also gilt $|E| = 12$ und daher

$$P(E) = P(X \in \{1;2;3\} \quad \text{und} \quad Z \in \{2;4;6;8\}) = \frac{12}{64} = \frac{3}{16}.$$

Es ergibt sich der gleiche Wert wie für das Produkt der Einzelwahrscheinlichkeiten. ◄

Bsp. 6.7 dient als Basis für die Definition der Unabhängigkeit von Zufallsvariablen.

Definition 6.6. Zwei Zufallsvariablen X und Y über dem Wahrscheinlichkeitsraum $(\Omega, \mathscr{A}, P)$ heißen *stochastisch unabhängig*, wenn für beliebige Mengen $A, B \subset \mathbb{R}$ gilt:

$$P(X \in A, Y \in B) = P(X \in A) \cdot P(Y \in B),$$

anderenfalls *stochastisch abhängig*.

Bemerkung

Die Def. 6.6 lässt sich auf beliebig viele Zufallsvariablen verallgemeinern. Beachten Sie, dass $P(X \in A)$ wieder eine Abkürzung ist. Es gilt

$$P(X \in A) = P(\{\omega \in \Omega \,|\, X(\omega) \in A\}).$$

Satz 6.2. Seien X und Y zwei unabhängige Zufallsvariablen über $(\Omega, \mathscr{A}, P)$ mit existierenden Erwartungswerten $E(X)$ und $E(Y)$. Dann existiert auch $E(XY)$, und es gilt

$$E(XY) = E(X)E(Y).$$

Beweis. Da $E(X)$ und $E(Y)$ existieren, gilt

$$\sum_{x \in X(\Omega)} |x| P(X = x) < \infty$$

und

$$\sum_{y \in Y(\Omega)} |y| P(Y = y) < \infty.$$

Daher gilt

$$\sum_{\omega \in \Omega} |X(\omega) Y(\omega)| P(\{\omega\}) = \sum_{x \in X(\omega)} \sum_{y \in Y(\omega)} \sum_{\omega \in \{X=x, Y=y\}} |xy| P(\{\omega\})$$

$$= \sum_{x \in X(\omega)} \sum_{y \in Y(\omega)} \sum_{\omega \in \{X=x, Y=y\}} |xy| P(X = x, Y = y)$$

$$= \sum_{x \in X(\omega)} \sum_{y \in Y(\omega)} \sum_{\omega \in \{X=x, Y=y\}} |x||y| P(X = x) P(Y = y)$$

(wegen der vorausgesetzten Unabhängigkeit von X und Y)

$$= \left(\sum_{x \in X(\Omega)} |x| P(X = x) \right) \left(\sum_{y \in Y(\Omega)} |y| P(Y = y) \right) < \infty,$$

wegen der absoluten Konvergenz beider Reihen. Damit ist die Existenz von $E(XY)$ gezeigt. Die obige Rechnung ohne die Absolutbeträge liefert die gesuchte Gleichung

$$E(XY) = \sum_{\omega \in \Omega} X(\omega) Y(\omega) P(\{\omega\}) = \left(\sum_{x \in X(\Omega)} x P(X = x) \right) \left(\sum_{y \in Y(\Omega)} y P(Y = y) \right)$$
$$= E(X) E(Y). \qquad \square$$

Ähnlich wie es in der beschreibenden Statistik bei Datenlisten Fluktuationen, also Streuung, um den Mittelwert (in der Regel ist hier das arithmetische Mittel gemeint) gibt, passiert dies auch bei Zufallsvariablen. Hier findet die Streuung um den Erwartungswert statt, der das Analogon des arithmetischen Mittels in der Wahrscheinlichkeitstheorie ist. Ein wichtiges Streuungsmaß in der beschreibenden Statistik ist die Varianz (siehe Abschn. 4.2.2). Dieser entspricht in der Wahrscheinlichkeitstheorie die *Varianz einer Zufallsvariablen*.

Definition 6.7. Sei X eine Zufallsvariable über dem Wahrscheinlichkeitsraum $(\Omega, \mathscr{A}, P)$, die höchstens abzählbar viele Werte annehmen kann. Die *Varianz* $V(X)$ ist der Erwartungswert des Quadrats der Abweichung vom Erwartungswert, also mit $\mu := E(X)$ gilt

$$V(X) := E((X - \mu)^2) = \sum_{\omega \in \Omega} (X(\omega) - \mu)^2 P(\{\omega\}) = \sum_{x \in X(\Omega)} (x - \mu)^2 P(X = x).$$

Die Größe $\sigma := \sqrt{V(X)}$ heißt *Standardabweichung* von X.

Die Linearität des Erwartungswertes nach Satz 6.1 führt auf die *Steiner'sche Formel*, die die Berechnung von $V(X)$ in vielen Fällen erleichtert.

Satz 6.3 (Steiner'sche Formel). Sei X eine Zufallsvariable über dem Wahrscheinlichkeitsraum $(\Omega, \mathscr{A}, P)$. Dann gilt

$$V(X) = E(X^2) - E(X)^2.$$

Beweis. Wegen der Linearität des Erwartungswertes gilt mit $\mu = E(X)$

$$V(X) = E((X - \mu)^2)$$

$$= E(X^2 - 2X\mu + \mu^2)$$
$$= E(X^2) - 2\mu E(X) + E(\mu^2)$$
$$= E(X^2) - 2E(X)^2 + E(X)^2$$
$$= E(X^2) - E(X)^2.$$

Dabei haben wir

$$E(\mu^2) = \mu^2 = E(X)^2$$

verwendet, da μ konstant ist.   □

Aufgrund der Linearität des Erwartungswertes gilt für die sogenannte *zentrierte Zufallsvariable* $X_Z := X - E(X)$ die Beziehung

$$E(X_Z) = E(X - E(X)) = E(X) - E(E(X)) = E(X) - E(X) = 0.$$

Betrachten wir zwei Zufallsvariablen X und Y. Dann gilt folgende Definition.

Definition 6.8. Seien X und Y Zufallsvariablen über dem Wahrscheinlichkeitsraum $(\Omega, \mathscr{A}, P)$ mit existierenden Erwartungswerten. Dann heißt die Zahl

$$cov(X, Y) := E(X_Z Y_Z)$$

die *Kovarianz* von X und Y.
Die Zufallsvariablen X und Y heißen *unkorreliert*, wenn

$$cov(X, Y) = 0.$$

Die Kovarianz von zwei Zufallsvariablen ist also der Erwartungswert des Produktes der beiden zugehörigen zentrierten Zufallsvariablen.

Satz 6.4. Seien X und Y Zufallsvariablen über dem Wahrscheinlichkeitsraum $(\Omega, \mathscr{A}, P)$ mit existierenden Erwartungswerten. Sind X und Y unabhängig, dann sind sie unkorreliert.

Beweis. Es gilt

$$E(XY) = E(X)E(Y) + E((X - E(X))(Y - E(Y))),$$

wie man durch Auflösen der Klammern und Verwendung der Linearitätseigenschaften des Erwartungswertes leicht nachrechnet. Aus der Unabhängigkeit von X und Y folgt nach Satz 6.2, dass gilt

$$E(XY) = E(X)E(Y),$$

also folgt

$$0 = E(XY) - E(X)E(Y) = E((X - E(X))(Y - E(Y))) = cov(X;Y),$$

und X und Y sind nach Def. 6.8 unkorreliert. $\qquad\square$

Satz 6.5 (Bienaymé'sche Gleichung). Seien X und Y unkorrelierte Zufallsvariablen über dem Wahrscheinlichkeitsraum $(\Omega, \mathscr{A}, P)$ mit existierenden Erwartungswerten und Varianzen. Dann gilt die *Bienaymé'sche Gleichung*

$$V(X+Y) = V(X) + V(Y).$$

Beweis. Seien X und Y unkorreliert. Dann gilt $E(X_Z Y_Z) = 0$ nach Def. 6.8. Wegen der Linearität des Erwartungswertes folgt dann

$$E\left((X_Z + Y_Z)^2\right) = E\left(X_Z^2\right) + E\left(Y_Z^2\right).$$

Es gilt nach Definition der Varianz

$$V(X) = E\left(X_Z^2\right)$$

und

$$V(Y) = E\left(Y_Z^2\right).$$

Mit

$$
\begin{aligned}
E\left((X_Z + Y_Z)^2\right) &= E\left((X + Y - (E(X) + E(Y)))^2\right)\\
&= E\left((X + Y - (E(X+Y)))^2\right)\\
&= E\left((X+Y)^2\right) - E(X+Y)^2\\
&= V(X+Y)
\end{aligned}
$$

folgt die Behauptung. $\qquad\square$

Bemerkung

Satz 6.5 lässt sich auf endlich viele Zufallsvariablen $X_1, ..., X_n$ erweitern. Es gilt dann

$$V(X_1 + X_2 + ... + X_n) = \sum_{i=1}^{n} V(X_i).$$

Wir werden im nächsten Abschnitt die hier gewonnenen Begriffe und Erkenntnisse auf verschiedene diskrete Verteilungen anwenden und später für stetige Verteilungen umformulieren, verallgemeinern und übertragen.

6.1.3 Aufgaben

Übung 6.1. Der Einsatz des Spielers pro Spiel beträgt bei einem Glücksspielautomaten 75 ct. Die Gewinnwahrscheinlichkeiten und Gewinnbeträge (Reingewinne) sind nachfolgend angegeben.

Reingewinn (in €)	Gewinnwahrscheinlichkeit
0	0.45
0.5	0.35
0.75	0.15
2	0.05

Wie groß ist der mittlere Auszahlungsbetrag, mit dem der Spieler pro Spiel rechnen kann, und wie groß ist der mittlere Gewinn? Durch welchen Betrag x müsste man die 2 € in der letzten Zeile bei sonst unveränderter Ausschüttung ersetzen, damit das Spiel fair ist?

Übung 6.2. Ⓑ Berechnen Sie Erwartungswert und Varianz der Zufallsvariablen

$$X = Augensumme\ beim\ zweifachen\ Wurf\ mit\ einem\ Ikosaederwürfel.$$

Anmerkung: Ein Ikosaederwürfel besitzt 20 Flächen, die von 1 bis 20 durchnummeriert sind.

Übung 6.3. Berechnen Sie Erwartungswert und Varianz der Zufallsvariablen

$$X = Anzahl\ der\ Primzahlen\ beim\ dreifachen\ Wurf\ mit\ einem\ Ikosaederwürfel.$$

Übung 6.4. Ⓥ Beweisen Sie folgende Variante von Satz 6.5:

Satz 6.6 (Bienaymé'sche Gleichung). Seien X und Y unabhängige Zufallsvariablen über dem Wahrscheinlichkeitsraum $(\Omega, \mathscr{A}, P)$ mit existierenden Erwartungswerten und Varianzen. Dann gilt die *Bienaymé'sche Gleichung*

$$V(X+Y) = V(X) + V(Y).$$

Es ist klar, dass aus der Unabhängigkeit von X und Y nach Satz 6.4 auch die Unkorreliertheit folgt und damit die Behauptung. Führen Sie aber einen Beweis durch, der die Unkorreliertheit umgeht.

Übung 6.5 (Kapitalanlage). Ⓑ Eine Bank bietet eine Kapitalanlage mit folgender Wahrscheinlichkeitsverteilung für die Renditen an:

Rendite x	-7%	-4%	-2%	0%	1%	3%	10%
$P(X=x)$	0.05	0.08	0.1	0.15	0.32	0.2	0.1

a) Bestimmen Sie die Verteilungsfunktion der Renditen der Kapitalanlage und stellen Sie diese grafisch dar.

b) Geben Sie die Wahrscheinlichkeit für eine Rendite von bis zu 5 % an.

c) Wie groß ist die Wahrscheinlichkeit, dass ein Kapitalanleger eine Rendite von mehr als 2 % erreicht?

d) Bestimmen Sie den Erwartungswert der Renditen. Interpretieren Sie diesen Wert.

e) Bestimmen Sie die Varianz der Renditen.

f) Geben Sie die Wahrscheinlichkeit für eine Rendite an, die innerhalb einer Standardabweichung um den Erwartungwert liegt.

6.2 Diskrete Verteilungen

Man spricht von *diskreten Wahrscheinlichkeitsverteilungen* einer Zufallsvariablen, wenn diese höchstens abzählbar viele Werte mit positiver Wahrscheinlichkeit annehmen kann. Unsere Definitionen aus dem letzten Abschnitt wurden gerade für solche Zufallsvariablen gegeben. Ebenso nennt man Wahrscheinlichkeitsräume mit einem höchstens abzählbaren Stichprobenraum Ω *diskret*.

6.2.1 Binomialverteilung

In Kap. 5 haben wir uns mit mehrstufigen Zufallsexperimenten befasst. In den Beispielen ging es in der Regel um zwei- bis dreistufige Versuche, anhand derer wir uns die Pfadregeln erarbeitet haben. Hat man es hingegen mit einem höherstufigen Versuch wie dem zehnmaligen Ziehen einer Kugel aus einer Urne zu tun, so werden die in Kap. 5 verwendeten Bäume sehr schnell unübersichtlich. Als erstes Beispiel einer diskreten Verteilung lernen wir daher in diesem Abschnitt die sehr wichtige und Ihnen aus dem Stochastik-Unterricht der Oberstufe vielleicht noch bekannte *Binomialverteilung* kennen, die uns einen bequemeren Weg zur Lösung solcher Probleme aufzeigt.

Beispiel 6.8. Wir betrachten den zehnmaligen Wurf eines Laplace-Würfels. Wie groß ist die Wahrscheinlichkeit, dabei genau drei Sechsen zu würfeln?

Lösung: Genau drei Sechsen zu würfeln bedeutet, dass genau siebenmal eine andere Zahl fällt. Die Wahrscheinlichkeit, bei einem beliebigen Wurf eine Sechs zu werfen, beträgt $\frac{1}{6}$, die Wahrscheinlichkeit eine andere Zahl zu würfeln, beträgt $\frac{5}{6}$.

Denken wir uns jetzt einen zehnstufigen Baum gezeichnet. Uns interessieren bei jedem Wurf nur zwei verschiedene Ergebnisse: Sechs oder Nicht-Sechs. Wir müssen nach der Pfadmultiplikationsregel die Wahrscheinlichkeiten entlang aller Pfade multiplizieren, die genau drei Sechsen und sieben Nicht-Sechsen enthalten. Dann müssen wir nach der Pfadadditionsregel die Gesamtwahrscheinlichkeiten all dieser Pfade addieren.

Betrachten wir etwa den Pfad, bei dem zuerst drei Sechsen (6) hintereinander fallen und dann sieben mal keine Sechs ($\bar{6}$) fällt. Die Pfadmultiplikationsregel ergibt

$$P\left(6, 6, 6, \bar{6}, ..., \bar{6}\right) = \left(\frac{1}{6}\right)^3 \cdot \left(\frac{5}{6}\right)^7.$$

Jeder andere Pfad mit drei Sechsen und sieben Nicht-Sechsen besitzt die gleiche Wahrscheinlichkeit, die Faktoren tauchen nur in anderer Reihenfolge auf. Das Problem ist also darauf reduziert, die Anzahl der entsprechenden Pfade zu finden.

Auch hier helfen uns die Erkenntnisse aus Kap. 5 weiter, nämlich unsere kombinatorischen Überlegungen. Es gibt $\binom{10}{3}$ Möglichkeiten, die drei Sechsen auf die zehn Würfe zu verteilen, daher gibt es auch $\binom{10}{3}$ Pfade. Somit beträgt die gesuchte Wahrscheinlichkeit

$$\binom{10}{3} \cdot \left(\frac{1}{6}\right)^3 \cdot \left(\frac{5}{6}\right)^7 \approx 0.155.$$

Wir können uns der Fragestellung auch mithilfe von Zufallsvariablen nähern. Wir legen als Wahrscheinlichkeitsraum $(\Omega, \mathscr{P}(\Omega), P)$ zugrunde, wobei

$$\Omega = \{1;2;3;4;5;6\}^{10}$$

und P die Gleichverteilung ist.

Sei

$X = Anzahl\ der\ Sechsen\ bei\ einem\ zehnmaligen\ Würfelwurf.$

Dann suchen wir $P(X = 3)$ und erhalten

$$P(X = 3) = \binom{10}{3} \cdot \left(\frac{1}{6}\right)^3 \cdot \left(\frac{5}{6}\right)^7.$$

Analog ergibt sich für die Wahrscheinlichkeit, dass genau vier Sechsen fallen,

$$P(X = 4) = \binom{10}{4} \cdot \left(\frac{1}{6}\right)^4 \cdot \left(\frac{5}{6}\right)^6. \qquad \blacktriangleleft$$

Wir analysieren und verallgemeinern die Ergebnisse aus Bsp. 6.8. Wir hatten es mit einem n-stufigen Zufallsversuch zu tun, der die folgenden Eigenschaften hat:

1. Alle Teilversuche sind gleichartig. Das bedeutet, wir werfen immer wieder unter den gleichen Bedingungen einen Laplace-Würfel.

2. Alle Teilversuche sind voneinander unabhängig, d. h., das Ergebnis des k-ten Versuchs hängt von keinem anderen Teilversuch ab.

3. Es sind nur zwei mögliche Ergebnisse von Bedeutung, in unserem Beispiel (6) mit Erfolgswahrscheinlichkeit $\frac{1}{6}$ oder $(\overline{6})$ mit Wahrscheinlichkeit $1 - \frac{1}{6} = \frac{5}{6}$.

Einen n-stufigen Zufallsversuch mit diesen drei Eigenschaften nennt man eine n-stufige *Bernoulli-Kette* (Jakob Bernoulli, 1655–1705, Schweizer Mathematiker). Es ergibt sich nach den Pfadregeln und obigen Überlegungen:

Satz 6.7. Sei $X = Anzahl\ der\ Erfolge\ bei\ einer\ n$-stufigen Bernoulli-Kette und p die Erfolgswahrscheinlichkeit bei jedem Teilversuch. Dann ist die Wahrscheinlichkeit für genau k Erfolge

$$P(X = k) = \binom{n}{k} \cdot p^k \cdot (1-p)^{n-k}.$$

Definition 6.9. Die Zufallsvariable

$X = $ *Anzahl der Erfolge bei einer n-stufigen Bernoulli-Kette*

heißt (bei Erfolgswahrscheinlichkeit p) *binomialverteilt* mit den Parametern n und p, kurz: $b(n;p)$-verteilt.

Beispiel 6.9. Erfahrungsgemäß sind spezielle Komponenten für Steuerschaltkreise der Firma SpaceElectronics AG sehr zuverlässig. Die Wahrscheinlichkeit für einen produktionsbedingten Defekt liegt bei $0.5\,\%$. Die Firma SIC ordert für ihre Telekommunikationssatelliten-Produktion 100 Steuerschaltkreise. Wie groß ist die Wahrscheinlichkeit, dass sich darunter genau zwei bzw. höchstens zwei defekte Schaltkreise befinden?

Lösung: Aus stochastischer Sicht handelt es sich hierbei um ein 100-stufiges Bernoulli-Experiment mit den Ergebnissen defekt bzw. funktionstüchtig und $p = 0.005$, wenn wir das Finden eines defekten Schaltkreises als Treffer ansehen. Damit ergibt sich mit der Zufallsvariablen

$$X = Anzahl\ der\ defekten\ Schaltkreise$$

die Lösung

$$P(X = 2) = \binom{100}{2} \cdot 0.005^2 \cdot (1 - 0.005)^{98} \approx 0.076.$$

Die Wahrscheinlichkeit für höchstens zwei defekte Schaltkreise erhalten wir durch die Rechnung

$$P(X \leq 2) = P(X=0) + P(X=1) + P(X=2) = \sum_{i=0}^{2} \binom{100}{i} \cdot 0.005^i \cdot (1 - 0.005)^{100-i}.$$

Damit ergibt sich $P(X \leq 2) \approx 0.986$.   ◀

Das Bsp. 6.9 führt uns zur *kumulierten* oder kumulativen Binomialverteilung.

Satz 6.8. Sei $X = $ *Anzahl der Erfolge bei einer n-stufigen Bernoulli-Kette* und p die Erfolgswahrscheinlichkeit bei jedem Teilversuch. Dann ist die Wahrscheinlichkeit für höchstens k Erfolge

$$P(X \leq k) = \sum_{i=0}^{k} \binom{n}{i} \cdot p^i \cdot (1-p)^{n-i}.$$

Beispiel 6.10. Eine Statistik-Prüfung für Ingenieure besteht zum Teil aus zwölf Multiple-Choice-Fragen mit je drei Antworten, von denen je eine als richtig anzukreuzen ist. Zum Bestehen der Prüfung muss man mindestens neun Fragen richtig beantworten. Wie groß ist die Wahrscheinlichkeit, dass ein ahnungsloser Student, der vollkommen zufällig ankreuzt, durch die Prüfung fällt?

Lösung: Sei $X = $ *Anzahl der richtig angekreuzten Antworten.* Es handelt sich um eine zwölfstufige Bernoulli-Kette mit Erfolgswahrscheinlichkeit $\frac{1}{3}$. Durchfallen heißt, dass der Prüfling höchstens acht richtige Antworten kennt. Es ergibt sich somit

$$P(X \le 8) = \sum_{i=0}^{8} \binom{12}{i} \cdot \left(\frac{1}{3}\right)^{i} \cdot \left(\frac{2}{3}\right)^{12-i} \approx 0.996.$$

Also lassen Sie sich gesagt sein: Lernen lohnt sich immer!

Natürlich kann man auch direkt die Wahrscheinlichkeit berechnen, dass der Prüfling besteht:

$$P(X \ge 9) = \sum_{i=9}^{12} \binom{12}{i} \cdot \left(\frac{1}{3}\right)^{i} \cdot \left(\frac{2}{3}\right)^{12-i} \approx 0.004.$$

Natürlich gilt $P(X \ge 9) = 1 - P(X \le 8)$. ◀

Die Wahrscheinlichkeiten bei der Binomialverteilung lassen sich mithilfe von Histogrammen darstellen. Eine gute Approximation der Wahrscheinlichkeiten erhält man mit hinreichend großen Zufallsstichproben binomialverteilter Zufallsvariablen.

Beispiel 6.11. Sei $n = 20$ und $p = 0.4$. Wir plotten das Histogramm einer $b(20; 0.4)$-verteilten Zufallsvariablen mithilfe von MATLAB bzw. Mathematica:

```
data=binornd(20,0.4,10^4,1);
histogram(data)
```

```
data=RandomVariate[BinomialDistribution[20,0.4],10^4];
Show[Histogram[data,{1},"PDF"],AxesLabel ->{"k","P(X=k)"}]
```

Hier wurde eine Stichprobe vom Umfang 10 000 von Werten der $b(20; 0.4)$-verteilten Zufallsvariablen gewählt, um eine möglichst aussagekräftige Verteilung zu bekommen. Es ergibt sich Abb. 6.3.

Die größte Wahrscheinlichkeit liegt offenbar bei $k = 8$ vor. Betrachten wir noch den Fall einer $b(50; 0.2)$-verteilten Zufallsvariablen, dann erhalten wir das Histogramm in Abb. 6.4. Hier liegt die größte Wahrscheinlichkeit bei $k = 10$ vor. Nun gilt aber $8 = 20 \cdot 0.4$ und $10 = 50 \cdot 0.2$. Diese Beobachtung führt uns auf den *Erwartungswert einer binomialverteilten Zufallsvariablen.*

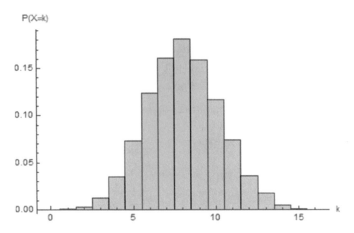

Abb. 6.3: Histogramm einer binomialverteilten Zufallsvariablen mit $n = 20$ und $p = 0.4$

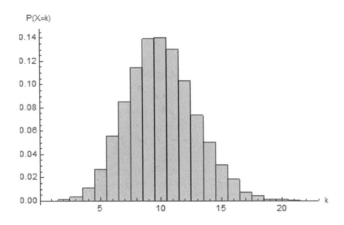

Abb. 6.4: Histogramm einer binomialverteilten Zufallsvariablen mit $n = 50$ und $p = 0.2$

Satz 6.9. Sei X eine binomialverteilte Zufallsvariable über einem diskreten Wahrscheinlichkeitsraum mit den Parametern n und p. Für den Erwartungswert gilt dann

$$E(X) = np.$$

Beweis.

$$E(X) = \sum_{k=0}^{n} kP(X = k)$$

$$= \sum_{k=0}^{n} k \binom{n}{k} p^k (1-p)^{n-k}$$

$$= \sum_{k=1}^{n} k \frac{n!}{k!(n-k)!} p^k (1-p)^{n-k}$$

$$= \sum_{k=1}^{n} n \frac{(n-1)!}{(k-1)!(n-k)!} p^k (1-p)^{n-k}$$

$$= \sum_{k=1}^{n} n \frac{(n-1)!}{(k-1)!(n-1-k+1)!} p^k (1-p)^{n-k}$$

$$= n \sum_{k=1}^{n} \binom{n-1}{k-1} p^k (1-p)^{n-k}$$

$$= np \sum_{k=1}^{n} \binom{n-1}{k-1} p^{k-1} (1-p)^{(n-1)-(k-1)}$$

$$= np \sum_{k=0}^{n-1} \binom{n-1}{k} p^k (1-p)^{(n-1)-k}$$

$$= np,$$

da in der letzten Summe (wie man nach der Indexverschiebung erkennen kann) alle Wahrscheinlichkeiten für k Erfolge in einer $(n-1)$-stufigen Bernoulli-Kette aufaddiert werden. Somit ist die Summe gleich eins. □

Satz 6.10. Sei X eine binomialverteilte Zufallsvariable über einem diskreten Wahrscheinlichkeitsraum mit den Parametern n und p. Für die Varianz gilt dann

$$V(X) = np(1-p),$$

und die Standardabweichung ist $\sigma = \sqrt{np(1-p)}$.

Beweis. Wir verwenden die Steiner'sche Gleichung $V(X) = E(X^2) - E(X)^2$ und nach Satz 6.9 die Gleichung $E(X) = np$. Wir berechnen zunächst $E(X^2)$.

$$E(X^2) = \sum_{k=0}^{n} k^2 P(X = k)$$

$$= \sum_{k=0}^{n} k^2 \binom{n}{k} p^k (1-p)^{n-k}$$

$$= \sum_{k=1}^{n} (k(k-1)+k) \binom{n}{k} p^k (1-p)^{n-k}$$

$$= \sum_{k=1}^{n} k(k-1) \frac{n!}{k!(n-k)!} + \sum_{k=1}^{n} k \frac{n!}{k!(n-k)!} p^k (1-p)^{n-k}$$

$$= \sum_{k=2}^{n} n(n-1) \frac{(n-2)!}{(k-2)!(n-2-(k-2))!} p^k (1-p)^{n-k}$$

$$+ \sum_{k=1}^{n} n \frac{(n-1)!}{(k-1)!(n-1-(k-1)!}) p^k (1-p)^{n-k}$$

$$= n(n-1) \sum_{k=2}^{n} \binom{n-2}{k-2} p^k (1-p)^{n-k} + n \sum_{k=1}^{n} \binom{n-1}{k-1} p^k (1-p)^{n-k}$$

$$= n(n-1)p^2 \sum_{k=2}^{n} \binom{n-2}{k-2} p^{k-2} (1-p)^{n-2-(k-2)}$$

$$+ np \sum_{k=1}^{n} \binom{n-1}{k-1} p^{k-1} (1-p)^{n-1-(k-1)}$$

$$= n(n-1)p^2 + np.$$

Durch eine Indexverschiebung ähnlich wie im Beweis von Satz 6.9 erkennt man mit dem dort verwendeten Argument, dass beide Summen gleich eins sind. Aus der Gleichung folgt

$$V(X) = E\left(X^2\right) - E(X)^2 = n(n-1)p^2 + np - (np)^2 = np(1-p). \qquad \square$$

Beispiel 6.12. In jeder fünften Wundertüte der Firma Surprix befindet sich eine Spielfigur der beliebten Sciencefiction-Serie Star-Rider. Mit wie vielen Spielfiguren kann jemand im Mittel rechnen, der 50 dieser Wundertüten kauft? Mit welcher Wahrscheinlichkeit weicht die Anzahl der Spielfiguren um höchstens zwei von diesem Wert ab? Wie groß ist die Standardabweichung σ?

Lösung: Die Zufallsvariable

$$X = \textit{Anzahl der Star-Rider-Figuren in der Stichprobe}$$

ist binomialverteilt mit $n = 50$ und der Erfolgswahrscheinlichkeit $p = \frac{1}{5}$. Somit kann der Käufer im Mittel mit

$$E(X) = np = 50 \cdot \frac{1}{5} = 10$$

Spielfiguren rechnen. Die Wahrscheinlichkeit, dass die Anzahl um höchstens zwei hiervon abweicht, ist

$$P(8 \leq X \leq 12) = \sum_{i=8}^{12} \binom{50}{i} \left(\frac{1}{5}\right)^i \left(\frac{4}{5}\right)^{50-i} \approx 0.6235.$$

Die Standardabweichung beträgt

$$\sigma = \sqrt{np(1-p)} = \sqrt{50 \cdot \frac{1}{5} \cdot \frac{4}{5}} \approx 2.8284. \qquad \blacktriangleleft$$

6.2.2 Hypergeometrische Verteilung

Die im letzten Abschnitt definierte Bernoulli-Kette entspricht kombinatorisch einem Urnenmodell mit Zurücklegen. Man hat in jedem Teilversuch wieder die gleichen Möglichkeiten. In diesem Abschnitt betrachten wir ein Urnenmodell ohne Zurücklegen. Die Betrachtungen führen uns zur *hypergeometrischen Vereilung*.

Beispiel 6.13. In einer Urne befinden sich 16 rote und acht blaue Kugeln. Es werden zufällig und ohne Zurücklegen nacheinander zehn Kugeln gezogen. Wie groß ist die Wahrscheinlichkeit, dabei genau vier rote Kugeln zu ziehen?

Lösung: Aus kombinatorischer Sicht ziehen wir eine ungeordnete Stichprobe (Kombination) vom Umfang 10 aus einer Grundgesamtheit vom Umfang 24 ohne Wiederholung. Die Anzahl der Möglichkeiten, genau vier rote Kugeln zu ziehen, beträgt

$$\binom{16}{4} \cdot \binom{8}{6} = 50960.$$

Betrachten wir die Zufallsvariable

$$X = \textit{Anzahl der roten Kugeln in der Stichprobe.}$$

Gesucht ist $P(X = 4)$. Da es insgesamt $\binom{24}{10}$ Möglichkeiten gibt, eine ungeordnete Stichprobe vom Umfang 10 aus einer 24-elementigen Grundgesamtheit zu ziehen, ergibt sich

$$P(X = 4) = \frac{\binom{16}{4} \cdot \binom{8}{6}}{\binom{24}{10}} \approx 0.026.$$

Wir verallgemeinern unsere Überlegungen: Die Wahrscheinlichkeit, beim zehnmaligen Ziehen ohne Zurücklegen genau k rote Kugeln zu ziehen, mit $k = 0, 1, 2, ..., 10$, beträgt jeweils

$$P(X = k) = \frac{\binom{16}{k} \cdot \binom{8}{10-k}}{\binom{24}{10}}.$$

Auf diese Art und Weise erhalten wir eine Wahrscheinlichkeitsverteilung für die Zufallsvariable X. $\qquad \blacktriangleleft$

Wir formulieren den in Bsp. 6.13 entdeckten Zusammenhang allgemein. Dabei ersetzen wir die beiden Farben der Kugeln in der Urne durch zwei verschiedene Ausprägungen eines Merkmals.

Definition 6.10. In einer Grundgesamtheit vom Umfang N seien zwei Merkmalsausprägungen I und II vom Umfang K bzw. $N - K$ vorhanden. Die Verteilung der Zufallsvariablen

$$X = \text{Anzahl des Vorkommens der Ausprägung } I$$

$$\text{in einer Stichprobe vom Umfang } n$$

heißt *hypergeometrische Verteilung*.

In Analogie und Verallgemeinerung zu den Überlegungen in Bsp. 6.13 ergibt sich der folgende Satz.

Satz 6.11. In einer Grundgesamtheit vom Umfang N seien zwei Merkmalsausprägungen I und II vom Umfang K bzw. $N - K$ vorhanden. Sei

$$X = \text{Anzahl des Vorkommens der Ausprägung } I$$

$$\text{in einer Stichprobe vom Umfang } n.$$

Die Wahrscheinlichkeit, dass in einer Stichprobe vom Umfang n genau $k \in \{0; 1; 2, ..., n\}$ mal die Ausprägung I vorkommt, beträgt

$$P(X = k) = \frac{\binom{K}{k} \cdot \binom{N-K}{n-k}}{\binom{N}{n}},$$

mit $k \leq K$ und $n - k \leq N - K$.

Mit den Bezeichnungen von Satz 6.10 und 6.11 nennen wir die Zufallsvariable X hypergeometrisch verteilt mit den Parametern n, K, N.

Satz 6.12. Sei X hypergeometrisch verteilt mit den Parametern n, K, N. Dann gilt

$$E(X) = n\frac{K}{N}.$$

Beweis. Es gelten die Beziehungen

$$\binom{K}{k} = \frac{K}{k}\binom{K-1}{k-1}$$

und

$$\binom{N}{n} = \frac{N}{n}\binom{N-1}{n-1},$$

wie man leicht mithilfe der Definition des Binomialkoeffizienten erkennt (siehe Def. 5.12). Diese Beziehungen benutzen wir im Folgenden.

$$
\begin{aligned}
E(X) &= \sum_{k=0}^{n} kP(X=k) \\
&= \sum_{k=0}^{n} k\frac{\binom{K}{k}\cdot\binom{N-K}{n-k}}{\binom{N}{n}} \\
&= \sum_{k=0}^{n} k\frac{\frac{K}{k}\binom{K-1}{k-1}\cdot\binom{N-K}{n-k}}{\frac{N}{n}\binom{N-1}{n-1}} \\
&= n\frac{K}{N}\sum_{k=1}^{n}\frac{\binom{K-1}{k-1}\cdot\binom{N-K}{n-k}}{\binom{N-1}{n-1}} \\
&= n\frac{K}{N},
\end{aligned}
$$

da die Summe gleich 1 ist. □

Denkanstoß

Machen Sie sich klar, dass in der letzten Summe des Beweises alle Wahrscheinlichkeiten einer bestimmten hypergeometrischen Verteilung aufaddiert werden. Schauen Sie sich dazu auch noch einmal den Beweis von Satz 6.9 an.

Beispiel 6.14 (Populationsschätzungen mit der Capture-Recapture Methode). Die *Capture-Recapture-Methode* oder auch *Rückfangmethode* ist eine Methode zur Abschätzung einer Populationsgröße, etwa von Fischen in einem See. Es wird dabei zunächst eine Stichprobe der Fischpopulation genommen. Die gefangenen Fische werden markiert und sofort wieder in den See gesetzt. Später wird erneut eine Stichprobe genommen und anhand der relativen Häufigkeit der darin markierten Fische auf die Gesamtgröße geschlossen.

Angenommen, wir fangen beim ersten Angelzug insgesamt 260 Fische, markieren diese und setzen sie zurück in den See. Beim zweiten Fang erhalten wir 34 markierte und 257 unmarkierte, also insgesamt 291 Fische. Wie viele Fische enthält der See vermutlich?

Lösung: Wir gehen von einer hypergeometrischen Verteilung der Zufallsvariablen

$$X = \textit{Anzahl der gefangenen Fische in der zweiten Stichprobe}$$

mit den Parametern n (Umfang der zweiten Stichprobe), K (Anzahl der beim ersten Fang markierten Fische) und N (Größe der Gesamtpopulation) aus. Als Näherung für $E(X)$ nehmen wir die Anzahl der markierten Fische beim zweiten Fang. Nach Satz 6.12 ergibt sich

$$E(X) = n\frac{K}{N},$$

also

$$N = n\frac{K}{E(X)} = 291 \cdot \frac{260}{34} \approx 2225.$$

Man kann also von einer Fischpopulation im See in der Größenordnung von 2225 Fischen ausgehen. Natürlich ist dies nur eine grobe Abschätzung, weil die Schätzung des Erwartungswertes über eine einzige Stichprobe erfolgt. Wir werden in der beurteilenden Statistik noch lernen, derartige Schätzungen zu beurteilen.   ◄

6.2.3 Poisson-Verteilung

In der Praxis tauchen bei Binomialverteilungen manchmal sehr große Stichprobenumfänge auf oder auch sehr seltene Ereignisse, d. h. solche, die eine sehr geringe Wahrscheinlichkeit haben. Unter bestimmten Bedingungen lässt sich die Binomialverteilung dann approximieren durch die so genannte *Poisson-Verteilung* (Siméon Denis Poisson, 1781–1840, franz. Mathematiker).

Satz 6.13 (Poisson'scher Grenzwertsatz). Sei $(p_n)_{n\in\mathbb{N}} \subset\,]0; 1[$ eine Folge reeller Zahlen. Wenn

$$\lambda := \lim_{n\to\infty} np_n$$

existiert, dann gilt

$$\lim_{n\to\infty} \binom{n}{k} p_n^k (1-p_n)^{n-k} = \frac{\lambda^k}{k!} e^{-\lambda} \quad \forall k \in \mathbb{N}_0.$$

Beweis.

$$\lim_{n\to\infty} \binom{n}{k} p_n^k (1-p_n)^{n-k} = \lim_{n\to\infty} \left(n(n-1)...(n-k+1) \frac{p_n^k}{k!} (1-p_n)^n (1-p_n)^{-k} \right)$$

$$= \lim_{n\to\infty} \left(\frac{n(n-1)...(n-k+1)}{n^k} \frac{(np_n)^k}{k!} \left(1 - \frac{np_n}{n}\right)^n \left(1 - \frac{np_n}{n}\right)^{-k} \right)$$

$$= \frac{\lambda^k}{k!} e^{-\lambda}.$$

Dabei haben wir verwendet, dass für $x \in \mathbb{R}$ gilt $e^{-x} = \lim_{n\to\infty} \left(1 - \frac{x}{n}\right)^n$ sowie $\lambda :=$ $\lim_{n\to\infty} np_n$, $\lim_{n\to\infty} \frac{n(n-1)...(n-k+1)}{n^k} = 1$ und $\lim_{n\to\infty} \left(1 - \frac{np_n}{n}\right)^{-k} = 1$. $\square$

Wir erhalten somit im Fall großer n und kleiner p eine Näherungsformel für $b(n,p)$-verteilte Zufallsvariablen:

$$P(X = k) \approx \frac{\lambda^k}{k!} e^{-\lambda}$$

mit $\lambda = np$.

Im Falle von Gleichheit erhalten wir auf diese Weise eine Wahrscheinlichkeitsvertei-lung, die *Poisson-Verteilung*. Man nennt dann die Zufallsvariable X *Poisson-verteilt* zum Parameter λ. Die Poisson-Verteilung wird verwendet für die Modellierung sel-tener Ereignisse (p klein!), z. B. die Anzahl der Blitz- oder Meteoriteneinschläge in einem bestimmten Areal pro Jahr oder das Auftreten von Erdbeben.

Satz 6.14. Sei X eine Poisson-verteilte Zufallsvariable zum Parameter λ. Dann gilt

$$E(X) = V(X) = \lambda.$$

Beweis.

$$E(X) = \sum_{k=0}^{\infty} k \frac{\lambda^k}{k!} e^{-\lambda}$$

$$= \lambda e^{-\lambda} \sum_{k=1}^{\infty} \frac{\lambda^{k-1}}{(k-1)!}$$

$$= \lambda e^{-\lambda} \sum_{k=0}^{\infty} \frac{\lambda^k}{k!}$$

$$= \lambda e^{-\lambda} e^{\lambda}$$

$$= \lambda.$$ $\square$

> **Denkanstoß**
>
> Der Beweis, dass für die Varianz der Poisson-Verteilung zum Parameter λ gilt $V(X) = \lambda$, soll als Übungsaufgabe dienen. Bearbeiten Sie dazu Aufg. 6.13!

Beispiel 6.15. In einem sehr zuverlässigen Fertigungsprozess von Kleinplatinen mithilfe einer neuen Maschine entsteht nur $0.1\,\%$ Ausschuss. Wie groß ist die Wahrscheinlichkeit, bei 1000 Platinen maximal zwei Ausschussteile zu erhalten?

Lösung: Sei $X = $ *Anzahl der defekten Platinen in der Stichprobe.* Wir rechnen zunächst mit der kumulierten Binomialverteilung und erhalten

$$P(X \leq 2) = \sum_{k=0}^{2} \binom{1000}{k} \left(\frac{1}{1000} \right)^k \left(\frac{999}{1000} \right)^{1000-k} \approx 0.9198.$$

Mithilfe der (kumulierten) Poisson-Verteilung mit $\lambda = 1000 \cdot 0.1\,\% = 1$ ergibt sich

$$\sum_{k=0}^{2} \frac{1^k}{k!} e^{-1} \approx 0.9197,$$

also eine sehr gute Näherung. ◀

Das folgende Beispiel führt uns zu einem interessanten Gesetz, dem sogenannten $\frac{1}{e}$-*Gesetz.*

Beispiel 6.16. Wir betrachten eine zufällige Verteilung von 100 Punkten auf einem Raster mit 100 Quadraten, welches wir uns von MATLAB bzw. Mathematica erstellen lassen (siehe Abb. 6.5). Das zugehörige Programm sieht folgendermaßen aus:

```
x=rand(100,1);
y=rand(100,1);
scatter(x,y,'filled','r','SizeData',10)
xticks(0:0.1:1)
yticks(0:0.1:1)
grid on
xticklabels({})
yticklabels({})
```

```
pts:=RandomReal[{0,10},{100,2}];
Graphics[{RGBColor[1,0,0],PointSize[0.01],Point[pts]},
    GridLines->{{0,1,2,3,4,5,6,7,8,9,10},{0,1,2,3,4,5,6,7,8,9,10}}]
```

Anschaulich können wir im Mittel einen Punkt pro Quadrat erwarten. Wir zählen nun die Anzahlen der Quadrate mit $0, 1, 2, \ldots$ Punkten mit MATLAB bzw. Mathematica:

```
N1=histcounts2(x,y,0:0.1:1,0:0.1:1); % Punkte pro Feld
N2=histcounts(N1,[0 1 2 3 4 10])     % Verteilung der Punkte
```

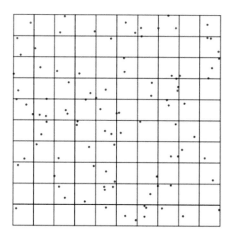

Abb. 6.5: 100 Punkte werden zufällig auf 100 Quadrate verteilt (siehe Bsp. 6.16)

```
BinCounts[Flatten[BinCounts[pts,{0,10,1},{0,10,1}]],{{0,1,2,3,4,10}}]
```

Wir erhalten die in Tab. 6.5 zusammengefasste Verteilung. Beachten Sie: Beim manuellen Zählen nach Augenmaß in Abb. 6.5 treten Ungenauigkeiten auf wegen der gewählten Dicke der Punkte.

Tab. 6.5: Tabelle zur zufälligen Punktverteilung

k	0	1	2	3	≥ 4
Anzahl Quadrate mit k Punkten	39	33	20	5	3

Wir betrachten die Zufallsvariable

$X = $ *Anzahl der Punkte in einem bestimmten Quadrat.*

Unter der Annahme, diese sei Poisson-verteilt zum Parameter $\lambda = 1$ erhalten wir die Tab. 6.6.

Tab. 6.6: Tabelle zur Poisson-Verteilung zum Parameter $\lambda = 1$

k	0	1	2	3	≥ 4
$P(X = k)$	0.367879	0.367879	0.183940	0.061313	0.018989

Berechnen Sie die relativen Häufigkeiten für die jeweilige Anzahl der Quadrate in Tab. 6.5 und vergleichen Sie sie mit Tab. 6.6. Lassen Sie das MATLAB- bzw. Mathematica-Programm einige Male durchlaufen. Sie werden feststellen, dass sich die zufällige Punktverteilung in guter Näherung wie eine Poisson-Verteilung zum Parameter $\lambda = 1$ verhält. ◄

Wenn Sie die Werte für $P(X = 0)$ und $P(X = 1)$ bei der Poisson-Verteilung in Bsp. 6.16 betrachten, stellen Sie Gleichheit fest. Es gilt

$$P(X = 0) = \frac{1^0}{0!} e^{-1} = e^{-1}$$

und

$$P(X = 1) = \frac{1^1}{1!} e^{-1} = e^{-1}.$$

Die Wahrscheinlichkeit, dass ein Quadrat keinen Zufallspunkt enthält, ist genauso groß wie die, dass es genau einen Zufallspunkt enthält, nämlich $\frac{1}{e} \approx 37\%$. Man spricht daher vom $\frac{1}{e}$-*Gesetz*.

Roulettespieler kennen dieses Gesetz in grober Form auch als Zwei-Drittel-Gesetz: Während einer sogenannten *Rotation*, d. h. einer Serie von 37 Einzelspielen (beim Roulette gibt es 37 Zahlen, die Zero und 1 bis 36), fallen nur etwa $\frac{2}{3}$ der Zahlen, davon etwa die Hälfte (d. h. insgesamt $\frac{1}{3}$ aller Zahlen) sogar mehrfach.

6.2.4 Geometrische Verteilung

Sowohl beim Glücksspiel als auch im täglichen Leben wartet man häufig länger auf das Eintreten eines Erfolges als einem lieb ist. Wir wollen uns daher in diesem Abschnitt mit der Modellierung von Wartezeiten auf bestimmte Ereignisse befassen. Wir beschränken uns dabei auf Bernoulli-Ketten. Für diese gilt der folgende offensichtliche Satz.

Satz 6.15. Gegeben sei eine Bernoulli-Kette mit der Erfolgswahrscheinlichkeit p. Für die Zufallsvariable

$$Y = Anzahl\ der\ Schritte\ bis\ zum\ ersten\ Erfolg$$

gilt dann

$$P(Y = k) = (1 - p)^{k-1} p \quad (k \in \mathbb{N}).$$

> **Definition 6.11.** Eine Zufallsvariable Y mit der Wahrscheinlichkeitsverteilung aus Satz 6.15 heißt *geometrisch verteilt*.

Beispiel 6.17. Ein Roulettespieler setzt immer auf die Zahl 13. Mit welcher Wahrscheinlichkeit fällt sie innerhalb der ersten fünf Würfe?

Lösung: Sei

$$Y = \text{Anzahl der Schritte bis zur ersten 13.}$$

Dann ist Y geometrisch verteilt, und es gilt

$$P(1 \leq Y \leq 5) = \sum_{k=1}^{5} \left(\frac{1}{37}\right) \cdot \left(\frac{36}{37}\right)^{k-1} \approx 0.128.$$

Durch Ausklammern des Faktors $p = \frac{1}{37}$ erhält man eine Partialsumme der geometrischen Reihe, was die Bezeichnung *geometrische Verteilung* erklärt. Man erhält das gleiche Ergebnis natürlich auch über die Wahrscheinlichkeit des Gegenereignisses: Die Wahrscheinlichkeit, dass die 13 in den ersten fünf Würfen nicht fällt, beträgt $\left(\frac{36}{37}\right)^5 \approx 0.872$.   ◄

Die Frage nach der mittleren Wartezeit auf ein bestimmtes Ereignis, also z. B. eine bestimmte Zahl beim Roulette, lässt sich mithilfe der geometrischen Reihe beantworten.

> **Satz 6.16.** Gegeben sei eine Bernoulli-Kette mit der Erfolgswahrscheinlichkeit p. Für den Erwartungswert der Zufallsvariablen
>
> $$Y = \text{Anzahl der Schritte bis zum ersten Erfolg}$$
>
> gilt dann
>
> $$E(Y) = \frac{1}{p}.$$

Beweis.

$$E(Y) = \sum_{k=1}^{\infty} kP(Y = k)$$

$$= \sum_{k=1}^{\infty} kp(1-p)^{k-1}$$

$$= p \sum_{k=1}^{\infty} k(1-p)^{k-1}$$

$$= p \left(\frac{1}{1 - (1 - p)} \right)^2$$

$$= p \left(\frac{1}{p} \right)^2$$

$$= \frac{1}{p}.$$

Dabei haben wir verwendet, dass für die geometrische Reihe gilt

$$\sum_{k=0}^{\infty} x^k = \frac{1}{1 - x},$$

und daher für die Ableitung

$$\sum_{k=1}^{\infty} kx^{k-1} = \left(\frac{1}{1 - x} \right)^2. \qquad \square$$

Beispiel 6.18. Beim Roulette ist soeben die Zahl 5 gefallen. Wie lange muss ein Spieler im Mittel warten, bis wieder die 5 fällt?

Lösung: Es handelt sich um eine Bernoulli-Kette, da beim Roulette alle Würfe gleichartig und voneinander unabhängig sind und hier nur die Ergebnisse 5 oder Nicht-5 interessieren. Die Wahrscheinlichkeit, eine 5 zu werfen, beträgt $p = \frac{1}{37}$. Somit berechnen wir die Wartezeit bis zur nächsten 5 mit

$$\frac{1}{p} = 37.$$

Sie beträgt also 37 Würfe, was anschaulich klar ist, da die 5 statistisch bei jedem 37. Wurf fällt. Die oben erwähnte Tatsache, dass soeben die Zahl 5 gefallen ist, spielt hierbei keine Rolle!   ◄

6.2.5 Multinomialverteilung

Als letzte diskrete Verteilung wollen wir jetzt noch eine kurze Übersicht über die *Multinomialverteilung* (auch *Polynomialverteilung* genannt) geben. Es handelt sich dabei um eine (multivariate) Verallgemeinerung der Binomialverteilung im Sinne der folgenden Definition.

Definition 6.12. Seien $n \in \mathbb{N}$ und $p_1, p_2, \ldots, p_k$ positive reelle Zahlen mit $\sum_{i=1}^{k} p_i = 1$. Dann heißt die durch

$$\frac{n!}{n_1! n_2! \ldots n_k!} p_1^{n_1} p_2^{n_2} \ldots p_k^{n_k}$$

mit $\sum_{i=1}^{k} n_i = n$ gegebene Wahrscheinlichkeitsverteilung *Multinomialverteilung* zu den Parametern n und $(p_i)_{i=1,\ldots,k}$.

Im Fall $k = 2$ erhalten wir wieder die Binomialverteilung.

Wir betrachten die Zufallsvariablen $(X_i)_{i=1,\ldots,k}$ mit

$X_i = $ *Anzahl der Erfolge vom Typ i bei einem n-stufigen Zufallsexperiment,*

wobei p_i die Erfolgswahrscheinlichkeit für einen Erfolg vom Typ i ist. Dann ist

$$P(X_1 = n_1, X_2 = n_2, \ldots, X_k = n_k) = \frac{n!}{n_1! n_2! \ldots n_k!} p_1^{n_1} p_2^{n_2} \ldots p_k^{n_k}.$$

Dies wird klar, wenn man sich eine Urne mit Kugeln in k verschiedenen Farben vorstellt. Die Wahrscheinlichkeit, beim einmaligen Ziehen eine Kugel der Farbe i zu ziehen, sei p_i. Jetzt werden nacheinander n Kugeln mit Zurücklegen gezogen. Dann beträgt die Wahrscheinlichkeit, jeweils genau n_i Kugeln der Farbe i zu ziehen,

$$P(X_1 = n_1, X_2 = n_2, \ldots, X_k = n_k) = \frac{n!}{n_1! n_2! \ldots n_k!} p_1^{n_1} p_2^{n_2} \ldots p_k^{n_k},$$

wobei $\sum_{i=1}^{k} n_i = n$.

Beispiel 6.19. In einer Urne befinden sich sechs rote, zwei blaue und zwei gelbe Kugeln. Mit welcher Wahrscheinlichkeit werden beim achtmaligen Ziehen mit Zurücklegen mindestens zwei rote und jeweils gleiche Anzahlen an blauen und gelben Kugeln gezogen?

Lösung: Wir müssen folgende Ereignisse berücksichtigen:

1. zwei rote Kugeln, je drei gelbe und blaue Kugeln,

2. vier rote Kugeln, je zwei gelbe und blaue Kugeln,

3. sechs rote, je eine gelbe und blaue Kugel,

4. acht rote und keine andersfarbigen Kugeln.

Sei X_r die Anzahl der roten, X_b die Anzahl der blauen und X_g die Anzahl der gelben Kugeln der Ziehung. Dann ergibt sich die gesuchte Wahrscheinlichkeit aus den obigen Angaben zu

$$P(X_r \geq 2, X_b = X_g) = \frac{8!}{2!3!3!} 0.6^2 \cdot 0.2^3 \cdot 0.2^3 + \frac{8!}{4!2!2!} 0.6^4 \cdot 0.2^2 \cdot 0.2^2 +$$

$$\frac{8!}{6!1!1!} 0.6^6 \cdot 0.2^1 \cdot 0.2^1 + \frac{8!}{8!0!0!} 0.6^8 \cdot 0.2^0 \cdot 0.2^0$$

$$\approx 0.2213. \qquad \blacktriangleleft$$

Beispiel 6.20. Die beiden häufigsten Blutgruppen in Deutschland sind die Blutgruppen A mit etwa 43 % und 0 mit etwa 41 % Anteil in der Bevölkerung. Nur 11 % der Bevölkerung hat die Blutgruppe B, die restlichen 5 % haben AB.

1. Wie groß ist die Wahrscheinlichkeit, dass unter sechs zufällig ausgewählten Personen in Deutschland je zwei die Blutgruppe A bzw. 0 und jeweils einer B bzw. AB hat?

2. Wie groß ist die Wahrscheinlichkeit, dass unter 100 zufällig ausgewählten Personen in Deutschland genau 45 die Blutgruppe A, 40 die Blutgruppe 0 und zehn die Blutgruppe B haben?

Lösung:

1. Sei $n = 100$ und

$$X_i = \textit{Anzahl der Personen mit Blutgruppe } i,$$

wobei $i \in \{A; B; 0; AB\}$. Dann gilt

$$P(X_A = 2, X_0 = 2, X_B = 1, X_{AB} = 1) = \frac{6!}{2!2!1!1!} 0.43^2 \cdot 0.41^2 \cdot 0.11^1 \cdot 0.05^1 \approx 0.03.$$

2. Mit den Bezeichnungen aus 1. gilt hier

$$P(X_A = 45, X_0 = 40, X_B = 10, X_{AB} = 5)$$

$$= \frac{100!}{45!40!10!5!} 0.43^{45} \cdot 0.41^{40} \cdot 0.11^{10} \cdot 0.05^5$$

$$\approx 0.00185. \qquad \blacktriangleleft$$

6.2.6 Aufgaben

Übung 6.6. Ⓑ Wie groß ist die Wahrscheinlichkeit, beim zehnmaligen Wurf mit einem Oktaederwürfel mindestens drei Primzahlen zu würfeln?

Übung 6.7. Ⓑ Fluggesellschaften nehmen gerne mehr Buchungen an, als Plätze in ihren Flugzeugen zur Verfügung stehen, da es immer Passagiere gibt, die ihren Flug kurzfristig stornieren. Ein Flugzeug mit 150 Plätzen fliegt regelmäßig auf einer bestimmten Fluglinie, bei der erfahrungsgemäß durchschnittlich 10 % der gebuchten Plätze storniert werden. Die Fluggesellschaft hat 160 Buchungen angenommen. Berechnen Sie die Wahrscheinlichkeit dafür, dass die Maschine überbucht ist.

Übung 6.8. Wie oft muss man mit einem Laplace-Würfel würfeln, um mit mindestens 90 % Wahrscheinlichkeit mindestens eine Sechs zu würfeln?

Übung 6.9. Ⓑ Wie groß ist beim Skat die Wahrscheinlichkeit, dass zwei Damen im Skat liegen (Skat wird mit einem gewöhnlichen 32-Karten-Deck gespielt)?

Übung 6.10. Ⓥ **(Lotto).** Berechnen Sie mithilfe einer geeigneten Modellierung jeweils die Wahrscheinlichkeit dafür, bei einer ausgefüllten Lottotippreihe $0, 1, 2, \ldots 6$ richtige Zahlen angekreuzt zu haben. Berechnen Sie auch den Erwartungswert der Anzahl richtiger Zahlen.

Übung 6.11. Ein Forschungsteam untersucht die Buntbarschpopulation in einem großen See mit der Rückfangmethode. Beim ersten Fangzug erwischen die Wissenschaftler insgesamt 352 Fische. Diese werden eiligst markiert und in den See zurückgesetzt. Beim zweiten Fangzug erhalten sie 44 markierte und 302 unmarkierte Buntbarsche. Wie groß ist die Buntbarschpopulation im See?

Übung 6.12. Beim Pokern erhält man fünf Karten aus einem Kartendeck mit 52 Karten.

a) Wie groß ist die Wahrscheinlichkeit für ein Full House (ein Drilling und ein Paar)?

b) Wie groß ist die Wahrscheinlichkeit für zwei Paare?

c) Wie groß ist die Wahrscheinlichkeit für einen Royal Flush (Straße in einer Farbe mit dem Ass als höchster Karte)?

(Siehe auch Aufg. 5.19.)

Übung 6.13. Ⓥ Beweisen Sie: Für die Varianz bei der Poissonverteilung zum Parameter λ gilt $V(X) = \lambda$. Verwenden Sie beim Beweis die Exponentialreihe $e^x = \sum_{k=0}^{\infty} \frac{x^k}{k!}$ und die Steiner'sche Formel (siehe Satz 6.3).

Übung 6.14. Ⓑ In einer Urne befinden sich acht rote, drei blaue und vier gelbe Kugeln. Wie oft muss man im Mittel zufällig (mit Zurücklegen) ziehen, um eine blaue Kugel zu erwischen?

Übung 6.15. In einer Urne befinden sich acht rote, drei blaue und vier gelbe Kugeln. Es werden nacheinander und mit Zurücklegen zufällig fünf Kugeln gezogen. Mit welcher Wahrscheinlichkeit zieht man genau drei rote, eine gelbe und eine blaue Kugel?

Übung 6.16. In einer Urne befinden sich acht rote, vier blaue und vier gelbe Kugeln. Es werden nacheinander und mit Zurücklegen zufällig sechs Kugeln gezogen. Mit welcher Wahrscheinlichkeit zieht man mindestens zwei rote Kugeln und jeweils gleich viele gelbe und blaue Kugeln?

6.3 Stetige Verteilungen

Die bisher eingeführten Zufallsvariablen waren auf diskreten Wahrscheinlichkeitsräumen definiert, hatten also insbesondere die Eigenschaft, höchstens abzählbar viele Werte anzunehmen. Real gibt es jedoch auch Zufallsvariablen, die Werte z. B. in der gesamten Menge $\mathbb{R}$ oder einer überabzählbaren Teilmenge von $\mathbb{R}$ annehmen können, z. B. bei der Abweichung von Normlängen, bei der Messung der Lebensdauer technischer Geräte oder von Atomkernen. Solche Zufallsvariablen besitzen so genannte *stetige Verteilungen*. Wir werden in diesem Abschnitt einige wichtige stetige Verteilungen und ihre Anwendungen kennenlernen.

6.3.1 Von der Binomialverteilung zur Normalverteilung

Wir haben in Abschn. 6.2.3 gesehen, dass man die Binomialverteilung unter den Bedingungen des Poisson'schen Grenzwertsatzes durch die Poissonverteilung approximieren kann. In diesem Abschnitt approximieren wir die Binomialverteilung durch eine stetige Verteilung, die sogenannte *Normalverteilung*. Wir benötigen dafür zunächst einen neuen Begriff.

> **Definition 6.13.** Sei X eine Zufallsvariable über einem Wahrscheinlichkeitsraum $(\Omega, \mathscr{A}, P)$ mit $E(X) = \mu$ und $V(X) = \sigma^2$. Dann heißt die Zufallsvariable
> $$Z := \frac{X - \mu}{\sigma}$$
> die *Standardisierte* von X.

Die Standardisierte von X ist also der Quotient aus der Zentrierten X_Z von X und der Standardabweichung σ von X:

$$Z = \frac{X_Z}{\sigma}.$$

Es gilt $E(Z) = 0$ und $V(Z) = 1$.

Denkanstoß

Beweisen Sie, dass $E(Z) = 0$ und $V(Z) = 1$ gilt. Verwenden Sie dazu die Linearität des Erwartungswertes und die Steiner'sche Formel (siehe dazu auch Aufg. 4.10).

Der Vorteil der Einführung der Standardisierten liegt in einer besseren Vergleichbarkeit von Verteilungen. Betrachten wir als Beispiel verschiedene Binomialverteilungen.

Beispiel 6.21. Sei X binomialverteilt mit $n = 50$ und $p = 0.4$. Wir standardisieren X: Wegen $E(X) = \mu = 20$ und $\sqrt{V(X)} = \sigma = \sqrt{12}$ gilt

$$Z = \frac{X - 20}{\sqrt{12}}.$$

Wir erstellen eine Excel-Tabelle für die Binomialverteilung. Sie finden die vollständige Datei auf der Springer-Produktseite zu diesem Buch. Einen Ausschnitt für $k = 10, \dots, 30$ zeigt Tab. 6.7.

In der Tabelle wurde in der zweiten Spalte $z = \frac{k-\mu}{\sigma}$ berechnet und in der dritten Spalte die Wahrscheinlichkeit $P(X = k) = P(Z = z)$. In der letzten Spalte wurden schließlich die Wahrscheinlichkeiten mit σ multipliziert. Anstelle eines Histogramms haben wir mit Excel ein Punktdiagramm geplottet (siehe Abb. 6.6).

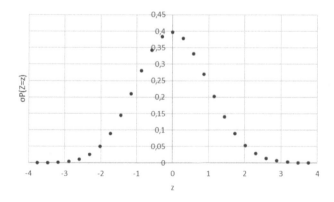

Abb. 6.6: Punktdiagramm der standardisierten Binomialverteilung mit $n = 50$ und $p = 0.4$ (siehe Bsp. 6.21)

Tab. 6.7: Tabelle der standardisierten Binomialverteilung mit $n = 50$ und $p = 0.4$ (Ausschnitt)

k	z	$P(Z = z)$	$\sigma P(Z = z)$
10	-2.88675	0.00144	0.00499
11	-2.59808	0.00349	0.01209
12	-2.30940	0.00756	0.02620
13	-2.02073	0.01474	0.05105
14	-1.73205	0.02597	0.08995
15	-1.44338	0.04155	0.14392
16	-1.15470	0.06059	0.20989
17	-0.86603	0.08079	0.27985
18	-0.57735	0.09874	0.34204
19	-0.28868	0.11086	0.38404
20	0.00000	0.11456	0.39684
21	0.28868	0.10910	0.37795
22	0.57735	0.09588	0.33213
23	0.86603	0.07781	0.26956
24	1.15470	0.05836	0.20217
25	1.44338	0.04046	0.14017
26	1.73205	0.02594	0.08985
27	2.02073	0.01537	0.05325
28	2.30940	0.00842	0.02916
29	2.59808	0.00426	0.01475
30	2.88675	0.00199	0.00688

Da auf der x-Achse durch σ dividiert wurde, muss auf der y-Achse wieder mit σ multipliziert werden, damit die Skalierung passt (im zugehörigen Histogramm ändert sich die Breite des Rechtecks von 1 auf $\frac{1}{\sigma}$). ◄

Wir betrachten noch zwei weitere Beispiele für standardisierte Binomialverteilungen, plotten dazu die Punktdiagramme und vergleichen sie miteinander. Die zugehörigen Excel-Tabellen finden Sie ebenfalls auf der Springer-Produktseite zu diesem Buch.

Beispiel 6.22. Sei X binomialverteilt mit $n = 100$ und $p = 0.6$. Wir standardisieren X: Es gilt $E(X) = \mu = 60$ und $\sqrt{V(X)} = \sigma = \sqrt{24}$. Das zugehörige Punktdiagramm finden Sie in Abb. 6.7.

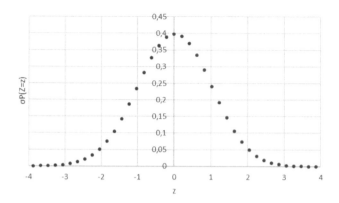

Abb. 6.7: Punktdiagramm der standardisierten Binomialverteilung mit $n = 100$
und $p = 0.6$ (siehe Bsp. 6.22)   ◄

Beispiel 6.23. Sei X binomialverteilt mit $n = 150$ und $p = 0.5$. Wir standardisieren
X: Es gilt $E(X) = \mu = 75$ und $\sqrt{V(X)} = \sigma = \sqrt{37.5}$. Das zugehörige Punktdiagramm finden Sie in Abb. 6.8.

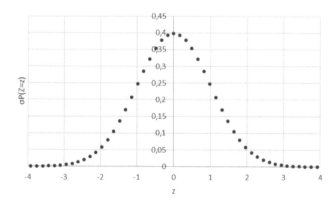

Abb. 6.8: Punktdiagramm der standardisierten Binomialverteilung mit $n = 150$
und $p = 0.5$ (siehe Bsp. 6.23)   ◄

Die Ähnlichkeit der Diagramme in den Abb. 6.6, 6.7 und 6.8 fällt sofort ins Au-
ge. Tatsächlich liegen die Datenpunkte näherungsweise auf dem Graphen ein und
derselben Funktion ϕ mit

$$\phi(x) := \frac{1}{\sqrt{2\pi}} e^{-\frac{1}{2}x^2},$$

die auch als *Gauß'sche Dichtefunktion* oder *Dichte der Normalverteilung* bezeichnet wird (Carl Friedrich Gauß, 1777–1855, deutscher Mathematiker). Der Begriff der Dichtefunktion wird im nächsten Abschnitt definiert.

Zum Vergleich finden Sie den Graphen von ϕ in Abb. 6.9.

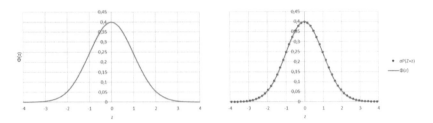

Abb. 6.9: Links: Graph der Funktion ϕ, rechts: Graph der Funktion ϕ und Punktdiagramm der standardisierten Binomialverteilung mit $n = 150$ und $p = 0.5$ (siehe Bsp. 6.23)

Dabei ist die Genauigkeit umso größer, je größer der Stichprobenumfang ist. Als Faustformel verwendet man in der Regel die sogenannte *Laplace-Bedingung*. Diese besagt, dass die Datenpunkte des Punktdiagramms sehr genau auf dem Graphen der Funktion ϕ liegen, wenn $\sigma > 3$ gilt. Es ist also

$$\sigma P(X = k) = \sigma P(Z = z) \approx \phi(z)$$

mit $z = \frac{k - \mu}{\sigma}$, und damit gilt der folgende Satz.

Satz 6.17 (Lokale Näherungsformel von deMoivre-Laplace). Sei X binomialverteilt mit $\sigma > 3$. Dann gilt

$$P(X = k) \approx \frac{1}{\sigma} \phi \left(\frac{k - \mu}{\sigma} \right).$$

Auf einen formalen Beweis verzichten wir an dieser Stelle.

Beispiel 6.24. Sei X eine $b(200, 0.3)$-verteilte Zufallsvariable. Dann gilt

$$\sigma = \sqrt{200 \cdot 0.3 \cdot 0.7} \approx 6.48 > 3,$$

und wir können die Näherungsformel verwenden, um z. B. $P(X = 62)$ zu berechnen:

$$P(X = 62) \approx \frac{1}{6.48} \phi \left(\frac{62 - 60}{6.48} \right) \approx 0.0587.$$

Mithilfe der Binomialverteilung erhalten wir

$$P(X = 62) = \binom{200}{62} \cdot 0.3^{62} \cdot 0.7^{138} \approx 0.0581,$$

also ist die Näherung schon sehr gut.   ◀

Wir wollen uns jetzt mit der Approximation kumulierter Binomialverteilungen befassen. Es gilt der folgende wichtige Satz.

Satz 6.18 (Grenzwertsatz von deMoivre-Laplace). Sei $(X_n)_n$ eine Folge $b(n,p)$-verteilter Zufallsvariablen. Dann gilt für $x_1, x_2 \in \mathbb{R}$

$$\lim_{n \to \infty} P\left(x_1 \leq \frac{X_n - np}{\sqrt{np(1-p)}} \leq x_2 \right) = \int_{x_1}^{x_2} \phi(x)dx.$$

Auch hier verzichten wir auf einen formalen Beweis, da dieser über unsere Einführung hinausgehen würde. Wir beschäftigen uns stattdessen etwas gründlicher mit der Bedeutung des Satzes für Wahrscheinlichkeitsberechnungen. Zunächst führen wir die *Gauß'sche Integralfunktion* (oder auch *Standardnormalverteilungsfunktion*) ein.

Definition 6.14. Die Funktion Φ mit

$$\Phi(z) := \int_{-\infty}^{z} \phi(x)dx$$

heißt *Gauß'sche Integralfunktion*.

Formal wird mithilfe dieser Integralfunktion die Fläche unter dem Graphen der Gauß'schen Dichtefunktion von $-\infty$ bis z berechnet (siehe Abb. 6.10).

Sei X eine binomialverteilte Zufallsvariable mit den Parametern n und p. Mit Satz 6.18 und unter Verwendung der Def. 6.14 können wir für große n eine Näherungsformel für kumulierte Verteilungen finden. Es gilt für $a, b \in \mathbb{R}$ und mit $E(X) = \mu$ bzw. $V(X) = \sigma^2 > 0$ nach den Regeln der Integralrechnung:

$$P(a \leq X \leq b) = P\left(\frac{a - \mu}{\sigma} \leq \frac{X - \mu}{\sigma} \leq \frac{b - \mu}{\sigma} \right)$$

$$\approx \int_{\frac{a - \mu}{\sigma}}^{\frac{b - \mu}{\sigma}} \phi(x)dx$$

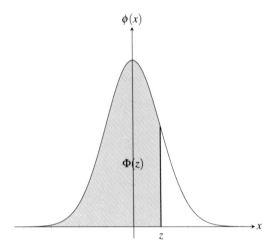

Abb. 6.10: Gauß'sche Integralfunktion Φ: Fläche unter dem Graphen der Gauß'schen Dichtefunktion ϕ von $-\infty$ bis z

$$= \Phi\left(\frac{b-\mu}{\sigma}\right) - \Phi\left(\frac{a-\mu}{\sigma}\right).$$

Die Näherungsgleichung

$$P(a \leq X \leq b) \approx \Phi\left(\frac{b-\mu}{\sigma}\right) - \Phi\left(\frac{a-\mu}{\sigma}\right)$$

heißt auch *globale Näherungsformel von deMoivre-Laplace*.

Diese Formel gilt in guter Näherung für große n. Auch hier kann man als Faustformel wieder die Laplace-Bedingung $\sigma > 3$ zugrunde legen. Die vorhergehende Gleichung besagt, dass die Wahrscheinlichkeit $P(a \leq X \leq b)$ der Maßzahl der Fläche unter dem Graphen der Funktion ϕ in den Grenzen $\frac{a-\mu}{\sigma}$ bis $\frac{b-\mu}{\sigma}$ entspricht (siehe Abb. 6.11).

Aus Gründen der Genauigkeit führt man für etwas kleinere Stichprobenumfänge n noch eine sogenannte *Stetigkeitskorrektur* ein, um die überstehenden Histogrammflächen bei der Binomialverteilung zu kompensieren.

In Abb. 6.12 wurde dies für die Binomialverteilung mit $n = 30$ und $p = 0.5$ veranschaulicht (es wurde absichtlich ein kleiner Stichprobenumfang n gewählt, damit die Rechtecke gut zu erkennen sind, auch wenn die Laplace-Bedingung hier nicht erfüllt ist).

Die Summe der Rechteckflächen für $k = 10$ bis $k = 20$ liefert die Wahrscheinlichkeit $P(10 \leq X \leq 20)$. Da die ganzen Zahlen die Seitenmitten darstellen, stehen die

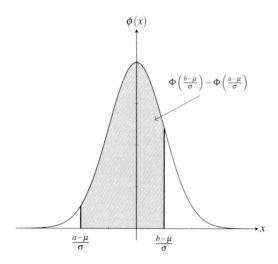

img_2 shows phi(x) with Phi((b-μ)/σ) - Phi((a-μ)/σ)

Abb. 6.11: Die Wahrscheinlichkeit $P(a \leq X \leq b)$ entspricht der Maßzahl der Fläche unter dem Graphen der Funktion ϕ in den Grenzen $\frac{a-\mu}{\sigma}$ bis $\frac{b-\mu}{\sigma}$

äußeren Rechtecke jeweils 0.5 über (verdeutlicht durch den jeweils senkrechten Strich auf der Rechtsachse in Abb. 6.12). Somit muss man die Grenzen $10 - 0.5$ bis $20 + 0.5$ verwenden.

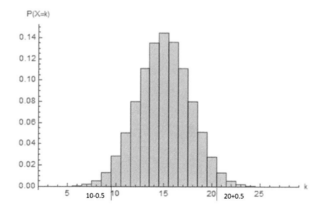

Abb. 6.12: Histogramm der Binomialverteilung mit $n = 30$ und $p = 0.5$

Es gilt also allgemein mit etwas größerer Genauigkeit die Näherungsformel

$$P(a \leq X \leq b) \approx \Phi\left(\frac{b + 0.5 - \mu}{\sigma}\right) - \Phi\left(\frac{a - 0.5 - \mu}{\sigma}\right).$$

Spezialfall:

$$P(X \leq b) \approx \Phi\left(\frac{b + 0.5 - \mu}{\sigma}\right).$$

Beispiel 6.25. Sei X $b(300, 0.5)$-verteilt. Dann gilt $\mu = 150$ und $\sigma \approx 8.66025$. Mithilfe der klassischen Formel für die Binomialverteilung gilt dann

$$P(140 \leq X \leq 160) = \sum_{k=140}^{160} \binom{300}{k} \cdot 0.5^k \cdot 0.5^{300-k} \approx 0.7747.$$

Die globale Näherungsformel ohne Stetigkeitskorrektur liefert

$$P(140 \leq X \leq 160) = \Phi\left(\frac{160 - 150}{8.66025}\right) - \Phi\left(\frac{140 - 150}{8.66025}\right) \approx 0.7518.$$

Die globale Näherungsformel mit Stetigkeitskorrektur liefert hingegen

$$P(140 \leq X \leq 160) = \Phi\left(\frac{160 + 0.5 - 150}{8.66025}\right) - \Phi\left(\frac{140 - 0.5 - 150}{8.66025}\right) \approx 0.7747,$$

also eine wesentlich größere Genauigkeit. Die Differenz strebt jedoch mit wachsendem n gegen null. ◀

Für Φ gibt es Tabellen (siehe Tab. A.1 in Anhang A). Allerdings lassen sich solche Berechnungen in Zeiten von Computeralgebrasystemen wie Mathematica, Maple oder CAS-Taschenrechnern ohne große Mühe direkt durchführen.

Beispiel 6.26. Die Wahrscheinlichkeiten in Bsp. 6.25 können wir mit MATLAB bzw. Mathematica wie folgt berechnen:

```
n=300;
p=0.5;
mu=n*p
sigma=sqrt(n*p*(1-p))
%Klassische Formel fuer die Binomialverteilung
binocdf(160,n,p)-binocdf(139,n,p)
%Globale Naeherungsformel ohne Stetigkeitskorrektur
normcdf(160,mu,sigma)-normcdf(140,mu,sigma)
%Globale Naeherungsformel mit Stetigkeitskorrektur
normcdf(160.5,mu,sigma)-normcdf(139.5,mu,sigma)
```

```
n=300;
p=0.5;
mu=n*p
sigma=Sqrt[n*p*(1-p)]
(*Klassische Formel fuer die Binomialverteilung:*)
CDF[BinomialDistribution[n,p],160]-CDF[BinomialDistribution[n,p],139]
(*Globale Naeherungsformel ohne Stetigkeitskorrektur:*)
CDF[NormalDistribution[mu,sigma],160]-CDF[NormalDistribution[mu,sigma],140]
(*Globale Naeherungsformel mit Stetigkeitskorrektur:*)
CDF[NormalDistribution[mu,sigma],160.5]-
        CDF[NormalDistribution[mu,sigma],139.5]
```

Wir können die Wahrscheinlichkeiten aber auch händisch mithilfe der Tab. A.1 berechnen. Es gilt mit Stetigkeitskorrektur:

$$P(140 \leq X \leq 160) = \Phi\left(\frac{160+0.5-150}{8.66025}\right) - \Phi\left(\frac{140-0.5-150}{8.66025}\right)$$
$$= \Phi(1.21) - \Phi(-1.21).$$

Den Wert $\Phi(1.21)$ können wir direkt in der Tabelle ablesen. Dazu gehen wir in die Zeile mit der Bezeichnung 1.2 und wählen den Wert in der Spalte 0.01. Wir erhalten

$$\Phi(1.21) = 0.8867.$$

Den Wert $\Phi(-1.21)$ können wir nicht direkt aus der Tabelle ablesen, da nur die Werte ab $z = 0$ tabelliert sind. Es gilt aber der Zusammenhang

$$\Phi(-z) = 1 - \Phi(z)$$

(siehe Aufg. 6.19). Es ergibt sich

$$\Phi(-1.21) = 1 - \Phi(1.21) = 1 - 0.8867 = 0.1133,$$

und wir erhalten

$$P(140 \leq X \leq 160) = \Phi(1.21) - \Phi(-1.21) = 0.8867 - 0.1133 = 0.7734$$

als Näherung für unsere gesuchte Wahrscheinlichkeit. ◄

Die Notwendigkeit der Approximation der Binomialverteilung durch die Normalverteilung war früher gegeben, weil der numerische Aufwand bei der Berechnung kumulierter Binomialverteilungen zu groß war, um mit einem gewöhnlichen wissenschaftlichen Taschenrechner durchgeführt werden zu können. Aber auch heute liefern die hier gewonnenen Erkenntnisse interessante Einblicke in die Zusammenhänge zwischen diskreten und stetigen Verteilungen. Wir werden uns später damit noch weiter beschäftigen.

6.3.2 Normalverteilung

In diesem Abschnitt vertiefen wir unsere Kenntnisse über die bereits für die Approximation der Binomialverteilung verwendete *Normalverteilung*. Mithilfe der Normalverteilung wird das Verhalten vieler realer Zufallsvariablen adäquat beschrieben.

So entstehen beim Befüllen von Verpackungen, etwa von 500 g Zucker, Schwankungen um diesen Wert, die nicht zu groß sein sollen und innerhalb eines bestimmten

Toleranzbereichs liegen müssen. In der medizinischen Statistik spielt die Normalverteilung bei vielen Größen eine Rolle, z. B. ist die Körpergröße von Neugebo-
renen, die Arm- oder Beinlänge von Menschen oder der Blutdruck normalverteilt.
Ebenso genügen statistische Messfehler in der Physik oder Kursschwankungen bestimmter Aktien an der Börse einer solchen Verteilung. Es lohnt sich also, etwas
mehr darüber zu erfahren.

Wir erinnern uns an den letzten Abschnitt: Wir haben dort Wahrscheinlichkeiten
näherungsweise berechnet mithilfe von Flächen unter dem Graphen der Gauß'schen
Dichtefunktion ϕ. Die relevanten Eigenschaften der Funktion ϕ verwenden wir jetzt
für die allgemeine Definition einer *Dichtefunktion*.

Definition 6.15. Eine über $\mathbb{R}$ integrierbare Funktion $f : \mathbb{R} \to \mathbb{R}$ heißt *Dichtefunktion* oder *Wahrscheinlichkeitsdichte* einer Zufallsvariablen X, wenn gilt

(1) $f(x) \geq 0 \; \forall x \in \mathbb{R}$ (Positivitätseigenschaft),
(2) $\int_{-\infty}^{\infty} f(x)dx = 1$ (Normierungseigenschaft).

Wenn diese Eigenschaften erfüllt sind, dann sagt man auch, X habe eine
stetige Verteilung, gegeben durch

$$P(a \leq X \leq b) = \int_a^b f(x)dx.$$

Die im letzten Abschnitt eingeführte Funktion ϕ hat diese Eigenschaften. Eine Zufallsvariable X mit dieser Dichtefunktion heißt *standardnormalverteilt* oder $N(0,1)$-
verteilt, wobei sich die Zahl 0 auf den Erwartungswert und die Zahl 1 auf die Varianz
bezieht.

Allgemeiner definiert man die Normalverteilung mit Erwartungswert μ und Varianz
σ^2 wie folgt.

Definition 6.16. Eine stetige Zufallsvariable heißt *normalverteilt* oder
$N(\mu, \sigma^2)$-verteilt, wenn sie die Wahrscheinlichkeitsdichte

$$\phi_{\mu,\sigma^2}(x) = \frac{1}{\sigma\sqrt{2\pi}} e^{-\frac{(x-\mu)^2}{2\sigma^2}}$$

hat.

Die Verteilungsfunktion F einer stetigen Verteilung ist definiert als

$$F(z) := P(X \leq z) = \int_{-\infty}^z f(x)dx.$$

Die Verteilungsfunktion der Normalverteilung ist dann die Integralfunktion Φ_{μ,σ^2} mit

$$\Phi_{\mu,\sigma^2}(x) = \int_{-\infty}^{x} \phi_{\mu,\sigma^2}(t)dt.$$

Also gilt

$$P(a \leq X \leq b) = \int_{a}^{b} \phi_{\mu,\sigma^2}(x)dx.$$

Denkanstoß

Zeigen Sie, dass die Funktion ϕ_{μ,σ^2} die Eigenschaften (1) und (2) einer Dichtefunktion aus Def. 6.15 erfüllt.

Bemerkung

Aus Sicht der Integralrechnung gelangt man von der $N(\mu,\sigma^2)$-Verteilung zur $N(0,1)$-Verteilung durch eine Substitution. Mit $y := \frac{x-\mu}{\sigma}$ folgt

$$x = \sigma y + \mu,$$

und daher für die Ableitung

$$\frac{dx}{dy} = \sigma.$$

Es gilt also

$$\Phi_{\mu,\sigma^2}(z) = \frac{1}{\sigma\sqrt{2\pi}} \int_{-\infty}^{z} e^{-\frac{(x-\mu)^2}{2\sigma^2}} dx = \frac{1}{\sqrt{2\pi}} \int_{-\infty}^{\frac{z-\mu}{\sigma}} e^{-\frac{y^2}{2}} dy.$$

Aus Gründen der Vollständigkeit formulieren wir noch die Eigenschaften einer Verteilungsfunktion in einem Satz, den wir hier nicht beweisen wollen (siehe jedoch Aufg. 6.26 und Bauer 2011).

Satz 6.19. Sei F die Verteilungsfunktion einer stetigen Zufallsvariablen. Dann gilt

(1) F ist monoton steigend.
(2) $\lim\limits_{z \to -\infty} F(z) = 0$.
(3) $\lim\limits_{z \to \infty} F(z) = 1$.
(4) F ist (linksseitig) stetig.

Umgekehrt ist jede Funktion F mit diesen Eigenschaften Verteilungsfunktion einer Zufallsvariablen.

In der beschreibenden Statistik (siehe Abschn. 4.2.1) wurde bereits der Begriff des Quantils eingeführt. Auch in der Theorie der stetigen Verteilungen, insbesondere bei der Normalverteilung, spielt dieser Begriff eine Rolle, etwa bei Hypothesentests (siehe Kap. 7). Hier stellt sich die Frage, wann die Verteilungsfunktion einen bestimmten Wahrscheinlichkeitswert p annimmt. Wir geben die folgende Definition.

Definition 6.17. Sei F die Verteilungsfunktion einer stetigen Zufallsvariablen X. Für $0 < p < 1$ heißt die Zahl z_p mit $F(z_p) = p$ ein *p-Quantil* von X. Somit gilt

$$P(X \leq z_p) = p$$

(siehe Abb. 6.13).

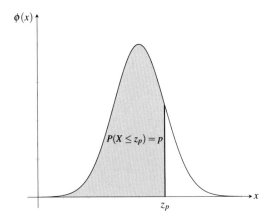

Abb. 6.13: p-Quantil der Standardnormalverteilung

Beispiel 6.27. Im Fall einer standardnormalverteilten (also $N(0,1)$-verteilten) Zufallsvariablen X gilt z. B. $\Phi(1.6449) = 0.95$. Somit ist $z_{0.95} = 1.6449$ das 0.95-Quantil von X. Im Anhang A finden Sie eine Tabelle der Funktion Φ (siehe Tab. A.1) sowie eine Tabelle ausgewählter Quantile (siehe Tab. A.2). ◄

Wenden wir uns einem Beispiel zur Normalverteilung zu.

Beispiel 6.28. Eine Gruppe von 14 Physik-Studenten experimentiert im Anfängerpraktikum mit einer Präzisionswaage, mit der die Masse eines Gegenstands aus dem Labor bestimmt werden soll. Jeder darf genau einmal messen. Es ergeben sich folgende Daten (in kg):

$$1.03797, 1.02756, 1.13045, 0.97250, 1.01492, 1.02494, 0.99689,$$
$$0.95471, 0.96211, 0.96273, 1.00255, 1.14210, 1.02330, 1.04612.$$

Die gemessene Masse lässt sich als Zufallsvariable X interpretieren. Jedoch kann diese Zufallsvariable im Gegensatz zu den bisherigen Beispielen nicht nur diskrete Werte annehmen, sondern (zumindest theoretisch) alle positiven reellen Zahlen. Realistisch handelt es sich offenbar um eine reelle Zahl aus dem Intervall $[0.95; 1.05]$. Wir haben es hier also mit einer stetigen Verteilung zu tun, der Normalverteilung.

Wir berechnen zunächst das arithmetische Mittel der Daten

$$\bar{x} = \frac{1}{n} \sum_{i=1}^{n} x_i$$

sowie deren Standardabweichung mithilfe der bekannten Methoden aus der beschreibenden Statistik (siehe Abschn. 4.2). Wir verwenden hierbei wie in der Experimentalphysik üblich die korrigierte Standardabweichung

$$S^2 = \sqrt{\frac{1}{n-1} \sum_{i=1}^{n} (x_i - \bar{x})^2}$$

(der Grund hierfür wird in Kap. 7 klar werden, siehe auch Hinweis in Bsp. 4.13 und Abschn. 7.2.2). Dabei dienen diese Werte als Schätzungen für μ bzw. σ. Wir erhalten dann

$$\mu = 1.02135$$

und

$$\sigma = 0.05697.$$

Die Dichtefunktion sieht dann folgendermaßen aus:

$$\phi_{1.02135,\,0.05697^2}(x) = 7.00267 e^{-154.056(x-1.02135)^2}.$$

Der Graph von $\phi_{1.02135,\,0.05697^2}$ ist in Abb. 6.14 dargestellt.

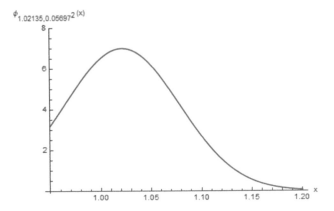

Abb. 6.14: Dichtefunktion aus Bsp. 6.28

Es lässt sich dann in sehr guter Näherung vorhersagen, mit welcher Wahrscheinlichkeit das Ergebnis einer Messung in einem bestimmten Intervall liegt. So gilt z. B.

$$P(0.99 \leq X \leq 1.01) = \int_{0.99}^{1.01} \phi_{\mu,\sigma^2}(x)dx \approx 0.12998.$$

Man kann natürlich bei den Berechnungen MATLAB bzw. Mathematica zuhilfe
nehmen. Die eingegebenen Daten werden dann auf eine mögliche Normalverteilung
hin geprüft. Der folgende Code liefert näherungsweise die richtige Verteilung.

```
sample=[1.03797 1.02756 1.13045 0.97250 1.01492 1.02494 0.99689 ...
    0.95471 0.96211 0.96273 1.00255 1.14210 1.02330 1.04612]
[m,s]=normfit(sample)
```

```
sample={1.03797,1.02756,1.13045,0.97250,1.01492,1.02494,0.99689,
    0.95471,0.96211,0.96273,1.00255,1.14210,1.02330,1.04612}
EstimatedDistribution[sample,NormalDistribution[My,Sigma]]
```

Die Dichtefunktion erhält man dann mit

```
m=1.02135;
s=0.05697;
x=0.8:0.01:1.2
y=normpdf(x,m,s)
plot(x,y)
```

```
m=1.02135;
s=0.05697;
Plot[PDF[NormalDistribution[m,s],x],{x,0.8,1.2}]
```

und die Wahrscheinlichkeit, dass das Ergebnis einer Messung im Intervall
[0.99; 1.01] liegt, bekommt man mit integrierten Funktionen:

```
p=normcdf([0.99 1.01],m,s)
p(2)-p(1)
```

```
f[x_]:=CDF[NormalDistribution[m,s],x]
f[1.01]-f[0.99]
```

Wir können auch die erzeugte Normalverteilungsfunktion als gewöhnliche Funktion g definieren und auf diese Weise die gesuchte Wahrscheinlichkeit bestimmen:

```
g=@(x) 7.00267*exp(-154.056*(-1.02135+x).^2);
integral(g,0.99,1.01)
```

```
g[x_]:=7.00267/Exp[154.056*(-1.02135+x)^2];
Integrate[g[x],{x,0.99,1.01}]]
```

Um die Masse zu bestimmen, die von 95 % der Messungen nicht überschritten wird, müssen wir das 95 %-Quantil $(z_{0.95})$ bestimmen

$$P(X \leq z_{0.95}) = 0.95.$$

Wenn wir diesen Wert mithilfe der Tab. A.1 bzw. A.2 bestimmen wollen, müssen wir die Zufallsvariable zunächst standardisieren (siehe Def. 6.13):

$$P\left(\frac{X-\mu}{\sigma} \leq \frac{z_{0.95}-\mu}{\sigma}\right) = 0.95$$

$$P(U \leq u_{0.95}) = 0.95.$$

Wir suchen im Inneren der Tab. A.1 den Wert 0.95. Das Quantil $u_{0.95}$ können wir an den Beschriftungen der Zeile und Spalte ablesen. Falls wir den Wert 0.95 nicht genau finden, verwenden wir als Näherung das Quantil, bei dem der Wert 0.95 das erste Mal überschritten wird. In unserem Beispiel erhalten wir $u_{0.95} = 1.65$. Besonders häufig benötigte Quantile werden in Tab. A.2 zusammengefasst. Wir können dort den genaueren Wert $u_{0.95} = 1.6449$ ablesen, den wir für unsere weiteren Rechnungen verwenden.

Der Wert $u_{0.95} = 1.6449$ ist nur Quantil der Standardnormalverteilung. Wir suchen jedoch das Quantil der Normalverteilung mit $\mu = 1.02135$ und $\sigma = 0.05697$. Um dieses zu erhalten, müssen wir die Standardisierung rückgängig machen:

$$\frac{z_{0.95}-\mu}{\sigma} = 1.6449$$

$$z_{0.95} = 1.6449\sigma + \mu = 1.11506.$$

95 % der Messungen weisen eine Masse von höchstens 1.115 06 kg auf.

Mit MATLAB und Mathematica können wir das gesuchte Quantil mit den folgenden Befehlen bestimmen:

```
z=norminv(0.95,m,s)
```

```
Quantile[NormalDistribution[m,s],0.95]
```

◀

Wir berechnen im Falle einer normalverteilten Zufallsvariablen X die Wahrscheinlichkeit $P(a \leq X \leq b)$ mit der Gleichung

$$P(a \leq X \leq b) = \int_a^b \phi_{\mu,\sigma^2}(x)dx.$$

Im Fall $a = b$ folgt also speziell

$$P(a \leq X \leq a) = \int_a^a \phi_{\mu,\sigma^2}(x)dx = 0.$$

Somit beträgt die Wahrscheinlichkeit, dass eine normalverteilte Zufallsvariable exakt den Wert a annimmt, null ($P(X = a) = 0$)!

Wir haben im Zusammenhang mit überabzählbaren Stichprobenräumen (siehe Abschn. 5.2.2) bereits festgestellt, dass ein Ereignis mit Wahrscheinlichkeit null keineswegs ein unmögliches Ereignis sein muss.

Generell gilt bei stetigen Verteilungen

$$P(a \leq X \leq b) = P(a < X < b) = P(a \leq X < b) = P(a < X \leq b).$$

Wir haben bisher den Erwartungswert und die Varianz bei der Normalverteilung statistisch über das arithmetische Mittel bzw. die empirische Varianz geschätzt oder mit MATLAB bzw. Mathematica bestimmen lassen. Mithilfe der Integralrechnung lassen sich allgemeine Formeln für den Erwartungswert und die Varianz bei stetigen Verteilungen herleiten, die man dann auf die Normalverteilung anwenden kann. Auf diesen formalen Übergang von diskreten Verteilungen (siehe Def. 6.4 und 6.7) zu stetigen Verteilungen soll hier verzichtet werden. Wir verweisen auf Krickeberg und Ziezold 2013.

Satz 6.20. Sei X eine stetige Zufallsvariable mit der Dichtefunktion f. Dann gilt

$$E(X) = \int_{-\infty}^{\infty} xf(x)dx$$

und

$$V(X) = \int_{-\infty}^{\infty} (x - \mu)^2 f(x)dx.$$

Satz 6.20 liefert für die Normalverteilung:

$$E(X) = \int_{-\infty}^{\infty} x\phi_{\mu,\sigma^2}(x)dx = \mu$$

und

$$V(X) = \int_{-\infty}^{\infty} (x-\mu)^2 \phi_{\mu,\sigma^2}(x)dx = \sigma^2,$$

wie man mithilfe von Substitution und partieller Integration zeigt (siehe Aufg. 6.24).

Das folgende Beispiel für eine normalverteilte Zufallsvariable führt uns auf wichtige Regeln.

Beispiel 6.29. Der Intelligenzquotient (kurz IQ) eines Menschen wird durch einen von Psychologen durchgeführten Intelligenztest ermittelt. Damit lassen sich die intellektuellen Leistungen der Probanden im Allgemeinen, aber auch in speziellen Bereichen (mathematische Begabung etc.) im Vergleich zu einer Referenzgruppe erkennen.

Der Intelligenzquotient eines Menschen in Deutschland ist eine annähernd normalverteilte Zufallsvariable mit Erwartungswert 100 und einer Standardabweichung von 15. Der Bereich der durchschnittlichen Intelligenz liegt im Intervall von 85 bis 115, also eine Standardabweichung um den Erwartungswert.

Bei einer Abweichung von mehr als zwei Standardabweichungen nach oben vom Erwartungswert spricht man von Hochbegabung. Wie viel Prozent der Deutschen sind durchschnittlich intelligent bzw. hochbegabt?

Lösung: Sei $X = IQ$. Dann berechnen wir für $\mu = 100$ und $\sigma = 15$ die Integrale numerisch:

$$P(85 < X < 115) = \int_{85}^{115} \frac{1}{15\sqrt{2\pi}} e^{-\frac{(x-100)^2}{2\cdot 15^2}} dx \approx 0.6827.$$

Somit sind etwa 68.3 % der deutschen Bevölkerung durchschnittlich begabt. Für die Hochbegabung erhalten wir

$$P(X > 130) = \int_{130}^{\infty} \frac{1}{15\sqrt{2\pi}} e^{-\frac{(x-100)^2}{2\cdot 15^2}} dx \approx 0.0228,$$

sodass sich etwa 2.28 % der Deutschen hochbegabt nennen dürfen.

Der MATLAB- bzw. Mathematica-Code dazu lautet wie folgt:

```
integral(@(x)1/(15*sqrt(2*pi))*exp(-(x-100).^2./(2*15^2)),85,115)
integral(@(x)1/(15*sqrt(2*pi))*exp(-(x-100).^2./(2*15^2)),130,inf)
```

```
Integrate[1/(15*Sqrt[2*Pi])/Exp[(0.5*(x-100)^2)/15^2],{x,85,115}]
Chop[Integrate[1/((15*Sqrt[2*Pi])*Exp[(0.5*(x-100)^2)/15^2]),
    {x,130,Infinity}]]
```

◄

Wir wollen das Ergebnis von Bsp. 6.29 allgemeiner fassen und fragen: Mit welcher Wahrscheinlichkeit liegt der Wert einer $N(\mu,\sigma^2)$-verteilten Zufallsvariablen in

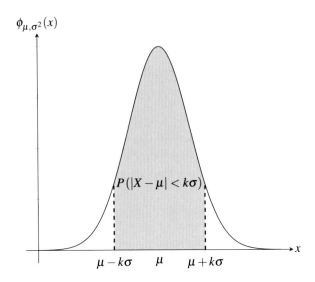

Abb. 6.15: Sigma-Regeln

einem Intervall von einer Standardabweichung (zwei, drei Standardabweichungen) um den Erwartungswert (siehe Abb. 6.15)? Die Antwort führt uns zu den *σ-Regeln*.

Die benötigten Integrale lassen sich nur numerisch berechnen, da sich für die Funktion ϕ_{μ,σ^2} keine Stammfunktion angeben lässt. Es gilt für alle möglichen Werte von μ und σ

$$P(\mu - \sigma < X < \mu + \sigma) = \int_{\mu-\sigma}^{\mu+\sigma} \frac{1}{\sigma\sqrt{2\pi}} e^{-\frac{(x-\mu)^2}{2\cdot\sigma^2}} \, dx \approx 0.6827,$$

$$P(\mu - 2\sigma < X < \mu + 2\sigma) = \int_{\mu-2\sigma}^{\mu+2\sigma} \frac{1}{\sigma\sqrt{2\pi}} e^{-\frac{(x-\mu)^2}{2\cdot\sigma^2}} \, dx \approx 0.9545,$$

$$P(\mu - 3\sigma < X < \mu + 3\sigma) = \int_{\mu-3\sigma}^{\mu+3\sigma} \frac{1}{\sigma\sqrt{2\pi}} e^{-\frac{(x-\mu)^2}{2\cdot\sigma^2}} \, dx \approx 0.9973$$

(siehe Abb. 6.16).

Wir verwenden ab jetzt die folgende kürzere Schreibweise mit dem Absolutbetrag:

$$P(\mu - k\sigma < X < \mu + k\sigma) = P(|X - \mu| < k\sigma)$$

für $k \in \mathbb{R}_+^*$.

Tab. 6.8 fasst die wichtigsten σ-Regeln für eine $N(\mu, \sigma^2)$-verteilte Zufallsvariable X zusammen.

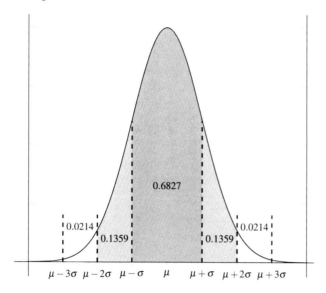

Abb. 6.16: Sigma-Regeln für $k = 1, 2, 3$

Tab. 6.8: σ-Regeln

Intervall	Wahrscheinlichkeit
$P(|X - \mu| < \sigma)$	0.6827
$P(|X - \mu| < 2\sigma)$	0.9545
$P(|X - \mu| < 3\sigma)$	0.9973
$P(|X - \mu| < 1.64\sigma)$	0.8990
$P(|X - \mu| < 1.96\sigma)$	0.9500
$P(|X - \mu| < 2.58\sigma)$	0.9901
$P(|X - \mu| < 3.29\sigma)$	0.9990

Diese σ-Regeln dürfen auch näherungsweise bei der Binomialverteilung verwendet werden, wenn die Laplace-Bedingung erfüllt bzw. n sehr groß ist.

Beispiel 6.30. Sei X binomialverteilt mit $n = 240$ und $p = 0.4$. Dann gilt $\mu = 96$ und $\sigma = 7.59 > 3$ (Laplace-Bedingung erfüllt). Da X binomialverteilt ist, also eine diskrete Verteilung besitzt, gilt nach den σ-Regeln (siehe Tab. 6.8):

$$P(|X - 96| < 7.59) = P(88.41 < X < 103.59) = P(89 \leq X \leq 103) \approx 0.6827.$$

Der mit der Binomialverteilung berechnete Wert ist

$$P(89 \leq X \leq 103) \approx 0.6770,$$

also erhält man hier mithilfe der σ-Regeln zumindest eine grobe Näherung. ◄

6.3.3 Exponentialverteilung

Wir wollen jetzt eine weitere wichtige stetige Verteilung kennenlernen, die bei der Modellierung der Lebensdauern von technischen Geräten, Atomkernen oder Wartezeiten Verwendung findet.

Definition 6.18. Eine stetige Zufallsvariable heißt *exponentialverteilt* zum Parameter λ, wenn sie die Wahrscheinlichkeitsdichte

$$f(x) = \begin{cases} \lambda e^{-\lambda x}, & x \geq 0 \\ 0, & x < 0 \end{cases}$$

hat.

Denkanstoß

Zeigen Sie, dass die Funktion f die Eigenschaften (1) und (2) einer Dichtefunktion aus Def. 6.15 erfüllt.

Der Graph dieser Dichtefunktion f für $\lambda = \frac{1}{2}$ im Bereich $x \geq 0$ ist in Abb. 6.17 dargestellt. Die Verteilungsfunktion ist dann die Integralfunktion F mit

$$F(z) = \int_{-\infty}^{z} f(x)dx = \int_{0}^{z} \lambda e^{-\lambda x}dx = -e^{-\lambda x}\Big|_{0}^{z} = 1 - e^{-\lambda z}.$$

Satz 6.21. Sei X eine zum Parameter λ exponentialverteilte Zufallsvariable. Dann gilt

$$E(X) = \frac{1}{\lambda}$$

und

$$V(X) = \frac{1}{\lambda^2}.$$

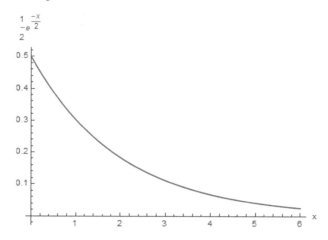

Abb. 6.17: Dichtefunktion der Exponentialverteilung für $x \geq 0$ und $\lambda = \frac{1}{2}$

Beweis. Wir beweisen die Formel für den Erwartungswert. Die Formel für die Varianz ist eine Übungsaufgabe (siehe Aufg. 6.27). Wir verwenden partielle Integration und Satz 6.20.

$$E(X) = \int_{-\infty}^{\infty} x f(x) dx = \int_{0}^{\infty} \lambda x e^{-\lambda x} dx = \lambda \int_{0}^{\infty} x e^{-\lambda x} dx$$

$$= \lambda \left(\left[-\frac{1}{\lambda} x e^{-\lambda x} \right]_{0}^{\infty} - \int_{0}^{\infty} -\frac{1}{\lambda} e^{-\lambda x} dx \right)$$

$$= \lambda \left(0 + \int_{0}^{\infty} \frac{1}{\lambda} e^{-\lambda x} dx \right)$$

$$= \int_{0}^{\infty} e^{-\lambda x} dx$$

$$= \left[-\frac{1}{\lambda} e^{-\lambda x} \right]_{0}^{\infty}$$

$$= \frac{1}{\lambda}. \qquad \qquad \square$$

Beispiel 6.31. Die Qualitätssicherung eines Elektronikunternehmens überprüft die Lebensdauer der vom Unternehmen produzierten Schaltkreise für bestimmte Controller und stellt fest, dass die mittlere Lebensdauer bei sieben Jahren liegt.

a) Wie groß ist die Wahrscheinlichkeit, dass ein von einem Kunden erworbener Controller aufgrund eines defekten Schaltkreises innerhalb der ersten drei Jahre ausfällt?

b) Wie viel Prozent der Schaltkreise halten länger als zehn Jahre?

Lösung:

a) Es gilt $\frac{1}{\lambda} = 7$ (in der Einheit Jahre), also $\lambda = \frac{1}{7} \approx 0.14286$. Somit gilt für die Zufallsvariable

$$X = \text{Lebensdauer des ausgewählten Schaltkreises in Jahren}$$

$$P(X < 3) = \int_0^3 \frac{1}{7} e^{-\frac{1}{7}x} dx \approx 0.3486.$$

Es ergibt sich also eine Ausfallwahrscheinlichkeit während der ersten drei Jahre von knapp 35 %.

b) Für einen zufällig ausgewählten Schaltkreis ist die Wahrscheinlichkeit, mehr als zehn Jahre zu funktionieren,

$$P(X > 10) = \int_{10}^{\infty} \frac{1}{7} e^{-\frac{1}{7}x} dx \approx 0.2397,$$

somit ist der Prozentsatz der nach über zehn Jahren noch funktionstüchtigen Schaltkreise 24 %.

In MATLAB bzw. Mathematica kann man diese Wahrscheinlichkeiten entweder direkt über die Integrale berechnen oder man nutzt die speziellen Verteilungsfunktionen.

```
%Berechnung ueber Integrale
integral(@(x)1/7*exp(-1/7*x),0,3)
integral(@(x)1/7*exp(-1/7*x),10,inf)
%Berechnung mit speziellem MATLAB-Befehl
expcdf(3,7)
1-expcdf(10,7)
```

```
N[Integrate[1/7*Exp[-x/7],{x,0,3}]]
N[Integrate[1/7*Exp[-x/7],{x,10,Infinity}]]
(*Berechnung mithilfe der speziellen Mathematica-Funktion:*)
N[CDF[ExponentialDistribution[1/7],3]]
N[1-CDF[ExponentialDistribution[1/7],10]]
```

◀

Ähnlich, wie die Binomialverteilung nach dem Poisson'schen Grenzwertsatz (siehe Satz 6.13) durch die Poisson-Verteilung approximiert wird, gibt es einen ähnlichen Zusammenhang auch zwischen der (diskreten) geometrischen Verteilung und der (stetigen) Exponentialverteilung.

Sei $(X_n)_n$ eine Folge geometrisch verteilter Zufallsvariablen mit den jeweiligen Erfolgswahrscheinlichkeiten p_n. Wir betrachten die Zufallsvariablen $\frac{X_n}{n}$. Es gelte wie beim Poisson'schen Grenzwertsatz

$$\lim_{n \to \infty} n p_n = \lambda.$$

Dann gilt nach der Summenformel für die geometrische Reihe ($k \in \mathbb{N}$)

$$P(X_n \leq kn) = \sum_{i=1}^{kn} (1 - p_n)^{i-1} p_n$$

$$= p_n \sum_{i=1}^{kn} (1 - p_n)^{i-1}$$

$$= p_n \frac{1 - (1 - p_n)^{kn}}{p_n}$$

$$= 1 - (1 - p_n)^{kn}.$$

Betrachten wir jetzt $\frac{X_n}{n}$ und ersetzen k durch den (diskreten) Zeitparameter t, dann ergibt sich

$$P\left(\frac{X_n}{n} \leq t\right) = 1 - (1 - p_n)^{tn}$$

und damit

$$\lim_{n \to \infty} P\left(\frac{X_n}{n} \leq t\right) = \lim_{n \to \infty} \left(1 - (1 - p_n)^{tn}\right)$$

$$= \lim_{n \to \infty} \left(1 - \left(1 - \frac{np_n}{n}\right)^{tn}\right)$$

$$= 1 - e^{-\lambda t},$$

wegen $\lim_{n \to \infty} \left(1 - \frac{\lambda}{n}\right)^n = e^{-\lambda}$, und man erhält den gleichen Ausdruck wie bei der Exponentialverteilung.

Die geometrische Verteilung und die Exponentialverteilung haben auch eine wichtige gemeinsame Eigenschaft, die *Gedächtnislosigkeit*. Das bedeutet, dass die bedingten Wahrscheinlichkeitsverteilungen bei beliebigen Vorbedingungen gleich sind. Somit hängt z. B. die Ausfallwahrscheinlichkeit eines technischen Gerätes nicht von der bereits verstrichenen Verwendungszeit ab. Es gilt die folgende Definition.

Definition 6.19. Sei X eine Zufallsvariable über einem Wahrscheinlichkeitsraum $(\Omega, \Sigma(\mathscr{O}_+), P)$, wobei $\Sigma(\mathscr{O}_+)$ die σ-Algebra der Borel'schen Mengen auf $\mathbb{R}_+$ ist. Die Wahrscheinlichkeitsverteilung von X heißt *gedächtnislos*, wenn für alle $x, t \geq 0$ gilt

$$P(X \geq t + x | X \geq t) = P(X \geq x).$$

Satz 6.22. Die Exponentialverteilung ist gedächtnislos.

Beweis. Seien $x, t \geq 0$. Dann gilt für die exponentialverteilte Zufallsvariable X

$$
\begin{aligned}
P(X \geq t + x | X \geq t) &= \frac{P(X \geq t + x)}{P(X \geq t)} \\
&= \frac{e^{-\lambda(t+x)}}{e^{-\lambda t}} \\
&= e^{-\lambda x} \\
&= P(X \geq x).
\end{aligned}
$$

□

Denkanstoß

Zeigen Sie, dass die geometrische Verteilung ebenfalls gedächtnislos ist!

6.3.4 Aufgaben

Übung 6.17. Ⓑ Approximieren Sie die Binomialverteilung mit $n = 50$ bzw. $n = 100$ und jeweils $p = 0.5$ mithilfe der Normalverteilung. Berechnen Sie in beiden Fällen einmal mit und einmal ohne Stetigkeitskorrektur die Wahrscheinlichkeiten

$$
P\left(\frac{n}{2} - 10 \leq X \leq \frac{n}{2} + 10\right)
$$

und vergleichen Sie die erhaltenen Werte mit dem Ergebnis nach der klassischen Formel.

Übung 6.18. Ⓑ Gegeben sei die Dreiecksverteilung mit der Dichtefunktion

$$
f(x) = \begin{cases} \frac{1}{4}x & \text{für } 0 \leq x \leq 2 \\ -\frac{1}{4}x + 1 & \text{für } 2 < x \leq 4 \\ 0 & \text{sonst.} \end{cases}
$$

a) Zeigen Sie, dass die gegebene Funktion die Eigenschaften einer Dichtefunktion nach Def. 6.15 erfüllt.

b) Bestimmen Sie die zugehörige Verteilungsfunktion.

c) Bestimmen Sie mithilfe der Verteilungsfunktion die Wahrscheinlichkeiten $P(X < 2.4)$, $P(x > 0.5)$ und $P(1.7 < X \leq 3.1)$.

d) Bestimmen Sie den Erwartungswert.

e) Berechnen Sie unter Verwendung der Steiner'schen Formel (siehe Satz 6.3) die Varianz.

Übung 6.19. 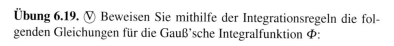 Beweisen Sie mithilfe der Integrationsregeln die folgenden Gleichungen für die Gauß'sche Integralfunktion Φ:

$$\Phi(-z) = 1 - \Phi(z) \quad \forall z \in \mathbb{R}$$

und

$$\Phi(z) - \Phi(-z) = 2\Phi(z) - 1 \quad \forall z \in \mathbb{R}.$$

Übung 6.20. Sei X eine standardnormalverteilte Zufallsvariable. Berechnen Sie die Wahrscheinlichkeiten

  a) $P(|X| \geq 2)$ b) $P(|X| \leq 1.5)$ c) $P(X > 0.5)$ d) $P(X \geq 0.5)$

Übung 6.21. Sei X eine $N(1,4)$-verteilte Zufallsvariable. Berechnen Sie die Wahrscheinlichkeiten

  a) $P(|X| \geq 1)$ b) $P(|X| \leq 0.5)$ c) $P(X > 1.5)$ d) $P(X \geq 0.6)$

Übung 6.22. Sei X eine standardnormalverteilte Zufallsvariable. Bestimmen Sie jeweils das gesuchte Quantil z:

  a) $P(X < z) = 0.7$ b) $P(X > z) = 0.6$

  c) $P(|X| < z) = 0.6$ d) $P(|X| > z) = 0.3$

Übung 6.23. Sei X eine $N(1,4)$-verteilte Zufallsvariable. Bestimmen Sie jeweils das gesuchte Quantil z:

  a) $P(X < z) = 0.4$ b) $P(X > z) = 0.8$

  c) Ⓑ $P(|X - 1| < z) = 0.8$ d) Ⓑ $P(|X - 1| > z) = 0.6$

Übung 6.24. Ⓑ Beweisen Sie mithilfe von Substitution und partieller Integration, dass gilt

$$\int_{-\infty}^{\infty} x \phi_{\mu,\sigma^2}(x) dx = \mu$$

und

$$\int_{-\infty}^{\infty} (x-\mu)^2 \phi_{\mu,\sigma^2}(x)dx = \sigma^2.$$

Übung 6.25. Ⓑ Sei X binomialverteilt mit $n = 400$ und $p = 0.25$. Berechnen Sie mithilfe der σ-Regeln näherungsweise $P(|X - 100| \leq 17)$ und $P(78 < X < 122)$. Vergleichen Sie die Werte jeweils mit den mittels der kumulierten Binomialverteilung berechneten.

Übung 6.26. Ⓑ Beweisen Sie, dass Verteilungsfunktionen stetiger Zufallsvariablen monoton steigend sind, also die Eigenschaft (1) aus Satz 6.19.

Übung 6.27. Ⓑ Beweisen Sie den zweiten Teil von Satz 6.21: Sei X eine zum Parameter λ exponentialverteilte Zufallsvariable. Dann gilt

$$V(X) = \frac{1}{\lambda^2}.$$

Übung 6.28. Ⓑ Die Wartezeit bei einer Telefonhotline ist exponentialverteilt. Untersuchungen haben ergeben, dass ein Kunde im Schnitt sechs Minuten warten muss, bis sein Anruf bedient werden kann.

a) Mit welcher Wahrscheinlichkeit hat ein Kunde das Glück, binnen einer Minute durchzukommen?

b) Mit welcher Wahrscheinlichkeit muss ein Kunde zwischen fünf und sieben Minuten warten?

c) Wie viel Prozent der Kunden werden vermutlich nach zehn Minuten entnervt auflegen?

6.4 Vertiefungen

In diesem Kapitel bieten wir zusätzlichen Stoff an für Interessierte, die sich etwas tiefer in die Wahrscheinlichkeitstheorie einarbeiten wollen. Das Kapitel schlägt somit einerseits eine Brücke zur Fachliteratur für Mathematiker, andererseits wird Anwendern sehr spezieller Gebiete die Möglichkeit gegeben, ein mathematisches Fundament für den Bereich ihres Interesses aufzubauen. Aus diesem Kapitel wird im weiteren Verlauf des Buches lediglich die Kernaussage des zentralen Grenzwertsatzes (Satz 6.23) benötigt.

6.4.1 Zentraler Grenzwertsatz

Der *zentrale Grenzwertsatz* (oder *Satz von Lindeberg-Lévy*) ist eine Verallgemeinerung des Satzes von deMoivre-Laplace (siehe Satz 6.18). Wir formulieren ihn zunächst und wenden ihn auf einige Beispiele an. Ein formaler Beweis benötigt zu viele mathematische Hilfsmittel, die über dieses Buch hinausgehen. Wir verzichten daher darauf und verweisen auf Gänssler und Stute 2013.

Satz 6.23 (Zentraler Grenzwertsatz). Sei $(X_i)_{i \in \mathbb{N}}$ eine Folge unabhängiger Zufallsvariablen, die alle die gleiche Verteilung besitzen mit existierenden gleichen Erwartungswerten μ und Varianzen $\sigma^2 > 0$. Dann gilt mit $S_n := \sum_{i=1}^{n} X_i$ und für $x_1, x_2 \in \mathbb{R}$:

$$\lim_{n \to \infty} P\left(x_1 \leq \frac{S_n - n\mu}{\sigma \sqrt{n}} \leq x_2 \right) = \Phi(x_2) - \Phi(x_1).$$

Der Satz bedeutet, dass unter den beschriebenen Bedingungen die Verteilungsfunktion von $Z_n := \frac{S_n - n\mu}{\sigma \sqrt{n}}$ punktweise gegen die Verteilungsfunktion der Standardnormalverteilung konvergiert. Das heißt anschaulich, dass die Summe von stochastisch unabhängigen Zufallsvariablen unter den gegebenen Bedingungen annähernd normalverteilt ist.

Beispiel 6.32. Wir betrachten den fünfmaligen Wurf mit einem gewöhnlichen Laplace-Würfel. Sei

$$X_i = Augenzahl\ beim\ i\text{-}ten\ Wurf,\ i \in \{1; 2; 3; 4; 5\}.$$

Dann sind alle Zufallsvariablen X_i unabhängig und identisch verteilt mit $E(X_i) = \frac{7}{2} = 3.5$ und $V(X_i) = \frac{35}{12}$. Es gilt wegen der Linearität des Erwartungswertes (siehe Satz 6.1) und der wegen der Unabhängigkeit erfüllten Bienaymé'schen Gleichung (siehe Satz 6.5 und 6.6) für $X := S_5 = \sum_{i=1}^{5} X_i$:

$$E(X) = \sum_{i=1}^{5} E(X_i) = 5 \cdot 3.5 = 17.5$$

und

$$V(X) = \sum_{i=1}^{5} V(X_i) = 5 \cdot \frac{35}{12} = \frac{175}{12},$$

also $\sigma = 3.82$. Z. B. beträgt die Wahrscheinlichkeit, beim fünfmaligen Wurf eine Augensumme unter 20 zu würfeln, damit

$$P(X \leq 19) \approx \Phi\left(\frac{19 - 17.5}{3.82} \right) \approx 0.6527.$$

Der zentrale Grenzwertsatz erlaubt also die einfache Berechnung solcher Wahrscheinlichkeiten, die nach klassischen Verfahren wesentlich umständlicher zu berechnen sind. ◀

Beispiel 6.33. Die Supermarktkette Universum AG, die aufgrund günstiger Einkaufskonditionen besonders attraktive Angebote bieten kann, möchte in ländliche Bereiche expandieren. Dabei ist geplant, in etlichen Dörfern Filialen zu errichten. Ein beauftragtes Marktforschungsinstitut hat herausgefunden, dass das Marktvolumen pro Haushalt bei den infrage kommenden Gegenden durchschnittlich 200 Euro pro Quartal beträgt, bei einer Standardabweichung von 160 Euro. Eine Testfiliale in A-Dorf, die bereits zwei Jahre geöffnet hat und 600 Haushalte versorgen kann, liefert hierzu Daten: Es wurden durchschnittlich 130 000 Euro Gesamtumsatz pro Quartal erzielt. Wie groß ist die Wahrscheinlichkeit, dass die Universum AG bei konstanten Marktbedingungen diesen Umsatz erhöhen kann?

Lösung: Wir haben eine Datenbasis aus 600 Haushalten. Die Zufallsvariable X_i bezeichne die Quartalsausgaben des i-ten Haushalts ($i = 1, 2, 3..., 600$). Wir gehen von unabhängigen, identisch verteilten X_i aus, was sicherlich näherungsweise gerechtfertigt ist. Dann gibt

$$S_n = \sum_{i=1}^{600} X_i$$

die gesamten Ausgaben der Haushalte in der Testfiliale A-Dorf an. Es gilt dann wieder

$$E(S_n) = \sum_{i=1}^{600} E(X_i) = 600 \cdot 200 = 120\,000$$

und

$$V(S_n) = \sum_{i=1}^{600} V(X_i) = 600 \cdot 160^2 = 15\,360\,000,$$

also $\sigma \approx 3919.18$. Für die gesuchte Wahrscheinlichkeit gilt

$$P(S_n > 130\,000) = 1 - P(S_n \le 130\,000) \approx 1 - \Phi\left(\frac{130\,000 - 120\,000}{3919.18}\right)$$

$$\approx 1 - \Phi(2.5516)$$

$$\approx 0.0054.$$

Die Universum AG hat also kaum Chancen, einen größeren Umsatz bei gleichbleibenden Marktbedingungen zu erzielen. ◀

Wir betrachten jetzt allgemein ein Zufallsexperiment und eine Zufallsvariable X. Die Zufallsvariablen X_i ($i = 1, 2, ..., n$) geben den Wert an, den X bei der i-ten Durchführung des insgesamt n-mal durchgeführten Experimentes annimmt. Unter dem *Stichprobenmittel* der Zufallsvariablen X_i versteht man die Größe

$$\overline{X} = \frac{1}{n} \sum_{i=1}^{n} X_i.$$

Satz 6.24. Mit den obigen Bezeichnungen sei

$$E(X) = E(X_i) = \mu_X$$

und

$$V(X) = V(X_i) = \sigma_X^2.$$

Dann gilt

$$\mu_{\overline{X}} = E(\overline{X}) = E(X) = \mu_X$$

und

$$\sigma_{\overline{X}} = \sqrt{V(\overline{X})} = \sqrt{\frac{1}{n} V(X)} = \frac{\sigma_X}{\sqrt{n}}.$$

Letzteres wird auch als $\frac{1}{\sqrt{n}}$-*Gesetz* bezeichnet.

Beweis. Die Behauptungen folgen unmittelbar aus Satz 6.1 und Satz 6.5. □

Nach dem zentralen Grenzwertsatz 6.23 ist das Stichprobenmittel für große n eine normalverteilte Zufallsvariable. Somit gelten die σ-Regeln für die Wahrscheinlichkeiten

$$P\left(|\overline{X} - \mu_{\overline{X}}| \leq z\sigma_{\overline{X}}\right) = P\left(|\overline{X} - \mu_{\overline{X}}| \leq z\frac{\sigma_X}{\sqrt{n}}\right),$$

die wir in der beurteilenden Statistik (siehe Kap. 7) noch benötigen werden.

6.4.2 Markoff-Ungleichung und Tschebyscheff-Ungleichung

Dieser Abschnitt liefert wichtige Ungleichungen der Stochastik, die wir im nachfolgenden Abschnitt bei den Gesetzen der großen Zahlen benötigen werden. Wir führen sie daher hier mitsamt Beweisen vor.

Satz 6.25 (Markoff'sche Ungleichung). Sei X eine Zufallsvariable über einem Wahrscheinlichkeitsraum $(\Omega, \mathscr{A}, P)$. Dann gilt

$$P\left(\{\omega \in \Omega \mid |X(\omega)| \geq \varepsilon\}\right) \leq \frac{1}{\varepsilon} E(|X|) \quad \forall \varepsilon > 0.$$

Beweis. Sei $\varepsilon > 0$ beliebig. Wir betrachten die Indikatorvariable $1_{\left\{\omega \in \Omega \,\middle|\, |X(\omega)| \geq \varepsilon\right\}}$ zur Menge $\left\{\omega \in \Omega \,\middle|\, |X(\omega)| \geq \varepsilon\right\}$. Dann gilt nach Definition der Indikatorvariablen

$$E\left(1_{\left\{\omega \in \Omega \,\middle|\, |X(\omega)| \geq \varepsilon\right\}}\right) = P\left(\left\{\omega \in \Omega \,\middle|\, |X(\omega)| \geq \varepsilon\right\}\right).$$

Damit folgt

$$\begin{aligned} E\left(|X|\right) &\geq E\left(|X|1_{\left\{\omega \in \Omega \,\middle|\, |X(\omega)| \geq \varepsilon\right\}}\right) \\ &\geq \varepsilon E\left(1_{\left\{\omega \in \Omega \,\middle|\, |X(\omega)| \geq \varepsilon\right\}}\right) \\ &= \varepsilon P\left(\left\{\omega \in \Omega \,\middle|\, |X(\omega)| \geq \varepsilon\right\}\right). \qquad \square \end{aligned}$$

Aus der Markoff'schen Ungleichung folgt die *Tschebyscheff'sche Ungleichung*.

Satz 6.26 (Tschebyscheff'sche Ungleichung). Sei X eine Zufallsvariable über einem Wahrscheinlichkeitsraum $(\Omega, \mathscr{A}, P)$ mit $E(X) = 0$. Dann gilt

$$P\left(\left\{\omega \in \Omega \,\middle|\, |X(\omega)| \geq \varepsilon\right\}\right) \leq \frac{1}{\varepsilon^2} V(X) \quad \forall \varepsilon > 0.$$

Beweis. Sei $\varepsilon > 0$ beliebig. Wegen

$$\left\{\omega \in \Omega \,\middle|\, |X(\omega)| \geq \varepsilon\right\} \subset \left\{\omega \in \Omega \,\middle|\, |X(\omega)|^2 \geq \varepsilon^2\right\}$$

folgt nach der Markoff'schen Ungleichung

$$\begin{aligned} P\left(\left\{\omega \in \Omega \,\middle|\, |X(\omega)| \geq \varepsilon\right\}\right) &\leq P\left(\left\{\omega \in \Omega \,\middle|\, |X(\omega)|^2 \geq \varepsilon^2\right\}\right) \\ &\leq \frac{1}{\varepsilon^2} E\left(|X|^2\right) \\ &= \frac{1}{\varepsilon^2} E\left(X^2\right) \\ &= \frac{1}{\varepsilon^2} V(X). \end{aligned}$$

In der letzten Gleichung wurde $E(X) = 0$ verwendet. $\qquad \square$

Betrachten wir jetzt die Zufallsvariablen $(X_i)_i \in \{1, 2, ..., n\}$ von paarweise unkorrelierten, zentrierten Zufallsvariablen. Dann folgt unmittelbar aus der Tschebyscheff'schen Ungleichung und der Bienaymé'schen Gleichung

$$P\left(\left\{\omega \in \Omega \left|\left|\sum_{i=1}^{n} X_i(\omega)\right| \geq \varepsilon\right.\right\}\right) \leq \frac{1}{\varepsilon^2} \sum_{i=1}^{n} V(X_i) \quad \forall \varepsilon > 0.$$

Betrachten wir nun eine beliebige Zufallsvariable X auf $(\Omega, \mathscr{A}, P)$ mit $E(X) = \mu$. Dann erfüllt die Zufallsvariable $X - \mu$ die Voraussetzungen von Satz 6.26, und wegen

$$V(X) = V(X - \mu) = \sigma^2$$

gilt dann

$$P\left(\left\{\omega \in \Omega \left|\left|X(\omega)\right| < \varepsilon\right.\right\}\right) = 1 - P\left(\left\{\omega \in \Omega \left|\left|X(\omega)\right| \geq \varepsilon\right.\right\}\right) \geq 1 - \frac{1}{\varepsilon^2} V(X) = 1 - \frac{\sigma^2}{\varepsilon^2}.$$

Beispiel 6.34. Sei X eine binomialverteilte Zufallsvariable mit $E(X) = np$ und $V(X) = np(1-p)$. Dann gilt

$$\begin{aligned} P\left(\left\{\omega \in \Omega \left|\left|\frac{X(\omega)}{n} - p\right| < \varepsilon\right.\right\}\right) &= P\left(\left\{\omega \in \Omega \left|\left|X(\omega) - np\right| < n\varepsilon\right.\right\}\right) \\ &\geq 1 - \frac{np(1-p)}{n^2 \varepsilon^2} \\ &= 1 - \frac{p(1-p)}{n \varepsilon^2}. \end{aligned}$$ ◄

6.4.3 Gesetze der großen Zahlen

In diesem Abschnitt wollen wir einige stochastische Grenzwertsätze vorstellen, die *Gesetze der großen Zahlen*. Bei diesen geht es um die Beziehungen zwischen relativen Häufigkeiten und Wahrscheinlichkeiten in häufigen (n-fachen) gleichartigen Wiederholungen von Zufallsexperimenten, d. h. theoretisch um das Verhalten der relativen Häufigkeiten für $n \to \infty$. Wir betrachten als einfaches Beispiel noch einmal die binomialverteilte Zufallsvariable aus Bsp. 6.34. Dort gilt nach der Tschebyscheff-Ungleichung für ein beliebiges $\varepsilon > 0$

$$P\left(\left\{\omega \in \Omega \left|\left|\frac{X(\omega)}{n} - p\right| < \varepsilon\right.\right\}\right) \geq 1 - \frac{p(1-p)}{n \varepsilon^2}.$$

Daraus folgt im Grenzwert

$$\lim_{n \to \infty} P\left(\left\{\omega \in \Omega \left|\left|\frac{X(\omega)}{n} - p\right| < \varepsilon\right.\right\}\right) = \lim_{n \to \infty} \left(1 - \frac{p(1-p)}{n \varepsilon^2}\right) = 1$$

(Gleichheit, da Wahrscheinlichkeiten nicht größer als 1 werden können!). Somit strebt bei n-stufigen Bernoulli-Ketten für ein beliebig kleines $\varepsilon > 0$ die Wahrscheinlichkeit, dass die relative Häufigkeit von der Erfolgswahrscheinlichkeit p um höchstens ε abweicht, gegen eins. Somit gilt natürlich auch

$$\lim_{n\to\infty} P\left(\left\{\omega \in \Omega \,\middle|\, \left|\frac{X(\omega)}{n} - p\right| > \varepsilon\right\}\right) = 0 \quad \forall \varepsilon > 0.$$

Das bedeutet eine Stabilisierung der relativen Häufigkeit für sehr große n. Im Abschn. 5.1.1 ist uns dieses Phänomen schon bei statistischen Wahrscheinlichkeiten begegnet, wurde dort aber nur intuitiv erfasst. Das eben beobachtete Verhalten relativer Häufigkeiten kann allgemeiner gefasst werden im *Bernoulli'schen Gesetz der großen Zahlen*.

Definition 6.20. Sei $(X_n)_{n\in\mathbb{N}}$ eine Folge von Zufallsvariablen über einem Wahrscheinlichkeitsraum $(\Omega, \mathscr{A}, P)$. Diese Folge konvergiert *P-stochastisch* gegen eine Zufallsvariable X über $(\Omega, \mathscr{A}, P)$, wenn gilt

$$\lim_{n\to\infty} P\left(\left\{\omega \in \Omega \,\middle|\, |X_n(\omega) - X(\omega)| > \varepsilon\right\}\right) = 0 \quad \forall \varepsilon > 0.$$

In Kurzschreibweise:

$$\lim_{n\to\infty} P\left(|X_n - X| > \varepsilon\right) = 0 \quad \forall \varepsilon > 0.$$

Wir verwenden ab jetzt die Kurzschreibweise, um die Darstellung etwas übersichtlicher zu gestalten.

Satz 6.27 (Bernoulli'sches Gesetz der großen Zahlen). Sei $(X_n)_{n\in\mathbb{N}}$ eine Folge von unabhängigen und identisch verteilten Zufallsvariablen mit gemeinsamem Erwartungswert $E(X_i) = \mu \; \forall i \in \{1, ..., n\}$ und Varianz $V(X_i) = V(X_1) \; \forall i \in \{1, ..., n\}$ über einem Wahrscheinlichkeitsraum $(\Omega, \mathscr{A}, P)$. Dann konvergiert die Folge $\left(\frac{1}{n}\sum_{i=1}^{n} X_i\right)_n$ *P-stochastisch* gegen μ, d. h.

$$\lim_{n\to\infty} P\left(\left|\frac{1}{n}\sum_{i=1}^{n} X_i - \mu\right| > \varepsilon\right) = 0 \quad \forall \varepsilon > 0.$$

Als Merkregel: Das arithmetische Mittel der Zufallsvariablen konvergiert *P-stochastisch* gegen den Erwartungswert.

Beweis. Für die zentrierten Zufallsvariablen $Y_i := X_i - \mu$ folgt unmittelbar aus der Tschebyscheff'schen Ungleichung, der Bienaymé'schen Gleichung und der Tatsache, dass alle Y_i die gleiche Varianz haben,

$$P\left(\left|\sum_{i=1}^{n} Y_i\right| \geq \varepsilon\right) \leq \frac{1}{\varepsilon^2} \sum_{i=1}^{n} V(Y_i) = \frac{n}{\varepsilon^2} V(Y_1) \quad \forall \varepsilon > 0.$$

Wegen $V\left(\frac{X}{n}\right) = \frac{1}{n^2} V(X)$ und $V(Y_1) = V(X_1)$ gilt dann

$$P\left(\left|\frac{1}{n}\sum_{i=1}^{n} X_i - \mu\right| \geq \varepsilon\right) \leq \frac{V(X_1)}{n\varepsilon^2} \quad \forall \varepsilon > 0.$$

Daraus folgt sofort

$$\lim_{n\to\infty} P\left(\left|\frac{1}{n}\sum_{i=1}^{n} X_i - \mu\right| \geq \varepsilon\right) = 0 \quad \forall \varepsilon > 0,$$

und erst recht

$$\lim_{n\to\infty} P\left(\left|\frac{1}{n}\sum_{i=1}^{n} X_i - \mu\right| > \varepsilon\right) = 0 \quad \forall \varepsilon > 0. \qquad \square$$

Man sagt in dem folgenden allgemeineren Fall, dass die Folge $(X_n)_{n\in\mathbb{N}}$ dem *schwachen Gesetz der großen Zahlen* genügt.

Definition 6.21. Eine Folge $(X_n)_{n\in\mathbb{N}}$ von Zufallsvariablen über einem Wahrscheinlichkeitsraum $(\Omega, \mathscr{A}, P)$ mit existierenden Erwartungswerten $E(X_n)$ genügt dem *schwachen Gesetz der großen Zahlen*, wenn

$$\lim_{n\to\infty} P\left(\left|\frac{1}{n}\sum_{i=1}^{n} (X_i - E(X_i))\right| > \varepsilon\right) = 0 \quad \forall \varepsilon > 0.$$

Beispiel 6.35. Das Bernoulli'sche Gesetz der großen Zahlen wird häufig missverstanden. So hat ein Roulette-Rad kein Gedächtnis, d. h., das Ergebnis jedes Wurfs ist unabhängig von allen anderen Würfen. Das bedeutet eben **nicht**, dass nach einer Phase des häufigen Fallens roter Zahlen zwangsläufig häufiger Schwarz kommen muss.

Es gibt keinen absoluten, sondern nach dem Bernoulli'schen Gesetz nur einen relativen Ausgleich. So kann es sein, dass (von Zero einmal abgesehen) nach 100 000 Würfen 52 000-mal rot, aber nur 48 000-mal schwarz gefallen ist. Nach 1 000 000 Würfen könnte es dann passieren, dass 510 000-mal rot und 490 000-mal schwarz gefallen ist. Wir haben im ersten Fall eine absolute Differenz von 4000, im zweiten Fall aber bereits eine Differenz von 20 000 Würfen zwischen rot und schwarz!

Die Differenz der Anzahlen roter und schwarzer Würfe darf durchaus größer werden, obwohl nach dem Bernoulli'schen Gesetz der Quotient dieser Anzahlen gegen 1 strebt (beide relativen Häufigkeiten nähern sich dem Wert 0.5)! Dem Roulettespieler nützen also Beobachtungen der gefallenen Zahlen überhaupt nichts, und mit der falschen Vorstellung eines absoluten Ausgleichs wurde schon viel Geld verloren. Den Glauben an darauf aufbauende „todsichere" Systeme darf man also getrost aufgeben!   ◄

Beispiel 6.36. Denken wir uns die unendliche Wiederholung eines Wurfes mit einem Laplace-Würfel. X_i sei die Augenzahl des i-ten Wurfs. Dann gilt für beliebige $\varepsilon > 0$

$$\lim_{n \to \infty} P\left(\left| \frac{1}{n} \sum_{i=1}^{n} X_i - 3.5 \right| > \varepsilon \right) = 0,$$

das arithmetische Mittel konvergiert also P-stochastisch gegen den Erwartungswert.   ◄

Definition 6.22. Sei $(X_n)_{n \in \mathbb{N}}$ eine Folge von Zufallsvariablen über einem Wahrscheinlichkeitsraum $(\Omega, \mathscr{A}, P)$. Diese Folge konvergiert *P-fast sicher* gegen eine Zufallsvariable X über $(\Omega, \mathscr{A}, P)$, wenn gilt

$$P\left(\left\{ \omega \in \Omega \, \middle| \, \lim_{n \to \infty} X_n(\omega) = X(\omega) \right\} \right) = 1.$$

Kurzschreibweise:

$$P\left(\lim_{n \to \infty} X_n = X \right) = 1.$$

Aus der P-fast sicheren Konvergenz folgt immer die P-stochastische Konvergenz, sodass die P-fast sichere Konvergenz eine schärfere Bedingung ist (siehe Gänssler und Stute 2013). Ein weiteres, schärferes Gesetz der großen Zahlen verwendet diesen Begriff.

Definition 6.23. Eine Folge $(X_n)_{n \in \mathbb{N}}$ von Zufallsvariablen über einem Wahrscheinlichkeitsraum $(\Omega, \mathscr{A}, P)$ mit existierenden Erwartungswerten $E(X_n)$ genügt dem *starken Gesetz der großen Zahlen*, wenn

$$P\left(\lim_{n \to \infty} \frac{1}{n} \sum_{i=1}^{n} (X_i - E(X_i)) = 0 \right) = 1.$$

Aus dem starken Gesetz der großen Zahlen folgt das schwache Gesetz der großen Zahlen aufgrund des eben erwähnten Zusammenhangs zwischen P-fast sicherer und stochastischer Konvergenz.

Beispiel 6.37. Wir haben das starke Gesetz der großen Zahlen bereits (ohne es zu erwähnen) angewendet zu Beginn des Abschn. 5.6, bei der Monte-Carlo-Simulation des Zufallsregens. Wir haben dort zufällig Punkte in einem Einheitsquadrat $[0;1]^2$ erzeugen lassen, indem wir den Pseudozufallszahlengenerator von MATLAB bzw. Mathematica benutzt haben. Was ist dabei mathematisch geschehen?

Die x-Koordinaten der zufälligen Punkte kann man sich durch eine Folge $(X_n)_n$ von zufälligen Variablen erzeugt denken, die y-Koordinaten durch eine davon unabhängige Folge $(Y_n)_n$ über dem gleichen Wahrscheinlichkeitsraum. Die Werte der X_i bzw. Y_i waren dabei jeweils (Pseudo-)Zufallszahlen aus dem Intervall $[0;1]$. Somit ist (X_n, Y_n) ein Zufallsvektor, dessen Realisierungen Punkte im Einheitsquadrat repräsentieren. Interessant sind bei unserer Monte-Carlo-Simulation die Realisierungen, die Punkte in dem betrachteten Viertelkreis repräsentieren, also in

$$E = \left\{ (x|y) \in \mathbb{R}_+^2 \,\middle|\, \sqrt{x^2 + y^2} < 1 \right\}.$$

Nach Def. 5.13 und der anschließenden Bemerkung wird die Wahrscheinlichkeit, dass eine Realisierung des Zufallsvektors einen Punkt in der Menge E, also im Viertelkreis, repräsentiert, durch das zweidimensionale Lebesgue-Maß $\mu(E)$ gegeben. Mit der Indikatorvariablen 1_E sei

$$K_n := 1_E(X_n, Y_n).$$

Mit $p = E(K_1) = \mu(E)$ (alle Erwartungswertvektoren $E(K_i)$ sind gleich!) folgt aus dem starken Gesetz der großen Zahlen

$$P\left(\lim_{n \to \infty} \frac{1}{n} \sum_{i=1}^{n} K_i = p \right) = 1.$$

Die mathematische Begründung dafür, dass wir mit einer größer werdenden Zahl n von jeweils zufällig gewählten Punkten den Flächeninhalt, also das Lebesgue-Maß des Viertelkreises und jeder anderen Teilfläche, beliebig genau bestimmen können, liegt also im starken Gesetz der großen Zahlen! ◄

6.4.4 Bedingter Erwartungswert

In Abschn. 5.4 wurde der Begriff der bedingten Wahrscheinlichkeit eingeführt. Dabei ging es um die Frage, wie sich die Wahrscheinlichkeit eines Ereignisses durch zusätzliche Informationen verändert. In diesem Abschnitt geht es darum, welchen Wert man für eine Zufallsvariable X erwarten kann, wenn zusätzliche Informationen über ein bereits eingetretenes Ereignis vorliegen. Dieses Problem führt auf den *bedingten Erwartungswert*. Wir beschränken uns auf den Fall diskreter Zufallsvariablen.

Definition 6.24. Sei X eine Zufallsvariable mit existierendem Erwartungswert über einem diskreten Wahrscheinlichkeitsraum $(\Omega, \mathscr{A}, P)$ und A ein
Ereignis mit $P(A) > 0$. Dann ist der bedingte Erwartungswert von X unter
der Bedingung A definiert durch

$$E(X|A) := \frac{E(1_A X)}{P(A)}.$$

Beispiel 6.38. Sei X die geworfene Augenzahl beim einmaligen Würfelwurf und A
das Ereignis, dass eine ungerade Zahl fällt (Vorinformation). Dann ist $P(A) = \frac{1}{2}$ und

$$E(X|A) = \frac{E(1_A X)}{P(A)} = \frac{1 \cdot \frac{1}{6} + 3 \cdot \frac{1}{6} + 5 \cdot \frac{1}{6}}{\frac{1}{2}} = 3,$$

was der Anschauung entspricht.   ◄

Häufig ist man daran interessiert, welchen Wert man für eine bestimmte Zufallsvariable erwarten kann, wenn eine andere Zufallsvariable einen bestimmten Wert
angenommen hat, falls zwischen den beiden Variablen gewisse Abhängigkeiten bestehen. In diesem Fall benötigt man für die Berechnung des bedingten Erwartungswertes bedingte Wahrscheinlichkeiten.

Seien X und Y diskrete Zufallsvariablen, die die Werte $x_1, x_2, \ldots$ bzw. $y_1, y_2, \ldots$ (jeweils endlich oder abzählbar unendlich viele Werte) annehmen können. Dann ist

$$E(Y|X = x_i) = \sum_j y_j P_{\{X = x_i\}}(Y = y_j) = \sum_j y_j \frac{P(\{X = x_i\} \cap \{Y = y_j\})}{P(X = x_i)}.$$

Beispiel 6.39. Die Zufallsvariablen X_1 und X_2 seien die Augenzahlen bei zwei unabhängigen Würfen mit einem Oktaederwürfel und $Y := X_1 + X_2$. Als Zusatzinfor-
mation erfahren wir, dass der erste Wurf eine 8 war. Dann gilt

$$P(X_1 = 8) = \frac{1}{8},$$

$$P(\{X_1 = 8\} \cap \{Y = k\}) = \begin{cases} \frac{1}{64}, & k \in \{9, 10, \ldots, 16\} \\ 0, & \text{sonst} \end{cases}$$

und der bedingte Erwartungswert von Y unter dieser Zusatzbedingung ist

$$E(Y|X_1 = 8) = \sum_{k=1}^{16} k \frac{P(\{X_1 = 8\} \cap \{Y = k\})}{P(X_1 = 8)} = \frac{1}{8} \sum_{k=9}^{16} k = 12.5. \quad ◄$$

6.4.5 Pareto-Verteilung und logarithmische Normalverteilung

Während die bisher behandelten stetigen Verteilungen, Normal- und Exponential-verteilung, sich dadurch auszeichnen, dass ihre Dichten mit wachsendem x exponentiell gegen null streben, ist dies nicht bei allen wichtigen Verteilungen erfüllt. Man spricht dann von *endlastigen Verteilungen*. Deren Dichten fallen langsamer als exponentiell, was zur Folge hat, dass den Rändern hier ein größeres Gewicht zukommt. Wo werden derartige Verteilungen benötigt?

In der Versicherungsmathematik und der stochastischen Risikoanalyse kommen z. B. kleinere Sachschäden häufig vor, aber die einzelnen Schadenhöhen und damit der zu ersetzende Betrag sind jeweils eher gering. Große Schäden treten eher selten auf, können aber einen nicht unerheblichen Teil des Schadenaufkommens ausmachen. Daher ist es wichtig, geeignete und möglichst präzise Modellierungen zu finden, die derartige Schäden nicht unterschätzen. Verteilungen wie die Normalverteilung, deren Dichtefunktion exponentiell abnimmt, unterschätzen solche großen Schadenhöhen systematisch, sodass endlastige Verteilungen in der Regel eine bessere Modellbasis bilden.

Wir wollen zwei Beispiele solcher endlastigen Verteilungen vorstellen.

Definition 6.25. Eine stetige Zufallsvariable X heißt *Pareto-verteilt* zu den Parametern $k > 0$ und $\lambda > 0$, wenn sie die Dichtefunktion

$$f(x) = \begin{cases} \frac{\lambda k^\lambda}{x^{\lambda+1}}, & x \geq k \\ 0, & sonst \end{cases}$$

besitzt.

Denkanstoß

Überzeugen Sie sich davon, dass es sich bei der Funktion f aus Def. 6.25 um eine Wahrscheinlichkeitsdichte handelt!

Die Pareto-Verteilung wurde durch den italienischen Ökonomen und Ingenieur Vilfredo Pareto (1848–1923) eingeführt und ursprünglich zur Beschreibung von Einkommensverteilungen verwendet. Die Wahrscheinlichkeitsdichte der Pareto-Verteilung besitzt ein einziges Maximum beim kleinsten Wert k. Das bedeutet, dass bei Pareto-verteilten Zufallsvariablen kleine Werte häufig vorkommen, während große Werte selten sind.

Die Verteilungsfunktion F erhalten wir durch Integration:

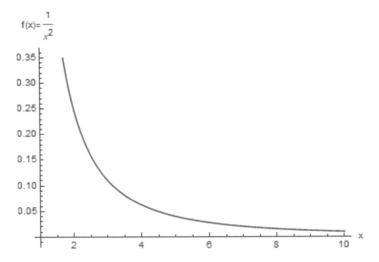

Abb. 6.18: Dichtefunktion der Pareto-Verteilung für $\lambda = k = 1$

$$F(x) = P(X \le x) = \int_k^x f(t)dt = \int_k^x \frac{\lambda k^\lambda}{t^{\lambda+1}}dt = 1 - \left(\frac{k}{x}\right)^\lambda.$$

Die oben erwähnte Endlastigkeit der Verteilung ergibt sich aus der Dichte und

$$P(X > x) = 1 - P(X \le x) = \left(\frac{k}{x}\right)^\lambda,$$

da es hier nur einen polynomialen Abfall gibt.

Der Erwartungswert einer mit den Parametern k und λ Pareto-verteilten Zufallsvariablen X existiert für $\lambda > 1$. Es gilt

$$E(X) = \int_k^\infty xf(x)dx = \frac{k\lambda}{\lambda - 1}.$$

Die Herleitung ist eine einfache Übungsaufgabe in Integration (siehe Aufg. 6.32). Der Median bei der Pareto-Verteilung zu den Parametern k und λ ist

$$m = 2^{\frac{1}{\lambda}}k.$$

Dies lässt sich leicht aus der Definition des Medians (siehe Def. 6.5) herleiten: Aus $P(X \ge m) = P(X > m) = P(X \le m)$ folgt

$$\left(\frac{k}{m}\right)^\lambda = 1 - \left(\frac{k}{m}\right)^\lambda.$$

Auflösen der Gleichung nach m ergibt die Behauptung. Es gibt einen interessanten Zusammenhang zwischen der Pareto-Verteilung und der Exponentialverteilung.

Satz 6.28. Sei X Pareto-verteilt mit $k = 1$ und λ. Dann ist die Zufallsvariable $Z := \ln X$ exponentialverteilt zum Parameter λ.

Beweis. Wegen $k = 1$ ist

$$F(x) = 1 - \left(\frac{1}{x}\right)^{\lambda}.$$

Daher gilt wegen der strengen Monotonie der e-Funktion:

$$\begin{aligned}
P(Z \leq x) &= P(\ln X \leq x) \\
&= P(X \leq e^x) \\
&= F(e^x) \\
&= 1 - \left(\frac{1}{e^x}\right)^{\lambda} \\
&= 1 - e^{-\lambda x}.
\end{aligned}$$
□

Eine weitere endlastige Verteilung ist die *logarithmische Normalverteilung*. Diese hat ein breites Anwendungsspektrum in den Natur- und Wirtschaftswissenschaften, wenn logarithmierte Größen wie etwa der pH-Wert in der Chemie oder die Lautstärke in der Physik eine Rolle spielen. In der Ökonomie wird die Preisbildung von Optionen und Derivaten durch das sogar mit dem Nobelpreis für Wirtschaftswissenschaften (1997) ausgezeichnete Black-Scholes-Modell beschrieben (siehe z. B. Adelmeyer und Warmuth 2013), welches mit logarithmierten Größen arbeitet, die als näherungsweise normalverteilt betrachtet werden. Die Einkommensverteilung der Bevölkerung in den Industrieländern gehorcht näherungsweise einer logarithmischen Normalverteilung. Wir wollen diese daher kurz vorstellen.

Definition 6.26. Eine stetige Zufallsvariable X heißt *logarithmisch normalverteilt* zu den Parametern μ und $\sigma > 0$, wenn sie die Dichtefunktion f mit

$$f(x) = \frac{1}{\sigma\sqrt{2\pi}x} e^{-\frac{(\ln x - \mu)^2}{2\sigma^2}} \quad (x > 0)$$

besitzt.

Beachten Sie, dass die Dichte sinnvoll nur für $x > 0$ definiert ist. Def. 6.26 besagt, dass eine Zufallsvariable X mit positiven Werten genau dann logarithmisch normalverteilt mit den Parametern μ und $\sigma > 0$ ist, wenn die Zufallsvariable $Z := \ln X$

$N(\mu, \sigma^2)$-verteilt ist. Abb. 6.19 zeigt die Dichtefunktion der logarithmischen Normalverteilung für $\mu = 0$ und $\sigma = 1$.

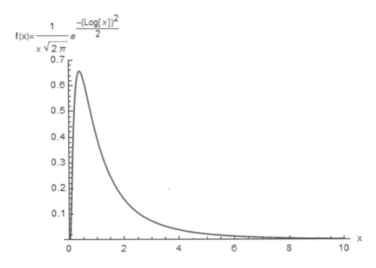

Abb. 6.19: Dichtefunktion der logarithmischen Normalverteilung für $\mu = 0$, $\sigma = 1$

Die Verteilungsfunktion F ist gegeben durch

$$F(x) = P(X \le x) = \int_0^x f(t)dt = \Phi\left(\frac{\ln x - \mu}{\sigma}\right).$$

Wir zeigen dies durch Substitution. Im Integral

$$\int_0^x f(t)dt = \int_0^x \frac{1}{\sigma\sqrt{2\pi}t} e^{-\frac{(\ln t - \mu)^2}{2\sigma^2}}\, dt$$

substituieren wir $z := \frac{\ln t - \mu}{\sigma}$. Dann folgt

$$t = e^{\sigma z + \mu}$$

und für die Ableitung

$$\frac{dt}{dz} = \sigma e^{\sigma z + \mu}.$$

Damit erhalten wir

$$\int_0^x f(t)dt = \int_0^x \frac{1}{\sigma\sqrt{2\pi}t} e^{-\frac{(\ln t - \mu)^2}{2\sigma^2}}\, dt$$

$$= \frac{1}{\sigma\sqrt{2\pi}} \int_0^x \frac{1}{t} e^{-\frac{(\ln t - \mu)^2}{2\sigma^2}} dt$$

$$= \frac{1}{\sigma\sqrt{2\pi}} \int_{-\infty}^{\frac{\ln x - \mu}{\sigma}} \frac{1}{e^{\sigma z + \mu}} e^{-\frac{z^2}{2}} \sigma e^{\sigma z + \mu} dz$$

$$= \frac{1}{\sqrt{2\pi}} \int_{-\infty}^{\frac{\ln x - \mu}{\sigma}} e^{-\frac{z^2}{2}} dz$$

$$= \Phi\left(\frac{\ln x - \mu}{\sigma}\right).$$

Für den Erwartungswert einer logarithmisch normalverteilten Zufallsvariablen X gilt

$$E(X) = e^{\mu + \frac{\sigma^2}{2}}$$

(siehe Aufg. 6.33).

6.4.6 Aufgaben

Übung 6.29. Alle 50 Sitzplätze eines Freefall-Towers in einem Freizeitpark sind besetzt. Ein Fahrgast wiegt im Mittel 80 kg mit einer Standardabweichung von 20 kg.

a) Wie groß ist die Wahrscheinlichkeit, dass die Gesamtmasse (umgangssprachlich wird häufig fälschlicherweise vom Gesamtgewicht gesprochen) der Fahrgäste weniger als 3800 kg beträgt?

b) Wie groß ist die Wahrscheinlichkeit, dass die Gesamtmasse der Fahrgäste in einem Intervall von ± 100 kg um den Erwartungswert liegt?

c) Wie groß ist die Wahrscheinlichkeit, dass die zulässige Gesamtmasse des Fahrgeschäfts von 4400 kg überschritten wird?

d) Welche zulässige Gesamtmasse müsste das Fahrgeschäft aufweisen, sodass diese nur mit einer Wahrscheinlichkeit von 0.01 % überschritten wird?

Übung 6.30. Wir betrachten 100 unabhängige Zufallsvariablen X_i, $i = 1, \dots, 100$, die alle der folgenden diskreten Verteilung genügen:

x	-7	-5	-1	0	2	3	11
$P(X = x)$	0.01	20.2	0.15	0.3	0.09	0.15	0.1

Zudem sei $Y := S_{100} = \sum_{i=1}^{100} X_i$.

a) Bestimmen Sie die Wahrscheinlichkeit, dass die Zufallsvariable Y einen Wert kleiner Null annimmt.

b) Bestimmen Sie die Wahrscheinlichkeit für einen Summenwert, der größer als -10 ist, aber kleiner gleich 55.

c) Bestimmen Sie die Wahrscheinlichkeit für den Summenwert 50.

Übung 6.31. Ⓑ Berechnen Sie den bedingten Erwartungswert der Zufallsvariablen $X = $ *Augenzahl beim einmaligen Wurf mit einem Dodekaederwürfel* unter der Bedingung A, wobei A das Ereignis *Es fällt eine Primzahl* ist.

Übung 6.32. Ⓑ Beweisen Sie durch Integration: Der Erwartungswert einer mit den Parametern k und λ Pareto-verteilten Zufallsvariablen X existiert für $\lambda > 1$, und es gilt

$$E(X) = \frac{k\lambda}{\lambda - 1}.$$

Übung 6.33. Ⓥ Beweisen Sie: Für den Erwartungswert einer logarithmisch normalverteilten Zufallsvariablen X gilt

$$E(X) = e^{\mu + \frac{\sigma^2}{2}}.$$

6.5 Anwendungen in Naturwissenschaft und Technik

6.5.1 Verteilung und Auslastung: Consulting-Probleme

Unternehmensberatungen unterstützen Unternehmen bei der Lösung strategischer Fragestellungen. Das kann sowohl Kosten- oder Prozessoptimierung betreffen als auch die Neuausrichtung von Unternehmen hinsichtlich neuer Sparten oder Geschäftsfelder. Aufgrund der hohen Komplexität einiger Fragestellungen ist das Consulting immer mehr ein Bereich für Mathematiker, Naturwissenschaftler und Ingenieure geworden, die in professionellen Teams zusammenarbeiten.

Dabei geht es zunächst um den IST-Zustand: Die typischen Aufgaben sind hier das Erheben von Daten und die lokale Prozessanalyse, um Probleme und Schwachstellen betrieblicher Prozesse zu erkennen. Im nächsten Schritt werden die erfassten Daten analysiert und Strategien zur Lösung der Probleme erstellt, die zum Abschluss den Verantwortlichen des jeweiligen Unternehmens präsentiert werden.

Wir wollen in diesem Kapitel einige Szenarien in Form einfacher Consulting-Probleme durchspielen, bei denen die in diesem Buch bisher erarbeiteten stochastischen Methoden eine Rolle spielen.

Beispiel 6.40. Ein neues Start-up-Unternehmen für Robotiksysteme benötigt mehrere neue Telefon- und Bildschirmarbeitsplätze für die persönliche Beratung der Kunden. Wie viele Plätze werden mittelfristig benötigt?

Eine derart offene Fragestellung ist typisch im Bereich Consulting und erfordert zunächst eine gründliche Datenerhebung und Datenanalyse. So muss der Consultant herausfinden, wie sich der Kundenstamm voraussichtlich entwickeln wird, mit wie vielen Anrufen in einer bestimmten Zeit zu rechnen ist. Was ist das Worst-Case-Szenario? Wie viel Wartezeit möchte man den Kunden zumuten? Betrachten wir verschiedene Teilprobleme aus Gründen der Komplexitätsreduktion hier nacheinander.

Zu Beginn ist der Kundenstamm noch relativ klein. Zu beobachten ist die Frequenz der Anrufe zu unterschiedlichen Zeiten. Die Consultants der Probab-Consulting-Agentur beobachten einen gewissen Zeitraum das Kundenverhalten und stellen fest, dass in den zwei- bis dreistündigen Stoßzeiten innerhalb von 27 Minuten im Schnitt zwei Anrufe eingehen. An einem bestimmten Tag tritt während der Stoßzeit ein Serverproblem auf, sodass die Mitarbeiter des Start-ups temporär für 57 Minuten nicht erreichbar sind. Wie viele Kunden werden danach voraussichtlich verärgert sein?

Die Probab-Consultants versuchen, eine Antwort mithilfe der Poisson-Verteilung zu finden. Durchschnittlich zwei Kunden in 27 Minuten bedeuten durchschnittlich $2 \cdot \frac{57}{27} \approx 4.22$ Kunden in 57 Minuten. Wir wählen $\lambda = 4.22$ und wählen als Zufallsvariable

X = Anzahl der Kunden, die während der Problemphase anrufen.

Dann listen wir mit Mathematica die Werte für $P(X = k)$, etwa für $k = 0, 1, ..., 10$ auf.

```
Table[{k,4.22^k/(k!*Exp[4.22])},{k,0,10}]
```

Wir erhalten:

k	$P(X = k)$
0	0.0147
1	0.0620
2	0.1309
3	0.1841
4	0.1942
5	0.1639
6	0.1153
7	0.0695
8	0.0367
9	0.0172
10	0.0073

Daraus lassen sich jetzt Antworten ablesen: Man muss anschließend mit einer Wahrscheinlichkeit von ca. 66 % drei bis sechs Kunden beruhigen. Die Wahrscheinlichkeit dafür, dass mehr als zehn Kunden beruhigt werden müssen, beträgt lediglich

$$P(X > 10) = 1 - \sum_{k=0}^{9} \frac{4.22^k}{k!} e^{-4.22} \approx 0.0115.$$

Betrachten wir jetzt eine spätere Phase des Unternehmens, die von den Consultants weiter professionell beobachtet und analysiert wird. Der Kundenstamm hat sich gut entwickelt und die Firma verfügt über sechs gut ausgestattete Beraterarbeitsplätze sowie zehn Mitarbeiter, die diese nutzen können. Jeder Mitarbeiter benötigt in der Regel durchschnittlich zwölf Minuten pro Stunde einen solchen Arbeitsplatz. Reichen die sechs Plätze aus oder muss das Start-up-Unternehmen in weitere Arbeitsplätze investieren?

Die Consultants überprüfen hier also die *Auslastung*. Für jeden der zehn Mitarbeiter beträgt die Wahrscheinlichkeit, zu einem bestimmten Zeitpunkt t einen Platz zu benötigen, $p = \frac{12}{60} = 0.2$. Wir wählen die Zufallsvariable

$X = $ *Anzahl der Mitarbeiter, die zum Zeitpunkt t einen Platz benötigen.*

Da sechs Plätze zur Verfügung stehen, berechnen wir

$$P(X \leq 6) = \sum_{k=0}^{6} \binom{10}{k} 0.2^k 0.8^{10-k} \approx 0.9991.$$

Das dürfte genügen! Das Unternehmen käme sogar mit vier Beratungsplätzen sehr gut zurecht:

$$P(X \leq 4) = \sum_{k=0}^{4} \binom{10}{k} 0.2^k 0.8^{10-k} \approx 0.9672.$$

Hier könnten also potentiell Kosten eingespart werden! Sollte die Entwicklung jedoch dahin gehen, dass sich der Kundenstamm in absehbarer Zeit vergrößert, sodass die Mitarbeiter anstatt zwölf Minuten dann z. B. 20 Minuten pro Stunde einen Platz benötigen, ändert sich das Bild. In dem Fall gilt:

$$P(X \leq 6) = \sum_{k=0}^{6} \binom{10}{k} \left(\frac{1}{3}\right)^k \left(\frac{2}{3}\right)^{10-k} \approx 0.9803,$$

aber

$$P(X \leq 4) = \sum_{k=0}^{4} \binom{10}{k} \left(\frac{1}{3}\right)^k \left(\frac{2}{3}\right)^{10-k} \approx 0.7869. \quad \blacktriangleleft$$

Beispiel 6.41. Die Probab-Consulting berät das Luftfahrtunternehmen DS Airbourne-Systems, das sich auf die Entwicklung von Geländeaufklärungsdrohnen spezialisiert hat. Bei einem Forschungsprojekt geht es um Geländedatenerhebung in einem unwegsamen Tal. Alle Drohnen senden relevante Daten in Abständen von fünf Sekunden an eine wissenschaftliche Bodenstation. Die eingesetzten Drohnen fliegen autonom mithilfe von KI-Systemen in optimierten Schwärmen. Wichtig ist hierbei, dass immer zehn Drohnen gleichzeitig Daten liefern. Durch die Tallage kommt es jedoch zu Funkausfällen. Die Ausfallwahrscheinlichkeit hat das Consulting-Team mithilfe von Simulationen zu 23 % für jede einzelne Drohne ermittelt.

Wie viele Drohnen muss das Unternehmen bei dem Projekt einsetzen, um mit einer Wahrscheinlichkeit von 95 % in einem Zeitraum von einer Minute keine Datenlücken zu haben?

Lösung: Sei n die gesuchte Anzahl der einzusetzenden Drohnen. Jede Drohne sendet im Zeitraum von einer Minute insgesamt zwölf Signale, und jedes dieser Signale muss mindestens zehnfach registriert werden. Sei

X_i = *Anzahl der registrierten Signale bei der i-ten Signalfolge* $(i = 1, 2, .., 12)$.

Alle Zufallsvariablen X_i sind voneinander unabhängig und binomialverteilt, genauer $b(n, 0.77)$-verteilt. Wir können sie daher durch eine Zufallsvariable ersetzen:

$$X := X_i \quad \forall i \in \{1, ..., 12\}.$$

Somit suchen wir ein n, sodass gilt

$$P(10 \leq X \leq n)^{12} \geq 0.95,$$

oder ausführlich geschrieben

$$\left(\sum_{k=10}^{n} \binom{n}{k} 0.77^k \cdot 0.23^{n-k} \right)^{12} \geq 0.95.$$

Diese Ungleichung lässt sich mit Mathematica lösen. Wir definieren dazu eine Funktion und eine `For`-Schleife, bei der wir vorher die Größe von n intuitiv eingrenzen:

```
f[n_]:=Sum[Binomial[n,k]*0.77^k*0.23^(n-k),{k,10,n}]^12
For[n=12,n<=25,n++,Print[{n,f[n]}]]
```

Dann ergibt sich folgende Tabelle:

n	$f(n)$
12	0.0001
13	0.0058
14	0.0663
15	0.2540
16	0.5160
17	0.7370
18	0.8740
19	0.9446
20	0.9770
21	0.9909
22	0.9965
23	0.9987
24	0.9995
25	0.9998

Es genügen also 20 Drohnen, um die Vorgabe zu erfüllen! Ab 21 Drohnen hat man schon diesbezüglich eine über 99 %ige Wahrscheinlichkeit, und jede weitere eingesetzte Drohne erhöht nur unnötig den Kostenrahmen. ◄

6.5.2 Poisson-Verteilung und Exponentialverteilung in der Kernphysik

In diesem Abschnitt wollen wir zeigen, dass es für die Poisson-Verteilung und die Exponentialverteilung interessante Anwendungen in der Kernphysik gibt. Das liegt daran, dass man es in der Regel mit einer sehr großen Anzahl von Atomkernen zu tun hat und die Zerfallswahrscheinlichkeit für einen einzelnen Atomkern niedrig ist. Dies sind gute Voraussetzungen für die Anwendung der Poisson-Verteilung.

Im Jahre 1910 untersuchten Ernest Rutherford (1871–1937, neuseeländischer Physiker) und Hans Geiger (1882–1945, deutscher Physiker) in einem berühmt gewordenen Experiment den radioaktiven Zerfall eines Polonium-Präparats (siehe Rutherford, Geiger und Bateman 1910). Dabei entsteht ionisierende Strahlung aus α-Teilchen, die sich beim Experiment in Form von Lichtblitzen auf einem Zinksulfid-Schirm bemerkbar machte. Heute verwendet man dafür Geiger-Müller-Zählrohre. Rutherford und Geiger beobachteten in 2608 Zeitintervallen von jeweils 7.5 Sekunden Länge die Anzahl k der Impulse (Lichtblitze) pro Zeitintervall. Sie erhielten die Tab. 6.9.

Tab. 6.9: Tabelle zum Rutherford-Geiger-Experiment. Mehr als 14 Impulse wurden nicht beobachtet

k	0	1	2	3	4	5	6	7	8	9	10	11	12	13	14
Anz. Intervalle mit k Impulsen	57	203	383	525	532	408	273	139	45	27	10	4	0	1	1

Wir versuchen, das Ergebnis dieses Experiments mithilfe einer Poisson-Verteilung zu beschreiben. Zunächst wollen wir ein geeignetes λ (Erwartungswert!) bestimmen. Dies erfolgt durch Bestimmung der durchschnittlichen Anzahl der Impulse pro Zeitintervall. Wir verwenden dazu die Werte aus Tab. 6.9 und erhalten

$$0 \cdot 57 + 1 \cdot 203 + 2 \cdot 383 + \ldots + 13 \cdot 1 + 14 \cdot 1 = 10\,097.$$

Daher ergibt sich $\lambda = \frac{10\,097}{2608} \approx 3.87$.

Sei $X = $ *Anzahl der Impulse im betrachteten Zeitintervall.* Dann berechnen wir die Wahrscheinlichkeiten $P(X = k)$ mithilfe der Poisson-Verteilung und vergleichen danach die gemessenen absoluten Häufigkeiten mit den Werten $2608 \cdot P(X = k)$. Die Poissonverteilung lassen wir uns mit Mathematica berechnen:

```
Table[(2608*(3.87155^k/k!))/Exp[3.87155],{k,0,14}]
```

Es ergibt sich (mit geeignet gerundeten Werten) die Tab. 6.10.

Somit lässt sich die Theorie der Poisson-Verteilung hier sehr gut zur Modellierung des Prozesses des radioaktiven Zerfalls anwenden. Wir können dies auch so formulieren: Sei λ die durchschnittliche Anzahl der Impulse pro Zeitintervall einer bestimmten Länge. Diese (im Experiment verwendete) Länge verwenden wir als Einheitslänge. Sei

X = Anzahl der Impulse im Zeitintervall der t-fachen Einheitslänge.

Tab. 6.10: Tabelle   zum   Rutherford-Geiger-Experiment: Vergleich   Theorie-
Experiment

k	0	1	2	3	4	5	6	7	8	9	10	11	12	13	14
Anz. Intervalle mit k Impulsen	57	203	383	525	532	408	273	139	45	27	10	4	0	1	1
$2608 \cdot P(X = k)$	54	210	407	525	508	394	254	141	68	29	11	4	1	0	0

Dann beträgt die Wahrscheinlichkeit, dass in einem Zeitintervall der t-fachen Länge
genau k Impulse gemessen werden,

$$P(X = k) = \frac{(\lambda t)^k}{k!} e^{-\lambda t}.$$

Beispiel 6.42. Wir verwenden die Daten des Rutherford-Geiger-Experimentes. Wie
groß ist die Wahrscheinlichkeit, in einem Zeitintervall von 25 Sekunden zwischen
(jeweils einschließlich) 15 und 45 Impulsen zu messen?

Lösung: 25 s entsprechen dem $\frac{10}{3}$-fachen der gewählten Einheitsintervalllänge von
7.5 s . Somit gilt

$$\lambda t = 3.87 \cdot \frac{10}{3} = 12.9,$$

und es ergibt sich für die gesuchte Wahrscheinlichkeit:

$$P(15 \leq X \leq 45) = \sum_{k=15}^{45} \frac{12.9^k}{k!} e^{-12.9} \approx 0.3147. \qquad \blacktriangleleft$$

In der Kernphysik spielt die Untersuchung der Lebensdauer bzw. Halbwertszeiten verschiedener radioaktiver Nuklide eine große Rolle, und sämtliche bekannte
Nuklide einschließlich ihrer Halbwertszeiten werden in der Karlsruher Nuklidkarte
aufgeführt. Der radioaktive Zerfall von Atomkernen wird durch das *Zerfallsgesetz*
beschrieben. Es lautet

$$N(t) = N_0 e^{-\lambda t},$$

wobei N_0 die Anzahl aktiver Atomkerne zum Zeitpunkt $t = 0$, $N(t)$ die Anzahl aktiver Atomkerne zu einem Zeitpunkt $t > 0$ und λ die sogenannte Zerfallskonstante
ist (verwechseln Sie dieses λ nicht mit dem aus dem Rutherford-Experiment bzw.
dem im vorigen Beispiel). Die Zerfallskonstante hängt mit der *Halbwertszeit* T_h des
Radionuklids über die Gleichung

$$T_h = \frac{\ln 2}{\lambda}$$

zusammen. Der Kehrwert $\tau = \frac{1}{\lambda}$ der Zerfallskonstanten ist die sogenannte *Lebensdauer* des Radionuklids. Dies ist also die Zeit, nach der die Ausgangsaktivität, also die Zahl der aktiven Atomkerne, auf $\frac{1}{e}$ zurückgegangen ist. Da $N(t)$ angibt, wie viele Atomkerne zur Zeit t noch vorhanden sind, ist die Anzahl der dann bereits zerfallenen Atomkerne

$$N_0 - N(t) = N_0 \left(1 - e^{-\lambda t}\right) = N_0 \left(1 - e^{-\frac{1}{\tau}t}\right).$$

Somit ist die Zerfallswahrscheinlichkeit p während des Zeitintervalls $[0;t]$ für einen Atomkern

$$p = 1 - e^{-\lambda t} = \int_0^t \lambda e^{-\lambda x} dx,$$

und die Zufallsvariable $X = $ *Lebensdauer des gewählten Atomkerns* ist exponentialverteilt zum Parameter $\lambda = \frac{1}{\tau}$, d. h., der Erwartungswert ist $\frac{1}{\lambda}$. Somit ist die durchschnittliche Lebensdauer eines einzelnen Atomkerns gleich der angegebenen Lebensdauer des Nuklids.

Beispiel 6.43. Das in Radioisotopenbatterien in der Raumfahrttechnik als Energiequelle für Missionen in die äußeren Bereiche des Sonnensystems und darüber hinaus gerne eingesetzte Plutonium-238 $\left(^{238}_{94}\text{Pu}\right)$ hat nach der Karlsruher Nuklidkarte eine Halbwertszeit von 87.7 Jahren.

Wie groß ist die Wahrscheinlichkeit, dass ein beliebiger $^{238}_{94}\text{Pu}$-Atomkern bereits während einer 20 Jahre andauernden Mission zerfällt?

Lösung: Aus $T_h = 87.7\,\text{a}$ folgt $\lambda = \frac{\ln 2}{87.7\,\text{a}} = 0.0079\,\text{a}^{-1}$, und daher gilt für die Zerfallswahrscheinlichkeit eines $^{238}_{94}\text{Pu}$-Atomkerns

$$p = 1 - e^{-0.0079\,\text{a}^{-1}t},$$

wobei t in Jahren gemessen wird.

Sei $X = $ *Lebensdauer des gewählten Atomkerns*, dann gilt für die gesuchte Wahrscheinlichkeit

$$P(X \leq 20) = P(X < 20) = 1 - e^{-0.0079\,\text{a}^{-1} \cdot 20\,\text{a}} \approx 0.146.$$

Beachten Sie hier wieder die Eigenschaft stetiger Verteilungen, dass

$$P(X \leq x) = P(X < x)$$

gilt für $x \in \mathbb{R}$, wegen $P(X = x) = 0$. ◄

Für kleine Werte von λt gilt in guter Näherung

$$1 - e^{-\lambda t} \approx \lambda t,$$

wie man sich schnell mit der Exponentialreihe klarmacht. Damit folgt für die Anzahl der zerfallenen Atomkerne bis zum Zeitpunkt t

$$N_0 \left(1 - e^{-\lambda t}\right) \approx N_0 \lambda t.$$

Die Wahrscheinlichkeit für den Zerfall von genau k Atomkernen bis zum Zeitpunkt t lässt sich dann mithilfe der Poisson-Verteilung berechnen. Sei

$$Y := \textit{Anzahl der bis zum Zeitpunkt } t \textit{ zerfallenen Atomkerne},$$

dann gilt die Näherung

$$P(Y = k) \approx \frac{(N_0 \lambda t)^k}{k!} e^{-N_0 \lambda t}.$$

6.5.3 Poisson-Verteilung und Exponentialverteilung in der Raumfahrt

Ein zunehmendes Problem in der Raumfahrt ist der Weltraummüll („space debris"). Dieser erschwert auf Dauer die Bedingungen, unter denen Raumfahrt möglich ist. So kann es sowohl beim Start als auch beim Betrieb von Satelliten im Orbit zu Kollisionen mit Müllpartikeln kommen, die dann aufgrund hoher Geschwindigkeiten selbst im Fall kleinster Partikel großen technischen Schaden an den Geräten verursachen können. Ein weiteres Problem sind Mikrometeoriten, die z. B. im Falle eines Einschlags der Internationalen Raumstation (ISS) und deren Besatzung große Probleme bereiten können.

So benötigt man in beiden Fällen zumindest grobe Abschätzungen von Kollisions- und Impaktwahrscheinlichkeiten sowie Daten bezüglich der Zeitabstände zwischen Kollisionen mit Meteoriten unterschiedlicher Größe.

Wie groß ist die Wahrscheinlichkeit, dass ein Raumfahrzeug einen Partikelimpakt (space debris oder Meteorit) erleidet?

Die hierzu benötigten Größen sind die Dauer Δt der Mission, die Querschnittsfläche ΔA des Raumschiffs in der betrachteten Richtung und der Gesamtfluss F der Partikel, also die Anzahl der ankommenden Teilchen auf dieser Fläche während der Missionsdauer. Dann ist die Zufallsvariable

$$X = \textit{Anzahl der Impakte während der Missionsdauer}$$

Poisson-verteilt zum Parameter $\lambda := F \Delta A \Delta t$, und es gilt

$$P(X = k) = \frac{(F \Delta A \Delta t)^k}{k!} e^{-F \Delta A \Delta t}.$$

Wir verwenden Daten für das Impaktrisiko für eine erdnahe Umlaufbahn von 400 km, das entspricht der Bahn der ISS, und eine Fläche von 150 m^2 (siehe Grün u. a. 1985 und Ley, Wittmann und Hallmann 2007, Abschn. 2.4.3).

Wir finden dort Daten für den mittleren Zeitabstand zwischen zwei Impakten. Dieser beträgt im Fall der Mikrometeoriten mit einem Durchmesser > 1 mm etwa 3.4 Jahre, beim Weltraummüll dieser Größe etwa ein halbes Jahr.

Die Zeit zwischen zwei Kollisionen (Impakten) durch Mikrometeoriten ist eine exponentialverteilte Zufallsvariable. Somit ist der Erwartungswert

$$\frac{1}{\lambda} = 3.4\,\mathrm{a},$$

also $\lambda = 0.294\,\mathrm{a}^{-1}$. Sei

$$Y = \textit{Zeitdauer bis zum ersten Impakt},$$

dann gilt

$$P(Y \le t) = 1 - e^{-\lambda t} = 1 - e^{0.294\,\mathrm{a}^{-1}t}.$$

Die Wahrscheinlichkeit $P(Y \le 1)$ für einen Impakt während des ersten Jahres der Mission beträgt ca. 25 %, die für einen Impakt während der ersten drei Jahre bereits 58 %.

Glücklicherweise gibt es verschiedene Schutzmechanismen, die derartige Impakte abschwächen, z. B. Schutzschilde, die die Einschlagsenergie durch Zertrümmerung des Impaktors auf größere Flächen verteilen und den Schaden somit deutlich minimieren.

6.5.4 Quantenmechanik: Aufenthaltswahrscheinlichkeiten

Stochastische Methoden zur Vorhersage des Verhaltens von Mikroobjekten spielen für quantenmechanische Berechnungen eine große Rolle. In der Quantenmechanik wird die Bewegung eines Teilchens der Masse m unter dem Einfluss eines Potentials V mithilfe einer Wellengleichung, der *Schrödinger-Gleichung*, beschrieben (Erwin Schrödinger, 1887–1961, österreichischer Physiker). Die eindimensionale stationäre Schrödinger-Gleichung lautet

$$-\frac{h^2}{8m\pi^2}\Psi''(x) + V(x)\Psi(x) = E\Psi(x).$$

Hier ist E die Energie des Teilchens und Ψ die sogenannte *Wellenfunktion*. Die Konstante $h = 6.626 \times 10^{-34}\,\mathrm{Js}$ ist die sogenannte *Planck'sche Konstante*, V eine Potentialfunktion.

Schrödinger hatte 1926 im Rahmen seiner von ihm entwickelten Wellenmechanik den Vorschlag gemacht, mikroskopische Teilchen durch eine Wellengleichung zu beschreiben, die durch derartige Wellenfunktionen gelöst werden.

Wir betrachten hier folgenden einfachen Spezialfall eines eindimensionalen Systems:

Ein Teilchen der Masse m, etwa ein Elektron, soll sich mit der Energie E in einem Kasten bewegen. Es sei zwischen zwei unendlich hohen Wänden, zu interpretieren als „Energiewände", bei $x = 0$ und $x = L$ eingeschlossen. Dieses Modell nennt man den Potentialtopf mit unendlich hohen Wänden. Die unendliche Höhe wird deshalb vorausgesetzt, weil mikroskopisch kleine Teilchen wie Elektronen nach den Regeln der Quantenmechanik endlich hohe Potentialwände mit einer gewissen positiven Wahrscheinlichkeit durchtunneln, sich also aus ihrem Gefängnis befreien können (*Tunneleffekt*). Dies soll hier ausgeschlossen werden, sodass das Elektron auf den Bereich $0 \leq x \leq L$ eingeschränkt ist.

Da das Potential V im Bereich $0 \leq x \leq L$ null ist, lautet die Schrödinger-Gleichung

$$\Psi''(x) + \frac{8m\pi^2 E}{h^2} \Psi(x) = 0.$$

Diese Gleichung hat unter den Randbedingungen

$$\Psi(0) = \Psi(L) = 0$$

die Lösungen

$$\Psi_n(x) = C \sin\left(\frac{n\pi}{L} x\right) \quad (n \in \mathbb{N}).$$

Dabei spricht man im Fall $n = 1$ vom Grundzustand (siehe z. B. Imkamp und Proß 2019, Abschn. 3.6.7).

Um den Faktor C eindeutig festzulegen, benötigen wir die von Max Born (1882– 1970, deutscher Physiker) entwickelte *Wahrscheinlichkeitsinterpretation der Wellenfunktion* (*Born'sche Regel*). Wird das Teilchen durch eine (Ein-Teilchen-) Wellenfunktion Ψ beschrieben, so ist $|\Psi|^2$ demnach als Wahrscheinlichkeitsdichte zu interpretieren. Das bedeutet, dass in unserem Fall der Ausdruck $\int_0^L |\Psi(x)|^2 dx$ die Wahrscheinlichkeit angibt, das Elektron im Bereich $0 \leq x \leq L$ anzufinden. Die Funktionen $|\Psi_n|^2$ müssen die Eigenschaften einer Wahrscheinlichkeitsdichte nach Def. 6.15 erfüllen. Dazu bedarf es zunächst einer geeigneten Normierung: Da wir wissen, dass das Elektron sich mit Sicherheit in dem Bereich $[0; L]$ aufhält, gilt also für unsere Wellenfunktionen Ψ_n die Gleichung

$$\int_0^L |\Psi_n(x)|^2 dx = 1.$$

Daraus lässt sich die Konstante C bestimmen. Es ist

$$\int_0^L \sin^2\left(\frac{n\pi}{L}x\right)dx = \frac{1}{2}L,$$

und somit

$$C = \sqrt{\frac{2}{L}}.$$

Wir erhalten

$$\Psi_n(x) = \sqrt{\frac{2}{L}}\sin\left(\frac{n\pi}{L}x\right),$$

und als Dichtefunktion im Sinne von Def. 6.15 ergibt sich damit

$$f(x) = \begin{cases} \frac{2}{L}\sin^2\left(\frac{n\pi}{L}x\right), & x \in [0;L] \\ 0, & \text{sonst} \end{cases}.$$

Damit lassen sich Aufenthaltswahrscheinlichkeiten berechnen.

Beispiel 6.44. Sei $L = 1$. Wie groß ist die Wahrscheinlichkeit, das Elektron im Grundzustand ($n = 1$) im Intervall $[0; \frac{1}{3}]$ bzw. im Intervall $[0.4; 0.6]$ anzutreffen?

Lösung: Wir berechnen die gesuchten Wahrscheinlichkeiten mit den Integralen:

$$\int_0^{\frac{1}{3}} |\Psi_1(x)|^2 dx = 2\int_0^{\frac{1}{3}} \sin^2(\pi x)dx \approx 0.1955$$

$$\int_{0.4}^{0.6} |\Psi_1(x)|^2 dx = 2\int_{0.4}^{0.6} \sin^2(\pi x)dx \approx 0.3871. \quad \blacktriangleleft$$

Beispiel 6.45. Die normierte Wellenfunktion des radialsymmetrischen (kugelförmigen) 1s-Orbitals des Wasserstoffatoms lautet

$$\Psi(r) = \frac{1}{\sqrt{\pi a_0^3}}e^{-\frac{r}{a_0}}.$$

Dabei ist r der Abstand vom Atomkern und $a_0 = 5.29 \times 10^{-11}$m der sogenannte Bohr-Radius. Da das Wasserstoffatom ein dreidimensionales Quantensystem darstellt, benötigt man zur Berechnung der Wahrscheinlichkeit, dass sich ein Elektron im Grundzustand in einem Volumenbereich V_0 aufhält, eine Wellenfunktion in Abhängigkeit von drei Variablen, und man erhält

$$P(V_0) = \int_{V_0} |\Psi|^2 dV.$$

Für die Wahrscheinlichkeit, dass sich das Elektron im Abstand zwischen r_1 und r_2 vom Kern aufhält folgt aufgrund der Radialsymmetrie des 1s-Orbitals

$$\int_{r_1}^{r_2} |\Psi(r)|^2 \cdot 4\pi r^2 dr = \frac{4}{a_0^3}\int_{r_1}^{r_2} r^2 e^{-\frac{2r}{a_0}}\,dr,$$

wegen $dV = 4\pi r^2 dr$.

Die Funktion f mit

$$f(r) = \begin{cases} \dfrac{4}{a_0^3} r^2 e^{-\frac{2r}{a_0}}, & r \in [0; \infty[\\ 0, & \text{sonst} \end{cases}$$

ist also die zugehörige Dichtefunktion.

Die Wahrscheinlichkeit, dass sich das Elektron innerhalb des Bohr-Radius aufhält, ist

$$\frac{4}{a_0^3} \int_0^{a_0} r^2 e^{-\frac{2r}{a_0}} dr \approx 0.3233.$$

Das Integral lässt sich mittels zweimaliger partieller Integration lösen (siehe Aufg. 6.38). ◄

6.5.5 Aufgaben

Übung 6.34. Ⓑ Der Kundenparkplatz einer Firma ist von 10 bis 18 Uhr geöffnet und hat Platz für 20 Autos. Die Kunden verweilen in der Regel 20 Minuten dort. Mit welcher Wahrscheinlichkeit reicht der Parkplatz aus, wenn 350 Kunden zufällig über den Tag verteilt kommen?

Übung 6.35. Wir greifen noch einmal Bsp. 6.41 auf.

a) Wie ändert sich die Anzahl einzusetzender Drohnen, wenn sich bei sonst gleichbleibenden Randbedingungen die Funkausfallwahrscheinlichkeit für jede einzelne Drohne durch besseres Qualitätsmanagement auf 16 % verbessert hat?

b) Wie viele der verbesserten Drohnen muss das Unternehmen bei dem Projekt einsetzen, um mit einer Wahrscheinlichkeit von 99 % in einem Zeitraum von einer Minute keine Datenlücken zu haben?

Übung 6.36. Ⓑ Geeignet für die Verwendung in Radioisotopenbatterien sind außer Plutonium-238 noch weitere Nuklide, z. B. Curium-244 ($^{244}_{96}$Cu) mit einer Halbwertszeit von 18.11 Jahren. Wie groß ist die Wahrscheinlichkeit, dass ein beliebiger $^{244}_{96}$Cu-Atomkern bereits während einer zehn Jahre andauernden Mission zerfällt?

Übung 6.37. Ein Elektron befindet sich in einem Potentialtopf mit unendlich hohen Wänden bei $x = 0$ und $x = L$. Berechnen Sie analog zu Bsp. 6.44 die Wahrscheinlichkeit, das Elektron im Grundzustand im Intervall $[0; \frac{1}{4}L]$ bzw. im Intervall $[0.45L; 0.55L]$ anzutreffen.

Übung 6.38. Ⓑ Berechnen Sie das Integral

$$\frac{4}{a_0^3} \int_0^{a_0} r^2 e^{-\frac{2r}{a_0}} \, dr$$

aus Bsp. 6.45 mittels zweimaliger partieller Integration.

Zur Unterstützung: Die Stammfunktion hat den Term $-\frac{1}{a_0^2}\left(2r^2 + 2a_0 r + a_0^2\right) e^{-\frac{2r}{a_0}}$.

Kapitel 7
Beurteilende Statistik

In diesem Kapitel stellen wir Grundverfahren der beurteilenden Statistik vor. Dazu benötigen wir die Kenntnisse der Wahrscheinlichkeitstheorie, die wir bisher entwickelt haben. Nach den Grundbegriffen und -verfahren der statistischen Entscheidungstheorie widmen wir uns den Stichprobenverteilungen und werden dann Methoden erläutern, um aus den Ergebnissen von Zufallsexperimenten auf die unbekannte zugrunde liegende Wahrscheinlichkeitsverteilung zu schließen bzw. Parameter zu schätzen.

7.1 Statistische Entscheidungstheorie

Als Einführung in die beurteilende Statistik betrachten wir in diesem Abschnitt Elemente der *statistischen Entscheidungstheorie*. Darunter versteht man die Zusammenfassung aller Verfahren und Methoden, um mithilfe von Stichproben Rückschlüsse zu ziehen auf das Verhalten von Zufallsvariablen und hinsichtlich dieses Verhaltens Entscheidungen zu treffen (siehe Abb. 7.1 und 1.1).

Im ersten Abschnitt geht es zunächst um das *Testen von Hypothesen*, in den beiden folgenden Abschnitten werden Zusammenhänge zwischen Stichproben und Grundgesamtheiten untersucht.

7.1.1 Hypothesentests

Wir beginnen mit einem einfachen Beispiel und reflektieren anschließend das verwendete Verfahren zum Erhalt einer Entscheidungsregel.

© Der/die Autor(en), exklusiv lizenziert durch
Springer-Verlag GmbH, DE, ein Teil von Springer Nature 2021
T. Imkamp und S. Proß, *Einstieg in die Stochastik*,
https://doi.org/10.1007/978-3-662-63766-1_7

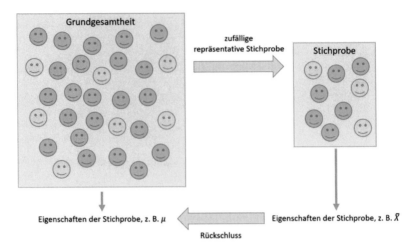

Abb. 7.1: Beurteilende Statistik

Beispiel 7.1 (Würfelwurf). Bei Würfelspielen geht man davon aus, dass die verwendeten Würfel Laplace-Würfel sind, d. h. so gearbeitet, dass alle Ergebnisse $1, 2, ..., 6$ mit der gleichen Wahrscheinlichkeit $\frac{1}{6}$ auftreten. Angenommen, wir haben Zweifel daran, dass ein bestimmter Würfel fair gearbeitet ist in dem Sinne, dass die Wahrscheinlichkeit, eine Sechs zu würfeln, unserer Meinung nach ungleich $\frac{1}{6}$ ist. Dabei wissen wir aber nicht, ob die wahre Wahrscheinlichkeit größer oder kleiner als $\frac{1}{6}$ ist. Wir wollen diese Zweifel überprüfen. Wie sollten wir dabei vorgehen?

Wir wollen die Hypothese, dass $P(\{6\}) = \frac{1}{6}$ gilt, widerlegen. Dazu machen wir ein Zufallsexperiment. Wir werfen den betreffenden Würfel z. B. 600-mal und schauen, wie oft die Sechs gefallen ist. Liegt die Anzahl der gefallenen Sechsen außerhalb eines bestimmten Intervalls um den Erwartungswert, dann verwerfen wir die Hypothese $P(\{6\}) = \frac{1}{6}$ und sehen unsere Zweifel bestätigt. Doch welche Anzahlen von Sechsen akzeptieren wir dabei noch?

Die Zufallsvariable

$$X = Anzahl\ der\ Sechsen\ beim\ 600\text{-}fachen\ Würfelwurf$$

ist binomialverteilt zu den Parametern $n = 600$ (Stichprobenumfang) und $p = \frac{1}{6}$, der Grundwahrscheinlichkeit unserer Hypothese. Somit gilt

$$\mu = E(X) = 600 \cdot \frac{1}{6} = 100.$$

Es gilt für die Standardabweichung

$$\sigma = \sqrt{600 \cdot \frac{1}{6} \cdot \frac{5}{6}} \approx 9.129 > 3,$$

was bedeutet, dass die Laplace-Bedingung erfüllt ist.

Wir betrachten gemäß Abschn. 6.3.2 σ-Intervalle um den Erwartungswert, z. B. das Intervall $[\mu - 1.96\sigma, \mu + 1.96\sigma]$ (siehe Abb. 7.2). Nach Abschn. 6.3.2 wissen wir, dass 95 % der Beobachtungswerte einer Stichprobe in diesem Intervall liegen. Wir haben also bei der Wahl dieses Intervalls eine *statistische Sicherheit* von 95 %.

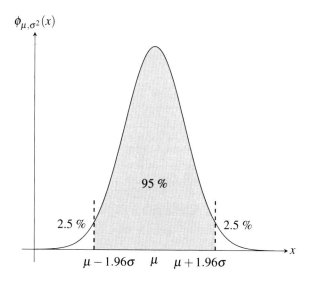

Abb. 7.2: σ-Intervalle um den Erwartungswert

Es ist in unserem Fall

$$\mu - 1.96\sigma = 82.108$$

und

$$\mu + 1.96\sigma = 117.892.$$

Somit akzeptieren wir die Hypothese $P(\{6\}) = \frac{1}{6}$, falls unser Experiment ergibt, dass

$$83 \leq X \leq 117.$$

Wenn unser Experiment einen Wert für X ergibt, der größer als 117 oder kleiner als 83 ist, dann sehen wir unsere Zweifel mit einer statistischen Sicherheit von 95 % bestätigt. Natürlich bleibt uns eine maximale Irrtumswahrscheinlichkeit von 5 %. ◀

Wir reflektieren nun unser Vorgehen in Bsp. 7.1 und führen wichtige Begriffe ein.

Das Verfahren zum Testen einer Hypothese beinhaltet folgende Schritte.

1. Schritt: Formulierung einer Hypothese.

Wenn wir eine Vermutung haben hinsichtlich des Verhaltens einer Zufallsvariablen, dann stellen wir zunächst eine Hypothese auf. In der Regel nimmt man für die Hypothese das Gegenteil der Vermutung an und versucht, die Hypothese zu widerlegen. Diese gewählte Hypothese wird *Nullhypothese* genannt und mit H_0 bezeichnet. In Bsp. 7.1 gilt also

$$H_0 : p = \frac{1}{6}.$$

Die Gegenhypothese zur Nullhypothese (also unsere Vermutung) nennt man *Alternative* und bezeichnet sie mit H_1. Im Beispiel ist

$$H_1 : p \neq \frac{1}{6}.$$

2. Schritt: Wahl der statistischen Sicherheit.

Wir müssen uns entscheiden, welches Risiko wir eingehen wollen, uns zu irren. Es kann durchaus passieren, dass wir die Nullhypothese verwerfen, obwohl sie richtig ist. Dies passiert bei der Wahl des Intervalls in unserem Beispiel mit einer Wahrscheinlichkeit von maximal 5 %. Diese Wahrscheinlichkeit für diesen Irrtum bezeichnen wir mit α und nennen sie das *Signifikanzniveau*. Es ist die maximale Irrtumswahrscheinlichkeit dafür, die (korrekte) Nullhypothese fälschlicherweise zu verwerfen, und wird willkürlich festgelegt. Man spricht in dem Zusammenhang von *statistisch signifikanten* Abweichungen, wenn die Stichprobendaten auf dem gewählten Signifikanzniveau von der Nullhypothese abweichen, sodass diese verworfen wird.

Welche Abweichungen als signifikant oder sogar hoch signifikant angesehen werden, hängt dabei von der Art der Fragestellung ab. Die sehr scharfen Kriterien am CERN, wie sie etwa bei der Entdeckung des Higgs-Bosons verwendet wurden, sprechen von einer hinreichend hohen Signifikanz der Entdeckung erst bei einer Abweichung von fünf Standardabweichungen! In der Statistik nennt man das kleinste Signifikanzniveau, bei dem die Nullhypothese noch verworfen werden kann, nach dem britischen Statistiker Ronald Aylmer Fisher (1890–1962) den *p-Wert*.

3. Schritt: Formulierung der Entscheidungsregel.

Wir legen den Stichprobenumfang fest und wählen in Abhängigkeit von α unser σ-Intervall. Auf Basis dieser Vorgaben und Berechnungen ergibt sich eine Entscheidungsregel. Wir formulieren diese gewöhnlich als Handlungsanweisung, in Bsp. 7.1 lautet sie

$$\text{Verwirf } H_0 :\Leftrightarrow X < 83 \vee X > 117.$$

Man nennt das Intervall $[83; 117]$ dann auch den *Annahmebereich* von H_0 und $[0; 82] \cup [118; 600]$ den *Ablehnungsbereich* von H_0 (siehe Abb. 7.3).

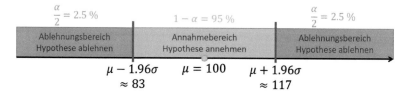

Abb. 7.3: Annahme- und Ablehnungsbereich der Nullhypothese $H_0 : p = \frac{1}{6}$

4. Schritt: Durchführung des Experiments.

Das Experiment wird mit dem festgelegten Stichprobenumfang durchgeführt. Im Beispiel wurde $n = 600$ gewählt. Anschließend wird das Experiment ausgewertet und überprüft, ob die Nullhypothese auf dem gewählten Signifikanzniveau angenommen werden kann oder abgelehnt werden muss.

Bei diesem Verfahren können folgende Fehler auftreten (siehe Tab. 7.1):

1. Die Nullhypothese wird verworfen, obwohl sie richtig ist. Dies nennen wir den *Fehler 1. Art* oder *α-Fehler.*

   Im Beispiel passiert das, wenn tatsächlich $P(\{6\}) = \frac{1}{6}$ gilt, aber das Experiment ungünstigerweise eine Anzahl X von Sechsen > 117 oder < 83 ergibt. Dies passiert mit einer Wahrscheinlichkeit, die höchstens gleich dem Signifikanzniveau α ist.

2. Die Nullhypothese wird angenommen, obwohl sie falsch ist. Dies nennen wir den *Fehler 2. Art* oder *β-Fehler.*

   Im Beispiel passiert das, wenn tatsächlich $P(\{6\}) \neq \frac{1}{6}$ gilt, aber das Experiment ungünstigerweise eine Anzahl von Sechsen $83 \leq X \leq 117$ ergibt. Die Wahrscheinlichkeit, dass dies passiert, hängt von der echten Wahrscheinlichkeit $p \neq \frac{1}{6}$ ab, eine Sechs zu würfeln.

   Man kann im Beispiel jeder Wahrscheinlichkeit $p \neq \frac{1}{6}$ die Wahrscheinlichkeit für einen β-Fehler zuordnen. Diese Funktion

   $$OC : [0; 1] \rightarrow [0; 1], \ p \mapsto \beta(p)$$

   heißt *Operationscharakteristik*. Alternativ verwendet man auch die *Gütefunktion*

   $$G : [0; 1] \rightarrow [0; 1], \ p \mapsto 1 - \beta(p).$$

Die beiden Fehler sollen natürlich so gering wie möglich sein. Dabei müssen wir allerdings beachten, dass die beiden Fehler nicht unabhängig voneinander sind. Senken wir die Wahrscheinlichkeit für den α-Fehler, erhöht sich die Wahrscheinlichkeit für den β-Fehler und umgekehrt. Die hier vorgestellten Testverfahren sind so konstruiert, dass wir den α-Fehler kontrollieren und diesen durch das Signifikanzniveau

Tab. 7.1: Fehler beim Hypothesentest

Entscheidung für		H_0	H_1
Wahr ist	H_0	Kein Fehler	α-Fehler
	H_1	β-Fehler	Kein Fehler

α festlegen (siehe 2. Schritt). Die Wahrscheinlichkeit, dass wir die Nullhypothese fälschlicherweise verwerfen, ist höchstens gleich α. Den β-Fehler können wir hingegen nicht kontrollieren, und berechnen können wir ihn auch nur, wenn wir den wahren Anteilswert p in der Grundgesamtheit kennen (siehe Bsp. 7.3).

Die Hypothesen sollten so formuliert werden, dass der α-Fehler der schwerwiegendere Fehler ist. Die nachzuweisende Behauptung sollte dabei als Alternativhypothese formuliert werden. Nur für die Entscheidung, die Alternativhypothese anzunehmen (= Nullhypothese zu verwerfen) können wir eine Sicherheit angeben. Aus diesem Grund müssen wir auch bei der Interpretation der Testergebnisse aufpassen. Wenn wir in unserem Beispiel einen Wert für X zwischen 83 und 117 erhalten, dann behalten wir die Nullhypothese bei. Unsere Vermutung, dass der Würfel nicht fair ist, konnte nicht belegt werden. Das heißt aber nicht, dass die Nullhypothese richtig ist! Wenn wir allerdings einen Wert kleiner als 83 oder größer als 117 erhalten, dann wird die Nullhypothese verworfen, und es konnte mit einer statistischen Sicherheit von 95 % nachgewiesen werden, dass es sich nicht um einen fairen Würfel handelt.

Man unterscheidet je nach Art der Hypothese mehrere Arten von Tests, den *Alternativtest*, bei dem es um eine Entscheidung zwischen genau zwei möglichen Alternativen geht, und den *einseitigen* bzw. *zweiseitigen* Signifikanztest, die in den folgenden Beispielen erklärt werden. In Bsp. 7.1 handelt es sich um einen zweiseitigen Signifikanztest.

Beispiel 7.2 (Alternativtest). Ein Hochschullehrer möchte die Statistik-Kenntnisse seiner Studierenden überprüfen. Dazu hat er eine undurchsichtige Box vorbereitet, in denen sich schwarze und weiße Kugeln befinden. Die Information, die er den Studierenden gibt, lautet: Es befinden sich 45 % von der einen Sorte und 55 % von der anderen Sorte in der Box. Es darf immer nur jeweils eine Kugel gezogen werden, dies darf aber beliebig oft wiederholt werden. Wie können die Studis herausfinden, ob der Anteil der weißen Kugeln 45 % oder 55 % beträgt?

Lösung: Absolut sicher lässt sich der Anteil der weißen Kugeln so natürlich nicht ermitteln, sondern nur mit mehr oder weniger hoher Wahrscheinlichkeit. Die Studis beschließen, einen Alternativtest auf dem Signifikanzniveau 5 % durchzuführen mithilfe einer Stichprobe vom Umfang $n = 100$ und stellen daher zunächst eine Hypothese auf:

$$H_0 : p_w = 0.45.$$

Dabei ist p_w der Anteil der weißen Kugeln in der Box. Die Alternative lautet

$$H_1 : p_w = 0.55.$$

Der α- Fehler ist hier, dass man irrtümlicherweise annimmt, dass der wahre Anteil weißer Kugeln 0.55 beträgt, obwohl er in Wirklichkeit bei 0.45 liegt. Dies wird dann passieren, wenn der Anteil weißer Kugeln in der Stichprobe einen bestimmten Wert überschreitet. Dies soll mit maximal 5 % Wahrscheinlichkeit eintreten. Sei

$$X = \text{Anzahl der weissen Kugeln in der Stichprobe.}$$

Wir suchen also die kleinste Zahl z, für die gilt

$$q(z) := P_{p_w=0.45}(X \geq z) = \sum_{k=z}^{100} \binom{100}{k} \cdot 0.45^k \cdot 0.55^{100-k} \leq 0.05.$$

Wir geben den Ausdruck in MATLAB bzw. Mathematica ein und berechnen die Wahrscheinlichkeit für geeignete Werte von z:

```
z=45:62;
q=binocdf(z,100,0.45);
table(z',q')
```

```
q[z_]:=Sum[Binomial[100,k]*0.45^k*0.55^(100-k),{k,z,100}]
Table[{i,q[i]},{i,45,62}]//TableForm
```

Es ergeben sich die in der Tab. 7.2 zusammengefassten Werte.

Tab. 7.2: Werte der Verteilungsfunktion in Bsp. 7.2

z	$q(z)$	z	$q(z)$	z	$q(z)$
45	0.5387	51	0.1346	57	0.0106
46	0.4587	52	0.0960	58	0.0061
47	0.3804	53	0.0662	59	0.0034
48	0.3069	54	0.0441	60	0.0018
49	0.2404	55	0.0284	61	0.0009
50	0.1827	56	0.0176	62	0.0005

Wir erhalten einen Wert unter 5 % für alle $z \geq 54$. Somit lautet die Entscheidungsregel

$$\text{Verwirf } H_0 :\Leftrightarrow X \geq 54.$$

Die Wahrscheinlichkeit für einen α-Fehler beträgt dann 0.0441. ◀

Denkanstoß

Da die Laplace-Bedingung hier erfüllt ist, lässt sich das Problem auch lösen, indem man die Binomialverteilung durch die Normalverteilung approximiert und die Funktion Φ verwendet. Führen Sie dies zur Übung durch!

Beispiel 7.3 (Zweiseitiger Signifikanztest). Wir wollen überprüfen, ob der Pseudozufallszahlengenerator des Softwaretools MATLAB bzw. Mathematica die Zahl 13 genauso häufig liefert wie andere natürliche Zahlen im Bereich von 1 bis 20. Wie können wir vorgehen?

Lösung: Wir nehmen dazu eine Stichprobe vom Umfang $n = 1000$. Als Nullhypothese wählen wir mit $p = P(\{13\})$

$$H_0 : p = \frac{1}{20}.$$

Die Zufallsvariable

$$X = \textit{Anzahl des Auftretens der Zahl 13 in der Stichprobe}$$

ist binomialverteilt mit den Parametern n und p. Als Signifikanzniveau wählen wir $\alpha = 1\%$.

Der Annahmebereich der Nullhypothese ist symmetrisch um den Erwartungswert zu wählen. Der Ablehnungsbereich besteht aus zwei Teilintervallen: Weicht die Anzahl des Auftretens der Zahl 13 zu weit nach oben oder unten vom Erwartungswert ab, so ist die Nullhypothese abzulehnen. Daher spricht man in diesem Fall von einem zweiseitigen Signifikanztest.

Da der Stichprobenumfang hier sehr groß ist, können wir in sehr guter Näherung mit σ-Intervallen arbeiten mit $\mu = n \cdot p = 1000 \cdot \frac{1}{20} = 50$ und $\sigma = \sqrt{n \cdot p \cdot (1-p)} = \sqrt{1000 \cdot \frac{1}{20} \cdot \frac{19}{20}} \approx 6.892$. Wegen des gewählten Signifikanzniveaus besteht der Annahmebereich aus dem Intervall $[\mu - 2.58\sigma; \mu + 2.58\sigma]$. Es gilt

$$\mu - 2.58\sigma = 50 - 2.58 \cdot 6.892 = 32.2186$$

und

$$\mu + 2.58\sigma = 50 + 2.58 \cdot 6.892 = 67.7814.$$

Somit lautet unsere Entscheidungsregel

$$\text{Verwirf } H_0 :\Leftrightarrow X \le 32 \vee X \ge 68.$$

Der Annahmebereich von H_0 ist also das Intervall $[33; 67]$.

Die Durchführung (also die Stichprobennahme) erfolgt mit der MATLAB- bzw. Mathematica-Eingabe

```
rnd=randi(20,1000,1);
table(histcounts(rnd)')
```

```
rand=RandomInteger[{1,20},1000];
HistogramList[rand,{1,21,1}]//Grid
```

Betrachten wir hier einmal die β-Fehler für das angegebene Verfahren. Angenommen, die Nullhypothese ist falsch, und die wahre Wahrscheinlichkeit für die Zahl 13 liegt bei $p < \frac{1}{20}$. Für vorgegebene Werte von p können wir dann jeweils die Wahrscheinlichkeit berechnen, dass die Nullhypothese irrtümlicherweise angenommen wird.

Abb. 7.4 stellt die Wahrscheinlichkeit für einen β-Fehler anschaulich dar, wenn der wahre Anteilswert der Grundgesamtheit $p = \frac{1}{30}$ ist. Die schwarze Kurve ist die Dichtefunktion für $p = \frac{1}{20}$ (Näherung über Normalverteilung mit $\mu = 50$ und $\sigma = 6.892$) und die blaue für $p = \frac{1}{30}$ (Näherung über Normalverteilung mit $\mu = 33.33$ und $\sigma = 5.6765$). Die Wahrscheinlichkeit für einen β-Fehler erhalten wir, wenn wir die Wahrscheinlichkeit berechnen, dass X im Intervall $[33; 67]$ liegt und $p = \frac{1}{30}$ ist. Anschaulich ist das die Fläche unter der blauen Kurve im Intervall $[33; 67]$. Diese Fläche ist in der Abbildung blau dargestellt.

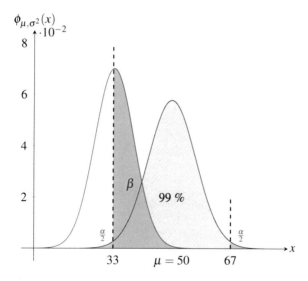

Abb. 7.4: Darstellung von α- und β-Fehler für einen wahren Anteilswert in der Grundgesamtheit von $p = \frac{1}{30}$

Wir lassen uns einige dieser Wahrscheinlichkeiten von MATLAB bzw. Mathematica
berechnen:

```
binocdf(67,1000,1/21)-binocdf(32,1000,1/21)
binocdf(67,1000,1/23)-binocdf(32,1000,1/23)
binocdf(67,1000,1/30)-binocdf(32,1000,1/30)
binocdf(67,1000,1/40)-binocdf(32,1000,1/40)
```

```
N[Sum[Binomial[1000,k]*(1/21)^k*(1-1/21)^(1000-k),{k,33,67}]]
N[Sum[Binomial[1000,k]*(1/23)^k*(1-1/23)^(1000-k),{k,33,67}]]
N[Sum[Binomial[1000,k]*(1/30)^k*(1-1/30)^(1000-k),{k,33,67}]]
N[Sum[Binomial[1000,k]*(1/40)^k*(1-1/40)^(1000-k),{k,33,67}]]
```

Wir erhalten

$$P_{p=\frac{1}{21}}(33 \leq X \leq 67) \approx 0.9882,$$

$$P_{p=\frac{1}{23}}(33 \leq X \leq 67) \approx 0.9601,$$

$$P_{p=\frac{1}{30}}(33 \leq X \leq 67) \approx 0.5477,$$

$$P_{p=\frac{1}{40}}(33 \leq X \leq 67) \approx 0.0689.$$

Die Wahrscheinlichkeit für einen β-Fehler fällt mit fallendem p ab. Im Falle $p > \frac{1}{20}$
fällt die Wahrscheinlichkeit für einen β-Fehler mit wachsendem p ab. Der Graph der
Operationscharakteristik ist in Abb. 7.5 wiedergegeben. Er hat eine stetig behebbare
Definitionslücke bei $p = \frac{1}{20} = 0.05$, da dort kein β-Fehler gemacht werden kann.

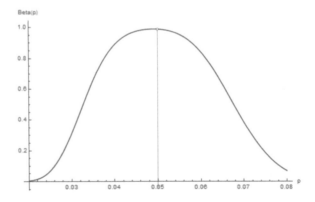

Abb. 7.5: Operationscharakteristik zu Bsp. 7.3   ◄

Es sei hier noch einmal darauf hingewiesen, dass es sich bei den Hypothesentests
um statistische Verfahren handelt, deren Bedeutung nicht überinterpretiert werden
darf. So ist es nicht zulässig, im vorherigen Bsp. 7.3 das Programm etliche Male
durchlaufen zu lassen, um dann einen einzigen Fall herauszusuchen, bei dem z. B.

die Zahl 13 nur 30-mal aufgetreten ist, um dann zu behaupten, die 13 würde vom Pseudozufallszahlengenerator seltener generiert als andere.

Ein gelegentlich auftretendes statistisches Fehlverhalten ist das sogenannte *p-Hacking*, bei dem genau eine solche nachträgliche Anpassung stattfindet. Der p-Wert wird, wie gerade beschrieben, durch die bewusste, nachträgliche Auswahl der Stichprobe unter eine vorher gewählte Grenze gedrückt. Dann wird dies als signifikantes Ergebnis veröffentlicht, während die nicht-signifikanten Ergebnisse unveröffentlicht bleiben. Ein solches Verhalten führt zu einer Selektion hin zu statistisch signifikanten Ergebnissen (das sogenannte Publikationsbias: Spektakuläre Ergebnisse und überraschende Abweichungen werden häufiger veröffentlicht als unspektakuläre), die dann „gesicherte" Forschungsergebnisse darstellen sollen.

In vielen Fällen interessieren signifikante Abweichungen nur in einer Richtung, z. B. wenn man überprüfen möchte, ob ein Würfel besonders viele Sechsen produziert. In diesem Fall wird ein einseitiger Signifikanztest verwendet.

Beispiel 7.4 (Einseitiger Signifikanztest). Eine Herstellerfirma für elektronische Bauelemente liefert eine große Menge günstiger Feldeffekttransistoren (FETs) an eine Vertreiberfirma für Elektronik-Lehrbaukästen. Der Hersteller behauptet, dass mindestens 92 % der Transistoren funktionstüchtig sind. Der Vertreiber ist jedoch misstrauisch und wird nur dann bezahlen, wenn ihn eine gezogene Stichprobe überzeugt.

a) Der Hersteller formuliert für den Anteil der funktionierenden Transistoren die Nullhypothese

$$H_0 : p \geq 0.92$$

und sagt, dass man ihm doch erst einmal das Gegenteil beweisen solle. Wie muss die Entscheidungsregel bei einem Stichprobenumfang $n = 200$ auf dem Signifikanzniveau 5 % lauten?

b) Wie lauten die zu testende Hypothese und die Entscheidungsregel des Vertreibers bei einem Stichprobenumfang $n = 200$ auf dem Signifikanzniveau 5 %?

Lösung:

a) Der Hersteller testet

$$H_0 : p \geq 0.92$$

auf dem Signifikanzniveau 5 %. Da wir hier eine einseitige Hypothese testen, müssen wir bei der Wahl des σ-Intervalls aufpassen. Wir verwenden als untere Schranke für die Anzahl der funktionierenden Transistoren $\mu - 1.64\sigma$, da nur 5 % des Stichprobenergebnisses unterhalb dieser Schranke liegen (siehe Abb. 7.6).

Es gilt $\sigma \approx 3.83 > 3$ und

$$\mu - 1.64\sigma = 200 \cdot 0.92 - 1.64\sqrt{200 \cdot 0.92 \cdot 0.08} \approx 177.708.$$

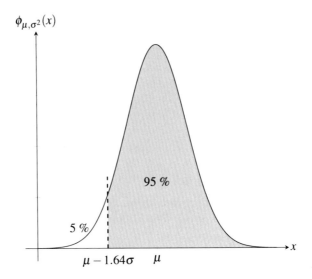

Abb. 7.6: σ-Intervall bei einseitigem Test (Test des Herstellers)

Der Hersteller sieht seine Hypothese erst dann als widerlegt an, wenn 177 oder weniger funktionierende Transistoren in der Stichprobe vorhanden sind. Für

$$X = \textit{Anzahl der funktionierenden Transistoren in der Stichprobe}$$

lautet seine Entscheidungsregel

$$\text{Verwirf } H_0 :\Leftrightarrow X \leq 177.$$

b) Der Vertreiber wird die Hypothese

$$H_1 : p < 0.92$$

testen. Wir verwenden als obere Schranke für die Anzahl der funktionierenden Transistoren $\mu + 1.64\sigma$, da nur 5 % des Stichprobenergebnisses oberhalb dieser Schranke liegen (siehe Abb. 7.7).

Es gilt

$$\mu + 1.64\sigma = 200 \cdot 0.92 + 1.64\sqrt{200 \cdot 0.92 \cdot 0.08} \approx 190.292.$$

Der Vertreiber wird also erst bezahlen, wenn die Stichprobe ihm mehr als 190 funktionierende Transistoren liefert. Seine Entscheidungsregel lautet

$$\text{Verwirf } H_1 :\Leftrightarrow X \geq 191.$$

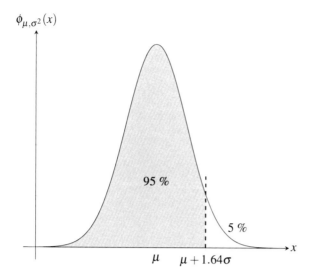

Abb. 7.7: σ-Intervall bei einseitigem Test (Test des Vertreibers)

Wir wünschen den beiden alles Gute bei der weiteren geschäftlichen Zusammenarbeit! ◀

Betrachten wir noch die Durchführung eines Hypothesentests bei einer normalverteilten Zufallsvariablen.

Beispiel 7.5. Ein Hersteller von Softdrinks möchte die Zuverlässigkeit einer neuen Abfüllmaschine für 1 L-Flaschen testen. Hierzu wird eine Stichprobe vom Umfang $n = 100$ Flaschen genommen und die mittlere Füllmenge bestimmt, um festzustellen, ob das Stichprobenmittel $\overline{X}$ verträglich ist mit $\mu_{\overline{X}} = 1\,\text{L}$. Es soll ein Erfahrungswert von $\sigma_X = 0.02\,\text{L}$ angenommen werden.

Lösung: Sei

$$X = \textit{Füllmenge einer zufällig gewählten Flasche in L.}$$

Dann wird ein zweiseitiger Signifikanztest mit der Nullhypothese

$$H_0 : \mu_X = \mu_{\overline{X}} = 1\,\text{L}$$

durchgeführt, sagen wir, auf dem Signifikanzniveau 5 %.

Nach dem $\frac{1}{\sqrt{n}}$-Gesetz (siehe Satz 6.24) können wir annehmen, dass gilt

$$P\left(|\overline{X} - \mu_{\overline{X}}| \le 1.96\,\frac{\sigma_X}{\sqrt{n}} \right) = 0.95.$$

Es gilt

$$|\overline{X} - 1\,\mathrm{L}| > 1.96\frac{0.02\,\mathrm{L}}{\sqrt{100}},$$

wenn

$$\overline{X} < 1\,\mathrm{L} - 1.96\frac{0.02\,\mathrm{L}}{\sqrt{100}} = 0.996\,08\,\mathrm{L}$$

oder

$$\overline{X} > 1\,\mathrm{L} + 1.96\frac{0.02\,\mathrm{L}}{\sqrt{100}} = 1.003\,92\,\mathrm{L}.$$

Somit lautet die Entscheidungsregel

$$\text{Verwirf } H_0 :\Leftrightarrow \overline{X} < 0.996\,08\,\mathrm{L} \vee \overline{X} > 1.003\,92\,\mathrm{L}. \qquad \blacktriangleleft$$

7.1.2 Schätzungen I: Schluss von der Grundgesamtheit auf die Stichprobe

In diesem und dem nächsten Abschnitt wollen wir einen Blick auf die Grundlagen der Schätztheorie werfen. Dabei geht es in diesem Abschnitt darum, bei bekannten Parametern einer Grundgesamtheit Rückschlüsse auf eine zu entnehmende Stichprobe zu ziehen, und im nächsten Abschnitt andersherum.

Kennt man die relative Häufigkeit, mit der eine Merkmalsausprägung in einer statistischen Grundgesamtheit vorkommt, so erwartet man bei einer hinreichend großen Stichprobe in etwa die gleiche relative Häufigkeit. Kennt man bei einem Zufallsexperiment wie dem Ziehen von Kugeln aus einer Urne die Wahrscheinlichkeit für das Ziehen einer weißen Kugel, so erwartet man bei einer Stichprobe in Form des Ziehens vieler Kugeln einen entsprechenden Anteil weißer Kugeln. In diesem Fall kann man für die Zufallsvariable X (=Anzahl der weißen Kugeln) als Schätzwert für die gezogene Anzahl den Erwartungswert $E(X)$ angeben. Man spricht dann von einer *Punktschätzung*. Gibt man ein Intervall an, in der die Anzahl weißer Kugeln in der Stichprobe voraussichtlich liegen wird, dann spricht man von einer *Intervallschätzung*. Wir werden diese Begriffe anhand von Beispielen präzisieren.

Beispiel 7.6. Eine (faire) Münze soll 4000-mal geworfen werden. Wie oft wird voraussichtlich Wappen fallen? In welchem Intervall wird die gefallene Anzahl Wappen mit 90 % Wahrscheinlichkeit liegen?

Lösung: Als Punktschätzung der Anzahl Wappen bietet sich hier der Erwartungswert der $b(4000; 0.5)$-verteilten Zufallsvariablen

$$X = \textit{Anzahl Wappen in der Stichprobe vom Umfang 4000}$$

an. Es gilt

$$\mu = E(X) = 4000 \cdot 0.5 = 2000.$$

Natürlich wird der Wert dieser Punktschätzung in den seltensten Fällen erreicht. Wir machen daher noch eine 90 %-Intervallschätzung (siehe Abb. 7.8).

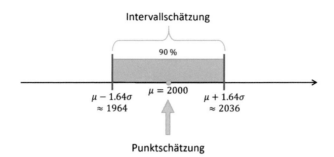

Abb. 7.8: Punkt- und Intervallschätzung

Wir wissen, das 90 % der Werte im Intervall $[\mu - 1.64\sigma; \mu + 1.64\sigma]$ liegen (siehe Tab. 6.8). Es ist

$$\mu - 1.64\sigma = 1963.33$$

und

$$\mu + 1.64\sigma = 2036.67.$$

Somit wird für die Anzahl X mit einer Wahrscheinlichkeit von etwa 90 % gelten

$$1964 \leq X \leq 2036. \qquad \blacktriangleleft$$

Beispiel 7.7. In einem Land sind 71.5 % der volljährigen Einwohner für die Beteiligung des Landes an bemannten Raumfahrtprojekten. Ein Online-Nachrichtenportal hat 1050 zufällig ausgewählte Leser nach ihrer Meinung dazu befragt. Wir gehen davon aus, dass die Auswahl der Leser dieser Stichprobe repräsentativ erfolgte.

a) In welchem Intervall wird die relative Häufigkeit der Befürworter von bemannten Raumfahrtprojekten mit einer Wahrscheinlichkeit von 95 % liegen?

b) Wie groß muss der Stichprobenumfang gewählt werden, wenn mit der statistischen Sicherheit 95 % das Stichprobenergebnis vom Anteil der Raumfahrtbefürworter in der Bevölkerung um höchstens zwei Prozentpunkte abweichen soll?

Lösung:

a) Sei $X = $ *Anzahl der Personen, die für die bemannte Raumfahrt stimmen.*

Es gilt nach den σ-Regeln für den 95 %-Bereich (siehe Tab. 6.8 und Abb. 7.2)

$$|X - \mu| \le 1.96\sigma$$

und daher für die relative Häufigkeit $\frac{X}{n}$

$$\left| \frac{X}{n} - \frac{\mu}{n} \right| \le 1.96\frac{\sigma}{n}$$

und somit wegen $\mu = np$

$$\left| \frac{X}{n} - p \right| \le 1.96\sqrt{\frac{p(1-p)}{n}}.$$

Es ist

$$1.96\sqrt{\frac{p(1-p)}{n}} = 1.96\sqrt{\frac{0.715(1-0.715)}{1050}} \approx 0.0273.$$

Das Online-Portal kann also mit einer Wahrscheinlichkeit von 95 % damit rechnen, dass sich in der Stichprobe mindestens $71.5\% - 2.73\% = 68.77\%$ und höchstens $71.5\% + 2.73\% = 74.23\%$ Befürworter der bemannten Raumfahrt befinden werden.

b) Für die Abweichung der relativen Häufigkeit in der Stichprobe von 71.5 % soll gelten $\left| \frac{X}{n} - 0.715 \right| \le 0.02$. Wegen des 95 %-Niveaus statistischer Sicherheit ist dies erfüllt, wenn

$$1.96\sqrt{\frac{0.715(1-0.715)}{n}} \le 0.02$$

gilt. Daraus folgt $n \ge 1957.055$. Somit muss der Stichprobenumfang mindestens 1958 betragen.   ◄

7.1.3 Schätzungen II: Schluss von der Stichprobe auf die Grundgesamtheit, Konfidenzintervalle

Interessanter als der Schluss von der Grundgesamtheit auf die Stichprobe ist in der Regel, welche Aussagen man mithilfe einer Stichprobe auf das Verhalten der Grundgesamtheit machen kann. Wahlumfragen, die vor einer Wahl gemacht werden, oder auch sogenannte Exit-Polls, bei denen eine repräsentative Stichprobe der Wähler, die gerade vom Urnengang kommen, nach ihrem Wahlverhalten befragt werden, gehören dazu. Hierbei werden von professionellen Instituten wie z. B. INFAS oder der Forschungsgruppe Wahlen die erfassten Daten aufbereitet, und dann wird mit statistischen Verfahren versucht, eine möglichst genaue Prognose für den Wahlausgang zu erstellen. Diese wird den Zuschauern früh präsentiert, damit diese nicht zu lange auf erste Hochrechnungen warten müssen. Diese Prognosen sind meistens schon sehr genau, wie die Erfahrung zeigt.

Beispiel 7.8. Der Vorstand einer weniger populären Partei möchte wissen, wie es um die Chancen der Partei bei der nächsten Landtagswahl steht. Dazu wird ein Meinungsforschungsinstitut beauftragt, eine repräsentative Umfrage zu starten. Ergebnis: Unter den 1060 Befragten gaben 5.4 % an, für die Partei stimmen zu wollen. Wird die Partei die 5 %-Hürde nehmen?

Lösung: Natürlich lässt sich dies nicht sicher mithilfe einer Umfrage ermitteln. Wir wollen daher überprüfen, welche tatsächlichen Ergebnisse auf dem 1 %-Signifikanzniveau mit dem Stichprobenergebnis verträglich sind. Nach den σ-Regeln gilt hierbei (siehe Tab. 6.8):

$$|X - \mu| \leq 2.58\sigma$$

bzw.

$$\left|\frac{X}{n} - \frac{\mu}{n}\right| \leq 2.58\frac{\sigma}{n}.$$

Mit $\frac{X}{n} = 0.054$ und $\frac{\mu}{n} = p$ müssen wir die Ungleichung

$$|0.054 - p| \leq 2.58\sqrt{\frac{p(1-p)}{1060}}$$

lösen, d. h. alle Werte für p finden, die diese erfüllen. Wir quadrieren dazu zunächst und erhalten

$$(0.054 - p)^2 \leq 2.58^2\frac{p(1-p)}{1060}.$$

Daraus ergibt sich

$$1060(0.002916 - 0.108p + p^2) \leq 6.6564p(1-p)$$
$$3.09096 - 121.1364p + 1066.6564p^2 \leq 0.$$

Wir lösen zunächst die quadratische Gleichung

$$3.09096 - 121.1364p + 1066.6564p^2 = 0$$

und erhalten als Lösungen

$$p = 0.038713 \vee p = 0.074854.$$

Somit hat die Ungleichung die Lösungsmenge

$$\mathbb{L} = \{p|\, 0.038713 \leq p \leq 0.074854\}.$$

Das Stichprobenergebnis ist auf dem gewählten Signifikanzniveau verträglich mit allen Werten p aus dieser Lösungsmenge.

Die Ungleichung

$$(0.054 - p)^2 \leq 2.58^2 \frac{p(1-p)}{1060}$$

lässt sich natürlich auch direkt mit MATLAB bzw. Mathematica lösen:

```
syms p
sol=solve((0.054-p)^2==2.58^2*(p*(1-p))/1060,p,'ReturnConditions',true)
eval(sol.p)
```

```
Reduce[1060*(54/1000-p)^2-(258/100)^2*p*(1-p)<=0]//N
```

◀

Das Intervall $[0.038713;\ 0.074854]$ aus dem vorhergehenden Beispiel nennt man auch das 99 %-*Konfidenzintervall* oder -*Vertrauensintervall* für p. Hierbei wird $\alpha = 0.01$ auch als *Irrtumswahrscheinlichkeit* bezeichnet und $1 - \alpha = 0.99$ als *Konfidenzniveau*.

Ist σ bekannt, können wir die Ungleichung

$$\left| \frac{X}{n} - p \right| \leq k \frac{\sigma}{n}$$

auch ohne Betragsstriche schreiben. Es gilt

$$-k\frac{\sigma}{n} \leq \frac{X}{n} - p \leq k\frac{\sigma}{n}$$
$$-\frac{X}{n} - k\frac{\sigma}{n} \leq -p \leq -\frac{X}{n} + k\frac{\sigma}{n}$$
$$\frac{X}{n} + k\frac{\sigma}{n} \geq p \geq \frac{X}{n} - k\frac{\sigma}{n}$$
$$\frac{X}{n} - k\frac{\sigma}{n} \leq p \leq \frac{X}{n} + k\frac{\sigma}{n}.$$

Das Konfidenzintervall hat damit die Grenzen $\frac{X}{n} - k\frac{\sigma}{n}$ und $\frac{X}{n} + k\frac{\sigma}{n}$. Diese Grenzen sind Zufallsvariablen, da sie mithilfe der Werte einer Stichprobe bestimmt werden. Der unbekannte Parameter der Grundgesamtheit p wird mit der Wahrscheinlichkeit $1 - \alpha$ von dem Konfidenzintervall überdeckt.

Denkanstoß

Machen Sie sich klar, dass die Intervalle, die wir in Bsp. 7.6 und 7.7 beim Schluss von der Grundgesamtheit auf die Stichprobe bestimmt haben, feste Grenzen haben.

Das Konfidenzintervall ist ein Zufallsintervall. Ziehen wir verschiedene Stichproben, so ergeben sich auch unterschiedliche Konfidenzintervalle. Der unbekannte

Parameter der Grundgesamtheit ist aber immer fest. In Abb. 7.9 sind Konfidenzintervalle zu verschiedenen Stichproben zusammen mit dem unbekannten Parameter der Grundgesamtheit (gestrichelte Linie) dargestellt.

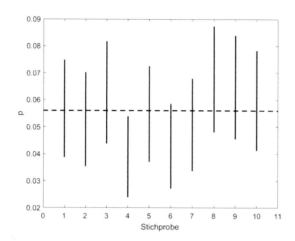

Abb. 7.9: Konfidenzintervalle verschiedener Stichproben; die gestrichelte Linie stellt den festen Wert des Parameters p in der Grundgesamtheit dar

Wir sehen, dass eines der Konfidenzintervalle den wahren Parameter nicht überdeckt. Zieht man sehr viele Stichproben, dann kann man erwarten, dass in unserem Beispiel 99 % der Intervalle den wahren Parameter überdecken und 1 % nicht.

Erhöht man die Irrtumswahrscheinlichkeit bei gleichbleibendem Stichprobenumfang, so wird das Konfidenzintervall schmaler. Wenn man die Irrtumswahrscheinlichkeit reduziert, dann wird es entsprechend breiter. Ein schmaleres Intervall mit geringerer Irrtumswahrscheinlichkeit würde man erhalten, wenn man den Stichprobenumfang entsprechend erhöht.

> **Denkanstoß**
>
> Berechnen Sie das 95 %-Konfidenzintervall für p in Bsp. 7.8.

Im folgenden Beispiel bestimmen wir ein Konfidenzintervall für $\overline{X}$ bei bekannter Standardabweichung σ_X.

Beispiel 7.9. Bei der Herstellung elektrischer Widerstände treten Abweichungen vom Sollwert auf. Eine Überprüfung von 125 Widerständen einer Produktionslinie ergab ein arithmetisches Mittel von $47.4\,\Omega$. Bestimmen Sie das 95 %-Konfidenzintervall für die Größe der produzierten Widerstände bei einer empirisch angenommenen Standardabweichung $\sigma_X = 0.02\,\Omega$.

Lösung: Die Zufallsvariable

$$X = \textit{Größe des Widerstandes}$$

ist normalverteilt mit $\mu_X = \mu_{\overline{X}} = 47.4\,\Omega$ und $\sigma_X = 0.02\,\Omega$. Somit gilt in 95 % der Fälle

$$|\overline{X} - \mu_{\overline{X}}| \leq 1.96\sigma_{\overline{X}},$$

mit $\sigma_{\overline{X}} = \frac{\sigma_X}{\sqrt{n}}$ (siehe Satz 6.24 und den nachfolgenden Absatz).

Ohne Betragsstriche geschrieben ergibt sich

$$\mu_{\overline{X}} - 1.96\frac{\sigma_X}{\sqrt{n}} \leq \overline{X} \leq \mu_{\overline{X}} + 1.96\frac{\sigma_X}{\sqrt{n}}.$$

Damit bestimmen wir das 95 %-Konfidenzintervall:

$$47.4\,\Omega - 1.96\frac{0.02\,\Omega}{\sqrt{125}} = 47.3965\,\Omega$$

$$47.4\,\Omega + 1.96\frac{0.02\,\Omega}{\sqrt{125}} = 47.4035\,\Omega,$$

also ist das gesuchte Intervall $[47.3965\,\Omega;\ 47.4035\,\Omega]$.   ◄

7.1.4 Aufgaben

Übung 7.1. Ⓑ Bei der Produktion spezieller Gläser geht die Qualitätskontrolle aufgrund der Erfahrungen der letzten Jahre von einem Ausschuss von maximal 8 % aus.

a) Ein neuer Qualitätskontrolleur in der Produktion akzeptiert diesen Erfahrungswert, wenn er bei der Kontrolle von 100 Gläsern maximal elf Ausschussstücke findet. Wie groß ist die Wahrscheinlichkeit einer Fehlentscheidung im Falle von tatsächlichen 8 % Ausschuss?

b) Am nächsten Produktionstag erhöht sich der Anteil defekter Gläser durch eine fehlerhafte Maschine auf 12 %. Mit welcher Wahrscheinlichkeit behält der Kontrolleur seine 8 %-Hypothese bei, wenn er die Entscheidungsregel aus a) verwendet?

Übung 7.2. Entwickeln Sie auf dem 5 %-Signifikanzniveau einen Test zur Überprüfung der Hypothese, dass eine vorgelegte Münze fair gearbeitet ist, d. h. gleich wahrscheinlich Wappen wie Zahl anzeigt.

Übung 7.3. Bei einer Tombola wird von den Veranstaltern behauptet, dass mindestens 30 % der Lose Gewinnlose sind. Ein misstrauischer Loskäufer traut dem Veranstalter nicht. Er kauft 50 Lose. Wie hoch darf der Anteil der Gewinnlose in dieser Stichprobe höchstens sein, um den Veranstalter auf dem 1 %- bzw. 5 %-Signifikanzniveau der Prahlerei zu überführen?

Übung 7.4. Ⓥ Bei der Produktion eines elektronischen Bauelements sind 4 % der Produktion fehlerhaft. Ein Testverfahren überprüft die hergestellten Bauelemente. Dieses Verfahren scheidet mit 94 %iger Wahrscheinlichkeit korrekt fehlerhafte Artikel aus. Allerdings werden auch 6 % der einwandfreien Artikel fälschlicherweise ausgeschieden.

a) Wie viel Prozent der Gesamtproduktion werden durch dieses Testverfahren ausgeschieden?

b) Wie viel Prozent der ausgeschiedenen Bauelemente sind einwandfrei?

Nach Verbesserungen im Produktionsprozess behauptet die Herstellerfirma, den Anteil defekter Bauelemente auf 2 % reduziert zu haben. Diese Behauptung wird anhand einer Stichprobe von 150 zufällig ausgewählten Bauelementen überprüft.

c) Formulieren Sie sinnvoll eine Nullhypothese und bestimmen Sie den Ablehnungsbereich auf dem 5 %-Signifikanzniveau.

d) Wie wird bei diesem Verfahren entschieden, wenn fünf der entnommenen Artikel fehlerhaft sind?

e) Berechnen Sie die Wahrscheinlichkeit dafür, dass die Nullhypothese beibehalten wird, in Wirklichkeit aber nach wie vor 4 % der Artikel fehlerhaft sind.

Übung 7.5. Ein Goldhändler bietet 100 g-Goldbarren (Standardabweichung 0.5 g) als Kapitalanlage an. Ein reicher Käufer, der 280 dieser Goldbarren erworben hat, überprüft seine Goldbarren und erhält eine mittlere Masse von 99.6 g. Lässt sich damit der Händler auf dem 95 %-Niveau statistischer Sicherheit als Betrüger entlarven?

Übung 7.6. Ⓑ In einem größeren Dorf haben bei der Kommunalwahl 52 % der wahlberechtigten Dorfbewohner für die Wiederwahl des Bürgermeisters gestimmt. Kurz danach befragt die Dorfzeitung 90 zufällig ausgewählte Dorfbewohner nach ihrem Wahlverhalten.

a) In welchen Intervall wird die Anzahl der Wähler des Bürgermeisters mit einer Wahrscheinlichkeit von 95 % [bzw. 99 %] liegen?

b) Die Befragung der Dorfzeitung ergab 55 % Befürworter für den Bürgermeister. Wie ist dieses Ergebnis zu beurteilen?

Übung 7.7. Kandidat X erreicht bei einer repräsentativen Umfrage zur Stichwahl um das Amt des Bürgermeisters unter 1050 Befragten eine Zustimmung von 49.5 %. Bestimmen Sie die 95 %- und 99 %-Konfidenzintervalle für seine Erfolgswahrscheinlichkeit p.

7.2 Statistik normalverteilter Zufallsvariablen

Der zentrale Grenzwertsatz (siehe Satz 6.23) beleuchtet die besondere Bedeutung der Normalverteilung für die gesamte Wahrscheinlichkeitstheorie und ihre Anwendungen in unterschiedlichsten Fachgebieten. Im letzten Abschnitt haben Sie schon einige Beispiele für Schätzungen und Hypothesentests bei normalverteilten Zufallsvariablen kennengelernt. Wir wollen in diesem Abschnitt systematisch Verfahren entwickeln, mit deren Hilfe ausgehend von Zufallsstichproben die Parameter μ und σ geschätzt werden können.

7.2.1 *Konfidenzintervall und Test für μ bei bekanntem σ*

Wir betrachten zunächst allgemein eine $N(\mu, \sigma^2)$-verteilte Zufallsvariable X sowie eine zugehörige n-elementige Zufallsstichprobe $X_1, ..., X_n$, das bedeutet, dass die X_i voneinander unabhängig sind. Die Zufallsstichprobe $(X_i)_{i \in \{1,...,n\}}$ hat konkrete Realisierungen $(X_i(\omega))_{i \in \{1,...,n\}}$, die wir in Anwendungsbeispielen einfach mit $(X_i)_{i \in \{1,...,n\}}$ bezeichnen werden. Nach Satz 6.24 gelten für die Punktschätzung

$$\overline{X} = \frac{1}{n} \sum_{i=1}^{n} X_i$$

von μ die Beziehungen

$$E(\overline{X}) = \mu$$

und

$$V(\overline{X}) = \frac{\sigma^2}{n}.$$

Somit ist $\overline{X}$ eine $N(\mu, \frac{\sigma^2}{n})$-verteilte Zufallsvariable, woraus die $N(0,1)$-Verteilung der zugehörigen Standardisierten (siehe Def. 6.13)

$$Z := \frac{\overline{X} - \mu}{\frac{\sigma}{\sqrt{n}}} = \frac{\overline{X} - \mu}{\sigma} \sqrt{n}$$

folgt. Sei das Signifikanzniveau α vorgegeben. Ein $(1 - \alpha)$-Konfidenzintervall für μ erhält man, wenn man $a, b \in \mathbb{R}$ findet, sodass

$$P\left(a \leq \frac{\overline{X} - \mu}{\sigma} \sqrt{n} \leq b\right) = 1 - \alpha$$

erfüllt ist, da gilt

$$P\left(a \leq \frac{\overline{X} - \mu}{\sigma} \sqrt{n} \leq b\right) = P\left(\overline{X} - b\frac{\sigma}{\sqrt{n}} \leq \mu \leq \overline{X} - a\frac{\sigma}{\sqrt{n}}\right).$$

Wegen der $N(0, 1)$-Verteilung von Z gilt

$$P(a \leq Z \leq b) = \Phi(b) - \Phi(a),$$

und insbesondere

$$P(-z \leq Z \leq z) = \Phi(z) - \Phi(-z) = 2\Phi(z) - 1.$$

Für ein symmetrisches $(1 - \alpha)$-Konfidenzintervall des Erwartungswertes μ gilt also

$$2\Phi(z) - 1 = 1 - \alpha,$$

und somit $\Phi(z) = 1 - \frac{\alpha}{2}$. Nach Def. 6.17 ist z dann das $(1 - \frac{\alpha}{2})$-Quantil der Zufallsvariablen Z. Wir bezeichnen dieses Quantil im Folgenden mit $z_{1-\frac{\alpha}{2}}$.

Mit diesen Überlegungen lässt sich bezüglich des Erwartungswertes (bei bekanntem σ) ein Hypothesentest durchführen, bei dem eine Entscheidungsregel für die Nullhypothese

$$H_0 : \mu = \mu_0$$

sowohl im ein- als auch im zweiseitigen Fall formuliert werden soll. Wir betrachten die Zufallsvariable („Testgröße")

$$Z_0 := \frac{\overline{X} - \mu_0}{\sigma} \sqrt{n},$$

die im Falle der Gültigkeit der Nullhypothese eine $N(0, 1)$-verteilte Zufallsvariable ist. Wegen

$$P\left(|Z_0| \leq z_{1-\frac{\alpha}{2}}\right) = 1 - \alpha$$

ist der Annahmebereich der Nullhypothese für das Signifikanzniveau α das Intervall $\left[-z_{1-\frac{\alpha}{2}}; z_{1-\frac{\alpha}{2}}\right]$. Der Ablehnungsbereich ist entsprechend $\mathbb{R} \setminus \left[-z_{1-\frac{\alpha}{2}}; z_{1-\frac{\alpha}{2}}\right]$.

Beispiel 7.10. Ein Imbissunternehmer bestellt eine größere Menge 100 g-Bratwürste bei einem renommierten Metzgereibetrieb. Laut Hersteller ist die Masse der Bratwürste normalverteilt mit $\mu = 100\,\text{g}$ und $\sigma = 20\,\text{g}$. Die Überprüfung an 40 Würsten einer Lieferung ergibt ein arithmetisches Mittel von $\overline{X} = 94\,\text{g}$. Lässt sich auf dem Signifikanzniveau 0.05 eine Mindermenge beim Produktionsprozess nachweisen?

Lösung: Wir führen zunächst einen zweiseitigen Test auf dem Signifikanzniveau 0.05 (also $z_{1-\frac{\alpha}{2}} = 1.96$, siehe Tab. A.2) durch. Unsere Nullhypothese lautet

$$H_0 : \mu = \mu_0 = 100\,\text{g}$$

und wird gegen die Alternative

$$H_1 : \mu \neq 100\,\text{g}$$

getestet. Es gilt

$$Z_0 = \frac{94 - 100}{20}\sqrt{40} = -1.897.$$

Dieser Wert liegt noch innerhalb des Annahmebereichs $[-1.96;\ 1.96]$, sodass die Nullhypothese auf dem vorgegebenen Signifikanzniveau anzunehmen ist.

Testet man jedoch einseitig, so muss H_0 sinnvollerweise gegen die Alternative

$$H_1' : \mu < 100\,\text{g}$$

getestet werden. Wegen

$$P(Z_0 \geq z_{1-\alpha}) = 1 - \alpha$$

bzw.

$$P(Z_0 \geq z_{0.95}) = 0.95$$

ist der Annahmebereich von H_0 hierbei das Intervall

$$[-z_{0.95};\ \infty] = [-1.64;\ \infty].$$

Jetzt liegt der Wert der Testgröße außerhalb des Annahmebereichs, da gilt

$$Z_0 = -1.897 \notin [-1.64;\ \infty].$$

Die Nullhypothese ist zugunsten von H_1' abzulehnen.   ◀

7.2.2 Konfidenzintervall und Test für μ bei unbekanntem σ

Wir betrachten jetzt eine $N(\mu, \sigma^2)$-verteilte Zufallsvariable X mit unbekannten Parametern μ und σ sowie eine zugehörige n-elementige Zufallsstichprobe $X_1, ..., X_n$. Da wir σ nicht kennen, benötigen wir eine (erwartungstreue) Schätzung hierfür. In Abschn. 4.2.2 haben Sie bereits die korrigierte Varianz einer Stichprobe kennengelernt. Diese wird jetzt benötigt.

Satz 7.1. Sei X eine Zufallsvariable mit der (endlichen) Varianz σ^2 und $X_1, ..., X_n$ eine zugehörige n-elementige Zufallsstichprobe. Dann gilt für

$$S^2 = \frac{1}{n-1} \sum_{i=1}^{n} (X_i - \overline{X})^2$$

die Gleichung

$$E(S^2) = \sigma^2.$$

Beweis. Siehe Aufg. 7.8.

Aufgrund des Satzes 7.1 ist S^2 eine erwartungstreue Schätzung von σ^2, und wir können analog den Überlegungen im letzten Abschnitt mit der Stichprobenfunktion

$$\widetilde{Z} := \frac{\overline{X} - \mu}{S} \sqrt{n}$$

arbeiten. Auch hier wollen wir Konfidenzintervalle für μ bestimmen sowie Parametertests für μ durchführen. Allerdings ist $\widetilde{Z}$ nicht mehr $N(0, 1)$-verteilt. Wir benötigen daher eine neue Stichprobenverteilung, die *t-Verteilung*, auch *Student'sche Verteilung* genannt, die von dem englischen Statistiker William S. Gosset (1876–1937) entwickelt und von ihm unter dem Pseudonym Student 1908 veröffentlicht wurde.

Definition 7.1. Sei $n \in \mathbb{N}$. Eine stetige Zufallsvariable X genügt der t-Verteilung mit n Freiheitsgraden (kurz: t_n-Verteilung), wenn sie die Dichtefunktion f_n mit

$$f_n(x) = \frac{\Gamma(\frac{n+1}{2})}{\sqrt{n\pi}\,\Gamma(\frac{n}{2})} \left(1 + \frac{x^2}{n}\right)^{-\frac{n+1}{2}} \quad (x \in \mathbb{R})$$

besitzt. Im Spezialfall $n = 1$ spricht man auch von der *Cauchy-Verteilung*. Es gilt

$$f_1(x) = \frac{1}{\pi} \frac{1}{1+x^2} \quad (x \in \mathbb{R}).$$

Dabei steht Γ für die *Gamma-Funktion*, die für $x > 0$ definiert ist durch

$$\Gamma(x) := \int_0^\infty t^{x-1} e^{-t} dt.$$

Nähere Informationen zur Gamma-Funktion finden Sie in Proß und Imkamp 2018, Abschn. 14.5.

In Abb. 7.10 sind die Dichten der t_n-Verteilung für verschiedene Freiheitsgrade zusammen mit der Normalverteilung dargestellt.

Man erkennt, dass die t-Verteilung breiter und flacher ist als die Standardnormalverteilung. Bei gleicher Wahrscheinlichkeit sind die Quantile der t-Verteilung stets größer als die der Standardnormalverteilung. Da die Varianz unbekannt ist und aus den Daten der Stichprobe geschätzt werden muss, steigt die Unsicherheit des Parameters μ. Das Konfidenzintervall muss bei unbekannter Varianz somit breiter angelegt werden, um diese Unsicherheit entsprechend zu kompensieren.

Mit wachsendem n nähern sich die Quantile der t-Verteilung denen der Standardnormalverteilung an. Für $n \geq 30$ kann man auch die Standardnormalverteilung als gute Näherung zur Berechnung des Konfidenzintervalls verwenden.

Satz 7.2. Die Zufallsvariable

$$\widetilde{Z} := \frac{\overline{X} - \mu}{S} \sqrt{n}$$

genügt einer t-Verteilung mit $n - 1$ Freiheitsgraden.

Man sagt auch, Z ist t_{n-1}-verteilt. Auf den Beweis wollen wir hier verzichten und verweisen auf Krickeberg und Ziezold 2013.

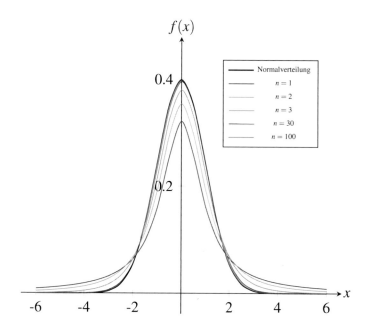

Abb. 7.10: Standardnormalverteilung und t-Verteilung mit verschiedenen Freiheitsgraden

Die Tatsache, dass wir hier nur $n-1$ Freiheitsgrade haben, liegt darin begründet,
dass durch die Vorgabe des arithmetischen Mittels $\overline{X}$ nur $n-1$ Elemente der Zufallsstichprobe frei sind und das n-te Element dann festgelegt ist.

Analog zum Vorgehen im letzten Abschnitt lassen sich Konfidenzintervalle für μ
bestimmen. Es gilt

$$P\left(a \le \frac{\overline{X}-\mu}{S}\sqrt{n} \le b\right) = \int_a^b f_n(x)dx,$$

mit der Dichtefunktion f_n aus Def. 7.1. Sei das Signifikanzniveau α wieder vorgegeben. Ein $(1-\alpha)$-Konfidenzintervall für μ erhält man jetzt, wenn man $a,b \in \mathbb{R}$
findet, sodass

$$P\left(a \le \frac{\overline{X}-\mu}{S}\sqrt{n} \le b\right) = 1-\alpha$$

erfüllt ist, da gilt

$$P\left(a \le \frac{\overline{X}-\mu}{S}\sqrt{n} \le b\right) = P\left(\overline{X}-b\frac{S}{\sqrt{n}} \le \mu \le \overline{X}-a\frac{S}{\sqrt{n}}\right).$$

Ein symmetrisches Konfidenzintervall für μ erhalten wir mithilfe der $(1 - \frac{\alpha}{2})$-Quantile für die t_{n-1}-Verteilung. Unser gesuchtes Konfidenzintervall hat also die Form

$$\left[\overline{X} - t_{n-1,1-\frac{\alpha}{2}} \frac{S}{\sqrt{n}} ; \ \overline{X} + t_{n-1,1-\frac{\alpha}{2}} \frac{S}{\sqrt{n}} \right].$$

Für die Quantile der t-Verteilungen gibt es Tabellen (siehe Anhang A, Tab. A.3).

Beispiel 7.11. Wir erstellen mit MATLAB bzw. Mathematica eine Zufallsstichprobe vom Umfang 101 aus einer $N(0;1)$-verteilten Zufallsvariablen und berechnen das zugehörige arithmetische Mittel und die (korrigierte) Varianz:

```
data=randn(101,1);
mean(data)
var(data)
```

```
data=RandomVariate[NormalDistribution[0,1],101];
Mean[data]
Variance[data]
```

Es ergibt sich z. B.

$$\overline{X} = 0.00709 \quad \text{und} \quad S^2 = 1.05515.$$

Gesucht ist das 95 %-Konfidenzintervall für μ. Da $n = 101$, ist $n - 1 = 100$, und mithilfe von Tab. A.3 erhalten wir für $\alpha = 1 - 0.95 = 0.05$ das Quantil

$$t_{100,1-0.025} = 1.984.$$

Somit ist das gesuchte Konfidenzintervall

$$\left[0.00709 - 1.984 \frac{\sqrt{1.05515}}{\sqrt{101}} ; \ 0.00709 + 1.984 \frac{\sqrt{1.05515}}{\sqrt{101}} \right]$$
$$= [-0.19570; \ 0.20988].$$

Die Intervalllänge wird natürlich kleiner mit größerem Stichprobenumfang n und kleinerem S.

Der benötigte Quantilswert der t-Verteilung lässt sich auch mit MATLAB bzw. Mathematica bestimmen:

```
tinv(0.975,100)
```

```
Quantile[StudentTDistribution[100],0.975]
```

◀

Betrachten wir den Hypothesentest auf dem Signifikanzniveau α, bei dem eine Entscheidungsregel für die Nullhypothese

$$H_0 : \mu = \mu_0,$$

etwa gegen

$$H_1 : \mu \neq \mu_0,$$

formuliert werden soll. Im Falle der Gültigkeit der Nullhypothese ist die Testgröße

$$\widetilde{Z}_0 := \frac{\overline{X} - \mu_0}{S} \sqrt{n}$$

t_{n-1}-verteilt, und der Annahme- bzw. Ablehnungsbereich kann wieder mithilfe der Quantile erstellt werden. Der Annahmebereich ist

$$\left[-t_{n-1,1-\frac{\alpha}{2}} \,;\, t_{n-1,1-\frac{\alpha}{2}} \right]$$

und der Ablehnungsbereich

$$\mathbb{R} \setminus \left[-t_{n-1,1-\frac{\alpha}{2}} \,;\, t_{n-1,1-\frac{\alpha}{2}} \right].$$

7.2.3 Konfidenzintervall für σ^2

Wir führen zunächst eine weitere wichtige Verteilung ein:

Definition 7.2. Sei $n \in \mathbb{N}$ und $X_1, X_2, ..., X_n$ unabhängige, $N(0,1)$-verteilte Zufallsvariablen. Unter der χ^2-*Verteilung* mit n Freiheitsgraden (kurz: χ_n^2-Verteilung) versteht man die Verteilung der Summe $\sum_{i=1}^{n} X_i^2$.

Satz 7.3. Die Dichte der χ_n^2-Verteilung ist gegeben durch die Funktion g_n mit

$$g_n(x) = \begin{cases} \frac{1}{2^{\frac{n}{2}} \Gamma(\frac{n}{2})} x^{\frac{n}{2}-1} e^{-\frac{x}{2}}, & x > 0 \\ 0, & x \leq 0 \end{cases}.$$

Wir verzichten auch hier auf den Beweis und verweisen auf Krickeberg und Ziezold 2013.

In Abb. 7.11 sind die Dichten der χ_n-Verteilung für $n = 5$, 7 und 10 dargestellt.

Es lässt sich zeigen, dass die Zufallsvariable

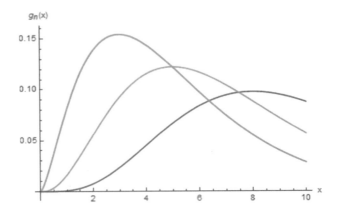

Abb. 7.11: Dichtefunktionen f_n der t_n-Verteilung für $n = 5$ (grün), $n = 7$ (orange) und $n = 10$ (blau)

$$\frac{(n-1)S^2}{\sigma^2}$$

χ^2_{n-1}-verteilt ist, wenn S^2 wieder (wie im letzten Abschnitt) die Stichprobenvarianz einer n-elementigen Stichprobe aus einer $N(\mu, \sigma^2)$-verteilten Zufallsvariablen ist. Wir suchen ein Konfidenzintervall für σ^2 zum Niveau α. Es gilt

$$P(a \leq \chi^2_n \leq b) = \int_a^b g_n(x)\,dx$$

mit der Dichtefunktion g_n aus Def. 7.2. Betrachten wir wieder geeignete Quantile, in diesem Fall $\chi^2_{n,\frac{\alpha}{2}}$ und $\chi^2_{n,1-\frac{\alpha}{2}}$, so erhalten wir

$$P\left(\chi^2_{n,\frac{\alpha}{2}} \leq \chi^2_n \leq \chi^2_{n,1-\frac{\alpha}{2}}\right) = \int_{\chi^2_{n,\frac{\alpha}{2}}}^{\chi^2_{n,1-\frac{\alpha}{2}}} g_n(x)\,dx = 1 - \alpha,$$

und damit speziell für die χ^2_{n-1}-verteilte Zufallsvariable $\frac{(n-1)S^2}{\sigma^2}$

$$P\left(\chi^2_{n-1,\frac{\alpha}{2}} \leq \frac{(n-1)S^2}{\sigma^2} \leq \chi^2_{n-1,1-\frac{\alpha}{2}}\right) = 1 - \alpha,$$

was nach Umformung zu einem Konfidenzintervall für σ^2 führt:

$$P\left(\frac{(n-1)S^2}{\chi^2_{n-1,1-\frac{\alpha}{2}}} \leq \sigma^2 \leq \frac{(n-1)S^2}{\chi^2_{n-1,\frac{\alpha}{2}}}\right).$$

Das Konfidenzintervall zum Niveau α ist also

$$\left[\frac{(n-1)S^2}{\chi^2_{n-1,1-\frac{\alpha}{2}}} ; \frac{(n-1)S^2}{\chi^2_{n-1,\frac{\alpha}{2}}}\right].$$

Für die Quantile der χ^2_n-Verteilungen gibt es Tabellen (siehe Anhang A, Tab. A.4).

Beispiel 7.12. Für die Zufallsstichprobe vom Umfang $n = 101$ aus Bsp. 7.11 ($\overline{X} = 0.00709$, $S^2 = 1.05515$) suchen wir jetzt ein Konfidenzintervall für σ^2 zum Niveau $\alpha = 0.05$. Wir erhalten nach der obigen Herleitung mithilfe von Tab. A.4 die Werte $\chi^2_{100,0.025} = 74.22$ bzw. $\chi^2_{100,0.975} = 129.56$ und somit das Intervall

$$\left[\frac{100 \cdot 1.05515}{129.56} ; \frac{100 \cdot 1.05515}{74.22}\right] = [0.81441; 1.42165].$$

Auch hier können die Quantilswerte mithilfe von MATLAB bzw. Mathematica bestimmt werden:

```
chi2inv(0.025,100)
chi2inv(0.975,100)
```

```
Quantile[ChiSquareDistribution[100],0.025]
Quantile[ChiSquareDistribution[100],0.975]
```

◀

7.2.4 Aufgaben

Übung 7.8. Ⓥ Beweisen Sie Satz 7.1.

Hinweis: Zeigen Sie zunächst die Gültigkeit der Gleichung

$$\sum_{i=1}^{n}(X_i - \overline{X})^2 = \sum_{i=1}^{n}(X_i - \mu)^2 - n(\overline{X} - \mu)^2.$$

Übung 7.9. Experimentieren Sie wie in Bsp. 7.11 mit Zufallsstichproben und erstellen Sie für verschiedene Niveaus Konfidenzintervalle für den Erwartungswert.

Übung 7.10 (Fruchtgummis). Ein Unternehmen stellt Fruchtgummis her, die in Tüten verpackt werden. Laut Herstellerangabe haben diese Tüten eine durchschnittliche Masse von 200 g. In der Grundgesamtheit sei es näherungsweise normalverteilt. Eine Stichprobe von neun Tüten ergab folgende Massen (in g):

201, 199, 200, 196, 202, 195, 198, 197, 198.

a) Berechnen Sie einen erwartungstreuen Punktschätzer für den unbekannten Erwartungswert in der Grundgesamtheit.

b) Berechnen Sie einen erwartungstreuen Punktschätzer für die unbekannte Varianz in der Grundgesamtheit.

c) Wie groß ist die Wahrscheinlichkeit, dass eine zufällig ausgewählte Tüte mehr als 199 g wiegt?

d) Wie groß ist die Wahrscheinlichkeit, dass eine zufällig ausgewählte Tüte zwischen 199 g und 204 g wiegt?

e) Berechnen Sie das 95 %-Konfidenzintervall für die Durchschnittsmasse der Tüten.

f) Ein Kunde zweifelt an der Angabe des Herstellers und vermutet, dass die Tüten eine geringere Durchschnittsmasse aufweisen. Testen Sie, ob die Herstellerangabe über die durchschnittliche Masse auf Grundlage der Stichprobe haltbar ist. Wählen Sie als Signifikanzniveau $\alpha = 0.01$.

Übung 7.11 (Autoreifen). Das Unternehmen Contistein hat eine Qualitätsprüfung zur Lebensdauer seiner Autoreifen (in km) durchgeführt. Dazu wurde eine Stichprobe von 300 Autoreifen erhoben. Die durchschnittliche Lebensdauer lag bei 50 150 km bei einer Standardabweichung von 2170 km.

a) Bestimmen Sie das 95 %-Konfidenzintervall für die durchschnittliche Lebensdauer der Autoreifen und interpretieren Sie es.

b) Wie groß müsste der Stichprobenumfang n gewählt werden, damit das in a) ermittelte Konfidenzintervall auch für das Konfidenzniveau 99 % gültig wäre?

c) Testen Sie die Nullhypothese $H_0 : \mu \geq 50\,500$ zum Signifikanzniveau $\alpha = 0.01$. Interpretieren Sie jeweils den α- und den β-Fehler.

d) Berechnen Sie den β-Fehler in c), wenn die wahre durchschnittliche Lebensdauer der Autoreifen in der Grundgesamtheit 50 100 km beträgt bei der angegebenen Standardabweichung von 2170 km.

Übung 7.12. Zeigen Sie, dass für die Verteilungsfunktion F_1 der Cauchy-Verteilung gilt

$$F_1(x) = \frac{1}{\pi} \arctan(x) + \frac{1}{2} \ (x \in \mathbb{R}).$$

Übung 7.13. Experimentieren Sie wie in Bsp. 7.12 mit Zufallsstichproben und erstellen Sie für verschiedene Niveaus Konfidenzintervalle für die Varianz.

7.3 Anwendungen in Naturwissenschaft und Technik

In den Naturwissenschaften geht es darum, mit möglichst präzisen Messverfahren reproduzierbare Ergebnisse zu erzielen. Dabei werden gezielt Experimente geplant, um eine Theorie oder Hypothese hinsichtlich ihrer Gültigkeit zu überprüfen oder zu falsifizieren. Bei der Auswertung dieser Experimente werden Verfahren der beschreibenden und beurteilenden Statistik eingesetzt. Des Weiteren werden derartige Verfahren benötigt bei der Produktion technischer Geräte, wenn es etwa darum geht, bestimmte Größen innerhalb eines (gesetzlich oder technisch) vorgegebenen Toleranzbereichs zu halten oder Schwachstellen des Produktionsprozesses aufzudecken. Sicherheitsbestimmungen und Einhaltung bestimmter Normen werden mit wachsender Komplexität der Prozesse permanent angepasst. Daher spielen Verfahren der Statistik auch eine immer größere Rolle in den Ingenieurwissenschaften. Wir wollen in diesem Abschnitt Beispiele dazu vorstellen.

7.3.1 Fehlerrechnung

In der Experimentalphysik spielen Fehlerrechnungen eine wichtige Rolle, um die Güte der Messergebnisse abzuschätzen. Dabei sind mit zufälligen Fehlern behaftete Größen i. Allg. normalverteilt. In Bsp. 4.33 haben wir n Messungen einer Größe betrachtet, die wir jetzt auch als n-elementige Stichprobe aus einer Zufallsvariablen X auffassen können. Sei $\overline{X} = \frac{1}{n} \sum_{i=1}^{n} X_i$. Die Streuung der Messwerte wird durch die korrigierte Varianz

$$S^2 = \frac{1}{n-1} \sum_{i=1}^{n} (X_i - \overline{X})^2$$

wiedergegeben. Die korrigierte Standardabweichung $\sqrt{S^2} = S$ durch $\sqrt{n}$ dividiert ergibt den Standardfehler des Mittelwertes

$$\frac{S}{\sqrt{n}} = \sqrt{\frac{\sum_{i=1}^{n} (X_i - \overline{X})^2}{n(n-1)}}$$

und ist im Rahmen der Untersuchungen dieses Abschnitts ein vernünftiger Schätzwert für $\sigma_{\overline{X}}$. Das Intervall

$$\left[\overline{X} - \frac{S}{\sqrt{n}} ; \overline{X} + \frac{S}{\sqrt{n}} \right]$$

kann als Konfidenzintervall für den Erwartungswert μ der Messgröße aufgefasst werden. Hier ist $t_{n-1,1-\frac{\alpha}{2}} = 1$. Der Messwert einer Größe wird in der Regel mit dem Standardfehler des Mittelwertes angegeben, also z. B. $l = 900 \, \text{mm} \pm 2 \, \text{mm}$.

7.3.2 Qualitätsprüfung

In den Turbopumpen des Space-Shuttle-Hauptantriebs wurden sogenannte Hybridwälzlager verwendet, das sind Kombinationen aus Stahlringlagern und keramischen
Wälzkörpern, für die nur geringe Mengen an Schmierstoffen benötigt werden. Für
die optimale Schmierung müssen Lagergröße und Geometrie optimal aufeinander
abgestimmt sein. Die Ingenieure einer Raumfahrtfirma überprüfen eine Lieferung
von Stahlringen für die Hybridwälzlager für neuartige Turbopumpen. Dabei ist der
Sollwert der mittleren Dicke der Stahlringe 5 mm. Eine Zufallsstichprobe von 16
Ringen ergab folgende Dicken (in mm), die als Realisierungen von unabhängigen,
normalverteilten Größen mit gleichen Erwartungswerten und Varianzen angenommen werden:

$$5.02, 5.05, 4.98, 5.10, 5.15, 5.16, 4.90, 5.20,$$
$$5.25, 5.01, 5.12, 5.23, 5.08, 5.17, 5.09, 5.13.$$

Da die Lager sehr präzise gearbeitet sein müssen, überprüfen die Ingenieure die
Hypothese
$$H_0 : \mu = \mu_0 = 5.00$$
zweiseitig auf dem Signifikanzniveau 1 %.

Die Bestimmung von $\overline{X}$ und S ergibt

$$\overline{X} = 5.1025, \; S = 0.0943.$$

Wenn H_0 gilt, dann ist

$$\frac{\overline{X} - \mu_0}{S} \sqrt{n}$$

eine t_{15}-verteilte Zufallsvariable. Es gilt

$$\frac{\overline{X} - \mu_0}{S} \sqrt{n} = \frac{5.1025 - 5.00}{0.0943} \sqrt{16} = 4.3478.$$

Das zugehörige Quantil entnehmen wir der Tab. A.3:

$$t_{16-1, 1-\frac{0.01}{2}} = 2.947.$$

Somit ist der Annahmebereich von H_0 das Intervall

$$[-2.947; 2.947],$$

und die Ingenieure sollten die Lieferung schnellstens zurückgehen lassen.

7.3.3 Zufallszahlengeneratoren

Wir haben uns in Abschn. 5.7.2 mit der Methode der Monte-Carlo-Simulation befasst, die in den Natur- und auch zunehmend in den Ingenieurwissenschaften verwendet wird, wenn analytisch nicht oder nur schwer lösbare Probleme auftreten. Beispiele sind die Modellierung der Prozesse bei Vielteilchensystemen (thermodynamische Systeme bis zu Galaxien-Clustern oder extreme Materie-Zustände wie das Quark-Gluon-Plasma) sowie Strömungssimulationen in der Luftfahrttechnik oder der Automobilentwicklung. Bei allen Anwendungen ist die Qualität der verwendeten Zufallszahlen von großer Wichtigkeit.

Eine Möglichkeit der Überprüfung der verwendeten (und manchmal eigens dazu programmierten) (Pseudo-)Zufallszahlengeneratoren ist der *Chi-Quadrat-Anpassungstest* (χ^2-Test), der auf der χ^2-Verteilung basiert und den wir hier kurz vorstellen wollen. Im Allgemeinen geht es darum, eine Hypothese über die unbekannte Verteilungsfunktion einer Zufallsvariablen X zu überprüfen. Zu einem vorgegebenen Signifikanzniveau α wird die Hypothese

$$H_0 : F(x) = F_0(x)$$

gegen

$$H_1 : F(x) \neq F_0(x)$$

getestet, wobei F_0 die vermutete Verteilung ist. Wir betrachten hier nur diskrete Verteilungsfunktionen und wählen dazu eine n-elementige Zufallsstichprobe $X_1, ..., X_n$ aus der Zufallsvariablen X bzw. deren konkrete Realisierung. Wir berechnen zunächst die Wahrscheinlichkeiten $p_1, ..., p_k$, dass X einen bestimmten der möglichen Werte $a_1, ..., a_k$ annimmt, wenn X tatsächlich die hypothetische Verteilung besäße. Für $i \in \{1, ..., k\}$ sei H_i die absolute Häufigkeit des Auftretens des Beobachtungswertes a_i in der Stichprobe. Dann wird die Testgröße χ^2 definiert durch

$$\chi^2 = \sum_{i=1}^{k} \frac{(H_i - np_i)^2}{np_i}.$$

Die Entscheidungsregel wird dann (auf dem Signifikanzniveau α) folgendermaßen formuliert:

$$\text{Verwirf } H_0 :\Leftrightarrow \chi^2 \geq \chi^2_{k-1,1-\alpha}.$$

Die benötigten Quantile $\chi^2_{k-1,1-\alpha}$ finden Sie im Anhang A, Tab. A.4. Wir testen jetzt konkret die Hypothese, dass der Zufallszahlengenerator `RandomInteger[]` von Mathematica die Ziffern 0 bis 9 gleichverteilt liefert, also

$$H_0 : P(X = i) = p_i = \frac{1}{10} \ \forall i \in \{0, ..., 9\}.$$

Dazu nehmen wir eine Zufallsstichprobe vom Umfang $n = 300$ und zählen die Anzahl der unterschiedlichen Ziffern:

```
Stichprobe=Table[RandomInteger[9],{300}];
HistogramList[Stichprobe,{1,10,1}]//Grid
```

und erhalten für die Anzahlen der Ziffern:

Ziffer	0	1	2	3	4	5	6	7	8	9
Anzahl	37	33	25	21	32	33	31	26	34	28

Wir wählen das Signifikanzniveau $\alpha = 0.05$ und berechnen χ^2:

$$\chi^2 = \sum_{i=1}^{10} \frac{(H_i - 300 \cdot \frac{1}{10})^2}{300 \cdot \frac{1}{10}} = \frac{107}{25} = 4.28.$$

Das kritische Quantil ist $\chi^2_{10-1,1-0.05} = \chi^2_{9,0.95} = 16.919 > 4.28$. Somit ist H_0 auf dem Signifikanzniveau 5 % nicht widerlegbar.

7.3.4 Aufgaben

Übung 7.14. (B) Ein Oktaederwürfel wird 90-mal geworfen. Dabei tauchen die Augenzahlen 1 bis 8 mit folgenden absoluten Häufigkeiten auf:

Augenzahl	1	2	3	4	5	6	7	8
Anzahl	14	13	10	13	7	15	10	8

Berechnen Sie die Größe χ^2 unter der Annahme eines fairen Würfels.

Übung 7.15. (B) In naher Zukunft: Ein großes Automobilunternehmen möchte überprüfen, wie sich die Präferenz der Kunden bezüglich verschiedener Antriebe entwickelt hat. Der Vorstand glaubt, dass sich die Verbrenner-Technologie weiterhin genauso gut verkauft wie Elektroantrieb, Plug-In-Hybrid oder Wasserstoffantrieb. Um dies zu überprüfen, wird eine Stichprobe vom Umfang 2000 der Käufe des letzten Jahres entnommen. Dabei ergeben sich folgende Daten: Verbrenner: 456, Elektromotor: 614, Plug-In-Hybrid: 606, Wasserstoff: 324. Führen Sie einen χ^2-Anpassungstest der Hypothese „Gleichverteilung" auf dem 5 %-Signifikanzniveau durch.

Kapitel 8
Markoff-Ketten

Stochastische Prozesse sind umgangssprachlich zeitlich aufeinanderfolgende zufällige Aktionen oder Vorgänge. Aus mathematischer Sicht umfasst der Begriff eine ganze Reihe unterschiedlich zu modellierender Prozesse mit spezifischen Eigenschaften, die in den unterschiedlichsten Fachgebieten Anwendung finden. Die Liste reicht von Börsenkursen über die Kapitalentwicklung von Unternehmen oder Versicherungen bis hin zur mathematischen Modellierung des Verhaltens unterschiedlicher Vielteilchensysteme in der Physik sowie zur Populationsentwicklung oder der Ausbreitung von Epidemien.

In Bsp. 5.43 haben wir uns mit einer symmetrischen Irrfahrt auf einem zweidimensionalen Gitter beschäftigt. Dabei sprang ein Teilchen in jedem Schritt unabhängig vom vorherigen Verhalten in eine von vier Richtungen. Somit hängt der Zustand (Aufenthaltsort) im nächsten Schritt nur vom aktuellen Zustand ab, unabhängig davon, wie das Teilchen in diesen aktuellen Zustand gelangt ist. Ein solches Verhalten führt uns in diesem Kapitel zum einem wichtigen stochastischen Prozess, der sogenannten *Markoff-Kette* (auch *Markow-Kette* geschrieben), den wir uns Schritt für Schritt erarbeiten wollen.

8.1 Grundbegriffe und Beispiele

Beispiel 8.1. Wir programmieren mit Excel einen eindimensionalen Random Walk, den man sich als ein Spiel vorstellen kann, bei dem der Spieler entweder einen Euro an die Bank bezahlen muss oder von dieser einen Euro erhält. Dazu erzeugen wir jeweils Zufallszahlen aus dem Intervall $[0; 1]$. Ist die Zufallszahl < 0.5, dann geht es einen Schritt nach oben (der Spieler erhält einen Euro), sonst einen Schritt nach unten (der Spieler muss einen Euro bezahlen, dritte Spalte in Abb. 8.1). Der erreichte Zustand (Kontostand des Spielers) wird als ganze Zahl in der vierten Spalte dargestellt.

© Der/die Autor(en), exklusiv lizenziert durch
Springer-Verlag GmbH, DE, ein Teil von Springer Nature 2021
T. Imkamp und S. Proß, *Einstieg in die Stochastik*,
https://doi.org/10.1007/978-3-662-63766-1_8

i	Zufallszahl	Schrittrichtung	Kontostand
0			0
1	0,03642	1	1
2	0,19183	1	2
3	0,67235	-1	1
4	0,15619	1	2
5	0,64706	-1	1
6	0,68267	-1	0
7	0,95705	-1	-1
8	0,09526	1	0
9	0,14829	1	1
10	0,64283	-1	0
11	0,90782	-1	-1
12	0,49218	1	0
13	0,79558	-1	-1
14	0,84573	-1	-2
15	0,27371	1	-1
16	0,42504	1	0
17	0,88194	-1	-1
18	0,50792	-1	-2
19	0,70344	-1	-3
20	0,63951	-1	-4

Abb. 8.1: Excel-Tabelle zum eindimensionalen Random Walk

Aus mathematischer Sicht haben wir es hier mit Zufallsvariablen zu tun: In jedem Schritt i sei

$$Y_i = \textit{Änderung des Kontostandes des Spielers.}$$

Alle Y_i sind Zufallsvariablen, die die Werte -1 oder 1 annehmen können, also $Y_i \in \{-1; 1\}$ $\forall i$.

Der Kontostand des Spielers nach n Schritten wird durch Addition der Y_i berechnet und stellt ebenfalls eine Zufallsvariable dar, die wir X_n nennen wollen:

$$X_n := \sum_{i=1}^{n} Y_i.$$

Diese Zufallsvariablen können Werte in $\mathbb{Z}$ annehmen. Wir nennen die Menge der möglichen Werte, die eine Zufallsvariable annehmen kann, ihren *Zustandsraum* $\mathscr{Z}$. Für die eben betrachteten Variablen X_n gilt $\mathscr{Z} = \mathbb{Z}$. Der Random Walk wird in der Excel-Grafik in Abb. 8.2 dargestellt.

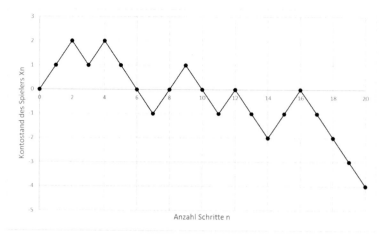

Abb. 8.2: Eindimensionaler Random Walk ◄

In Bsp. 8.1 hatten wir es mit vielen Zufallsvariablen X_n zu tun, die alle über dem gleichen Wahrscheinlichkeitsraum definiert sind und den gleichen Zustandsraum besitzen. Dies führt uns zum Begriff des *diskreten stochastischen Prozesses*.

> **Definition 8.1.** Eine Folge $(X_n)_{n \in \mathbb{N}_0}$ von Zufallsvariablen über dem Wahrscheinlichkeitsraum $(\Omega, \mathscr{A}, P)$ und dem gleichen (diskreten) Zustandsraum $\mathscr{Z}$ heißt *diskreter stochastischer Prozess* oder *stochastische Kette*.

Die Wahrscheinlichkeit, dass die Zufallsvariable X_n in Bsp. 8.1 einen bestimmten Wert annimmt, hängt davon ab, welchen Wert die Zufallsvariable X_{n-1} annimmt. Es handelt sich also um bedingte Wahrscheinlichkeiten.

> **Definition 8.2.** Sei $(X_n)_{n \in \mathbb{N}_0}$ ein diskreter stochastischer Prozess. Die bedingte Wahrscheinlichkeit
>
> $$p_{ij}(n-1, n) := P(X_n = j | X_{n-1} = i)$$
>
> für $n \geq 1$ heißt *Übergangswahrscheinlichkeit* von i nach j zum Index n. Ist die Übergangswahrscheinlichkeit unabhängig von n, so schreiben wir einfach p_{ij}.

Man kann sich den Index n auch als einen diskreten Zeitpunkt vorstellen. Wir verwenden in diesem Kapitel die in der Bemerkung unter Def. 5.8 eingeführte Bezeichnung für bedingte Wahrscheinlichkeiten. Die Übergangswahrscheinlichkeiten in Bsp. 8.1 sind unabhängig von n. Es gilt z. B. für alle $n \in \mathbb{N}$

$$P(X_n = 4 | X_{n-1} = 3) = 0.5,$$

aber

$$P(X_n = 4 | X_{n-1} = 2) = 0.$$

Beispiel 8.2. Wir betrachten die Abb. 8.3. Hier sind vier Zustände $(1, 2, 3, 4)$ gegeben, die ein in Zustand 1 startendes Teilchen erreichen kann, also ist

$$\mathscr{X} = \{1; 2; 3; 4\}.$$

Die Übergangswahrscheinlichkeiten für einen Sprung von einem Zustand zu einem anderen sind jeweils gegeben. Dort, wo keine Werte angegeben sind, ist die Übergangswahrscheinlichkeit null. Man nennt eine solche Darstellung auch ein *Übergangsdiagramm*.

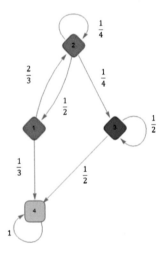

Abb. 8.3: Übergangsdiagramm zu Bsp. 8.2

Man erkennt leicht, dass man in einem Schritt vom Startzustand 1 aus nur die Zustände 2 und 4 erreichen kann, da es nur zu diesen Zuständen positive Übergangswahrscheinlichkeiten gibt.

Interessant ist aber auch das längerfristige Verhalten des Teilchens, z. B. wie groß die Wahrscheinlichkeit ist, nach vier Schritten in Zustand 3 zu sein oder nach sechs Schritten in Zustand 4.

Um solche Fragen beantworten zu können, benötigen wir sogenannte *Übergangs-matrizen* P und einen jeweiligen Zustandsvektor nach n Schritten, dessen Koordina-ten die Wahrscheinlichkeiten angeben, dass sich das Teilchen nach diesen n Schrit-ten in den jeweiligen Zuständen befindet. Der Zustandsvektor zu Beginn ist der Startvektor $\vec{v}_0$. Da sich das Teilchen zu Beginn in Zustand 1 befindet, lautet dieser

$$\vec{v}_0 = \begin{pmatrix} 1 & 0 & 0 & 0 \end{pmatrix}.$$

Wir verwenden hier die Zeilenvektordarstellung. Das Teilchen befindet sich nach einem Schritt mit der Wahrscheinlichkeit 0 im Ausgangszustand, da es diesen laut Übergangsdiagramm verlassen muss. Ebenso kann es Zustand 3 nicht erreichen. In den Zuständen 2 bzw. 4 befindet es sich mit den Wahrscheinlichkeiten $\frac{2}{3}$ und $\frac{1}{3}$. Der Zustandsvektor nach dem ersten Schritt ist somit

$$\vec{v}_1 = \begin{pmatrix} 0 & \frac{2}{3} & 0 & \frac{1}{3} \end{pmatrix}.$$

Um diesen Vektor aus der Startverteilung $\vec{v}_0$ zu erhalten, muss aus mathematischer Sicht eine lineare Transformation durchgeführt werden mithilfe der Übergangsma-trix P. In dieser sind als Einträge die Übergangswahrscheinlichkeiten aus dem Über-gangsdiagramm eingetragen:

$$P = \begin{pmatrix} 0 & \frac{2}{3} & 0 & \frac{1}{3} \\ \frac{1}{2} & \frac{1}{4} & \frac{1}{4} & 0 \\ 0 & 0 & \frac{1}{2} & \frac{1}{2} \\ 0 & 0 & 0 & 1 \end{pmatrix}.$$

Die Zeilensummen der Matrix P sind immer gleich 1, und die Matrix enthält nur nichtnegative Einträge. Eine solche Matrix heißt *stochastische Matrix*. Es gilt:

$$\vec{v}_1 = \vec{v}_0 \cdot P.$$

Aus der Oberstufe wird Ihnen vermutlich noch das Matrix-Vektor-Produkt bekannt sein (siehe Abschn. 2.3), bei dem ein Vektor von links mit einer Matrix multipliziert wird. Dies können wir auch hier anwenden, wenn wir anstatt der stochastischen Matrix P ihre Transponierte ${}^t P$ verwenden, d. h. Zeilen und Spalten vertauschen. Diese lautet

$$^t P = \begin{pmatrix} 0 & \frac{1}{2} & 0 & 0 \\ \frac{2}{3} & \frac{1}{4} & 0 & 0 \\ 0 & \frac{1}{4} & \frac{1}{2} & 0 \\ \frac{1}{3} & 0 & \frac{1}{2} & 1 \end{pmatrix}.$$

Bei ${}^t P$ ist die Spaltensumme 1. Wir nennen sie in diesem Buch eine *spaltenstochas-tische Matrix*. Wir müssen dann die Vektoren in der Ihnen aus der Schule vielleicht vertrauteren Spaltendarstellung verwenden. Diese werden in diesem Fall auch als transponierte Vektoren bezeichnet und wir können schreiben

$$^t\vec{v}_1 = {}^t P \cdot {}^t \vec{v}_0,$$

wobei

$$^t\vec{v}_0 = \begin{pmatrix} 1 \\ 0 \\ 0 \\ 0 \end{pmatrix} \quad \text{und} \quad {}^t\vec{v}_1 = \begin{pmatrix} 0 \\ \frac{2}{3} \\ 0 \\ \frac{1}{3} \end{pmatrix}.$$

Wir bleiben in diesem Buch bei der Zeilenschreibweise.

Für die Wahrscheinlichkeitsverteilung nach zwei Schritten ergibt sich:

$$\vec{v}_2 = \vec{v}_1 \cdot P.$$

Mit $\vec{v}_1 = \vec{v}_0 \cdot P$ erhalten wir

$$\vec{v}_2 = \vec{v}_0 \cdot P \cdot P = \vec{v}_0 \cdot P^2.$$

Um die Wahrscheinlichkeitsverteilung nach n Schritten zu erhalten, müssen wir dementsprechend den Startvektor $\vec{v}_0$ n-mal mit der Matrix P multiplizieren oder einfach mit der Matrix P^n. Wir erhalten

$$\vec{v}_n = \vec{v}_0 \cdot P^n.$$

Berechnen wir z. B. die Wahrscheinlichkeitsverteilung nach fünf Schritten. Die Matrix P^5 berechnen wir mit MATLAB oder Mathematica. Mit der Eingabe

```
P=sym([0 2/3 0 1/3; 1/2 1/4 1/4 0; 0 0 1/2 1/2; 0 0 0 1])
P^5
```

```
P:={{0,2/3,0,1/3},{1/2,1/4,1/4,0},{0,0,1/2,1/2},{0,0,0,1}}
MatrixPower[P,5]//MatrixForm
```

erhalten wir die stochastische Matrix

$$P^5 = \begin{pmatrix} \frac{35}{576} & \frac{409}{3456} & \frac{109}{1152} & \frac{1255}{1728} \\ \frac{409}{4608} & \frac{323}{3072} & \frac{1063}{9216} & \frac{1061}{1536} \\ 0 & 0 & \frac{1}{32} & \frac{31}{32} \\ 0 & 0 & 0 & 1 \end{pmatrix},$$

und wir können den Verteilungsvektor $\vec{v}_5 = \vec{v}_0 \cdot P^5$ nach fünf Schritten berechnen:

```
v0=[1 0 0 0];
v5=v0*P^5
```

```
v0={1,0,0,0};
v5=v0.MatrixPower[P,5]
```

Wir erhalten

$$\vec{v_5} = \begin{pmatrix} \frac{35}{576} & \frac{409}{3456} & \frac{109}{1152} & \frac{1255}{1728} \end{pmatrix}.$$

Es handelt sich um den oberen Zeilenvektor der Matrix. Die Wahrscheinlichkeit, dass das Teilchen nach fünf Schritten in Zustand 4 ist, beträgt also bereits über 72 %. Anschaulich wird das Teilchen ganz sicher früher oder später in diesem Zustand landen und dort bleiben. Einen solchen Zustand nennt man *absorbierenden Zustand*. Daher wird das System langfristig durch den Zustandsvektor

$$\vec{v_\infty} = \begin{pmatrix} 0 & 0 & 0 & 1 \end{pmatrix}$$

beschrieben, den man auch einen *Fixvektor* nennt. Die zugehörige Verteilung heißt auch *stationäre Verteilung*. Die Matrixpotenzen P^n konvergieren für $n \to \infty$ gegen eine *Grenzmatrix*, die wir symbolisch P^∞ nennen. Diese lautet hier

$$P^\infty = \begin{pmatrix} 0 & 0 & 0 & 1 \\ 0 & 0 & 0 & 1 \\ 0 & 0 & 0 & 1 \\ 0 & 0 & 0 & 1 \end{pmatrix},$$

wie man näherungsweise mit MATLAB bzw. Mathematica bestimmen kann, z. B. mit der Eingabe:

```
P^1000
```

```
MatrixPower[P,1000]//MatrixForm //N
```

Beachten Sie, dass die Zeilenvektoren der Grenzmatrix dem Fixvektor entsprechen. ◄

Wir werden jetzt die neuen Begriffe, die uns in Bsp. 8.2 begegnet sind, mathematisch präzisieren.

Definition 8.3. Eine quadratische Matrix $P = (p_{ij})_{i,j \in \mathscr{Z}}$ heißt *stochastische Matrix*, wenn gilt

$$p_{ij} \geq 0 \quad \forall i,j \in \mathscr{Z}$$

und

$$\sum_{j \in \mathscr{Z}} p_{ij} = 1 \quad \forall i \in \mathscr{Z}$$

mit einer höchstens abzählbaren Menge $\mathscr{Z}$.

In den meisten Beispielen in diesem Buch ist $\mathscr{Z}$ eine endliche Menge. Def. 8.3 besagt, dass die Zeilensumme der Matrix gleich eins ist. Ist zusätzlich die Spaltensumme gleich eins, so spricht man von einer *doppelt-stochastischen Matrix*. Potenzen stochastischer Matrizen sind ebenfalls stochastische Matrizen.

Wenn eine Folge $(P^n)_n$ der Matrixpotenzen konvergiert, dann existiert ein Fixvektor im Sinne der folgenden Definition.

Definition 8.4. Ein (Zeilen-)Vektor $\vec{v}_F$ heißt *Fixvektor* der Matrix P, wenn gilt

$$\vec{v}_F \cdot P = \vec{v}_F.$$

Ein solcher Fixvektor ist dann auch Fixvektor von P^2 und allen höheren Matrixpotenzen von P, wie man leicht nachrechnet:

$$\vec{v}_F \cdot P^2 = (\vec{v}_F \cdot P) \cdot P = \vec{v}_F \cdot P = \vec{v}_F.$$

Fixvektoren können mithilfe eines lineares Gleichungssystems berechnet werden, wie im folgenden Beispiel gezeigt wird, und sind bis auf einen Skalar eindeutig bestimmt. So ist mit $\vec{v}_F$ auch jeder Vektor $c\vec{v}_F$ mit $c \in \mathbb{R}$ ein Fixvektor. Die durch den Fixvektor mit Betrag 1 gegebene Verteilung ist die stationäre Verteilung. Das System bleibt nach Erreichen dieses Zustands dort dauerhaft.

Aus algebraischer Sicht ist ein Fixvektor der Matrix P ein Eigenvektor zum Eigenwert 1 (siehe Abschn. 2.3). Insofern kann man mithilfe von MATLAB bzw. Mathematica anstelle des linearen Gleichungssystems auch die Funktion `eig` bzw. `Eigenvectors` benutzen. Dabei muss man darauf achten, dass MATLAB und Mathematica bei der Berechnung von Eigenwerten bzw. Eigenvektoren immer von der Spaltenform ausgehen. Um den korrekten Fixvektor als Eigenvektor zum Eigenwert 1 zu erhalten, müssen wir also die Eigenvektoren und -werte der Transponierten von P berechnen:

```
M=P';
[V,D]=eig(M)
```

```
M=Transpose[P]
Transpose[Eigenvectors[M]]//MatrixForm //N
Eigenvalues[M]//MatrixForm //N
```

MATLAB bzw. Mathematica liefert vier Eigenwerte mit den in der richtigen Reihenfolge zugehörigen Eigenvektoren. Zum Eigenwert 1 gehört der oben berechnete (transponierte) Fixvektor in der Form

$$^t\vec{v}_\infty = \begin{pmatrix} 0 \\ 0 \\ 0 \\ 1 \end{pmatrix}.$$

In den vorangegangenen Beispielen ist die Wahrscheinlichkeit dafür, dass im jeweils nächsten Schritt ein bestimmter Zustand erreicht wird, nur vom unmittelbar vorhergehenden Zustand abhängig. Dies ist die charakteristische Eigenschaft einer *Markoff-Kette*.

Definition 8.5. Ein diskreter stochastischer Prozess $(X_n)_{n \in \mathbb{N}_0}$ heißt *Markoff-Kette*, wenn für jede Menge $\{x_0; x_1; ...; x_{n+1}\} \subset \mathscr{Z}$ gilt

$$P(X_{n+1} = x_{n+1} | X_k = x_k, \ k \in \{0; 1; ...; n\}) = P(X_{n+1} = x_{n+1} | X_n = x_n).$$

Sind die Übergangswahrscheinlichkeiten

$$p_{ij}(n-1, n) = P(X_n = j | X_{n-1} = i)$$

unabhängig von n, so heißt die Markoff-Kette *homogen*. In diesem Fall schreiben wir einfach wieder p_{ij}.

Wir betrachten in diesem Buch ausschließlich homogene Markoff-Ketten.

Die Zustände in Bsp. 8.2 hatten unterschiedliche Eigenschaften. So wurde der Zustand 4 nach Erreichen nicht mehr verlassen. Zustand 3 wurde nach dem Verlassen nie wieder erreicht, und die Zustände 1 und 2 wurden als Teilmenge des Zustandsraumes nach Verlassen nicht mehr erreicht. Diese Eigenschaften haben Namen.

Definition 8.6. Ein Zustand $i \in \mathscr{Z}$ heißt

- *absorbierend*, wenn gilt $p_{ii} = 1$,
- *reflektierend*, wenn gilt $p_{ii} = 0$,
- *rekurrent*, wenn die Rückkehrwahrscheinlichkeit $p_r = 1$ ist,
- *transient*, wenn die Rückkehrwahrscheinlichkeit $p_r < 1$ ist.

Entsprechend werden Teilmengen des Zustandsraumes rekurrente bzw. transiente Mengen bzw. Klassen genannt.

In MATLAB kann die Markoff-Kette aus Bsp. 8.2 wie folgt eingegeben und grafisch dargestellt werden (die beiden Befehle sind in der Econometrics-Toolbox enthalten):

```
P=[0 2/3 0 1/3; 1/2 1/4 1/4 0; 0 0 1/2 1/2; 0 0 0 1]
mc=dtmc(P)
graphplot(mc,'LabelEdges',true);
```

Mit Mathematica lassen sich Markoff-Ketten analysieren und die entsprechenden Eigenschaften von Zuständen oder Klassen anzeigen. Für Bsp. 8.2 sieht der Code folgendermaßen aus:

```
proc=DiscreteMarkovProcess[1,{{0,2/3,0,1/3},{1/2,1/4,1/4,0},{0,0,1/2,1/2},
    {0,0,0,1}}];
MarkovProcessProperties[proc]
Graph[proc,EdgeLabels->{DirectedEdge[i_, j_]:>
    MarkovProcessProperties[proc,"TransitionMatrix"][[i,j]]}]
```

Beispiel 8.3. Die Probab-Consulting-Agentur berät einen Automobilhersteller hinsichtlich des zu erwartenden Kundenverhaltens in Bezug auf angebotene Modelle und Antriebe. Es handelt sich um ein Standard-Verbrenner-Modell 1, ein etwas gehobenes Verbrenner-Modell 2 und ein Modell mit einem Elektroantrieb. Die Probab-Consultants erheben Daten über das Wechselverhalten der Kunden, die der Automarke seit langem treu sind. In Abb. 8.4 sind die Wechselwahrscheinlichkeiten in einem Übergangsdiagramm dargestellt.

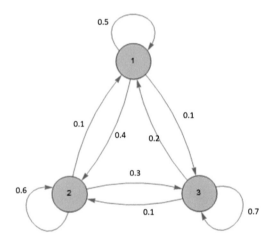

Abb. 8.4: Übergangsdiagramm zu Bsp. 8.3

Welche Verteilung der Kunden ergibt sich auf Dauer auf die drei Modelle? Wie groß ist der langfristige Anteil der Elektrofahrzeuge?

Gefragt ist hier nach der stationären Verteilung. Einerseits kann man diese mithilfe der Übergangsmatrix berechnen: Eine hinreichend große Potenz der Übergangsmatrix P liefert in den Zeilen den gesuchten Fixvektor. Es ist

$$P = \begin{pmatrix} 0.5 \ 0.4 \ 0.1 \\ 0.1 \ 0.6 \ 0.3 \\ 0.2 \ 0.1 \ 0.7 \end{pmatrix}.$$

Mit MATLAB oder Mathematica berechnen wir P^{200} als gute Näherung für P^{∞}

```
P=[0.5 0.4 0.1; 0.1 0.6 0.3; 0.2 0.1 0.7];
P^200
```

```
P={{0.5,0.4,0.1},{0.1,0.6,0.3},{0.2,0.1,0.7}};
MatrixPower[P,200]//MatrixForm
```

und erhalten

$$P^{200} = \begin{pmatrix} 0.236842 & 0.342105 & 0.421053 \\ 0.236842 & 0.342105 & 0.421053 \\ 0.236842 & 0.342105 & 0.421053 \end{pmatrix}.$$

Der Fixvektor lautet also

$$\vec{v}_F = \begin{pmatrix} 0.236842 & 0.342105 & 0.421053 \end{pmatrix}.$$

Somit kaufen (unabhängig von der Anfangsverteilung) auf Dauer 42.1 % der Kunden ein Elektroauto. Machen Sie sich klar, dass die Anfangsverteilung tatsächlich keine Rolle spielt!

Alternativ lässt sich der Fixvektor $\vec{v}_F = \begin{pmatrix} x & y & z \end{pmatrix}$ über die Vektorgleichung

$$\vec{v}_F \cdot P = \vec{v}_F$$

berechnen, die wir in ein lineares Gleichungssystem umwandeln können. Es lautet:

$$0.5x + 0.1y + 0.2z = x$$
$$0.4x + 0.6y + 0.1z = y$$
$$0.1x + 0.3y + 0.7z = z.$$

Es besitzt die unendlich vielen Lösungen

$$\begin{pmatrix} 9c & 13c & 16c \end{pmatrix} \quad c \in \mathbb{R}.$$

c muss so gewählt werden, dass die Summe der drei Werte eins ergibt, da es sich um eine Wahrscheinlichkeitsverteilung handelt. Es ergibt sich somit $c \approx 0.026316$, und damit gilt

$$\vec{v}_F = \begin{pmatrix} 0.236842 & 0.342105 & 0.421053 \end{pmatrix}$$

wie oben. Die MATLAB- oder Mathematica-Eingabe

```
syms x y z
sol=solve([0.5*x+0.1*y+0.2*z==x,0.4*x+0.6*y+0.1*z==y,...
    0.1*x+0.3*y+0.7*z==z,x+y+z==1], [x,y,z]);
eval(sol.x)
eval(sol.y)
eval(sol.z)
```

```
Solve[{0.5*x+0.1*y+0.2*z==x,0.4*x+0.6*y+0.1*z==y,0.1*x+0.3*y+0.7*z==z},
    x+y+z==1,{x,y,z}]
```

bestätigt unser Ergebnis.

Der Fixvektor kann auch, wie bereits oben erwähnt, mithilfe der Eigenwerte und
Eigenvektoren der Matrix *P* bestimmt werden:

```
M=P';
[V,D]=eig(M)
vF=1/sum(V(:,1))*V(:,1)
```

```
M=Transpose[P];
EV=Transpose[Eigenvectors[M]]
Eigenvalues[M]//MatrixForm//N
vF=EV[[All,1]]/Total[EV[[All,1]]]
```

Hierbei muss der Eigenvektor zum Eigenwert 1 noch angepasst werden. Alle Vektorkomponenten müssen größer gleich null sein, und die Summe der Vektorkomponenten muss eins ergeben.   ◄

Beispiel 8.4 (Ehrenfest-Modell). In Abschn. 5.7.1 haben wir uns mit dem Ehrenfest'schen Urnenmodell beschäftigt und die Begriffe Makrozustand, Mikrozustand
und Entropie kennengelernt. Wir wollen hier noch einmal die beiden Gasbehälter
aus der dortigen Abb. 5.20 aufgreifen.

Mithilfe von Markoff-Ketten lässt sich der Begriff der *Irreversibilität* veranschaulichen. Die Gesetze der klassischen Mechanik sind zeitumkehrinvariant, d. h., sie
bleiben gültig, wenn man in ihnen die Zeit t durch $-t$ ersetzt. Filmt man die Bewegung eines Teilchens und lässt den Film rückwärts ablaufen, so ergibt sich ebenfalls
eine physikalisch sinnvolle Bewegung.

Bei Vielteilchensystemen sieht die Sache anders aus: Füllt man Milch in eine heiße
Tasse Kaffee, so beobachtet man, dass sich die Milch auf Dauer gleichmäßig verteilt. Aber noch nie hat jemand beobachtet, dass sich die Milch anschließend wieder
sammelt und sich geschlossen z. B. in der linken Tassenhälfte befindet. Während
die Bewegung der Milch- und der Kaffeemoleküle zufällig ist und in alle Richtungen erfolgen kann, stellt sich trotzdem langfristig ein Gleichgewichtszustand mit
maximaler Entropie ein, wie wir in Abschn. 5.7.1 gelernt haben. Offensichtlich gibt
es hier eine bevorzugte Richtung, die man auch durch den Begriff *thermodynami-
scher Zeitpfeil* beschreibt. In diesem Sinne gibt es in der Natur irreversible Prozesse
bei Vielteilchensystemen, andererseits ist es nicht unmöglich, dass sich zu einem
bestimmten Zeitpunkt in vielleicht 10^{120} Jahren (wenn auch nur theoretisch) die
Milch vollständig im linken Behälter befindet. Was geht hier vor?

Zur Analyse der Situation betrachten wir das Ehrenfest-Modell als Markoff-Kette.
Zur Vereinfachung nehmen wir $N = 8$ Gasmoleküle an, die sich zum Zeitpunkt $t = 0$
im linken Bereich eines Behälters aufhalten (siehe Abb. 8.5).

Wir nehmen feste, kurze Zeitintervalle der Länge Δt an, in denen jeweils genau ein
Molekül die Seite wechselt, also entweder wandert eines von links nach rechts oder
eines von rechts nach links. Dabei gehen wir davon aus, dass jeweils hintereinander
ausgeführte Sprünge voneinander unabhängig sind. Sei

$X_n = $ *Anzahl der Moleküle im linken Bereich zum Zeitpunkt* $n\Delta t$,

Abb. 8.5: Anfangsverteilung von $N = 8$ Gasmolekülen in Bsp. 8.4

also nach n Sprüngen, dann ist $(X_n)_n$ eine Markoff-Kette. Die Anfangsverteilung zur Zeit $t = 0$ ist $(8|0)$, wobei die erste Zahl die Anzahl der Moleküle im linken Bereich und die zweite Zahl die Anzahl der Moleküle im rechten Bereich angibt. Nach einem Sprung, also zur Zeit Δt liegt, mit Sicherheit die Verteilung $(7|1)$ vor. Einen Ausschnitt des Übergangsdiagramms zeigt Abb. 8.6.

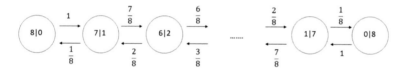

Abb. 8.6: Übergangsdiagramm zu Bsp. 8.4

Dabei sind die Zustände $(8|0)$ und $(0|8)$ reflektierend. Die Übergangsmatrix, nennen wir sie M, ist demnach

$$
M = \begin{pmatrix}
0 & 1 & 0 & 0 & 0 & 0 & 0 & 0 & 0 \\
\frac{1}{8} & 0 & \frac{7}{8} & 0 & 0 & 0 & 0 & 0 & 0 \\
0 & \frac{2}{8} & 0 & \frac{6}{8} & 0 & 0 & 0 & 0 & 0 \\
0 & 0 & \frac{3}{8} & 0 & \frac{5}{8} & 0 & 0 & 0 & 0 \\
0 & 0 & 0 & \frac{4}{8} & 0 & \frac{4}{8} & 0 & 0 & 0 \\
0 & 0 & 0 & 0 & \frac{5}{8} & 0 & \frac{3}{8} & 0 & 0 \\
0 & 0 & 0 & 0 & 0 & \frac{6}{8} & 0 & \frac{2}{8} & 0 \\
0 & 0 & 0 & 0 & 0 & 0 & \frac{7}{8} & 0 & \frac{1}{8} \\
0 & 0 & 0 & 0 & 0 & 0 & 0 & 1 & 0
\end{pmatrix}.
$$

Wir lassen MATLAB bzw. Mathematica hohe Potenzen von M ausrechnen:

```
M=[0 1 0 0 0 0 0 0 0; 1/8 0 7/8 0 0 0 0 0 0; 0 2/8 0 6/8 0 0 0 0 0;...
   0 0 3/8 0 5/8 0 0 0 0;0 0 0 4/8 0 4/8 0 0 0; 0 0 0 0 5/8 0 3/8 0 0;...
   0 0 0 0 0 6/8 0 2/8 0;0 0 0 0 0 0 7/8 0 1/8; 0 0 0 0 0 0 0 1 0];
M^1000
M^1001
```

```
M={{0,1,0,0,0,0,0,0,0},{1/8,0,7/8,0,0,0,0,0,0},
   {0,2/8,0,6/8,0,0,0,0,0},{0,0,3/8,0,5/8,0,0,0,0},
   {0,0,0,4/8,0,4/8,0,0,0},{0,0,0,0,5/8,0,3/8,0,0},
   {0,0,0,0,0,6/8,0,2/8,0},{0,0,0,0,0,0,7/8,0,1/8},
   {0,0,0,0,0,0,0,1,0}};
N[MatrixPower[M,1000]]//MatrixForm
N[MatrixPower[M,1001]]//MatrixForm
```

In der ausgegebenen Matrix tauchen alternierend zwei verschiedene Zeilenvektoren auf, jeweils zeilenversetzt, je nach Wahl eines geraden oder ungeraden Exponenten, nämlich:

$$(\quad 0 \quad 0.0625 \quad 0 \quad 0.4375 \quad 0 \quad 0.4375 \quad 0 \quad 0.0625 \quad 0 \quad)$$

und

$$(\quad 0.0078 \quad 0 \quad 0.2188 \quad 0 \quad 0.5469 \quad 0 \quad 0.2188 \quad 0 \quad 0.0078 \quad).$$

Das liegt daran, dass nach einer ungeraden Anzahl von Zeitschritten nur einer der vier Zustände $(7|1)$, $(5|3)$, $(3|5)$, $(1|7)$ und nach einer geraden Anzahl von Zeitschritten nur einer der fünf Zustände $(8|0)$, $(6|2)$, $(4|4)$, $(2|6)$, $(0|8)$ erreicht werden kann. Ein zu einem bestimmten Zeitpunkt erreichter Zustand kann erst nach einer geraden Anzahl von Schritten wieder erreicht werden. Die höchsten Wahrscheinlichkeiten liegen, wenn sie erreichbar sind, für die Zustände $(4|4)$ mit 54.69 % und $(5|3)$, $(3|5)$ mit jeweils 43.75 % vor.

Wie sieht die stationäre Verteilung aus?

Aus dem Übergangsdiagramm bzw. der Übergangsmatrix lässt sich Folgendes ablesen:

$$P(X_n = 0) = P(X_n = 1) \cdot \frac{1}{8},$$

$$P(X_n = 8) = P(X_n = 7) \cdot \frac{1}{8},$$

und für $k = 1, 2, .., 7$ gilt

$$P(X_n = k) = P(X_n = k-1) \cdot \frac{8-k+1}{8} + P(X_n = k+1) \cdot \frac{k+1}{8},$$

da sich nur dann k Moleküle im linken Bereich aufhalten können, wenn sich vor dem Sprung entweder $k-1$ oder $k+1$ Moleküle dort aufgehalten haben. Aus diesen Gleichungen ergibt sich rekursiv (rechnen Sie nach!)

$$P(X_n = k) = \binom{8}{k} P(X_n = 0).$$

Daraus folgt wegen $\sum_{k=0}^{8} P(X_n = k) = 1$

$$1 = \sum_{k=0}^{8} \binom{8}{k} P(X_n = 0) = P(X_n = 0) \sum_{k=0}^{8} \binom{8}{k} = P(X_n = 0) \cdot 2^8$$

und somit

$$P(X_n = 0) = \frac{1}{2^8}.$$

Damit ergibt sich als stationäre Verteilung die Binomialverteilung zu den Parametern 8 und $\frac{1}{2}$. Für ein hinreichend großes $t = n\Delta t$ gilt also

$$P(X_n = k) = \binom{8}{k} \cdot \frac{1}{2^k} \cdot \frac{1}{2^{8-k}} = \binom{8}{k} \cdot \frac{1}{2^8}.$$

MATLAB bzw. Mathematica rechnet uns die Werte aus:

```
for k=0:8 P(k+1)=nchoosek(8,k).*1/(2^8); end; P
```

```
N[Table[Binomial[8,k]*(1/2^8),{k,0,8}]]
```

und liefert den Output:

0.00390625, 0.03125, 0.109375, 0.21875,
0.273438, 0.21875, 0.109375, 0.03125, 0.00390625.

Die dadurch gegebenen Wahrscheinlichkeiten sind genau halb so groß wie die Werte in der Matrix, weil ja jeder Zustand nur in jedem zweiten Schritt erreicht werden kann.

Überträgt man diese Zahlen gedanklich auf die Teilchen in der Kaffeetasse, dann sind wir in einer Größenordnung von $N = 10^{24}$. Es gibt eine positive Wahrscheinlichkeit, dass sich alle Milchmoleküle links und alle Kaffeemoleküle rechts befinden. Diese ist jedoch nach Durchmischen so verschwindend gering, dass ein Zigfaches des Alters des Universums nicht ausreichen wird, damit dieser Zustand auch nur einmal angenommen wird!

Dies ist die Erklärung für das Phänomen der Irreversibilität: Mit überwältigender Wahrscheinlichkeit findet man einen Zustand maximaler Entropie vor, bei dem sich jeweils etwa die Hälfte Kaffee und die Hälfte Milch in jeweils beiden Tassenhälften befindet. ◀

Bei den bisherigen Beispielen haben wir es immer mit endlichen Zustandsräumen $\mathscr{Z}$ zu tun gehabt. Wir betrachten noch kurz ein klassisches Beispiel für eine unendliche Markoff-Kette, also eine mit (abzählbar) unendlichem Zustandsraum.

Beispiel 8.5. Eine faire Münze wird immer wieder geworfen. Nach jedem Wurf wird gezählt, wie oft bis zu diesem Wurf das Ereignis *Zahl* eingetreten ist. Die Zufallsvariablen

$X_n = $ *Häufigkeit des Ereignisses Zahl bis zum n-ten Wurf*

bilden eine Markoff-Kette $(X_n)_{n \in \mathbb{N}}$ mit dem unendlichen Zustandsraum $\mathscr{Z} = \mathbb{N}_0$. Für die Übergangswahrscheinlichkeiten gilt ($i \in \mathbb{N}_0$)

$$P(X_n = j | X_{n-1} = i) = \frac{1}{2} \quad \forall n \in \mathbb{N}_{\geq 2},$$

falls $j = i$ oder $j = i + 1$, ansonsten beträgt die Übergangswahrscheinlichkeit null. ◄

Wir wollen am Ende dieses Abschnitts noch ein wenig in die Theorie schauen und uns mit den n-Schritt-Übergangswahrscheinlichkeiten bei homogenen Markoff-Ketten beschäftigen. Bisher haben wir die 1-Schritt-Übergangswahrscheinlichkeiten

$$p_{ij} = P(X_n = j | X_{n-1} = i)$$

betrachtet. Die *n-Schritt-Übergangswahrscheinlichkeit* ist definiert als

$$p_{ij}^n := P(X_{m+n} = j | X_m = i).$$

Einen Einblick in die algebraischen Hintergründe und den Zusammenhang zu Übergangsmatrizen erhalten wir mithilfe des folgenden Satzes.

Satz 8.1. Chapman-Kolmogorow-Gleichung. Sei $(X_n)_n$ eine homogene Markoff-Kette mit Zustandsraum $\mathscr{Z}$ und den n-Schritt-Übergangswahrscheinlichkeiten p_{ij}^n. Dann gilt die *Chapman-Kolmogorow-Gleichung*

$$p_{ij}^{n+m} = \sum_{k \in \mathscr{Z}} p_{ik}^m p_{kj}^n.$$

Beweis. Nach den Regeln für die bedingte Wahrscheinlichkeit gilt

$$p_{ij}^{n+m} = P(X_{n+m} = j | X_0 = i)$$

$$= \sum_{k \in \mathscr{Z}} P(X_{n+m} = j, X_m = k | X_0 = i)$$

$$= \sum_{k \in \mathscr{Z}} P(X_m = k | X_0 = i) \cdot P(X_{n+m} = j | X_0 = i, X_m = k)$$

$$= \sum_{k \in \mathscr{Z}} p_{ik}^m \cdot P(X_{n+m} = j | X_m = k)$$

$$= \sum_{k \in \mathscr{Z}} p_{ik}^m p_{kj}^n. \qquad \square$$

> **Bemerkung**
>
> Die Gleichung $p_{ij}^{n+m} = \sum_{k \in \mathscr{Z}} p_{ik}^m p_{kj}^n$ des Satzes 8.1 drückt aus, wie Über-gangsmatrizen zu multiplizieren sind. Sei P die zu Beginn des Abschnitts eingeführte Übergangsmatrix einer Markoff-Kette, dann gilt
>
> $$P^{n+m} = P^n P^m,$$
>
> also erhält man die Übergangsmatrix für $n + m$ Schritte durch Multiplikation der Übergangsmatrizen für n bzw. m Schritte.

8.2 Aufgaben

Übung 8.1. Erstellen Sie die zu dem Übergangsdiagramm in Abb. 8.7 gehörige sto-chastische Übergangsmatrix. Der Startvektor der Markoff-Kette sei

$$\vec{v}_0 = \begin{pmatrix} 1 & 0 & 0 & 0 \end{pmatrix}.$$

Berechnen Sie jeweils die Verteilung nach drei, fünf und zehn Schritten sowie die stationäre Verteilung (Fixvektor).

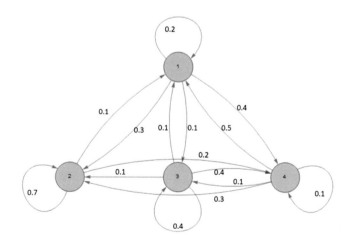

Abb. 8.7: Übergangsdiagramm zu Aufg. 8.1

Übung 8.2. Ⓑ Im Bielefelder Westen gibt es vier Abstellstationen für sogenannte Stadtfahrräder: an der Universität, am Siegfriedplatz, am Nordpark und an der
Schüco-Arena. Die Stadtfahrräder können an diesen Stationen tagsüber ausgeliehen
und wieder abgegeben werden. Dabei lässt sich beobachten, dass von den morgens
an der Universität stehenden Rädern 50 % abends auch wieder dort stehen, 30 % am
Siegfriedplatz und jeweils 10 % am Nordpark und an der Schüco-Arena. Von den
morgens am Siegfriedplatz stehenden Rädern stehen 40 % abends auch wieder dort
und jeweils 20 % an den anderen Stellplätzen. Von den morgens am Nordpark stehenden Rädern stehen 20 % abends auch wieder dort, 30 % am Siegfriedplatz und
jeweils 25 % an der Universität und an der Schüco-Arena. Von den morgens an der
Schüco-Arena stehenden Rädern stehen abends je 40 % an der Universität und am
Siegfriedplatz, die restlichen am Nordpark.

a) Erstellen Sie eine Übergangsmatrix.

b) Zu Beginn am Tag null sollen jeweils 25 % der Stadtfahrräder an den vier
Stationen stehen. Wie verteilen sie sich nach drei Tagen bzw. einer Woche,
wenn das betreibende Unternehmen nicht eingreift?

c) Erläutern Sie, inwieweit die hier gemachten Annahmen zur Verteilung realistisch oder unrealistisch sind.

Übung 8.3. Zeigen Sie als Beispiel für die Gültigkeit der Chapman-Kolmogorow-
Gleichung, dass für die stochastische Matrix P in Bsp. 8.3 gilt

$$P^4 = P^2 \cdot P^2 = P \cdot P^3$$

und berechnen Sie so auf verschiedene Weisen die Verteilung nach vier Fahrzeug-
wechseln aller Kunden.

Übung 8.4 (Ausbreitung einer Krankheit). In einem Ort mit 20 000 Einwohnern
bricht eine ansteckende Viruserkrankung aus. Innerhalb einer Woche infizieren sich
25 % der gesunden Einwohner mit der Krankheit, 65 % sind von der Krankheit wieder genesen und 5 % sterben an ihr. Die von der Krankheit wieder genesenen Personen haben aufgrund erhöhter Abwehrkräfte nur noch eine 10 % Wahrscheinlichkeit,
wieder an ihr zu erkranken.

Bearbeiten Sie die folgenden Aufgaben mithilfe von MATLAB oder Mathematica.

a) Bestimmen Sie die Übergangsmatrix P und erstellen Sie ein Übergangsdiagramm.

b) Berechnen Sie die Übergangsmatrix für einen Zeitraum von acht Wochen und
ermitteln Sie damit, wie viel Prozent der anfangs gesunden Einwohner nach acht
Wochen

i) immer noch gesund sind,

ii) krank sind,

iii) verstorben sind.

c) Bestimmen Sie die Verteilung in dem Ort nach fünf Wochen, wenn zu Beginn alle Einwohner gesund sind.

d) Welche langfristige Entwicklung ist für den Ort zu erwarten?

e) Die medizinische Behandlung der Viruserkrankung hat sich verbessert, sodass niemand mehr an der Krankheit stirbt. Zudem sind innerhalb einer Woche 10 % mehr Personen wieder genesen.

   i) Bestimmen Sie die Übergangsmatrix Q für diesen neuen Sachverhalt und erstellen Sie ein Übergangsdiagramm.

   ii) Berechnen und interpretieren Sie die Eigenwerte und Eigenvektoren der Matrix Q.

   iii) Untersuchen Sie die langfristige Entwicklung der Krankheit, wenn diese unter den neuen Voraussetzungen in dem Ort mit 20 000 Einwohnern ausbricht.

Anhang A

Tabellen

A.1 Normalverteilung

Tab. A.1: Verteilungsfunktion Φ der Standardnormalverteilung
$$\Phi(-z) = 1 - \Phi(z)$$

z	0.00	0.01	0.02	0.03	0.04	0.05	0.06	0.07	0.08	0.09
0.0	0.5000	0.5040	0.5080	0.5120	0.5160	0.5199	0.5239	0.5279	0.5319	0.5359
0.1	0.5398	0.5438	0.5478	0.5517	0.5557	0.5596	0.5636	0.5675	0.5714	0.5753
0.2	0.5793	0.5832	0.5871	0.5910	0.5948	0.5987	0.6026	0.6064	0.6103	0.6141
0.3	0.6179	0.6217	0.6255	0.6293	0.6331	0.6368	0.6406	0.6443	0.6480	0.6517
0.4	0.6554	0.6591	0.6628	0.6664	0.6700	0.6736	0.6772	0.6808	0.6844	0.6879
0.5	0.6915	0.6950	0.6985	0.7019	0.7054	0.7088	0.7123	0.7157	0.7190	0.7224
0.6	0.7257	0.7291	0.7324	0.7357	0.7389	0.7422	0.7454	0.7486	0.7517	0.7549
0.7	0.7580	0.7611	0.7642	0.7673	0.7704	0.7734	0.7764	0.7794	0.7823	0.7852
0.8	0.7881	0.7910	0.7939	0.7967	0.7995	0.8023	0.8051	0.8079	0.8106	0.8133
0.9	0.8159	0.8186	0.8212	0.8238	0.8263	0.8289	0.8314	0.83340	0.8365	0.8389
1.0	0.8413	0.8438	0.8461	0.8485	0.8508	0.8531	0.8554	0.8577	0.8599	0.8621
1.1	0.8643	0.8665	0.8686	0.8708	0.8729	0.87499	0.8770	0.8790	0.8810	0.8830
1.2	0.8849	0.8867	0.8888	0.8907	0.8925	0.8944	0.8962	0.8980	0.8997	0.9015
1.3	0.9032	0.9049	0.9066	0.9082	0.9099	0.9115	0.9131	0.9147	0.9162	0.9177
1.4	0.9192	0.9207	0.9222	0.9236	0.9251	0.9265	0.9279	0.9292	0.9306	0.9319
1.5	0.9332	0.9345	0.9357	0.93670	0.9382	0.9394	0.9406	0.9418	0.9429	0.9441
1.6	0.9452	0.9463	0.9473	0.9484	0.9495	0.9505	0.9515	0.9525	0.9535	0.9545
1.7	0.9554	0.9564	0.9573	0.9582	0.9591	0.9599	0.9608	0.9616	0.9625	0.9633
1.8	0.9641	0.9649	0.9656	0.9664	0.9671	0.9678	0.9686	0.9693	0.9699	0.9706
1.9	0.9713	0.9719	0.9726	0.9732	0.9738	0.9744	0.9750	0.9756	0.9761	0.9767
2.0	0.9773	0.9778	0.9783	0.9788	0.9793	0.9798	0.9803	0.9808	0.9812	0.9817
2.1	0.9821	0.9826	0.9830	0.9834	0.9838	0.9842	0.9846	0.9850	0.9854	0.9857
2.2	0.9861	0.9864	0.9868	0.9871	0.9875	0.9878	0.9881	0.9884	0.9887	0.9890
2.3	0.9893	0.9896	0.9898	0.9901	0.9904	0.9906	0.9909	0.9911	0.9913	0.9916
2.4	0.9918	0.9920	0.9922	0.9925	0.9927	0.9929	0.9931	0.9932	0.9934	0.9936
2.5	0.9938	0.9940	0.9941	0.9943	0.9945	0.9946	0.9948	0.9949	0.9951	0.9952
2.6	0.9953	0.9955	0.9956	0.9957	0.9959	0.9960	0.9961	0.9962	0.9963	0.9964
2.7	0.9965	0.9966	0.9967	0.9968	0.9969	0.9970	0.9971	0.9972	0.9973	0.9974
2.8	0.9974	0.9975	0.9976	0.9977	0.9977	0.9978	0.9979	0.9979	0.9980	0.9981
2.9	0.9981	0.9982	0.9983	0.9983	0.9984	0.9984	0.9985	0.9985	0.9986	0.9986
3.0	0.9987	0.9987	0.9987	0.9988	0.9988	0.9989	0.9989	0.9989	0.9990	0.9990
3.1	0.9990	0.9991	0.9991	0.9991	0.9992	0.9992	0.9992	0.9992	0.9993	0.9993
3.2	0.9993	0.9993	0.9994	0.9994	0.9994	0.9994	0.9994	0.9995	0.9995	0.9995
3.3	0.9995	0.9995	0.9996	0.9996	0.9996	0.9996	0.9996	0.9996	0.9996	0.9997
3.4	0.9997	0.9997	0.9997	0.9997	0.9997	0.9997	0.9997	0.9997	0.9997	0.9998
3.5	0.9998	0.9998	0.9998	0.9998	0.9998	0.9998	0.9998	0.9998	0.9998	0.9998
3.6	0.9998	0.9998	0.9999	0.9999	0.9999	0.9999	0.9999	0.9999	0.9999	0.9999

Tab. A.2: Ausgewählte Quantile der Standardnormalverteilung

p	0.8	0.9	0.95	0.975	0.98	0.99	0.995
z_p	0.84162	1.28155	1.6449	1.9600	2.0538	2.3264	2.5758

A.2 t-Verteilung

Tab. A.3: Quantile der t_n-Verteilung zu den Signifikanzniveaus α

α einseitig	0.05	0.025	0.01	0.005	0.0005
α zweiseitig	0.1	0.05	0.02	0.01	0.001
n					
1	6.314	12.71	31.82	63.66	636.6
2	2.920	4.303	6.965	9.925	31.56
3	2.353	3.182	4.541	5.841	12.92
4	2.132	2.776	3.747	4.604	8.610
5	2.015	2.571	3.365	4.032	6.869
6	1.943	2.447	3.143	3.707	5.959
7	1.895	2.365	2.998	3.499	5.408
8	1.860	2.306	2.896	3.355	5.041
9	1.833	2.262	2.821	3.250	4.781
10	1.812	2.228	2.764	3.169	4.587
11	1.796	2.201	2.718	3.106	4.437
12	1.782	2.179	2.681	3.055	4.318
13	1.771	2.160	2.650	3.012	4.221
14	1.761	2.145	2.624	2.977	4.140
15	1.753	2.131	2.602	2.947	4.073
16	1.746	2.120	2.583	2.921	4.015
17	1.740	2.110	2.567	2.898	3.965
18	1.734	2.101	2.552	2.878	3.922
19	1.729	2.093	2.539	2.861	3.833
20	1.725	2.086	2.528	2.845	3.850
21	1.721	2.080	2.518	2.831	3.819
22	1.717	2.074	2.508	2.819	3.792
23	1.714	2.069	2.500	2.807	3.768
24	1.711	2.064	2.492	2.797	3.745
25	1.708	2.060	2.485	2.787	3.725
26	1.706	2.056	2.479	2.779	3.707
27	1.703	2.052	2.473	2.771	3.690
28	1.701	2.048	2.467	2.763	3.674
29	1.699	2.045	2.462	2.756	3.659
30	1.697	2.042	2.457	2.750	3.646
40	1.684	2.021	2.423	2.704	3.551
50	1.676	2.009	2.403	2.678	3.496
60	1.671	2.000	2.390	2.660	3.460
70	1.667	1.994	2.381	2.648	3.435
80	1.664	1.990	2.374	2.639	3.416
90	1.662	1.987	2.368	2.632	3.402
100	1.660	1.984	2.364	2.626	3.390
150	1.655	1.976	2.351	2.609	3.357
200	1.653	1.972	2.345	2.601	3.340

A.3 χ^2-Verteilung

Tab. A.4: Quantile der χ_n^2-Verteilung zu ausgewählten Niveaus α.

$n \setminus \alpha$	0.005	0.01	0.025	0.05	0.1	0.90	0.95	0.975	0.99	0.995
1	0.000	0.000	0.001	0.004	0.016	2.706	3.841	5.024	6.635	7.879
2	0.010	0.002	0.051	0.103	0.211	4.605	5.991	7.378	9.210	10.597
3	0.072	0.115	0.216	0.352	0.584	6.251	7.815	9.348	11.345	12.838
4	0.270	0.297	0.484	0.711	1.064	7.779	9.488	11.143	13.277	14.860
5	0.412	0.554	0.831	1.145	1.610	9.236	11.070	12.833	15.086	16.750
6	0.676	0.872	1.237	1.635	2.204	10.645	12.592	14.449	16.812	18.548
7	0.989	1.239	1.690	2.167	2.833	12.017	14.067	16.013	18.475	20.278
8	1.344	1.646	2.180	2.733	3.490	13.362	15.507	17.535	20.090	21.955
9	1.735	2.088	2.700	3.325	4.168	14.684	16.919	19.023	21.666	23.589
10	2.156	2.588	3.247	3.940	4.865	15.987	18.307	20.483	23.209	25.188
11	2.603	3.053	3.816	4.575	5.578	17.275	19.675	21.920	24.725	26.757
12	3.074	3.517	4.404	5.226	6.304	18.549	21.026	23.337	26.217	28.300
13	3.565	4.107	5.009	5.892	7.042	19.812	22.362	24.736	27.688	29.819
14	4.075	4.660	5.629	6.571	7.790	21.064	23.685	26.119	29.141	31.319
15	4.601	5.229	6.262	7.261	8.547	22.307	24.996	27.488	30.578	32.801
16	5.142	5.812	6.908	7.962	9.312	23.542	26.296	28.845	32.000	34.267
17	5.697	6.408	7.564	8.672	10.085	24.769	27.587	30.191	33.409	35.718
18	6.265	7.015	8.231	9.390	10.865	25.989	28.869	31.526	34.805	37.156
19	6.844	7.633	8.907	10.117	11.651	27.204	30.144	32.852	36.191	38.582
20	7.434	8.260	9.591	10.851	12.443	28.412	31.410	34.170	37.566	39.997
21	8.034	8.897	10.283	11.591	13.240	29.615	32.671	35.479	38.932	41.401
22	8.643	9.542	10.982	12.338	14.041	30.813	33.924	36.781	40.289	42.796
23	9.260	10.196	11.689	13.091	14.848	32.007	35.172	38.076	41.638	44.181
24	9.886	10.856	12.401	13.848	15.659	33.196	36.415	39.364	42.980	45.559
25	10.520	11.524	13.120	14.611	16.473	34.382	37.652	40.646	44.314	46.928
26	11.160	12.198	13.844	15.379	17.292	35.563	38.885	41.923	45.642	48.290
27	11.808	12.879	14.573	16.151	18.114	36.741	40.113	43.195	46.963	49.645
28	12.461	13.565	15.308	16.928	18.939	37.916	41.337	44.461	48.278	50.993
29	13.121	14.256	16.047	17.708	19.768	39.087	42.557	45.722	49.588	52.336
30	13.787	14.953	16.791	18.493	20.599	40.256	43.773	46.979	50.892	53.672
40	20.707	22.164	24.433	26.509	29.051	51.805	55.758	59.342	63.691	66.766
50	27.991	29.707	32.357	34.764	37.689	63.167	67.505	71.420	76.154	79.490
60	35.534	37.485	40.482	43.188	46.459	74.397	79.082	83.298	88.379	91.952
70	43.275	45.442	48.758	51.739	55.329	85.527	90.531	95.023	100.425	104.215
80	51.172	53.540	57.153	60.391	64.278	96.578	101.879	106.629	112.329	116.321
90	59.196	61.754	65.647	69.126	73.291	107.565	113.145	118.136	124.116	128.299
100	67.328	70.065	74.222	77.929	82.358	118.498	124.342	129.561	135.807	140.170

Anhang B

Lösungen

B.1 Lösungen zu Kapitel 1

1.1 Jeweils eine mögliche Lösung:

a) Noten einer Mathematik-Klausur.
Grundgesamtheit: alle Studierenden im ersten Semester des Studiengangs Wirtschaftsingenieurwesen der FH Bielefeld, die am 30.03.2020 um 9:30 Uhr im Raum G005 die Mathematik-Klausur geschrieben haben.
Merkmalsträger: ein Studierender der Grundgesamtheit.

Merkmal	Mögliche Ausprägungen	Skalenniveau
Klausurnote	1,0; 1,7; 3,3; 4,0	ordinal
Geschlecht	männlich; weiblich	nominal
Alter	20; 27; 35; 18 (Jahre)	metrisch - verhältnisskaliert
Hochschulzugangs-berechtigung	Abitur, Fachabitur	nominal
Berufsausbildung	ja; nein	nominal

b) Wirksamkeit eines Medikaments gegen Kopfschmerzen.
Grundgesamtheit: alle Teilnehmer einer Studie des Pharmakonzerns Kopflos, die das Medikament in der Zeit vom 01.01.2019 bis zum 31.03.2019 in Deutschland eingenommen haben.
Merkmalsträger: ein Teilnehmer der Grundgesamtheit.

© Der/die Herausgeber bzw. der/die Autor(en), exklusiv lizenziert durch Springer-Verlag GmbH, DE, ein Teil von Springer Nature 2021
T. Imkamp und S. Proß, *Einstieg in die Stochastik*,
https://doi.org/10.1007/978-3-662-63766-1

Merkmal	Mögliche Ausprägungen	Skalenniveau
Bewertung der Wirkung	1; 2; 3; 4; 5	ordinal
Geschlecht	männlich; weiblich	nominal
Alter	20; 27; 35; 18 (Jahre)	metrisch - verhältnisskaliert
Häufigkeit der Kopfschmerzen	1; 2; 3; 4 (pro Woche)	metrisch - verhältnisskaliert
Beruf	Verkäufer; Immobilienmakler; Lehrer; Hausfrau; Rentner	nominal
Raucher	ja; nein	nominal
Gewicht	151; 70; 53 (kg)	metrisch - verhältnisskaliert

c) Qualitätskontrolle einer Lieferung Autoreifen.
   Grundgesamtheit: alle Autoreifen, die am 17.04.2018 von der Produktionsfirma Contistein an das Vertriebsunternehmen AutoreifenÜberall in Duisburg geliefert wurden.
   Merkmalsträger:ein Autoreifen der Grundgesamtheit.

Merkmal	Mögliche Ausprägungen	Skalenniveau
Profiltiefe	7,5; 8,0; 7,9 (mm)	metrisch - verhältnisskaliert
Profilrillenanzahl	5; 10; 17	metrisch - verhältnisskaliert
Felgendurchmesser	15; 16; 17 (zoll)	metrisch - verhältnisskaliert
Reifenbreite	195; 205; 185 (mm)	metrisch - verhältnisskaliert
Herstellungsdatum	1019; 2315 (23. Kalenderwoche des Jahres 2015)	metrisch - intervallskaliert
M+S-Kennzeichen	ja; nein	nominal
Geschwindigkeitsindex	G; Q; S; T	ordinal

1.2

Merkmal	Metrisch		Ordinal	Nominal
	Intervall	Verhältnis		
Haarfarbe				✓
Parteizugehörigkeit				✓
Länge von Kupferrohren		✓		
Körpertemperatur	✓			
Kreditscoring			✓	
Größenangabe bei Eiern			✓	
Matrikelnummer				✓
Einkommen		✓		
Leistungsklasse beim Turnierreitsport			✓	

1.3

Merkmal	Stetig	Diskret
Länge von Kupferrohren	✓	
Anzahl Autoreifen in einer Lieferung		✓
Profilrillenanzahl bei Autoreifen		✓
Körpertemperatur	✓	
Einkommen		✓
Anzahl Bewohner in einem Haushalt		✓
Preis eines Autoreifens		✓

1.4

Aussage	Richtig	Falsch
Ein Kupferrohr ist ein Merkmalsträger.	√	
Die Länge eines Kupferrohrs ist ein metrisches intervallskaliertes Merkmal.		√
Eine Tagesproduktion ist eine Zufallsstichprobe.		√
12 mm ist eine Ausprägung des Merkmals Außendurchmesser.	√	
Der Außendurchmesser eines Kupferrohrs ist ein diskretes Merkmal.		√
Ein Kupferrohr ist eine Ausprägung.		√
Alle Kupferrohre, deren Qualität nicht überprüft wurde, ergeben die Grundgesamtheit.		√
Alle Kupferrohre, deren Qualität überprüft wurde, ergeben die Grundgesamtheit.		√
Die Wandstärke eines Kupferrohrs ist ein metrisches verhältnisskaliertes Merkmal.	√	
100 zufällig ausgewählte Kupferrohre einer Tagesproduktion sind eine Stichprobe.	√	
Die Länge eines Kupferrohrs ist ein stetiges Merkmal.	√	

B.2 Lösungen zu Kapitel 2

2.1

a)

$$\sum_{i=1}^{5} i^3 = 1^3 + 2^3 + 3^3 + 4^3 + 5^3$$

b)

$$\sum_{i=3}^{6} \frac{1}{i} = \frac{1}{3} + \frac{1}{4} + \frac{1}{5} + \frac{1}{6}$$

c)

$$\sum_{k=6}^{10} \sqrt{k} = \sqrt{6} + \sqrt{7} + \sqrt{8} + \sqrt{9} + \sqrt{10}$$

d)

$$\sum_{j=1}^{4} \frac{1}{j^3} = \frac{1}{1^3} + \frac{1}{2^3} + \frac{1}{3^3} + \frac{1}{4^3}$$

2.2

$$A \cup B = \{1; 2; 3; 5; 9; 10; 27\}, A \cap B = \{1\}, A \setminus B = \{2; 5; 10\}$$

2.3 Wir beweisen die Aussage z. B. durch vollständige Induktion nach n: Die Anzahl der Teilmengen einer n-elementigen Menge ist 2^n.

Induktionsanfang ($n = 0$):

$$M_0 = \varnothing \Rightarrow \wp(M_0) = \{\varnothing\} \Rightarrow |\wp(M_0)| = 2^0 = 1 \quad \checkmark$$

Induktionsschritt:
Sei M_{n+1} eine Menge mit $n+1$ Elementen:

$$M_{n+1} = \{m_1, m_2, \ldots, m_{n+1}\}.$$

Sei $K \subset M_{n+1}$, dann gilt:

1. Fall: $m_{n+1} \notin K$: Dann ist $K \subset M_n := \{m_1, m_2, \ldots, m_n\}$, und nach Voraussetzung gibt es 2^n Teilmengen von M_n, also 2^n Teilmengen von M_{n+1} ohne das Element m_{n+1}.

2. Fall: $m_{n+1} \in K$: Dann ist $K = \tilde{K} \cup \{m_{n+1}\}$ mit $\tilde{K} \subset M_n$. Nach Voraussetzung gibt es 2^n Möglichkeiten für $\tilde{K}$ und somit 2^n Teilmengen von M_{n+1} mit dem Element m_{n+1}.

Es gilt also:

$$|\wp(M_{n+1})| = |\wp(M_n)| + |\wp(M_n)| = 2 \cdot 2^n = 2^{n+1} \qquad \square$$

2.4

a) $\begin{pmatrix} 9 \\ 3 \\ 9 \end{pmatrix}$
b) $\begin{pmatrix} -7 \\ 5 \\ 5 \end{pmatrix}$
c) $\begin{pmatrix} 40 \\ -5 \\ 10 \end{pmatrix}$

d) $\sqrt{66}$
e) $\sqrt{69}$
f) 18

g) $74.53°$
h) $\frac{1}{\sqrt{66}} \cdot \vec{a} = \frac{1}{\sqrt{66}} \begin{pmatrix} 1 \\ 4 \\ 7 \end{pmatrix}$

2.5

$$A \cdot B = \begin{pmatrix} 8 & -20 & 0 \\ 4 & -19 & 20 \\ 11 & -20 & -37 \end{pmatrix} \quad B \cdot A = \begin{pmatrix} -5 & -9 & 2 \\ -22 & -30 & 20 \\ -14 & -15 & -13 \end{pmatrix}$$

Das Kommutativgesetz gilt bei der Matrizenmultiplikation i. Allg. nicht.

2.6 Eigenwerte: $2 \pm \sqrt{3}$

Eigenvektoren (bis auf Vielfachheit):

$$\begin{pmatrix} 1 + \sqrt{3} \\ 1 \end{pmatrix} \quad \text{und} \quad \begin{pmatrix} 1 - \sqrt{3} \\ 1 \end{pmatrix}$$

B.3 Lösungen zu Kapitel 3

3.1

```
function [U,A]=umfangFlaecheKreis(r)
    U=2*pi*r;
    A=pi^2*r;
```

```
[U1,A1]=umfangFlaecheKreis(5)
[U2,A2]=umfangFlaecheKreis(8)
```

Ausgabe:
U1 = 31.4159, A1 = 49.3480
U2 = 50.2655, A2 = 78.9568

3.2

```
function [U,A]=umfangFlaeche(r,typ)
    if typ=='k'
        U=2*pi*r;
        A=pi^2*r;
    elseif typ=='q'
        U=4*r;
        A=r^2;
    elseif typ=='d'
        U=3*r;
        A=sqrt(3)/4*r^2;
    else
        error('Sie haben keinen gueltigen Typ eingegeben!')
    end
```

```
[Uk,Ak]=umfangFlaeche(5,'k')
[Uq,Aq]=umfangFlaeche(5,'q')
[Ud,Ad]=umfangFlaeche(5,'d')
[Ur,Ar]=umfangFlaeche(5,'r')
```

Ausgabe:
Uk = 31.4159, Ak = 49.3480
Uq = 20, Aq = 25
Ud = 15, Ad = 10.8253
Error using umfangFlaeche (line 12) Sie haben keinen gueltigen Typ eingegeben!

3.3

```
function [mmax,idxz,idxs]=matrixmax(M)
    mmax=-inf;
    for i=1:size(M,1)
        for j=1:size(M,2)
            if M(i,j)>mmax
                mmax=M(i,j);
                idxz=i;
                idxs=j;
            end
        end
    end
```

```
M=[2 3 1 7; 4 5 9 10; 65 3 41 9; 101 4 2 17; 5 1 22 91]
[mmax,idxz,idxs]=matrixmax(M)
```

Ausgabe:

$$M = \begin{pmatrix} 2 & 3 & 1 & 7 \\ 4 & 5 & 9 & 10 \\ 65 & 3 & 41 & 9 \\ 101 & 4 & 2 & 17 \\ 5 & 1 & 22 & 91 \end{pmatrix}$$

mmax = 101

idxz = 4

idxs = 1

3.4

```
syms x
f=sin(2*x)+cos(x)^2;
wb=[-10 10];
df=diff(f,x)
fplot(f,wb,'color','r');
hold on
fplot(df,wb,'color','g','LineStyle','--');
hold off
xlabel('x')
ylabel('f')
legend('f','Ableitung von f','Location','southeast','Orientation','
    horizontal')
title('Plot der Funktion und der Ableitung')
```

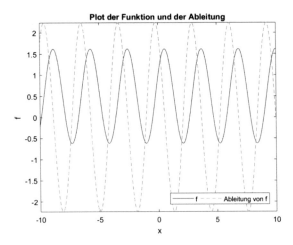

Abb. B.1: Ergebnis von Aufg. 3.4

3.5

```
function F=fibonacci(n)
    F=ones(1,n);
    for i=3:n
        F(i)=F(i-2)+F(i-1);
    end
```

```
n=20;
F=fibonacci(n);
for i=1:n-1
    FQ(i)=F(i+1)/F(i);
end
plot(1:1:n-1,FQ,'LineStyle','none','Marker','o','MarkerEdgeColor','b', '
    MarkerFaceColor','b')
hold on
plot([0 n],[1 1]*(1+sqrt(5))/2,'g--','LineWidth',1.5)
hold off
xlabel('n')
ylabel('a_n')
legend('Goldene Zahl','Quotient Fibonacci-Zahlen')
```

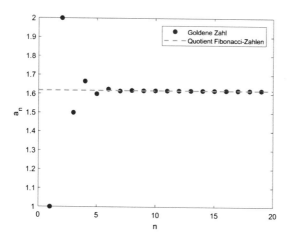

Abb. B.2: Ergebnis von Aufg. 3.5

3.6

```
syms x
expand((3*(x-1)*(x-2)^3)/((x-5)*(x+1)^2))
p=-3*x^4+21*x^3-54*x^2+60*x-24;
q=-x^3+3*x^2+9*x+5;
f=p/q;
```

a)

```
fs=subs(f,x,-5)
```

b)

```
DL=solve(q,x)
```

c)

```
N=solve(p,x)
```

d)

```
gll=limit(f,x,-1,'left')
gr1=limit(f,x,-1,'right')
gl2=limit(f,x,5,'left')
gr2=limit(f,x,5,'right')
```

e)

```
I=int(f,x,0,4)
Ie=eval(I)
```

f)

```
A=abs(int(f,x,0,1))+abs(int(f,x,1,2))+abs(int(f,x,2,4))
Ae=eval(A)
```

g)

```
limInfPos=limit(f,x,inf)
limInfNeg=limit(f,x,-inf)
```

h)

```
fplot(f,[-10 10])
ylim([-100 100])
xlabel('x')
ylabel('f(x)')
grid on
```

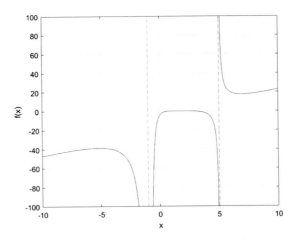

Abb. B.3: Ergebnis von Aufg. 3.6 h)

3.7

```
A=diag(1:1:5)
B=A;
B(1:2,4:5)=ones(2,2)
C=A+diag(1:1:4,1)+diag(1:1:4,-1)
D=[zeros(1,5); C; zeros(1,5)]
E=[ones(7,1) D ones(7,1)]
```

3.8

```
A=[1 1 1; 1 2 4; 1 3 9];
c=[0;5;12];
x=A\c
```

Ausgabe:

$$x = \begin{pmatrix} -3 \\ 2 \\ 1 \end{pmatrix}$$

3.9

```
clf
n=1000;
p=[0 0];
plot(p(1),p(2))
for t=0:n
    Z=randi(6);
    if ismember(Z,[1 2])
        pneu=p+[0 1];
    elseif Z==3
        pneu=p+[0 -1];
    elseif ismember(Z,[4 5])
        pneu=p+[1 0];
    else
        pneu=p+[-1 0];
    end
    hold on
    plot([p(1) pneu(1)],[p(2) pneu(2)],"Color","black")
    drawnow;
    p=pneu;
end
xlabel('x','Interpreter',"latex")
ylabel('y','Interpreter',"latex")
hold off
```

Wenn alle Schritte gleich wahrscheinlich sind, bewegt sich die Person eher in der Nähe um den Ausgangspunkt (0|0). Wenn die Schritte nach oben und rechts wahrscheinlicher sind, bewegt sich die Person auch in diese Richtung und entfernt sich mit zunehmender Schrittanzahl immer weiter vom Ausgangspunkt (siehe Abb. B.4).

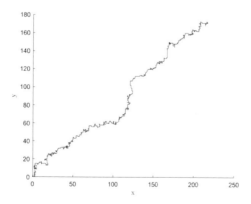

Abb. B.4: Random Walk mit unterschiedlichen Wahrscheinlichkeiten

3.10

a) Eingabe:

```
f[x_]:=(x^3-1)*Exp[x]
D[f[x],{x,5}]
```

Ergebnis:
$$60e^x + 60xe^x + 15x^2e^x + e^x(x^3 - 1)$$

b) Eingabe

```
g[x_]:=x^6-5*x^3+6
Solve[g[x]==0,x]
```

Ergebnisse:
$$-(-3)^{1/3},\ -(-2)^{1/3},\ 2^{1/3},\ (-1)^{1/3},\ 3^{1/3}$$

c) Der Plot kann zum Beispiel über dem Intervall $[-2; 2]$ erfolgen:

```
Plot[{{f[x],g[x]},{x,-2,2}]
```

Die Graphen sind in Abb. B.5 dargestellt.

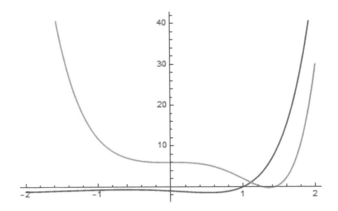

Abb. B.5: Plot der Funktionen f und g

d) Eingabe:

```
Integrate[4*x*Exp[x^2],{x,-1,5}]
```

Ergebnis:
$$2e(e^{24} - 1)$$

e) Eingabe:

```
Binomial[10,5]
Binomial[100,5]
Binomial[1000,5]
```

Ergebnisse:

$$252,\ 75\,287\,520,\ 8\,250\,291\,250\,200$$

f) Eingabe:

```
Solve[5*7^x==8*9^(2*x-1),x]
```

Ergebnis:

$$x = \frac{-\log\left(\frac{8}{5}\right) + \log 9}{-\log 7 + 2\log 9}$$

g) Eingabe:

```
GCD[18234,19666]
```

Ergebnis: 2

h) Eingabe:

```
DSolve[Derivative[2][y][x]-3*Derivative[1][y][x]+y[x]==x,y[x],x]
```

Ergebnis:

$$y(x) = 3 + x + C_1 e^{\left(\frac{3}{2} - \frac{\sqrt{5}}{2}\right)x} + C_2 e^{\left(\frac{3}{2} + \frac{\sqrt{5}}{2}\right)x}$$

i) Eingabe:

```
Plot3D[Exp[-x^2+y^2],{x,-2,2},{y,-2,2}]
```

Der Graph wird in Abb. B.6 dargestellt.

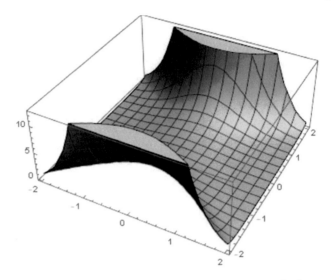

Abb. B.6: Plot der Funktion h mit $h(x,y) = e^{-x^2+y^2}$

j) Eingabe:

```
Solve[{2*x-5*y==-1,x+3*y==5},{x,y}]
```

Ergebnis:

$$x = 2,\ y = 1$$

3.11

a) Die Eingabe erfolgt so:

```
For[n=1,n<=20,n++,Print[{n,2^n-1}]]
```

Das Programm liefert den Output:

n	Mersenne-Zahl
1	1
2	3
3	7
4	15
5	31
6	63
7	127
8	255
9	511
10	1023
11	2047
12	4095
13	8191
14	16 383
15	32 767
16	65 535
17	131 071
18	262 143
19	524 287
20	1 048 575

b) Eine notwendige (aber nicht hinreichende) Bedingung dafür, dass eine Zahl der Form $2^n - 1$ eine Primzahl ist, ist, dass n selbst eine Primzahl ist. Formal formuliert:

$$2^n - 1 \in \mathbb{P} \Rightarrow n \in \mathbb{P}$$

Mathematica findet dies für die ersten 50 Mersenne-Zahlen heraus mit

```
For[n=1,n<=50,n++,If[PrimeQ[2^n-1],Print[{n,2^n-1}]]]
```

Der Output besteht aus Paaren von Primzahlen:

2	3
3	7
5	31
7	127
13	8191
17	131 071
19	524 287
31	2 147 483 647

c) Der Beweis ist einfach und erfolgt indirekt:

Wäre n keine Primzahl, dann gäbe es eine Zerlegung $n = pq$ mit $p, q > 1$. Dann ist aber z. B. $2^p - 1 (> 1)$ ein Teiler von $(2^p)^q - 1$.

3.12 Hier geht es um die Simulation eines Würfelspiels: n ist die Anzahl der verwendeten Würfel und s die Anzahl der Seiten (also gleich sechs bei einem gewöhnlichen Hexaederwürfel). Das Programm berechnet die Wahrscheinlichkeiten für alle möglichen Augensummen beim Würfeln mit n Würfeln.

3.13 Lösung im Video.

3.14

a) Ergebnis nach der Eingabe des Codes in der Aufgabe:

$$0.333399.$$

Dies ist eine Approximation des Integrals

$$\int_0^1 x^2 dx = \frac{1}{3}.$$

b) Eingabe (für bessere Genauigkeit verwenden wir 100 000 Pseudozufallszahlen):

```
z=100000;
(3/z)*Sum[Cos[3*Random[]],{i,1,z}]
```

Ergebnis (z. B., verändert sich natürlich geringfügig mit jedem neuen Aufruf):

$$0.139968.$$

Analytische Überprüfung: Stammfunktion von cos ist sin, also:

$$\int_0^3 \cos x\, dx = \sin 3 - \sin 0 = \sin 3 \approx 0.14112.$$

c) Eingabe:

```
s=10000;
(1/s)*Sum[Exp[-Random[]^2],{i,1,s}]
```

Ergebnis (z. B., verändert sich natürlich geringfügig mit jedem neuen Aufruf):

$$0.743211.$$

Mathematica berechnet mit der Eingabe

```
N[Integrate[Exp[-x^2],{x,0,1}]]
```

den numerischen Wert 0.746824.

3.15 Mithilfe dieses Programms wird ein perkolierender 2D-Cluster dargestellt. Wird eine Zufallszahl < 0.59275 gezogen, dann wird ein rotes Quadrat an die aufgerufene Stelle gezeichnet, ansonsten bleibt das quadratische Feld leer. Es ergibt sich z. B die Abb. B.7:

Abb. B.7: Zufallscluster

3.16 Eingabe vorgegeben, individuelle Lösungen.

3.17 Eingabe vorgegeben, individuelle Lösungen.

B.4 Lösungen zu Kapitel 4

4.1

a) **Grundgesamtheit:** alle Studierenden, die zum Wintersemester 2019/20 ihr Maschinenbau-Studium an der Hochschule Eulerhausen aufgenommen haben.
Merkmalsträger: ein Studierender der Grundgesamtheit.
Merkmal: Punkte im Mathematik-Test.

b) metrisch - verhältnisskaliert, diskret

c)

i	Ausprägung x_i	Absolute Häufigkeit H_i	Relative Häufigkeit h_i	Kumulierte Häufigkeit F_i
1	6	3	0.06	0.06
2	7	1	0.02	0.08
3	8	5	0.10	0.18
4	9	9	0.18	0.36
5	10	10	0.20	0.56
6	11	8	0.16	0.72
7	12	2	0.08	0.80
8	13	5	0.10	0.90
9	14	3	0.06	0.96
10	15	2	0.04	1
Σ		50	1	nicht sinnvoll

d)

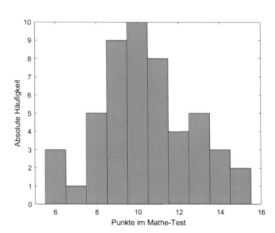

e) siehe Tabelle unter c)

(i) $F_5 = 0.56 \;\Rightarrow\; 56\%$ der Studierenden haben höchstens 10 Punkte.

(ii) $1 - F_5 = 1 - 0.56 = 0.44 \;\Rightarrow\; 44\%$ der Studierenden haben mindestens 10 Punkte.

(iii) $1 - F_7 = 1 - 0.80 = 0.20 \Rightarrow$ 20 % der Studierenden haben mehr als 12 Punkte.

(iv) $F_5 = 0.56 \Rightarrow$ 40 % der Studierenden haben höchstens 10 Punkte.

(v) $1 - F_4 = 1 - 0.36 = 0.64 \Rightarrow$ 60 % der Studierenden haben mindestens 9 Punkte.

f)

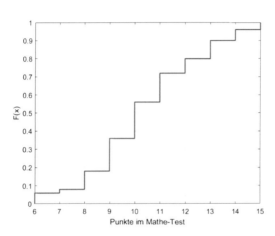

4.2

a) **Grundgesamtheit:** alle Autoreifen, die im ersten Quartal des Jahres 2020 von dem Unternehmen Contistein produziert wurden.
   Merkmalsträger: ein Autoreifen der Grundgesamtheit.
   Merkmal: Lebensdauer in km.

b) metrisch - verhältnisskaliert, stetig

c) Die Stichprobe muss repräsentativ sein, d. h., sie muss ein möglichst genaues Abbild der Grundgesamtheit darstellen. Das Unternehmen könnte dafür z. B. zufällig 64 Termine (Tage mit Uhrzeiten) bestimmen, an denen ein Reifen für die Qualitätsüberprüfung der aktuellen Produktion entnommen wird.

d)

i	Intervall $a_{i-1} < x \le a_i$	Absolute Häufigkeit H_i	Relative Häufigkeit h_i	Kumulierte Häufigkeit F_i
1	$44\,000 < x \le 45\,000$	2	0.0313	0.0313
2	$45\,000 < x \le 46\,000$	0	0	0.0313
3	$46\,000 < x \le 47\,000$	4	0.0625	0.0938
4	$47\,000 < x \le 48\,000$	2	0.0313	0.1250
5	$48\,000 < x \le 49\,000$	11	0.1719	0.2969
6	$49\,000 < x \le 50\,000$	13	0.2031	0.5000
7	$50\,000 < x \le 51\,000$	12	0.1875	0.6875
8	$51\,000 < x \le 52\,000$	10	0.1563	0.8438
9	$52\,000 < x \le 53\,000$	4	0.0625	0.9063
10	$53\,000 < x \le 54\,000$	4	0.0625	0.9688
11	$54\,000 < x \le 55\,000$	1	0.0156	0.9844
12	$55\,000 < x \le 56\,000$	0	0	0.9844
13	$56\,000 < x \le 57\,000$	1	0.0156	1
Σ		64	1	nicht sinnvoll

e)

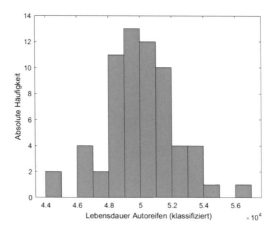

f) siehe Tabelle unter c)

(i) $F_6 = 0.50 \quad \Rightarrow \quad 50\%$ der Autoreifen haben höchstens eine Lebensdauer von $50\,000$ km.

(ii) $1 - F_6 = 1 - 0.50 = 0.50 \quad \Rightarrow \quad 50\%$ der Autoreifen haben mindestens eine Lebensdauer von $50\,000$ km.

(iii) $F_6 = 0.50 \quad \Rightarrow \quad 50\%$ der Autoreifen habe eine Lebensdauer von mindestens $50\,000$ km.

(iv) Der Wert kann nicht direkt aus der Verteilungsfunktion entnommen werden und muss daher näherungsweise berechnet werden. Dazu bestimmt man zuerst das letzte Intervall, das noch eine kumulierte Häufigkeit F_i besitzt, die echt kleiner ist als 0.4. In unserem Beispiel ist dies das Intervall $(48\,000; 49\,000]$ mit $F_5 = 0.2969$, d. h., auf jeden Fall ist unser Wert größer als $49\,000$ km, aber auch kleiner als $50\,000$ km, da der Wert $F_6 = 0.5$ bereits unsere vorgegebenen 40 % überschreitet.

Das Intervall $i = 6$ muss somit nur anteilig in unsere Berechnung eingehen:

$$\tilde{x}_{0.4} = 49\,000 + \frac{0.4 - 0.2969}{0.2031} \cdot (50\,000 - 49\,000) \approx 49\,507.$$

Wir addieren zu den $49\,000$ km (obere Grenze des Intervalls $i = 5$), die 29.69 % der Reifen höchstens erreichen, den verbleibenden Anteil von $0.4 - 0.2969 = 0.1031$ aus dem nächsten Intervall mit der Breite $50\,000 - 49\,000 = 1000$ und der relativen Häufigkeit $p_6 = 0.2031$.

Die Lebensdauer, die 40 % der Autoreifen höchstens aufweisen, beträgt näherungsweise $49\,507$ km.

Man könnte den Wert auch grafisch bestimmen. Dazu liest man am Graphen in g) den Wert $\tilde{x}_{0,4}$ zum Wert $F(\tilde{x}_{0,4}) = 0.4$ ab.

Auch ist es möglich, den exakten Wert aus den Originaldaten zu bestimmen. Dazu bestimmt man mit MATLAB oder Mathematica die Verteilungsfunktion aus den Originaldaten:

```
[F,x]=ecdf(U);
```

```
F=Table[{x,CDF[EmpiricalDistribution[U],x]},{x,44000,57000}];
```

In MATLAB bzw. Mathematica sucht man nun den ersten Wert im Vektor F, der größer oder gleich 0.4 ist:

```
k=find(F>0.4,1,'first');
```

```
k=FirstPosition[F[[All,2]],n_ /;n>0.4];
```

Die Funktion find bzw. FirstPosition liefert die Position dieses Werts zurück. Mit

```
x(k)
```

```
F[[k,1]]
```

erhalten wir die dazugehörige Lebensdauer der Autoreifen ($\tilde{x}_{0.4} = 49.434$).

g)

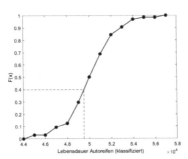 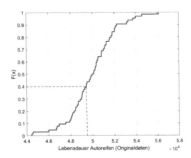

4.3 In MATLAB erhält man ein Kreisdiagramm mit dem Befehl `pie`:

```
H=[34 7 10 7 12];
A={'Gymnasium', 'Gesamtschule', 'Berufliches Gymnasium' ,'Fachoberschule',
    'Sonstige'};
pie(H)
legend(A,'Location','northeastoutside')
```

und in Mathematica mit dem Befehl `PieChart`:

```
H={34,7,10,7,12};
h=Quantity[Round[100 H/Total[H]],"Percent"]
PieChart[H,ChartLegends->{"Gymnasium","Gesamtschule",
    "Berufliches Gymnasium","Fachoberschule","Sonstige"},ChartLabels->h]
```

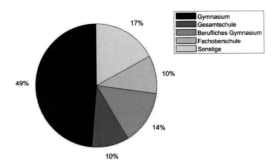

4.4

i	Intervall $a_{i-1} < x \leq a_i$	Absolute Häufigkeit H_i	Relative Häufigkeit h_i	Dichte d_i
1	$44\,000 < x \leq 48\,000$	8	0.1250	0.000031250
2	$48\,000 < x \leq 52\,000$	46	0.7188	0.000179688
1	$52\,000 < x \leq 57\,000$	10	0.1563	0.000031250
Σ		64	≈ 1	nicht sinnvoll

Die Dichte kann mit der folgenden MATLAB- bzw. Mathematica-Funktion berechnet werden:

```
function d=dichte(h,klassen)
    n=length(h);
    d=zeros(1,n);
    for i=1:n
        d(i)=h(i)/(klassen(i+1)-klassen(i));
    end
```

```
dichte[h_,klassen_]:=(n=Length[h];d=ConstantArray[0,n];
    For[i=1,i<=n,i++,d[[i]]=h[[i]]/(klassen[[i+1]]-klassen[[i]])];Print[d]);
```

Aufruf:

```
U=[49434 50493 51267 53988 56151 51541 52041 49098 ...
   53753 50824 53161 48455 50832 51590 49801 52233 ...
   48074 50275 49037 52051 49953 50417 51148 51003 ...
   50350 49194 48191 49508 50153 49065 50526 46011 ...
   51282 51816 48695 46696 49003 50251 48710 47546 ...
   47916 46961 51729 49860 48013 48135 44564 49293 ...
   48466 53291 51102 49457 48598 50355 48872 46761 ...
   44450 52129 50820 51824 49722 50119 48321 54577 ...];
klassen=[44000 48000 52000 57000]
hg=histogram(U,[44000.5 48000.5 52000.5 57000.5]) %grafische Darstellung
H=hg.Values          %absolute Haeufigkeiten
h=H/length(U)        %relative Haeufigkeiten
xlabel('Lebensdauer Autoreifen (klassifiziert)')
ylabel('Absolute Haeufigkeit')
d=dichte(h,klassen)
```

```
U={49434,50493,51267,53988,56151,51541,52041,49098,53753,50824,53161,
   48455,50832,51590,49801,52233,48074,50275,49037,52051,49953,50417,
   51148,51003,50350,49194,48191,49508,50153,49065,50526,46011,51282,
   51816,48695,46696,49003,50251,48710,47546,47916,46961,51729,49860,
   48013,48135,44564,49293,48466,53291,51102,49457,4859850355,48872,
   46761,44450,52129,50820,51824,49722,50119,48321,54577};
Histogram[U,{{44000.5,48000.5,52000.5,57000.5}},
AxesLabel->{"Lebensdauer Autoreifen (klassifiziert)",
    "Absolute Haeufigkeit"}]
H=HistogramList[U,{{44000.5,48000.5,52000.5,57000.5}}]
h=Last[H]/Length[U]
klassen={44000,48000,52000,57000};
dichte[h,klassen]
```

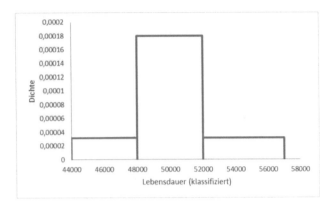

4.5

a)

i	x_i	H_i	h_i	F_i	$x_i h_i$	$(x_i - \bar{x})^2 h_i$	$(x_i - \bar{x})^3 h_i$	$(x_i - \bar{x})^4 h_i$
1	6	3	0.06	0.06	0.36	1.15	-5.04	22.08
2	7	1	0.02	0.08	0.14	0.23	-0.77	2.61
3	8	5	0.10	0.18	0.80	0.57	-1.35	3.21
4	9	9	0.18	0.36	1.62	0.34	-0.47	0.65
5	10	10	0.20	0.56	2.00	0.03	-0.01	0.00
6	11	8	0.16	0.72	1.76	0.06	0.04	0.02
7	12	2	0.08	0.80	0.96	0.21	0.34	0.55
8	13	5	0.10	0.90	1.30	0.69	1.80	4.71
9	14	3	0.06	0.96	0.84	0.79	2.85	10.30
10	15	2	0.04	1	0.60	0.85	3.94	18.22
Σ		50	1	–	10.38	4.92	1.32	62.37

i) Arithmetisches Mittel:

$$\bar{x} = \sum_{i=1}^{n} x_i h_i = 10.38$$

Median (abgelesen aus der Häufigkeitsverteilung):

$$\tilde{x}_{0.5} = 10$$

Modus (abgelesen aus der Häufigkeitsverteilung):

$$x_{\mathrm{mod}} = 10$$

ii) Varianz:

$$s^2 = \sum_{i=1}^{n}(x_i - \bar{x})^2 h_i = 4.92$$

Standardabweichung:

$$s = \sqrt{s^2} = \sqrt{4.92} = 2.22$$

iii) Schiefe:

$$\xi = \sum_{i=1}^{m} \frac{(x_i - \bar{x})^3 h_i}{s^3} = \frac{1.32}{2.22^3} = 0.12$$

Die Verteilung ist rechtsschief.
Exzess:

$$\gamma = \sum_{i=1}^{m} \frac{(x_i - \bar{x})^4 h_i}{s^4} - 3 = \frac{62.37}{2.22^4} - 3 = -0.42$$

Die Verteilung ist weniger gewölbt als die Normalverteilung. Sie ist breiter und flacher.

b) 0.25-Quantil (abgelesen aus der Häufigkeitsverteilung):

$$\tilde{x}_{0.25} = 9$$

Mindestens 25 % der Studierenden haben in dem Mathematik-Test höchstens 9 Punkte und mindestens 75 % der Studierenden haben mindestens 9 Punkte.
0.75-Quantil (abgelesen aus der Häufigkeitsverteilung):

$$\tilde{x}_{0.75} = 12$$

Mindestens 75 % der Studierenden haben in dem Mathematik-Test höchstens 12 Punkte und mindestens 25 % der Studierenden haben mindestens 12 Punkte.

c) Boxplot mit MATLAB bzw. Mathematica:

```
U=[15 8 13 8 9 9 6 6 7 8 10 12 10 6 11 9 11 11 14 9 11 14 15 11 10 10 ...
   12 13 13 10  11 12 11 10 13 14 11 10 10 10  9 9 13 8 9 12 10 9 8 9];
boxplot(U,'Labels',{'WiSe 2019/20'})
ylabel('Punkte im Mathe-Test')
xlabel('Semester')
```

```
U={15,8,13,8,9,9,6,6,7,8,10,12,10,6,11,9,11,11,14,9,11,14,15,11,10,10,
   12,13,13,10,11,12,11,10,13,14,11,10,10,10,9,9,13,8,9,12,10,9,8,9};
BoxWhiskerChart[U,FrameLabel->{"WiSe 2019/20","Punkte im Mathe-Test"}]
```

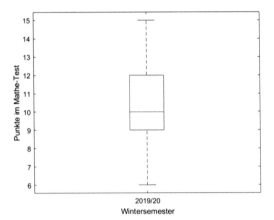

d)

```
M=readmatrix('Daten\U0405_Mathematiktest.xlsx','Sheet','Daten',...
    'Range','A2:E51');
boxplot(M,'Labels',{'2019/20','2018/19','2017/18','2016/17','2015/16'})
xlabel('Wintersemester')
ylabel('Punkte im Mathematik-Test')
%Mittelwerte
xm=mean(M)
%Mittelwerte im Boxplot darstellen
hold on
plot(xm,'*g')
hold off
```

```
M1=Import["Daten\\U0405_Mathematiktest.xlsx",{"Data",1,2;;51,1}]
M2=Import["Daten\\U0405_Mathematiktest.xlsx",{"Data",1,2;;51,2}]
M3=Import["Daten\\U0405_Mathematiktest.xlsx",{"Data",1,2;;51,3}]
M4=Import["Daten\\U0405_Mathematiktest.xlsx",{"Data",1,2;;51,4}]
M5=Import["Daten\\U0405_Mathematiktest.xlsx",{"Data",1,2;;51,5}]
BoxWhiskerChart[{M1,M2,M3,M4,M5},{{"MeanMarker"},{"Outliers"}},
    ChartLabels->{"WiSe2019/20","WiSe2018/19", "WiSe2017/18",
    "WiSe2016/17","WiSe2015/16"},
    FrameLabel->{"Wintersemester","Punkte im Mathe-Test"}]
```

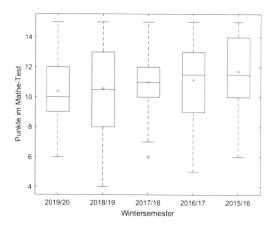

Man kann anhand des Boxplots erkennen, dass der Median sich vom 11.5 im WiSe 2015/16 auf 10 Punkte im WiSe 2019/20 verringert hat. Auch die durchschnittliche Punktanzahl hat sich über die Jahre stetig vermindert. Im WiSe 2015/16 betrug sie noch 11.72 Punkte, und im WiSe 2019/20 sind es nur noch 10.38. Somit konnte die Behauptung der Hochschule Eulerhausen belegt werden.

4.6

a) und b)

Maßzahl	Klassifizierte Daten	Urliste
Mittelwert	50 046.88	49 983.63
Median	50 000.00	50 036.00
Modale Klasse	]49 000;50 000]	–
Varianz	4 872 802.73	4 742 749.11
Standardabweichung	2207.44	2177.79
Schiefe	0.02	0.05
Wölbung	3.66	3.77
Exzess	0.66	0.77
0.25-Quantil	48 727.27	48 670.75
0.75-Quantil	51 400.00	51 270.75

c)

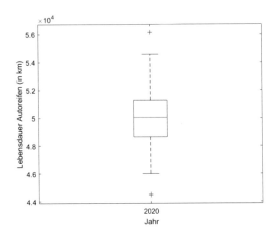

d)

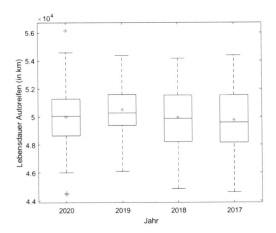

Die Lebensdauer der Autoreifen ist seit 2017 auf einem gleichbleibenden Niveau. Im Jahr 2019 wurden die besten Werte erzielt: größter Mittelwert und Median und kleinste Standardabweichung. Anhand dieser Untersuchung kann man keine tendenzielle Verbesserung oder Verschlechterung der Qualität der Autoreifen über die Jahre feststellen.

4.7

a)

Jahr	Stichtag	Bevölkerungsstand 90 Jahre und mehr	Wachstums-rate r_i	Wachstums-faktor g_i
0	31.12.2010	121 755		
1	31.12.2011	124 149	0.01966	1.01966
2	31.12.2012	133 134	0.07237	1.07237
3	31.12.2013	138 972	0.04385	1.04385
4	31.12.2014	147 185	0.05910	1.05910
5	31.12.2015	154 159	0.04738	1.04738
6	31.12.2016	161 097	0.04501	1.04501
7	31.12.2017	166 684	0.03468	1.03468
8	31.12.2018	172 471	0.03472	1.03472

$$\bar{g} = \sqrt[8]{\prod_{i=1}^{8} g_i} = \sqrt[8]{1.01966 \cdot 1.07237 \cdot 1.04385 \cdot \ldots} \approx 1.04449$$

$$\bar{r} = \bar{g} - 1 = 1.04449 - 1 = 0.04449$$

Die durchschnittliche Wachstumsrate der über 90-Jährigen in NRW beträgt etwa 4.45 %.

b)

$$B_{15} = B_0 \cdot \bar{g}^5 = 121\,755 \cdot 1.04449^5 \approx 233\,906$$

Im Jahr 2025 (Stichtag 31.12.2025) würde es nach der in a) berechneten durchschnittlichen Wachstumsrate 233 906 über 90-Jährige geben.

c)

$$B_0 \cdot \bar{g}^t = 200\,000$$

$$\bar{g}^t = 200\,000 \cdot B_0$$

$$\ln\left(\bar{g}^t\right) = \ln\left(200\,000 \cdot B_0\right)$$

$$t \cdot \ln\left(\bar{g}\right) = \ln\left(200\,000 \cdot B_0\right)$$

$$t = \frac{\ln\left(200\,000 \cdot B_0\right)}{\ln\left(\bar{g}\right)} = \frac{\ln\left(200\,000 \cdot 121\,755\right)}{\ln\left(1.04449\right)} \approx 11.40$$

Nach ca. 11 Jahren und 5 Monaten, also im Mai 2021, würde nach der in a) berechneten durchschnittlichen Wachstumsrate die Bevölkerungszahl der über 90-Jährigen 200 000 betragen.

4.8

	x_i	y_i	$x_i - \bar{x}$	$y_i - \bar{y}$	$(x_i - \bar{x})(y_i - \bar{y})$	$(x_i - \bar{x})^2$	$(y_i - \bar{y})^2$
	80	0.00	-67.86	-9.08	616.00	4604.59	82.41
	131	7.56	-16.86	-1.52	25.59	284.16	.,30
	143	9.30	-4.86	0.22	-1.09	23.59	0,05
	150	10.53	2.14	1.45	3.10	4.59	2.10
	167	10.94	19.14	1.86	35.69	366.45	3.48
	178	11.88	30.14	2.80	84.50	908.59	7.86
	186	13.33	38.14	4.26	162.31	1454.88	18.11
Σ	1035	63.55			926.10	7646.86	116.30

mit

$$\bar{x} = 147.86 \quad \bar{y} = 9.08$$
$$s_X = 33.05 \quad s_Y = 4.08$$

a)

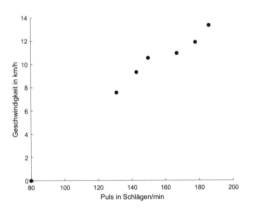

b)

$$s_{XY} = \frac{1}{n} \sum_{i=1}^{n} (x_i - \bar{x})(y_i - \bar{y}) = \frac{1}{7} \cdot 926.10 = 132.30$$

Da $s_{XY} > 0$ gilt, gibt es einen gleichsinnigen linearen Zusammenhang zwischen dem Pulswert und der Geschwindigkeit der Läuferin.

c)

$$r_{XY} = \frac{s_{XY}}{s_X s_Y} = \frac{132.30}{33.05 \cdot 4.08} = 0.98$$

Es existiert ein starker gleichsinniger linearer Zusammenhang zwischen Puls-wert und Geschwindigkeit der Läuferin.

4.9

a)

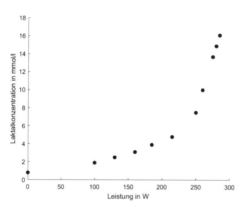

b) $r_{XY} = 0.86$: Es besteht starker gleichsinniger linearer Zusammenhang zwischen der Leistung und der Laktatkonzentration im Blut.

4.10

$$\bar{u} = \frac{1}{n}\sum_{i=1}^{n} u_i = \frac{1}{n}\sum_{i=1}^{n}\frac{x_i - \bar{x}}{s_X} = \frac{1}{n}\frac{1}{s_X}\sum_{i=1}^{n}(x_i - \bar{x}) = \frac{1}{n}\frac{1}{s_X}\left(\underbrace{\sum_{i=1}^{n} x_i}_{n\bar{x}} - \underbrace{\sum_{i=1}^{n}\bar{x}}_{n\bar{x}}\right)$$

$$= \frac{1}{n}\frac{1}{s_X}(n\bar{x} - n\bar{x}) = 0$$

Analoge Berechnung für $\bar{v}$.

$$s_U^2 = \frac{1}{n}\sum_{i=1}^{n}(u_i - \bar{u})^2 = \frac{1}{n}\sum_{i=1}^{n} u_i^2 = \frac{1}{n}\sum_{i=1}^{n}\left(\frac{x_i - \bar{x}}{s_X}\right)^2 = \frac{1}{n}\frac{1}{s_X^2}\underbrace{\sum_{i=1}^{n}(x_i - \bar{x})^2}_{n s_X^2}$$

$$= \frac{1}{n}\frac{1}{s_X^2} n s_X^2 = 1$$

$$\Rightarrow s_U = 1$$

Analoge Berechnung für s_V.

4.11

a)

$$r_{XY} = \frac{1}{n} \sum_{i=1}^{n} \left(\frac{x_i - \bar{x}}{s_X} \right) \left(\frac{x_i - \bar{x}}{s_X} \right) = \frac{1}{n} \frac{1}{s_X^2} \underbrace{\sum_{i=1}^{n} (x_i - \bar{x})^2}_{n s_X^2} = 1$$

Analoge Berechnung für r_{YY}.

b)

$$r_{XY} = \frac{1}{n} \sum_{i=1}^{n} \left(\frac{x_i - \bar{x}}{s_X} \right) \left(\frac{y_i - \bar{y}}{s_y} \right) = \frac{1}{n} \sum_{i=1}^{n} \left(\frac{y_i - \bar{y}}{s_Y} \right) \left(\frac{x_i - \bar{x}}{s_X} \right) = r_{YX}$$

4.12 $\rho_{XY} = 0.82$: Es gibt einen starken gleichsinnigen Zusammenhang zwischen der Statistiknote und der Studiendauer.

4.13

a)

	blau	braun	grün	Σ
blond	20	16	11	47
braun	29	4	6	39
schwarz	11	16	5	32
Σ	60	36	22	118

b) $\chi^2 = 16.95 > 0$ $\Rightarrow$ Es gibt einen Zusammenhang zwischen Haar- und Augenfarbe.

$V = 0.27$ $\Rightarrow$ Es gibt einen schwachen Zusammenhang zwischen Haar- und Augenfarbe.

4.14

a)

$$\hat{b} = \frac{s_{XY}}{s_X^2} = \frac{132.30}{33.05^2} = 0.1211$$

$$\hat{a} = \bar{y} - \hat{b}\bar{x} = 9.08 - 0.12 \cdot 147.86 = -8.83$$

$$\hat{y} = \hat{a} + \hat{b}x = -8.83 + 0.1211x$$

b)

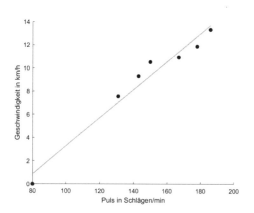

c)

$$B = r_{XY}^2 = 0.98^2 = 0.96$$

Das lineare Modell beschreibt den Zusammenhang zwischen Puls und Geschwindigkeit der Läuferin sehr gut.

d)

$$y(160) = -8.83 + 0.1211 \cdot 160 = 10.55$$

Man kann eine Geschwindigkeit von 10.55 km/h erwarten.

e) Jeder Pulsschlag trägt $\hat{b} = 0.1211$ km/h zur Geschwindigkeit bei.

f) Die Regressionsgerade beschreibt 96 % ($B = 0.96$) der Varianz der Geschwindigkeit.

4.15

a) $s_{XY} = 221.47 > 0$: Es besteht ein gleichsinniger linearer Zusammenhang zwischen dem Blutdruck und dem Alter der Personen.

b) $\rho = 0.8374$: Es besteht ein starker gleichsinniger linearer Zusammenhang zwischen dem Blutdruck und dem Alter der Personen.

c) $\hat{y} = 103.89 + 1.10x$

d) $\hat{y}(45) = 153.39$

e) $B = 0.7012$: Die Daten werden durch das Modell gut wiedergegeben. 70.12 % der Varianz der Blutdruckwerte werden durch das Modell erklärt.

f) Es ist mit einer Steigerung von 1.10 mmHg pro Lebensjahr zu rechnen.

g) 70.12 % der Varianz der Blutdruckwerte werden durch das Modell erklärt. Dementsprechend bleiben 29.82 % unerklärt.

4.16 Lösung mit Curve-Fitting-Tool in MATLAB:

a)

```
X=[0 100 130 160 185 215 250 260 275 280 285];
Y=[0.8 1.9 2.5 3.1 3.9 4.8 7.5 10 13.7 14.9 16.1];
```

b)

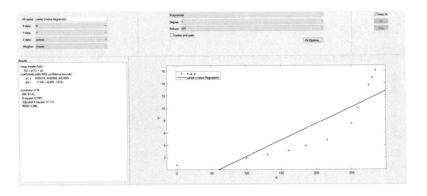

In der Abbildung erkennen wir, dass die Laktatkonzentrationen für Leistungen kleiner gleich 260 W alle überschätzt werden (ausgenommen die Laktatkonzentration in Ruhe), und die Laktatkonzentrationen größer 260 W werden alle unterschätzt. Das deutet darauf hin, dass das lineare Modell nicht passend ist und der Zusammenhang besser durch eine Exponentialfunktion der Form

$$\hat{y} = ae^{bx}$$

wiedergegeben wird.

c)

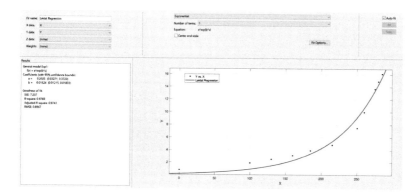

4.17

a)

$$y_i = \frac{c}{1 + e^{a+bx_i}} + \varepsilon_i$$

$$y_i - \varepsilon_i = \frac{c}{1 + e^{a+bx_i}}$$

$$\frac{c}{y_i - \varepsilon_i} = 1 + e^{a+bx_i}$$

$$\frac{c}{y_i - \varepsilon_i} - 1 = e^{a+bx_i}$$

$$\ln\left(\frac{c}{y_i - \varepsilon_i} - 1\right) = a + bx_i$$

$$z_i = a + bx_i$$

b)

```
M=readmatrix('Daten\B0431_Covid19.xlsx','Sheet','Daten',...
    'Range','A2:D118');
x=M(:,1);
y=M(:,3);
c=200000;
z=log(c*(1./y)-1);
p=polyfit(x,z,1)
```

```
xp=Import["Daten\\B0431_Covid19.xlsx",{"Data",1,2;;118,1}]
yp=Import["Daten\\B0431_Covid19.xlsx",{"Data",1,2;;118,3}]
c=200000;
zp=Log[c*(1/yp)-1]
XZ=Transpose[{xp,zp}];
lm=Fit[XZ,{1,x},x]
```

$$\hat{z} = 2.5065 - 0.0542x$$

c)

```
scatter(x,z,'filled','b','SizeData',10)
zs=polyval(p,x);
hold on
plot(x,zs,'g')
hold off
xlabel('Tag')
ylabel('Covid-19-Faelle kumuliert und transformiert')
```

```
Show[{ListPlot[XZ,PlotStyle->Blue],Plot[lm]},
    AxesLabel->{"Tag","Covid-19-Faelle kumuliert und transformiert"}]
```

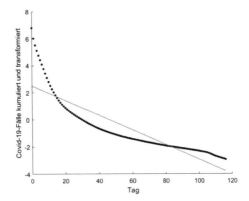

d)

```
a=p(2);
b=p(1);
ys=c./(1+exp(a+b*x));
scatter(x,y,'filled','b','SizeData',10)
hold on
plot(x,ys,'g')
hold off
xlabel('Tag')
ylabel('Covid-19-Faelle kumuliert')
```

```
p=Fit[XZ,{1,x},x,"BestFitParameters"]
XY=Transpose[{xp,yp}];
cp=200000; ap=p[[1]]; bp=p[[2]];
Show[{ListPlot[XY,PlotStyle->Blue],
    Plot[cp/(1+Exp[ap+bp*x]),{x,0,120},PlotStyle->Green]},
    AxesLabel->{"Tag","Covid-19-Faelle kumuliert und transformiert"}]
```

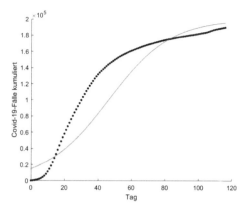

e) Lösung mit dem Curve-Fitting-Tool in MATLAB:

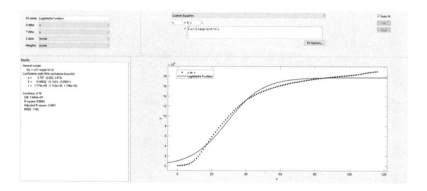

Lösung mit MATLAB- und Mathematica-Befehlen:

```
f=fit(x,y,'c/(1+exp(a+b*x))','StartPoint',[a b c])
```

```
nlm=NonlinearModelFit[XY,cd/(1+Exp[ad+bd*x]),{{ad,ap},{bd,bp},{cd,cp}},x]
Normal[nlm]
```

4.18

a) Kleine Messfehler bei der Reaktionsgeschwindigkeit v bei kleinen Substratkonzentrationen $[S]_t$ bewirken eine große Änderung in $\frac{1}{v}$, wohingegen diese bei großen $[S]_t$-Werten eher gering ist. Bei einer einfachen linearen Regression werden alle Messwerte gleich gewichtet, dadurch wird die Regressionsgerade von kleinen Messfehlern bei niedrigen Substratkonzentration maßgeblich beeinflusst. Man müsste Gewichtungsfaktoren nutzen, um diesem Effekt entgegenzuwirken.

b)   i) $v = v_{max} - K_M \frac{v}{[S]_t}$

   ii) $v_{max} = 0.0788,\ K_M = 0.0637$

   iii)

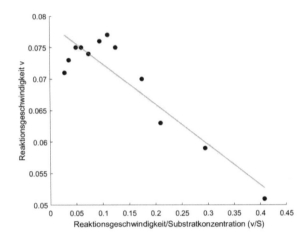

   iv) Abhängige und unabhängige Variablen sind bei dieser Linearisierungsmethode nicht getrennt, da v sowohl in die x- als auch die y-Werte eingeht. Messfehler bei der Bestimmung der Reaktionsgeschwindigkeit gehen somit in beide Achsen ein.

c)   i) $\frac{[S]_t}{v} = \frac{K_M}{v_{max}} + \frac{1}{v_{max}}[S]_t$

   ii) $v_{max} = 0.0733,\ K_M = 0.0093$

iii)

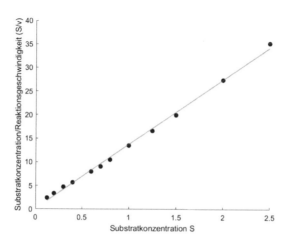

iv) Auch bei dieser Linearisierungsmethode sind abhängige und unabhängige Variablen nicht getrennt, da $[S]_t$ sowohl in die x- als auch die y-Werte eingeht.

d) Lineweaver-Burk $B = 0.9175$, Eadie-Hofstee $B = 0.8340$, Hanes-Woolf $B = 0.9971$; das Linearisierungsverfahren nach Hanes-Woolf liefert die besten Resultate.

4.19

a) Lineweaver-Burk: $v_{max} = 0.9765$, $K_M = 40.4805$, Eadie-Hofstee: $v_{max} = 0.8418$, $K_M = 32.2267$, Hanes-Woolf: $v_{max} = 0.7906$, $K_M = 28.6975$

b) Lineweaver-Burk: $B = 0.9973$, Eadie-Hofstee: $B = 0.9400$, Hanes-Woolf: $B = 0.9887$
Nach dem Bestimmtheitsmaß weist die Linearisierung nach Lineweaver-Burk die beste Anpassung der transformierten Daten an das lineare Modell auf.

c)

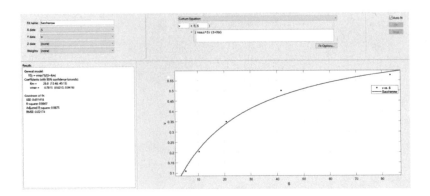

Enzkin-Tool:

```
S=[5.2 10.4 20.8 41.6 83.3];
v=[0.11 0.205 0.35 0.50 0.575];
enzkin(S,v)
```

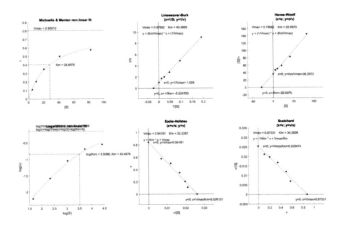

4.20 Die Eingabe

```
massenliste={2.06,2.22,2.43,2.31,2.77,2.23,2.59,2.29,2.29,2.25,2.4,2.42};
Mean[massenliste]
Median[massenliste]
StandardDeviation[massenliste]
StandardDeviation[massenliste]/Sqrt[12]  (*Standardfehler des Mittelwertes*)
```

liefert den Output

$$2.355, \quad 2.3, \quad 0.186279, \quad 0.0537742$$

4.21

a) Man verwendet hier wegen der konstanten Beschleunigung am besten eine quadratische Regression der um das Datenpaar $(0,0)$ ergänzten Datenliste. Die Eingabe kann dann so aussehen (t ist die Zeitvariable):

```
datalist={{0,0},{0.5,4.2},{1,15.62},{1.5,35.12},{2,63},{2.5,97.8},
    {3,141.1},{3.5,190.83},{4,251.50}};
nlm=NonlinearModelFit[datalist,a*t^2+b*t+c,{a,b,c},t]
```

Mathematica liefert als `FittedModel` folgenden Term der quadratischen Näherungsfunktion:

$$15.7308t^2 - 0.272117t + 0.199818.$$

Aus physikalischer und numerischer Sicht lässt sich der lineare Term $-0.272117t + 0.199818$ hier vernachlässigen. Für gleichmäßig beschleunigte Bewegungen aus dem Stand gilt für die nach der Zeit t zurückgelegte Strecke die Formel $s(t) = \frac{1}{2}at^2$, wobei a die konstante Beschleunigung ist. Hier gilt also näherungsweise $s(t) = 15.7308 \, \text{m/s}^2 t^2$.

b) Die Beschleunigung a ist daher näherungsweise $a = 2 \cdot 15.7308 \, \text{m/s}^2 \approx 31.46 \, \text{m/s}^2$. Die benötigten Zeiten für die Strecken $50 \, \text{m}$ bzw. $150 \, \text{m}$ berechnen wir (unter Benutzung der quadratischen Regression) mit der Eingabe:

```
Solve[15.7308*t^2-0.272117*t+0.199818==50,t]
Solve[15.7308*t^2-0.272117*t+0.199818==150,t]
```

Die Lösungen lauten:

$$-1.77063, \quad 1.78793, \quad -3.07726, \quad 3.09455.$$

Die positiven Lösungen geben im Sachkontext sinnvolle Ergebnisse, nämlich die benötigten Zeiten (in Sekunden).

B.5 Lösungen zu Kapitel 5

5.1 Die Liste (`list`) lassen wir am besten mit MATLAB bzw. Mathematica analysieren.

```
list=[1 0 0 0 1 0 0 0 1 0 0 1 1 1 0 1 1 1 0 0 0 1 1 0 0 ...
    1 0 1 0 1 0 1 1 0 0 0 0 0 0 0 0 1 0 0 1 1 1 0 1];
length(list)
histcounts(list)
```

```
list={1,0,0,0,1,0,0,0,1,0,0,1,1,1,0,1,1,1,0,0,0,1,1,0,0,
    1,0,1,0,1,0,1,1,0,0,0,0,0,0,0,0,0,0,1,0,0,1,1,1,0,1}
Length[list]
Count[list,1]
Count[list,0]
```

Wir haben also 21-mal die Zahl 1 in der 50-ziffrigen Liste und 29-mal die Zahl 0. Die statistische Wahrscheinlichkeit im Falle einer Gleichverteilung beträgt jeweils 0.5 für die beiden Ziffern. Somit beträgt die prozentuale Abweichung

$$\frac{0.5 \cdot 50 - 21}{50} = 8\,\%.$$

5.2 Lösung im Video. Ergebnisse: $\frac{25}{72}$ bzw. $\frac{19}{66}$

5.3 Es gilt

$$|A| = 12, \ |B| = 8, \ |C| = 16.$$

Wir berechnen die Laplace-Wahrscheinlichkeiten:

$$P(A) = \frac{12}{50} = \frac{6}{25}, \ P(B) = \frac{8}{50} = \frac{4}{25}, \ P(C) = \frac{16}{50} = \frac{8}{25}.$$

5.4 Lösung im Video (Beweis).

5.5 Lösung im Video (Beweis).

5.6 Sei A das Ereignis: Die Zahl auf der Kugel ist durch 4 teilbar.

Und B das Ereignis: die Zahl auf der Kugel ein Vielfaches von 6, also durch 6 teilbar.

Dann gilt:

a)

$$P(A) = \frac{15}{60} = \frac{1}{4}.$$

b)

$$P(B) = \frac{10}{60} = \frac{1}{6}.$$

c) Nach Kolmogorow gilt

$$P(A \cup B) = P(A) + P(B) - P(A \cap B)$$

und $|A \cap B| = \frac{1}{5}$ (siehe e). Daher folgt:

$$P(A \cup B) = \frac{1}{4} + \frac{1}{6} - \frac{1}{12} = \frac{1}{3}.$$

d)
$$P(A \dot\cup B) = \frac{15}{60} = \frac{1}{4}.$$

e)
$$P(A \cap B) = \frac{5}{60} = \frac{1}{12}.$$

5.7 Sei A das Ereignis: Der erste Würfel zeigt eine gerade Zahl. B sei das Ereignis: Der erste Würfel zeigt eine gerade Zahl. Dann gilt

$$P(A \cup B) = P(A) + P(B) - P(A \cap B) = \frac{1}{2} + \frac{1}{2} - \frac{1}{4} = \frac{3}{4}.$$

5.8 Wir verwenden die Pfadmultiplikationsregel und die Regel für die Wahrscheinlichkeit des Gegenereignisses. Sei

$E :=$ *In 4 aufeinanderfolgenden Würfen fällt mindestens eine Sechs.*

Dann ist das Gegenereignis

$\overline{E} :=$ *In 4 aufeinanderfolgenden Würfen fällt keine Sechs.*

Nach der Pfadmultiplikationsregel gilt

$$P(\overline{E}) = \left(\frac{5}{6}\right)^4$$

und daher

$$P(E) = 1 - \left(\frac{5}{6}\right)^4 = \frac{671}{1296} \approx 0.518,$$

und diese Wahrscheinlichkeit ist größer als 50 %. Daher lohnt sich das Wetten auf dieses Ereignis (zumindest langfristig). Bei der Doppelsechs hingegen gilt analog:

$F :=$ *In 24 aufeinanderfolgenden Würfen fällt mindestens eine Doppelsechs.*

Dann ist das Gegenereignis

$\overline{F} :=$ *In 24 aufeinanderfolgenden Würfen fällt keine Doppelsechs.*

Nach der Pfadmultiplikationsregel gilt

$$P(\overline{F}) = \left(\frac{35}{36}\right)^{24}$$

und daher

$$P(E) = 1 - \left(\frac{35}{36}\right)^{24} \approx 0.491,$$

sodass sich die Wette darauf langfristig nicht lohnt.

5.9 Lösung im Video.

5.10 Die richtige Antwort lautet: Der Gewinn muss fairerweise im Verhältnis 7:1 aufgeteilt werden, d. h., Spieler A erhält $\frac{7}{8}$ des Gewinns und Spieler B nur $\frac{1}{8}$. Erklärung: Wegen der gleichen Wahrscheinlichkeit beider Spieler, die jeweils nächste Runde zu gewinnen, gibt es für Spieler B nur eine Möglichkeit, das Spiel zu gewinnen: Er muss die nächsten drei Runden gewinnen. Dieses Ereignis hat jedoch nach der Pfadmultiplikationsregel die Wahrscheinlichkeit

$$\frac{1}{2} \cdot \frac{1}{2} \cdot \frac{1}{2} = \frac{1}{8}.$$

5.11 Sei

$$A_i := \textit{Handyhülle, die auf Maschine } A_i \textit{ hergestellt wurde, ist Auschussteil}$$

und

$$M_i := \textit{Handyhülle wurde auf Maschine } M_i \textit{ hergestellt.}$$

a)

$$P(\overline{A}_2 \cap \overline{A}_2 \cap \overline{A}_2 \cap \overline{A}_2 \cap \overline{A}_2 \cap \overline{A}_2 \cap \overline{A}_2 \cap \overline{A}_2) = P(\overline{A}_2)^8 = (1 - 0.05)^8 = 0.6634$$

b)

$$P(\overline{A}_1 \cap \overline{A}_1 \cap \overline{A}_4 \cap \overline{A}_4 \cap \overline{A}_4 \cap \overline{A}_4 \cap \overline{A}_4) = P(\overline{A}_1)^2 \cdot P(\overline{A}_4)^5$$
$$= (1 - 0.07)^2 \cdot (1 - 0.09)^5 = 0.5397$$

c)

$$P(\overline{A}_2 \cup \overline{A}_3) = P(\overline{A}_2) + P(\overline{A}_3) - P(\overline{A}_2 \cap \overline{A}_3) = P(\overline{A}_2) + P(\overline{A}_3) - P(\overline{A}_2) \cdot P(\overline{A}_3)$$
$$= (1 - 0.05) + (1 - 0.02) - (1 - 0.05) \cdot (1 - 0.02) = 0.9990$$

d)

$$P(A_1 \cup A_2 \cup A_4)$$
$$= P(A_1) + P(A_2) + P(A_4) - P(A_1 \cap A_2) - P(A_1 \cap A_4) - P(A_2 \cap A_4)$$
$$+ P(A_1 \cap A_2 \cap A_4)$$
$$= 0.07 + 0.05 + 0.09 - 0.07 \cdot 0.05 - 0.07 \cdot 0.09 - 0.05 \cdot 0.09$$
$$+ 0.07 \cdot 0.05 \cdot 0.09 = 0.1960$$

e)

$$P(A) = \sum_{i=1}^{4} P(M_i) \cdot P(A_i)$$
$$= 0.25 \cdot 0.07 + 0.15 \cdot 0.05 + 0.20 \cdot 0.02 + 0.40 \cdot 0.09 = 0.0650$$

5.12

a) Wenn eine blaue (rote) Kugel gezogen wurde sind nur noch neun Kugeln in der Urne, und zwar sechs blaue und drei rote (sieben blaue und zwei rote). Daher gilt

$$P_B(B) = \frac{7}{9}$$

bzw.

$$P_R(B) = \frac{6}{9} = \frac{2}{3}.$$

b) Analog zu a) erhält man

$$P_B(R) = \frac{3}{9} = \frac{1}{3}$$

und

$$P_R(R) = \frac{2}{9}.$$

Dies sind natürlich die komplementären Wahrscheinlichkeiten zu a).

c) Es sind nach der Bedingung noch acht Kugeln in der Urne, zwei rote und sechs blaue. Daher gilt für die gesuchte bedingte Wahrscheinlichkeit

$$P_{B,R}(R) = \frac{2}{8} = \frac{1}{4}.$$

5.13 Lösung im Video. Ergebnis: Die Wahrscheinlichkeit, dass der Gefangene A überlebt, beträgt nach wie vor $\frac{1}{3}$. Das Problem ist äquivalent zum Ziegenproblem.

5.14 Der Anteil der Infizierten (I) beträgt 0.02, daher ist der Anteil der Gesunden (NI) 0.98. P bedeutet positives Testergebnis, N ein negatives. Dann ist nach dem Satz von Bayes (siehe Abb. B.8)

$$P_P(I) = \frac{P_I(P) \cdot P(I)}{P_I(P) \cdot P(I) + P_{NI}(P) \cdot P(NI)} = \frac{0.96 \cdot 0.02}{0.96 \cdot 0.02 + 0.06 \cdot 0.98} \approx 0.246,$$

was bedeutet, dass lediglich 24.6 % der positiv Getesteten tatsächlich infiziös sind! Dieses Ergebnis zeigt, dass im Falle sehr weniger Infizierter in der Population die Wahrscheinlichkeit für eine tatsächliche Infektion bei positivem Testergebnis sehr gering ist. Ein einzelner Test hat somit kaum Aussagekraft. Allerdings kann man im Fall eines negativen Testergebnisses sehr sicher sein, keine Infektion zu haben:

$$P_N(NI) = \frac{P_{NI}(N) \cdot P(NI)}{P_{NI}(N) \cdot P(NI) + P_I(N) \cdot P(I)} = \frac{0.96 \cdot 0.02}{0.96 \cdot 0.02 + 0.06 \cdot 0.98} \approx 0.999.$$

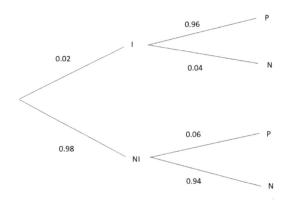

Abb. B.8: Baumdiagramm zu Aufg. 5.14

5.15 Gesucht ist die bedingte Wahrscheinlichkeit, dass das Bauelement von Maschine B stammt, wenn es als fehlerhaft (F) erkannt wurde. Nach dem Satz von Bayes gilt:

$$P_F(B) = \frac{P_B(F) \cdot P(B)}{P_B(F) \cdot P(B) + P_A(F) \cdot P(A)} = \frac{0.008 \cdot \frac{5}{9}}{0.008 \cdot \frac{5}{9} + 0.005 \cdot \frac{4}{9}} = \frac{2}{3}.$$

5.16 Sei

$$A := \textit{Handyhülle ist Ausschussteil}$$

und

$$M_i := \textit{Handyhülle wurde auf Maschine i hergestellt.}$$

a)

$$P_A(M_2) = \frac{P(M_2) \cdot P_{M_2}(A)}{P(A)} = \frac{0.15 \cdot 0.05}{0.0650} = 0.1154$$

(für $P(A)$ siehe Lösung zu Aufg. 5.11 e)).

b)

$$P_A(M_4) = \frac{P(M_4) \cdot P_{M_4}(A)}{P(A)} = \frac{0.4 \cdot 0.09}{0.0650} = 0.5538$$

5.17 Lösung im Video (Beweis).

5.18 Für die Goldmedaille gibt es sechs, für die Silbermedaille noch fünf und für die Bronzemedaille noch vier Möglichkeiten. Daher gibt es $6 \cdot 5 \cdot 4 = 120$ Möglichkeiten der Verteilung. Modell: Es handelt sich um eine geordnete Stichprobe ohne Wiederholung vom Umfang 3 aus einer 6-elementigen Grundgesamtheit. Daher gilt für die Anzahl der Möglichkeiten

$$\frac{6!}{(6-3)!} = 120.$$

5.19

a) Es gibt 13 Werte $(2, 3, 4, 5, \ldots, 10, B, D, K, A)$, aus denen man den Drilling auswählen kann, und dann noch zwölf, aus denen man das Paar auswählen kann. Der Drilling kann von drei verschiedenen der vier Farben (Karo, Herz, Pik, Kreuz) sein, das Paar besteht aus zwei Farben. Also gibt es insgesamt

$$13 \cdot \binom{4}{3} \cdot 12 \cdot \binom{4}{2} = 3744$$

Möglichkeiten für ein Full House.

b) Jedes der zwei Paare kann einen der 13 Werte und zwei der vier Farben haben. Daher gibt es für diese vier Karten

$$\binom{13}{2} \cdot \binom{4}{2} \cdot \binom{4}{2}$$

Möglichkeiten. Die restliche Karte kann einen der verbliebenen elf Werte und eine beliebige Farbe haben:

Für zwei Paare gibt es demnach insgesamt

$$\binom{13}{2} \cdot \binom{4}{2} \cdot \binom{4}{2} \cdot 11 \cdot \binom{4}{1} = 123\,552$$

Möglichkeiten.

c) Eine Straße (Straight) besteht aus fünf Karten mit aufeinanderfolgenden Werten, die aus jeweils vier Farben gewählt werden können. Niedrigste Straße ist $A, 2, 3, 4, 5$, höchste Straße ist $10, B, D, K, A$. Daher gibt es zunächst zehn Möglichkeiten für die Wertekombinationen, und jeder Wert kann aus einer der vier Farben gewählt werden. Also gibt es

$$10 \cdot \binom{4}{1}^5$$

mögliche Straßen. Jedoch müssen die höherwertigen Straight Flushes (36 mögliche Straßen von einer Farbe ohne Royal Flushes) und die Royal Flushes (vier Straßen von einer Farbe mit $10, B, D, K, A$) subtrahiert werden:

$$10 \cdot \binom{4}{1}^5 - 36 - 4 = 10\,200.$$

5.20 Hier werden sechs aus 90 Kugeln gezogen, wobei die gezogenen Kugeln nicht wieder zurückgelegt werden. Es handelt sich um eine ungeordnete Stichprobe vom Umfang 6 aus einer 90-elementigen Grundgesamtheit. Somit gibt es

$$\binom{90}{6} = 622\,614\,630$$

Möglichkeiten. So viele Tippreihen sind auszufüllen.

5.21 Es werden jeweils drei Kugeln ohne Zurücklegen gezogen. Das sind jeweils ungeordnete Stichproben vom Umfang 3 ohne Wiederholung aus jeder der drei Urnen. Daher gibt es nach dem grundlegenden Zählprinzip

$$\binom{16}{3} \cdot \binom{8}{3} \cdot \binom{10}{3} = 3\,763\,200$$

Möglichkeiten.

5.22 Es gibt $n!$ mögliche Routen durch die Städte, da man für den Startpunkt n Auswahlmöglichkeiten hat, für die zweite Stadt $n-1$ usw. Dies ist die Anzahl an Permutationen von n Elementen einer Menge.

5.23 Lösung im Video. Ergebnis: Es gibt 960 Möglichkeiten. Daher wird das Fischer-Random-Schach auch als *Schach 960* bezeichnet.

5.24 Sei r der Kreisradius. Dann gilt für die Kreisfläche $A_K = \pi r^2$. Das Quadrat hat als Durchmesser $2r$. Nach Pythagoras gilt also für die Quadratseite a die Gleichung

$$a^2 + a^2 = (2r)^2.$$

Daraus folgt $a = \sqrt{2}r$ und damit für die Quadratfläche $A_Q = (\sqrt{2}r)^2 = 2r^2$. Also gilt für die gesuchte geometrische Wahrscheinlichkeit

$$p = \frac{A_Q}{A_K} = \frac{2r^2}{\pi r^2} = \frac{2}{\pi},$$

und dieses Ergebnis ist unabhängig vom Radius.

5.25 Seien x und y die gewählten Zahlen, also $0 \le x \le 1$ und $0 \le y \le 1$. Die Summe ist größer als 1, wenn gilt $x + y > 1$, also $y > -x + 1$. Die Gleichung $y = -x + 1$ beschreibt eine Gerade mit Steigung -1, die bei 1 die y-Achse eines Koordinatensystems schneidet. Im Quadrat $0 \le x \le 1$, $0 \le y \le 1$ (siehe Abb. B.9) trennt die innen liegende Strecke der Geraden den oberen rechten Dreiecksbereich ab, sodass die Ungleichung $y > -x + 1$ für alle Punkte gilt, die im oberen rechten Dreieck liegen. Somit beträgt die gesuchte Wahrscheinlichkeit $\frac{1}{2}$.

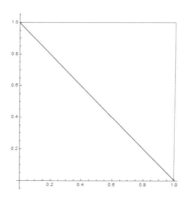

Abb. B.9: Quadrat zur Aufg. 5.25

5.26 Lösung im Video. Ergebnis für die Wahrscheinlichkeit: $\frac{2a}{\pi b}$.

5.27

a)

$$\binom{100}{50} \cdot \binom{100}{50} =$$

10 179 063 404 211 745 705 290 438 721 372 972 983 668 117 134 799 007 529 536

b)

$$\binom{100}{51} \cdot \binom{100}{49} =$$

9 783 797 966 370 382 261 909 302 884 826 002 483 341 135 269 895 239 840 000

c)

$$\binom{100}{52} \cdot \binom{100}{48} =$$

8 687 462 617 328 138 983 300 383 219 847 349 098 558 456 280 702 097 210 000

Der Zustand höchster Entropie liegt im Fall a) vor.

5.28

```
clf
n=1000;
p=[0 0];
plot(p(1),p(2))
```

```
for t=0:n
    Z=randi(6);
    if Z==1
        pneu=p+[0 1];
    elseif ismember(Z,[2 3])
        pneu=p+[0 -1];
    elseif Z==4
        pneu=p+[1 0];
    else
        pneu=p+[-1 0];
    end
    hold on
    plot([p(1) pneu(1)],[p(2) pneu(2)], "Color","black")
    drawnow;
    p=pneu;
end
xlabel('x','Interpreter',"latex")
ylabel('y','Interpreter',"latex")
hold off
```

```
r:=Switch[Random[Integer,{1,6}],1,{-1,0},2,{-1,0},3,{0,-1},4,{0,-1},5,
    {1,0},6,{0,1}]
ran[n_]:=NestList[#1+r&,{0,0},n]
Show[Graphics[Line[ran[1000]]],Axes->True,AspectRatio->Automatic]
```

Das Ergebnis kann z. B. so wie in Abb. B.10 dargestellt aussehen.

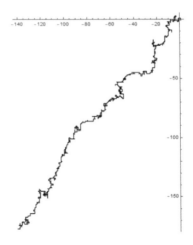

Abb. B.10: Asymmetrischer 2D-Random-Walk zur Aufg. 5.28

5.29

```
clf
n=1000;
p=[0 0 0];
plot3(p(1),p(2),p(3))
for t=0:n
    Z=randi(6);
    if Z==1
```

```
            pneu=p+[1  0  0];
      elseif Z==2
            pneu=p+[-1  0  0];
      elseif Z==3
            pneu=p+[0  1  0];
      elseif Z==4
            pneu=p+[0  -1  0];
      elseif Z==5
            pneu=p+[0  0  1];
      else
            pneu=p+[0  0  -1];
      end
      hold on
      plot3([p(1)  pneu(1)],[p(2)  pneu(2)],[p(3)  pneu(3)],'Color','black')
      drawnow;
      p=pneu;
end
xlabel('x','Interpreter',"latex")
ylabel('y','Interpreter',"latex")
zlabel('z','Interpreter',"latex")
hold off
```

```
r:=Switch[Random[Integer,{1,6}],1,{1,0,0},2,{-1,0,0},3,{0,1,0},4,{0,-1,0},5,
    {0,0,1},6,{0,0,-1}]
ran[n_]:=NestList[#1+r&,{0,0,0},n]
Show[Graphics3D[Line[ran[1000]]],Axes->True,AspectRatio->Automatic]
```

Das Ergebnis kann z. B. so wie in Abb. B.11 dargestellt aussehen.

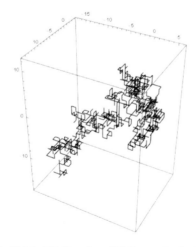

Abb. B.11: 3D-Random-Walk zur Aufg. 5.29

5.30

$$H = -\frac{1}{6}\sum_{i=1}^{6}\log_2\left(\frac{1}{6}\right) = -\frac{1}{6}\cdot 6\log_2\left(\frac{1}{6}\right) = \log_2(6) \approx 2.585$$

5.31

a) $P_{PT}(K) = 0.78$ b) $P_{NT}(G) = 0.93$

B.6 Lösungen zu Kapitel 6

6.1 Mittlerer Auszahlungsbetrag: 38.75 Cent, mittlerer Gewinn -36.25 Cent. $x =$ 9.25 Euro.

6.2 Erwartungswert: (anschaulich klar) $E(X) = 21$. Rechnerisch:

```
Ex=0;
for i=2:21, Ex=Ex+i*(i-1)/400; end
for i=22:40, Ex=Ex+i*(40-(i-1))/400; end
Ex
```

```
Sum[i*((i-1)/400),{i,2,21}]+Sum[i*((40-(i-1))/400),{i,22,40}]
```

Varianz:

```
Vx=0;
for i=2:21, Vx=Vx+(i-Ex)^2*(i-1)/400; end
for i=22:40, Vx=Vx+(i-Ex)^2*(40-(i-1))/400; end
Vx
```

```
N[Sum[(1/400)*(i-21)^2*(i-1),{i,2,21}]+Sum[(1/400)*(i-21)^2*(40-(i-1)),
    {i,22,40}]]
```

Ergebnis: $V(X) = 66.5$

6.3 Die Wahrscheinlichkeit für eine Primzahl bei einem Wurf beträgt $\frac{2}{5}$. Ergebnis: $E(X) = 1.2, V(X) = 0.72$.

6.4 Lösung im Video (Beweis).

6.5

a)

$$F_X(x) = P(X \leq x) = \begin{cases} 0 & x < -7 \\ 0.05 & -7 \leq x < -4 \\ 0.13 & -4 \leq x < -2 \\ 0.23 & -2 \leq x < 0 \\ 0.38 & 0 \leq x < 1 \\ 0.7 & 1 \leq x < 3 \\ 0.9 & 3 \leq x < 10 \\ 1 & x \geq 10 \end{cases}$$

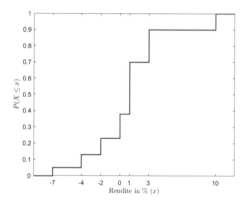

Abb. B.12: Verteilungsfunktion zu Aufg. 6.5

b) $P(X \leq 5) = F_X(5) = 0.9$

c) $P(X > 2) = 1 - P(X \leq 2) = 1 - F_X(2) = 1 - 0.7 = 0.3$

d)

$$\mu = E(X) = \sum_{i=1}^{7} x_i P(X = x_i)$$
$$= -7 \cdot 0.05 - 4 \cdot 0.08 - 2 \cdot 0.1 + 0 \cdot 0.15 + 1 \cdot 0.32 + 3 \cdot 0.2 + 10 \cdot 0.1$$
$$= 1.05$$

Bei dieser Kapitalanlage kann man im Durchschnitt mit einer Rendite von 1.05 % rechnen.

e)

$$V(X) = \sum_{i=1}^{7} (x_i - \mu)^2 P(X = x_i)$$
$$= (-7 - 1.05)^2 \cdot 0.05 + (-4 - 1.05)^2 \cdot 0.08 + (-2 - 1.05)^2 \cdot 0.1$$
$$+ (0 - 1.05)^2 \cdot 0.15 + (1 - 1.05)^2 \cdot 0.32 + (3 - 1.05)^2 \cdot 0.2$$
$$+ (10 - 1.05)^2 \cdot 0.1 \approx 15.15$$

f)

$$P(\mu - \sigma \le X \le \mu + \sigma) = P(-2.84 \le X \le 4.94)$$
$$= P(X = -2) + P(X = 0) + P(X = 1) + P(X = 3)$$
$$= 0.1 + 0.15 + 0.32 + 0.2 = 0.77$$

6.6 Sei $X := $ *Anzahl der Primzahlen beim 10-maligen Oktaederwurf.* Dann ist X binomialverteilt mit $n = 10$ und $p = 0.5$ (Primzahlen auf dem Oktaeder: $2, 3, 5, 7$).

$$P(X \ge 3) = \sum_{k=3}^{10} \binom{10}{k} \left(\frac{1}{2}\right)^k \left(\frac{1}{2}\right)^{10-k} \approx 0.945.$$

Eingabe mit MATLAB bzw. Mathematica:

```
P=0; for k=3:10, P=P+nchoosek(10,k)*0.5^k*0.5^(10-k); end; P
```

```
Sum[Binomial[10,k]*0.5^k*0.5^(10-k),{k,3,10}]
```

6.7 Sei $X := $ *Anzahl der Stornierungen.* Dann ist

$$P(X \le 9) = \sum_{k=0}^{9} \binom{160}{k} \left(\frac{1}{10}\right)^k \left(\frac{9}{10}\right)^{160-k} \approx 0.036.$$

6.8 Gesucht ist die Lösung der Ungleichung

$$\left(\frac{5}{6}\right)^n \le 0.1.$$

Es folgt $n \ge 12.6293$, also sind mindestens 13 Würfe nötig.

6.9 Der Skat besteht aus zwei Karten. Sei $X := $ *Anzahl der Damen im Skat.* Dann ist X hypergeometrisch verteilt, und es gilt

$$P(X = 2) = \frac{\binom{4}{2}\binom{28}{0}}{\binom{32}{2}} = \frac{3}{248} \approx 0.012.$$

6.10 Lösung im Video.

6.11

$$N = \frac{352}{44} \cdot (302 + 44) = 2768$$

Die Buntbarschpopulation hat vermutlich eine Größenordnung von 2750-2800.

6.12

a)

$$\frac{13 \cdot 12 \cdot \binom{4}{3} \cdot \binom{4}{2}}{\binom{52}{5}} = \frac{6}{4165}$$

b)

$$\frac{\binom{13}{2} \cdot \binom{4}{2}^2 \cdot 11 \cdot \binom{4}{1}}{\binom{52}{5}} = \frac{198}{4165}$$

c)

$$\frac{4}{\binom{52}{5}} = \frac{1}{649\,740}$$

6.13 Lösung im Video (Beweis).

6.14 Die Wahrscheinlichkeit p für das Ziehen einer blauen Kugel beträgt $\frac{3}{3+4+8} = \frac{1}{5}$. Somit muss man im Mittel fünfmal ziehen, um eine blaue Kugel zu erwischen (Anzahl der Züge bis zum Erfolg, geometrische Verteilung).

6.15

$$\frac{5!}{3!1!1!} \cdot \left(\frac{8}{15}\right)^3 \cdot \frac{1}{5} \cdot \frac{4}{15} \approx 0.162$$

6.16

$$\frac{6!}{2!2!2!} \cdot \left(\frac{1}{2}\right)^2 \cdot \frac{1}{4}^2 \cdot \frac{1}{4}^2 + \frac{6!}{4!1!1!} \cdot \left(\frac{1}{2}\right)^4 \cdot \frac{1}{4} \cdot \frac{1}{4} + \frac{6!}{6!0!0!} \cdot \left(\frac{1}{2}\right)^6 = \frac{113}{512}$$

6.17 Sei $n = 50$. Ohne Stetigkeitskorrektur:

$$P(15 \leq X \leq 35) \approx \Phi\left(\frac{35 - 25}{\sqrt{50 \cdot 0.5 \cdot 0.5}}\right) - \Phi\left(\frac{15 - 25}{\sqrt{50 \cdot 0.5 \cdot 0.5}}\right) \approx 0.9953.$$

Mit Stetigkeitskorrektur:

$$P(15 \leq X \leq 35) \approx \Phi\left(\frac{35.5 - 25}{\sqrt{50 \cdot 0.5 \cdot 0.5}}\right) - \Phi\left(\frac{14.5 - 25}{\sqrt{50 \cdot 0.5 \cdot 0.5}}\right) \approx 0.9970.$$

Sei $n = 100$. Ohne Stetigkeitskorrektur:

$$P(40 \leq X \leq 60) \approx \Phi \left(\frac{60 - 50}{\sqrt{100 \cdot 0.5 \cdot 0.5}} \right) - \Phi \left(\frac{40 - 50}{\sqrt{100 \cdot 0.5 \cdot 0.5}} \right) \approx 0.9545.$$

Mit Stetigkeitskorrektur:

$$P(40 \leq X \leq 60) \approx \Phi \left(\frac{60.5 - 50}{\sqrt{100 \cdot 0.5 \cdot 0.5}} \right) - \Phi \left(\frac{39.5 - 50}{\sqrt{100 \cdot 0.5 \cdot 0.5}} \right) \approx 0.9643.$$

Exakte Werte mithilfe der Binomialverteilung:

$n = 50$: 0.9974

$n = 100$: 0.9648

In beiden Fällen approximiert die Verwendung der Stetigkeitskorrektur die exakten Werte genauer.

6.18

a) Positivitätseigenschaft: Für $x \in [0; 2]$ gilt $f(x) = \frac{1}{4}x \geq 0$, und für $x \in]2; 4]$ gilt $f(x) = -\frac{1}{4}x + 1 \geq 0$.

Normierungseigenschaft:

$$\int_{-\infty}^{\infty} f(x)dx = \int_0^2 \frac{1}{4}x dx + \int_2^4 \left(-\frac{1}{4}x + 1 \right) dx = \left[\frac{1}{8}x^2 \right]_0^2 + \left[-\frac{1}{8}x^2 + x \right]_2^4$$
$$= \frac{1}{2} - 2 + 4 + \frac{1}{2} - 2 = 1$$

b) Für $x \in [0; 2]$ gilt

$$F_X(x) = \int_0^x \frac{1}{4}t dt = \frac{1}{8}x^2$$

und für $x \in]2; 4]$ gilt

$$F_X(x) = \int_2^x \left(-\frac{1}{4}t + 1 \right) dt = -\frac{1}{8}x^2 + x - \frac{3}{2}.$$

Somit ergibt sich die Verteilungsfunktion:

$$F_X(x) = \begin{cases} 0 & \text{für } x < 0 \\ \frac{1}{8}x^2 & \text{für } 0 \leq x \leq 2 \\ -\frac{1}{8}x^2 + x - \frac{3}{2} & \text{für } 2 < x \leq 4 \\ 1 & \text{für } x > 4 \end{cases}$$

c)

$$P(X < 2.4) = F_X(2.4) = -\frac{1}{8}2.4^2 + 2.4 - \frac{3}{2} = \frac{9}{50} = 0.18$$

$$P(X > 0.5) = 1 - F_X(0.5) = 1 - \frac{1}{8}0.5^2 = \frac{31}{32} = 0.96875$$

$$P(1.7 < X \leq 3.1) = F_X(3.1) - F_X(1.7) = -\frac{1}{8}3.1^2 + 3.1 - \frac{3}{2} - \frac{1}{8}1.7^2 = \frac{3}{80}$$

$$= 0.0375$$

d)

$$E(X) = \int_{-\infty}^{\infty} x f(x) dx = \int_0^2 \frac{1}{4}x^2 dx + \int_2^4 \left(-\frac{1}{4}x^2 + x\right) dx = 2$$

e) Nach der Steiner'schen Formel gilt $V(X) = E(X^2) - E(X)^2$. Wir erhalten

$$E(X^2) = \int_{-\infty}^{\infty} x^2 f(x) dx = \int_0^2 \frac{1}{4}x^3 dx + \int_2^4 \left(-\frac{1}{4}x^3 + x^2\right) dx = \frac{14}{3}$$

und damit ergibt sich die Varianz

$$V(X) = E(X^2) - E(X)^2 = \frac{14}{3} - 2^2 = \frac{2}{3}.$$

6.19 Lösung im Video (Beweis).

6.20

a) $P(|X| \geq 2) = 0.0455$ b) $P(|X| \leq 1.5) = 0.8664$

c) $P(X > 0.5) = 0.3085$ d) $P(X \geq 0.5) = 0.3085$

6.21

a) $P(|X| \geq 1) = 0.6587$ b) $P(|X| \leq 0.5) = 0.1747$

c) $P(X > 1.5) = 0.4013$ d) $P(X \geq 0.6) = 0.5793$

6.22

a) $z = 0.5244$ (Bestimmung des 0.7-Quantils)

b) $z = -0.2533$ (Bestimmung des 0.4-Quantils)

c) $z = 0.8416$ (Bestimmung des 0.8-Quantils)

d) $z = 1.0364$ (Bestimmung des 0.85-Quantils)

6.23

a) $z = 0.4933$ (Bestimmung des 0.4-Quantils)

b) $z = -0.6832$ (Bestimmung des 0.2-Quantils)

c)

$$P(|X-1| < z) = 0.8$$
$$P(-z < X-1 < z) = 0.8$$
$$P(-z+1 < X < z+1) = 0.8$$

Wir bestimmen das 0.9-Quantil $z_{0.9} = 3.5631$ (siehe Abb. B.13) und erhalten damit

$$z+1 = z_{0.9} \quad \Leftrightarrow \quad z = z_{0.9} - 1 = 2.5631.$$

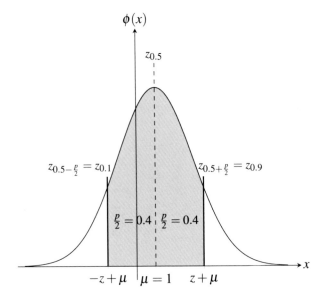

Abb. B.13: Zur Bestimmung des Quantils in Aufg. 6.23 c)

d)

$$P(|X-1| > z) = 0.6$$
$$P(X-1 > z \vee X-1 < -z) = 0.6$$
$$P(X > z+1 \vee X < -z+1) = 0.6$$

Wir bestimmen das 0.7-Quantil $z_{0.7} = 2.0488$ und erhalten damit

$$z + 1 = z_{0.7} \quad \Leftrightarrow \quad z = z_{0.7} - 1 = 1.0488.$$

6.24 Es gilt

$$\int_{-\infty}^{\infty} x \phi_{\mu,\sigma^2}(x) dx = \frac{1}{\sigma\sqrt{2\pi}} \int_{-\infty}^{\infty} x e^{-\frac{(x-\mu)^2}{2\sigma^2}} dx.$$

Mithilfe der Substitution $z := \frac{x-\mu}{\sigma}$ erhalten wir wegen $x = \sigma z + \mu$ und $dx = \sigma dz$

$$\frac{1}{\sqrt{2\pi}} \int_{-\infty}^{\infty} (\sigma z + \mu) e^{-\frac{1}{2}z^2} dz$$

(σ kürzt sich heraus).

Da $\frac{1}{\sqrt{2\pi}} \int_{-\infty}^{\infty} e^{-\frac{1}{2}z^2} dz = 1$ gilt, folgt

$$
\begin{aligned}
\frac{1}{\sqrt{2\pi}} \int_{-\infty}^{\infty} (\sigma z + \mu) e^{-\frac{1}{2}z^2} dz &= \frac{\sigma}{\sqrt{2\pi}} \int_{-\infty}^{\infty} z e^{-\frac{1}{2}z^2} dz + \mu \\
&= -\frac{\sigma}{\sqrt{2\pi}} \left[-e^{-\frac{1}{2}z^2} \right]_{-\infty}^{\infty} + \mu \\
&= 0 + \mu \\
&= \mu.
\end{aligned}
$$

Das zweite Integral wird zerlegt in drei Teilintegrale. Dabei verwenden wir die Ergebnisse der Integralberechnung von eben. Es ergibt sich:

$$
\begin{aligned}
\int_{-\infty}^{\infty} (x - \mu)^2 \phi_{\mu,\sigma^2}(x) dx &= \int_{-\infty}^{\infty} (x^2 - 2x\mu + \mu^2) \phi_{\mu,\sigma^2}(x) dx \\
&= \int_{-\infty}^{\infty} x^2 \phi_{\mu,\sigma^2}(x) dx - 2\mu \int_{-\infty}^{\infty} x \phi_{\mu,\sigma^2}(x) dx + \mu^2 \int_{-\infty}^{\infty} \phi_{\mu,\sigma^2}(x) dx \\
&= \int_{-\infty}^{\infty} x^2 \phi_{\mu,\sigma^2}(x) dx - \mu^2.
\end{aligned}
$$

Das Integral

$$\int_{-\infty}^{\infty} x^2 \phi_{\mu,\sigma^2}(x) dx = \frac{1}{\sigma\sqrt{2\pi}} \int_{-\infty}^{\infty} x^2 e^{-\frac{(x-\mu)^2}{2\sigma^2}} dx$$

wird mittels der gleichen Substitution $z := \frac{x-\mu}{\sigma}$ wie oben berechnet. Es ergibt sich:

$$\frac{1}{\sigma\sqrt{2\pi}} \int_{-\infty}^{\infty} x^2 e^{-\frac{(x-\mu)^2}{2\sigma^2}} dx = \frac{\sigma^2}{\sqrt{2\pi}} \int_{-\infty}^{\infty} z^2 e^{-\frac{1}{2}z^2} dz.$$

Das letzte Integral wird mittels partieller Integration berechnet:

$$\frac{\sigma^2}{\sqrt{2\pi}} \int_{-\infty}^{\infty} z^2 e^{-\frac{1}{2}z^2} dz = \frac{\sigma^2}{\sqrt{2\pi}} \int_{-\infty}^{\infty} z \cdot z e^{-\frac{1}{2}z^2} dz$$

$$= \frac{\sigma^2}{\sqrt{2\pi}} \left(\left[-ze^{-\frac{1}{2}z^2} \right]_{-\infty}^{\infty} + \int_{-\infty}^{\infty} e^{-\frac{1}{2}z^2} dz \right)$$

$$= \frac{\sigma^2}{\sqrt{2\pi}} (0 + \sqrt{2\pi})$$

$$= \sigma^2.$$

6.25 Es gilt $\mu = np = 400 \cdot 0.25 = 100$ und $\sigma = \sqrt{400 \cdot 0.25 \cdot 0.75} = 5\sqrt{3}$. Somit gilt

$$\frac{17}{\sigma} = \frac{17}{5\sqrt{3}} \approx 1.963.$$

Somit können wir wegen der σ-Regel

$$P(|X - \mu| < 1.96\sigma) = 0.95$$

abschätzen:

$$P(|X - 100| \leq 17) \approx 0.95.$$

Mit der kumulierten Binomialverteilung ergibt sich:

$$\sum_{k=83}^{117} \binom{400}{k} \cdot 0.25^k \cdot 0.75^{400-k} = 0.9569.$$

Analog gilt:

$$\frac{22}{\sigma} = \frac{22}{5\sqrt{3}} \approx 2.54.$$

Somit gilt wegen

$$P(|X - \mu| \leq 2.58\sigma) = 0.99$$

in unserem Fall

$$P(78 < X < 122) = P(|X - 100| < 22) \approx 0.99.$$

Mit der kumulierten Binomialverteilung ergibt sich:

$$\sum_{k=79}^{121} \binom{400}{k} \cdot 0.25^k \cdot 0.75^{400-k} = 0.9871.$$

6.26 Die Verteilungsfunktion F einer stetigen Verteilung ist definiert als

$$F(z) = P(X \leq z) = \int_{-\infty}^{z} f(x) dx$$

mit einer nicht-negativen Funktion f.

Seien $z_1, z_2 \in \mathbb{R}$ mit $z_1 \leq z_2$. Dann gilt wegen $f \geq 0$

$$F(z_1) = \int_{-\infty}^{z_1} f(x)dx \le \int_{-\infty}^{z_2} f(x)dx = F(z_2).$$

6.27

$$
\begin{aligned}
V(X) &= \int_{-\infty}^{\infty} \left(x - \frac{1}{\lambda} \right)^2 f(x)dx \\
&= \int_{0}^{\infty} \left(x - \frac{1}{\lambda} \right)^2 \lambda e^{-\lambda x}dx \\
&= \int_{0}^{\infty} \left(x^2 - \frac{2}{\lambda}x + \frac{1}{\lambda^2} \right) \lambda e^{-\lambda x}dx \\
&= \lambda \int_{0}^{\infty} x^2 e^{-\lambda x}dx - \frac{2}{\lambda}\lambda \int_{0}^{\infty} xe^{-\lambda x}dx + \frac{1}{\lambda}\int_{0}^{\infty} e^{-\lambda x}dx \\
&= \lambda \int_{0}^{\infty} x^2 e^{-\lambda x}dx - \frac{2}{\lambda^2} + \frac{1}{\lambda^2} \\
&= \frac{2}{\lambda^2} - \frac{2}{\lambda^2} + \frac{1}{\lambda^2} \\
&= \frac{1}{\lambda^2}
\end{aligned}
$$

Dabei haben wir verwendet:

$$\int_{0}^{\infty} e^{-\lambda x}dx = \left[-\frac{1}{\lambda}e^{-\lambda x} \right]_{0}^{\infty} = \frac{1}{\lambda},$$
$$\int_{0}^{\infty} \lambda xe^{-\lambda x}dx = \frac{1}{\lambda}$$

(Erwartungswert), und

$$\int_{0}^{\infty} x^2 e^{-\lambda x}dx = \left[-\frac{1}{\lambda}x^2 e^{-\lambda x} \right]_{0}^{\infty} + \frac{2}{\lambda}\int_{0}^{\infty} \lambda xe^{-\lambda x}dx = 0 + \frac{2}{\lambda}\cdot\frac{1}{\lambda} = \frac{2}{\lambda^2}$$

(partielle Integration mit $u(x) = x^2$ und $v'(x) = e^{-\lambda x}$).

6.28 Sei $X :=$ *Wartezeit in Minuten*. Für den Erwartungswert von X gilt dann

$$E(X) = \frac{1}{\lambda} = 6.$$

Daher ist $\lambda = \frac{1}{6}$, und somit sind die gesuchten Wahrscheinlichkeiten

a)

$$P(X < 1) = \int_{0}^{1} \frac{1}{6}e^{-\frac{1}{6}x}dx = 0.1535,$$

b)
$$P(5 < X < 7) = \int_5^7 \frac{1}{6} e^{-\frac{1}{6}x} dx = 0.1232,$$

c)
$$P(X > 10) = \int_{10}^{\infty} \frac{1}{6} e^{-\frac{1}{6}x} dx = 0.1889.$$

Die Integrale sind elementar zu berechnen, und die Ergebnisse lassen sich mit MAT-LAB bzw. Mathematica bestätigen:

```
integral(@(x)1/6*exp(-1/6*x),0,1)
integral(@(x)1/6*exp(-1/6*x),5,7)
integral(@(x)1/6*exp(-1/6*x),10,inf)
```

```
N[Integrate[1/6*Exp[-1/6*x],{x,0,1}]]
N[Integrate[1/6*Exp[-1/6*x],{x,5,7}]]
N[Integrate[1/6*Exp[-1/6*x],{x,10,Infinity}]]
```

6.29 Es gilt
$$X_i = \text{Masse des Fahrgasts } i, \; i = 1,2,\ldots,50$$

und
$$Y = \text{Gesamtmasse der Fahrgäste.}$$

Nach dem zentralen Grenzwertsatz (siehe Satz 6.23) gilt

$$Y := \sum_{i=1}^{50} X_i \sim N(50\mu, 50\sigma^2)$$

mit $\mu = 80$ und $\sigma = 20$.

Die Werte der Verteilungsfunktion der Standardnormalverteilung wurden der Tab. A.1 entnommen.

a)
$$P(Y \leq 3800) \approx \Phi\left(\frac{3800 - 50 \cdot 80}{\sqrt{50} \cdot 20}\right) = \Phi(-1.41) = 1 - \Phi(1.41) = 0.0793$$

b)
$$P(3900 \leq Y \leq 4100) \approx \Phi(0.71) - \Phi(-0.71) = 2\Phi(0.71) - 1 = 0.5222$$

c)
$$P(Y > 4400) = 1 - \Phi(2.83) = 0.0023$$

d) Gesucht ist das 99.99 %-Quantil. Es gilt mit $u_{0.9999} = 3.62$

$$y_{0.9999} \approx u_{0.9999}\sqrt{n}\sigma + n\mu = 3.62 \cdot \sqrt{50} \cdot 20 + 50 \cdot 80 = 4511.95.$$

Das Fahrgeschäft müsste eine zulässige Gesamtmasse der Fahrgäste von 4511.95 kg aufweisen.

6.29 Nach dem zentralen Grenzwertsatz (siehe Satz 6.23) gilt $Y := \sum_{i=1}^{100} X_i \sim N(100\mu, 100\sigma^2)$ mit $\mu = 0.51$ und $\sigma^2 = 19.1899$.

Die Werte der Verteilungsfunktion der Standardnormalverteilung wurden der Tab. A.1 entnommen.

a)

$$P(Y < 0) \approx \Phi\left(\frac{0 - 0.5 - 100 \cdot 0.51}{\sqrt{100 \cdot 19.1899}}\right) = \Phi(-1.18) = 1 - \Phi(1.18) = 0.1290$$

b)

$$P(-10 < Y \le 55) \approx \Phi\left(\frac{55 + 0.5 - 100 \cdot 0.51}{\sqrt{100 \cdot 19.1899}}\right) - \Phi\left(\frac{-10 + 0.5 - 100 \cdot 0.51}{\sqrt{100 \cdot 19.1899}}\right)$$
$$= \Phi(0.10) - \Phi(-1.38) = 0.4560$$

c)

$$P(Y = 50) \approx \Phi\left(\frac{50 + 0.5 - 100 \cdot 0.51}{\sqrt{100 \cdot 19.1899}}\right) - \Phi\left(\frac{50 - 0.5 - 100 \cdot 0.51}{\sqrt{100 \cdot 19.1899}}\right)$$
$$= \Phi(-0.10) - \Phi(-0.03) = 0.008$$

6.31 Auf dem Dodekaederwürfel gibt es die fünf Primzahlen 2, 3, 5, 7 und 11. Somit gilt

$$P(A) = \frac{5}{12}.$$

Es gilt

$$E(1_A X) = \frac{1}{12}(2 + 3 + 5 + 7 + 11) = \frac{7}{3},$$

und damit folgt

$$E(X|A) = \frac{E(1_A X)}{P(A)} = \frac{\frac{7}{3}}{\frac{5}{12}} = \frac{28}{5} = 5.6.$$

6.32 Für $\lambda > 1$ gilt:

$$E(X) = \int_k^\infty x f(x) dx = \int_k^\infty x \frac{\lambda k^\lambda}{x^{\lambda+1}} dx = \lambda k^\lambda \int_k^\infty x^{-\lambda} dx = \lambda k^\lambda \left[\frac{1}{1-\lambda} x^{1-\lambda}\right]_k^\infty = \frac{k\lambda}{\lambda - 1}$$

6.33 Lösung im Video (Beweis).

6.34 Es gilt $n = 350$ und $p = \frac{20}{8 \cdot 60} = \frac{1}{24}$ (8 Stunden Öffnungszeit). Sei

$$X := \textit{Anzahl der benötigten Parkplätze zu einem beliebigen Zeitpunkt.}$$

Dann beträgt die Wahrscheinlichkeit, dass die Parkplätze ausreichen,

$$P(X \le 20) = \sum_{k=0}^{20} \binom{350}{k} \cdot \left(\frac{1}{24}\right)^k \cdot \left(\frac{23}{24}\right)^{350-k} \approx 0.9374.$$

Daher müssen sich Kunden relativ selten darüber ärgern, keinen Parkplatz zu finden. Genauere Untersuchungen des Kundenverhaltens können auch Stoßzeiten ermitteln, die dann im Internet veröffentlicht werden. Eine genaue Analyse der Situation kann das Problem weiter reduzieren.

6.35

a) Die zu lösende Ungleichung lautet

$$\left(\sum_{k=10}^{n} 0.84^k \cdot 0.16^{n-k}\right)^{12} \ge 0.95.$$

Diese ist für $n \ge 17$ erfüllt (Mathematica!).

b)

$$\left(\sum_{k=10}^{n} 0.84^k \cdot 0.16^{n-k}\right)^{12} \ge 0.99$$

Lösung: $n \ge 18$.

6.36 Aus der Halbwertszeit von 18.11 a von Curium-244 folgt die Zerfallskonstante

$$\lambda = \frac{\ln 2}{18.11\,\text{a}} = 0.0383\,\text{a}^{-1}.$$

Die Zerfallswahrscheinlichkeit während der Zeit t beträgt

$$p = 1 - e^{-0.0383\,\text{a}^{-1} \cdot t},$$

und daher ist

$$P(X \le 10) = 1 - e^{-0.0383\,\text{a}^{-1} \cdot 10\,\text{a}} = 0.3182.$$

Die gesuchte Wahrscheinlichkeit beträgt also etwa 31.8 %.

6.37

$$\frac{2}{L} \int_0^{\frac{L}{4}} \sin^2\left(\frac{\pi}{L}x\right) dx = \frac{\pi - 2}{4\pi} \approx 0.091$$

$$\frac{2}{L} \int_{0.45L}^{0.55L} \sin^2\left(\frac{\pi}{L}x\right) dx \approx 0.1984$$

6.38 Am einfachsten berechnet man zunächst das unbestimmte Integral

$$\int r^2 e^{-\frac{2}{a_0}} dr,$$

multipliziert anschließend mit dem Vorfaktor $\frac{4}{a_0^3}$ und setzt zum Schluss die Integrationsgrenzen ein.

Zweimalige partielle Integration beim unbestimmten Integral:

$$\int r^2 e^{-\frac{2}{a_0}r} dr = -\frac{a_0}{2} r^2 e^{-\frac{2}{a_0}r} + a_0 \int r e^{-\frac{2}{a_0}r} dr$$

$$= -\frac{a_0}{2} r^2 e^{-\frac{2}{a_0}r} + a_0 \left(-\frac{a_0}{2} r e^{-\frac{2}{a_0}r} + \frac{a_0}{2} \int e^{-\frac{2}{a_0}} dr \right)$$

$$= -\frac{a_0}{2} r^2 e^{-\frac{2}{a_0}r} - \frac{a_0^2}{2} r e^{-\frac{2}{a_0}r} + \frac{a_0^2}{2} \left(-\frac{a_0}{2} e^{-\frac{2}{a_0}r} \right)$$

$$= e^{-\frac{2}{a_0}r} \left(-\frac{a_0}{2} r^2 - \frac{a_0^2}{2} r - \frac{a_0^3}{4} \right).$$

Wir multiplizieren diesen Term mit $\frac{4}{a_0^3}$ und erhalten die in der Aufgabe angegebene Stammfunktion.

Somit gilt:

$$\frac{4}{a_0^3} \int_0^{a_0} r^2 e^{-\frac{2}{a_0}} dr = \left[-\frac{1}{a_0^2} \left(2r^2 + 2a_0 r + a_0^2\right) e^{-\frac{2}{a_0}r} \right]_0^{a_0} = 1 - \frac{5}{e^2} \approx 0.3233.$$

B.7 Lösungen zu Kapitel 7

7.1

a) Sei $X :=$ *Anzahl der Ausschussgläser in der Stichprobe.* Die Zufallsvariable X ist binomialverteilt mit den Parametern $n = 100$ und $p = 0.08$. Es gilt $\mu = np = 100 \cdot 0.08 = 8$ und $\sigma = \sqrt{100 \cdot 0.08 \cdot 0.92} \approx 2.71 < 3$, daher ist die Laplace-Bedingung nicht erfüllt, und wir können die σ-Regeln nicht anwenden. Daher berechnen wir die gesuchte Wahrscheinlichkeit mithilfe der kumulierten Binomialverteilung. Als Nullhypothese wählen wir

$$H_0 : p \leq 0.08$$

(einseitiger Signifikanztest). Die Entscheidungsregel des Prüfkontrolleurs lautet:

$$\text{Verwirf } H_0 :\Leftrightarrow X > 11.$$

Die betrachtete Fehlentscheidung tritt ein, wenn der Prüfkontrolleur im Falle tatsächlicher 8 % Ausschuss mindestens zwölf defekte Gläser findet, also

$$P_{p=0.08}(X > 11) = \sum_{k=12}^{100} \binom{100}{k} \cdot 0.08^k \cdot 0.92^{100-k} \approx 0.103.$$

Die Wahrscheinlichkeit einer solchen Fehlentscheidung liegt also bei etwa 10.3 %.

Die Berechnung erfolgt am besten mit MATLAB bzw. Mathematica mittels der Eingabe:

```
1-binocdf(11,100,0.08)
```

```
Sum[Binomial[100,k]*0.08^k*0.92^(100-k),{k,12,100}]
```

b) Mit der veränderten Ausschusswahrscheinlichkeit von $p = 0.12$ erhalten wir

$$P_{p=0.12}(X \leq 11) = \sum_{k=0}^{11} \binom{100}{k} \cdot 0.12^k \cdot 0.88^{100-k} \approx 0.454.$$

7.2 Offene Aufgabenstellung, zweiseitiger Signifikanztest.

Beispiellösung: $n = 500$ Würfe, $X :=$ *Anzahl der Wappenwürfe*

Nullhypothese: $H_0 : p = 0.5$

Dann können die σ-Regeln angewendet werden:

$$\mu - 1.96\sigma = 500 \cdot 0.5 - 1.96\sqrt{500 \cdot 0.5 \cdot 0.5} = 228.087$$

$$\mu - 1.96\sigma = 500 \cdot 0.5 + 1.96\sqrt{500 \cdot 0.5 \cdot 0.5} = 271.913$$

Die Entscheidungsregel lautet dann

$$\text{Verwirf } H_0 :\Leftrightarrow X \leq 228 \vee X \geq 272.$$

7.3 Einseitiger Signifikanztest, Berechnung mittels kumulierter Binomialverteilung. Es gilt $n = 50$, X sei die *Anzahl der Gewinnlose in der Stichprobe*. Da man den Losverkäufer der Prahlerei überführen will, lautet die Nullhypothese $H_0 : p \geq 0.3$. Diese wird verworfen, wenn die Anzahl der Gewinnlose kleiner oder gleich einer

Zahl k ist mit

$$P_{p=0.3}(X \leq k) \leq 0.05$$

bzw.

$$P_{p=0.3}(X \leq k) \leq 0.01.$$

Die Lösung erfolgt am besten mit MATLAB bzw. Mathematica:

```
z=0:50;
q=binocdf(z,50,0.3);
table(z',q')
```

```
For[k=0,k<=50,k++,Print[{k,Sum[Binomial[50,i]*0.3^i*0.7^(50-i),{i,0,k}]}]]
```

Dies liefert $k = 9$ im Fall $\alpha = 0.05$ und $k = 7$ im Fall $\alpha = 0.01$.

7.4 Lösung im Video.

7.5 Es handelt sich um einen einseitigen Signifikanztest mit $n = 280$, $\sigma_X = 0.5\,\mathrm{g}$, $\mu_{\overline{X}} = 99.6\,\mathrm{g}$. Daher muss die Hypothese, dass der Händler Goldbarren verkauft, die im Mittel $100\,\mathrm{g}$ wiegen, auf dem $95\,\%$-Niveau statistischer Sicherheit verworfen werden, da

$$\overline{X} = 100\,\mathrm{g} - 1.64\frac{0.5\,\mathrm{g}}{\sqrt{280}} = 99.951\,\mathrm{g}.$$

Das ermittelte Stichprobenmittel fällt deutlich darunter.

7.6

a) Gesucht ist eine $95\,\%$- und eine $99\,\%$-Intervallschätzung für die Anzahl der Wähler des Bürgermeisters. Es können die Parameter $n = 90$ und $p = 0.52$ zugrunde gelegt werden (die Umfrage wird als Bernoulli-Experiment aufgefasst). Es folgt

$$\sigma = \sqrt{np(1-p)} = \sqrt{90 \cdot 0.52 \cdot 0.48} \approx 4.7396 > 3.$$

Wir erhalten mithilfe der σ-Regeln

$$\mu - 1.96\sigma = 37.51,$$
$$\mu + 1.96\sigma = 56.09,$$
$$\mu - 2.58\sigma = 34.57,$$
$$\mu + 2.58\sigma = 59.03.$$

Damit ist das gesuchte $95\,\%$-Intervall für die Wähler des Bürgermeisters $[38; 56]$ und das $99\,\%$-Intervall $[35; 59]$.

b) Wir müssen zunächst eine Prognose darüber aufstellen, wie groß der Anteil der Wähler des Bürgermeisters in der Stichprobe ist. Die relativen Randhäufigkeiten der Intervalle erhält man in guter Näherung, indem man die absoluten Werte durch den Stichprobenumfang dividiert:

Unterer Randwert beim 95 %-Intervall: $\frac{38}{90} = 0.422$

Oberer Randwert beim 95 %-Intervall: $\frac{56}{90} = 0.622$

Unterer Randwert beim 99 %-Intervall: $\frac{35}{90} = 0.389$

Oberer Randwert beim 95 %-Intervall: $\frac{59}{90} = 0.656$

Das Stichprobenergebnis liegt jeweils innerhalb beider Grenzen, ist also verträglich mit den Intervallschätzungen. Die Aussagekraft des Ergebnisses ist jedoch aufgrund des relativ kleinen Stichprobenumfangs mit Vorsicht zu genießen.

7.7 Schluss von der Stichprobe auf die Grundgesamtheit, $n = 1050$. Anzahl der Personen, die für Kandidat X gestimmt haben: $1050 \cdot 0.495 = 519.75$ (real natürlich ca. 520 Personen).

Bestimmung des 95 %-Konfidenzintervalls für die Wahrscheinlichkeit p mit:

$$\mu - 1.96\sigma = 1050p - 1.96\sqrt{1050 \cdot p \cdot (1-p)} = 519.75$$

$$\mu + 1.96\sigma = 1050p + 1.96\sqrt{1050 \cdot p \cdot (1-p)} = 519.75$$

Zusammenfassende Betragsgleichung:

$$1.96\sqrt{1050 \cdot p \cdot (1-p)} = |519.75 - 1050p|$$

Lösungen sind die Ränder des Konfidenzintervalls:

$$p = 0.46483 \lor p = 0.52521$$

Bestimmung des 99 %-Konfidenzintervalls mit:

$$\mu - 2.58\sigma = 1050p - 2.58\sqrt{1050 \cdot p \cdot (1-p)} = 519.75$$

$$\mu + 2.58\sigma = 1050p + 2.58\sqrt{1050 \cdot p \cdot (1-p)} = 519.75$$

Zusammenfassende Betragsgleichung:

$$2.58\sqrt{1050 \cdot p \cdot (1-p)} = |519.75 - 1050p|$$

Lösungen sind die Ränder des Konfidenzintervalls:

$$p = 0.45535 \lor p = 0.53471.$$

7.8 Lösung im Video.

7.9 Individuelle Lösungen.

7.10 Für die Rechnungen wurden die Tabellen in Anhang A verwendet.

a)

$$\overline{X} = \frac{1}{9} \sum_{i=1}^{9} X_i = 198.\overline{4}$$

b)

$$S^2 = \frac{1}{9-1} \sum_{i=1}^{9} (X_i - \overline{X})^2 = 5.2\overline{7}$$

c)

$$P(X > 199) = 1 - \Phi\left(\frac{199 - \overline{X}}{S}\right) = 1 - \Phi(0.24) = 0.4052$$

d)

$$P(199 \leq X \leq 204) = \Phi\left(\frac{204 - \overline{X}}{S}\right) - \Phi\left(\frac{199 - \overline{X}}{S}\right)$$
$$= \Phi(2.42) - \Phi(0.24) = 0.3974$$

e)

$$\left[\overline{X} - t_{n-1, 1-\frac{\alpha}{2}} \frac{S}{\sqrt{n}}; \ \overline{X} + t_{n-1, 1-\frac{\alpha}{2}} \frac{S}{\sqrt{n}}\right] = [196.69; \ 200.21]$$

mit $\alpha = 0.05$, $n = 9$, $t_{8, 0.975} = 2.306$.

f) Hypothesen:

$$H_0 : \mu \geq \mu_0 = 200, \ H_1 : \mu < \mu_0 = 200$$

Testgröße:

$$\widetilde{Z}_0 := \frac{\overline{X} - \mu_0}{S} \sqrt{n} = \frac{198.\overline{4} - 200}{\sqrt{5.2\overline{7}}} \sqrt{9} = -2.0313$$

Annahmebereich:

$$[-t_{n-1, 1-\alpha}; \ \infty) = [-2.8965; \ \infty)$$

Entscheidung:

$$\widetilde{Z}_0 \in [-2.8965; \ \infty)$$

Die Nullhypothese wird beibehalten. Es konnte nicht nachgewiesen werden, dass die Tüten durchschnittlich eine Masse von weniger als 200 g aufweisen.

7.11 Für die Rechnungen wurden die Tabellen in Anhang A verwendet.

Die Varianz der Grundgesamtheit ist unbekannt, aber der Stichprobenumfang ist mit $n = 300 > 30$ groß, sodass in guter Näherung mit der Normalverteilung gearbeitet werden kann (siehe dazu Abb. 7.10 und Erläuterungen im dazugehörigen Text).

a)

$$\left[\overline{X}-z_{1-\frac{\alpha}{2}}\frac{S}{\sqrt{n}};\ \overline{X}+z_{1-\frac{\alpha}{2}}\frac{S}{\sqrt{n}}\right]=\left[50\,150-1.96\frac{2170}{\sqrt{300}};\ 50\,150+1.96\frac{2170}{\sqrt{300}}\right]$$

$$=[49\,904.44;\ 50\,395.56]$$

b) μ_o bezeichne die obere Grenze des Konfidenzintervalls in a). Es gilt

$$\mu_o=\overline{X}+z_{1-\frac{\alpha}{2}}\frac{S}{\sqrt{n}}$$

$$\Rightarrow n=\left(\frac{z_{1-\frac{\alpha}{2}}\cdot S}{\mu_0-\overline{X}}\right)^2$$

Dann ergibt sich für $\alpha=0.99$:

$$n\geq\left(\frac{2.5758\cdot 2170}{50\,395.56-50\,150}\right)^2=518.12$$

Die Stichprobe muss mindestens 519 Autoreifen umfassen.

c) Hypothesen:

$$H_0:\mu\geq\mu_0=50\,500,\ H_1:\mu<\mu_0=50\,500$$

Testgröße:

$$Z_0:=\frac{\overline{X}-\mu_0}{S}\sqrt{n}=\frac{50\,150-51\,000}{2170}\sqrt{300}=-2.7936$$

Annahmebereich:

$$[-z_{1-\alpha};\ \infty)=[-2.3264;\ \infty)$$

Entscheidung:

$$Z_0\notin[-2.3264;\ \infty)$$

Die Nullhypothese wird verworfen. Es konnte mit einer statistischen Sicherheit von 99 % nachgewiesen werden, dass die Autoreifen durchschnittlich eine Lebensdauer von weniger als 50 500 km aufweisen.

α-Fehler: Die Entscheidung fällt auf die Alternativhypothese H_1, obwohl die Nullhypothese H_0 richtig ist. Man geht davon aus, dass die durchschnittliche Lebensdauer der Autoreifen in der Grundgesamtheit kleiner als 50 500 km ist, obwohl sie tatsächlich größer oder gleich diesem Wert ist.

β-Fehler: Die Entscheidung fällt auf die Nullhypothese H_0, obwohl die Alternativhypothese H_1 richtig ist. Man geht davon aus, dass die durchschnittliche Lebensdauer der Autoreifen in der Grundgesamtheit größer oder gleich 50 500 km ist, obwohl sie tatsächlich kleiner als dieser Wert ist.

d) μ_u bezeichne die untere Grenze des Annahmebereichs der Nullhypothese

$$\mu_u = \mu_0 - z_{0.99} \cdot \frac{S}{\sqrt{n}} = 50\,500 - 2.3264 \cdot \frac{2170}{\sqrt{300}} = 50\,208.54$$

$$\sigma_{\overline{X}} = \frac{2170}{\sqrt{300}}$$

$$\beta(\mu = 50\,100) = P(\overline{X} \geq 50\,208.45 | \mu = 50\,100) = P\left(\frac{\overline{X} - \mu}{\sigma_{\overline{X}}} \geq \frac{50\,208.45 - \mu}{\sigma_{\overline{X}}}\right)$$

$$= 1 - \Phi\left(\frac{50\,208.45 - 50\,100}{2170}\sqrt{300}\right) = 1 - \Phi(0.87)$$

$$= 1 - 0.8079 = 0.1921$$

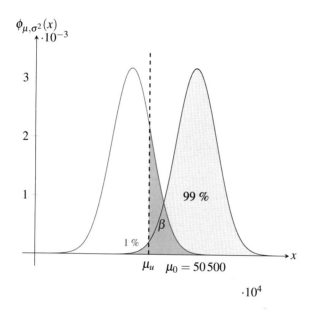

Abb. B.14: Zur Veranschaulichung des β-Fehlers in Aufg. 7.11

7.12 Integrieren der Dichtefunktion unter Beachtung von $\lim\limits_{x \to -\infty} \arctan(x) = -\frac{\pi}{2}$ liefert

$$F_1(x) = \frac{1}{\pi} \int_{-\infty}^{x} \frac{1}{1 + t^2} dt = \frac{1}{\pi} \arctan(x) + \frac{1}{2}.$$

7.13 Individuelle Lösungen.

7.14 Unter der Annahme eines fairen Würfels gilt

$$\mu_i = np_i = 90 \cdot \frac{1}{8} = 11.25 \ \forall i \in \{1, ..., 8\}.$$

Somit gilt nach Einsetzen der gegebenen absoluten Häufigkeiten H_i

$$\chi^2 = \sum_{i=1}^{8} \frac{(H_i - 11.25)^2}{11.25} = 5.29.$$

7.15 Die erwartete (absolute) Häufigkeit aller vier Antriebe ist bei einer Gleichverteilung, also im Fall der Gültigkeit der Nullhypothese, jeweils 500. Somit können wir χ^2 berechnen:

$$\chi^2 = \frac{(456 - 500)^2}{500} + \frac{(614 - 500)^2}{500} + \frac{(606 - 500)^2}{500} + \frac{(324 - 500)^2}{500} = 114.288.$$

Da es vier Antriebe gibt, beträgt die Anzahl der Freiheitsgrade drei, und wir müssen $\chi^2_{3,1-0.05} = \chi^2_{3,0.95}$ berechnen. Der Tab. A.4 entnehmen wir $\chi^2_{3,0.95} = 7.815$. Somit gilt

$$\chi^2 = 114.288 > 7.815 = \chi^2_{3,0.95},$$

und die Nullhypothese wird auf dem gewählten Niveau verworfen.

B.8 Lösungen zu Kapitel 8

8.1 Die stochastische Matrix lautet

$$M = \begin{pmatrix} 0.2 & 0.3 & 0.1 & 0.4 \\ 0.1 & 0.7 & 0 & 0.2 \\ 0.1 & 0.1 & 0.4 & 0.4 \\ 0.5 & 0.3 & 0.1 & 0.1 \end{pmatrix}.$$

Es gilt

$$\vec{v}_0 \cdot M^3 = \begin{pmatrix} 0.216 & 0.44 & 0.09 & 0.254 \end{pmatrix},$$
$$\vec{v}_0 \cdot M^5 = \begin{pmatrix} 0.21664 & 0.4666 & 0.0791 & 0.23766 \end{pmatrix},$$
$$\vec{v}_0 \cdot M^{10} = \begin{pmatrix} 0.215452 & 0.47474 & 0.0751302 & 0.234678 \end{pmatrix}.$$

Der Fixvektor ist

$$\vec{v}_F = \begin{pmatrix} 0.215385 & 0.475 & 0.075 & 0.234615 \end{pmatrix}.$$

8.2

a) Wenn die erste Spalte und Zeile jeweils den Standort Universität repräsentieren, die zweite den Siegfriedplatz, die dritte den Nordpark und die letzte die Schüco-Arena, dann sieht die Übergangsmatrix folgendermaßen aus:

$$M = \begin{pmatrix} 0.5 & 0.3 & 0.1 & 0.1 \\ 0.4 & 0.2 & 0.2 & 0.2 \\ 0.25 & 0.3 & 0.2 & 0.25 \\ 0.4 & 0.4 & 0.2 & 0 \end{pmatrix}.$$

b) Der Startvektor ist (in Zeilendarstellung)

$$\vec{v_0} = \begin{pmatrix} 0.25 & 0.25 & 0.25 & 0.2 \end{pmatrix}.$$

Daraus ergeben sich die Verteilungen nach drei Tagen bzw. einer Woche zu

$$\vec{v_0} \cdot M^3 = \begin{pmatrix} 0.417063 & 0.285875 & 0.15875 & 0.138313 \end{pmatrix},$$
$$\vec{v_0} \cdot M^7 = \begin{pmatrix} 0.418078 & 0.285312 & 0.158193 & 0.138418 \end{pmatrix}.$$

An der Universität werden auch langfristig die meisten Räder abgestellt.

c) Der Realitätsbezug der Aufgabe ist sehr kritisch zu sehen, da z. B. in den Semesterferien ein anderer Zulauf an der Universität zu erwarten ist, während eines Fußballspiels in der Schüco-Arena die Zahlen verändert sind, und auch der Wochentag oder die Jahreszeit eine Rolle spielen werden (Naherholung im Nordpark, Party am Siegfriedplatz etc.). Angaben wie in der Aufgabe können allenfalls das Fahrradkunden-Verhalten unter sonst gleichen Bedingungen und über einen sehr kurzen Zeitraum näherungsweise beschreiben. Das Kundenverhalten muss permanent neu beurteilt werden.

8.3 Lösung mit MATLAB bzw. Mathematica:

```
P=[0.5 0.4 0.1;0.1 0.6 0.3;0.2 0.1 0.7]
P^4
P^2*P^2
P*P^3
```

```
P={{0.5,0.4,0.1},{0.1,0.6,0.3},{0.2,0.1,0.7}}
MatrixForm[MatrixPower[P,4]]
MatrixForm[MatrixPower[P,2].MatrixPower[P,2]]
MatrixForm[MatrixPower[P,1].MatrixPower[P,3]]
```

Alle drei ausgegebenen Matrizen sehen so aus:

$$M = \begin{pmatrix} 0.2326 & 0.3834 & 0.384 \\ 0.2258 & 0.3454 & 0.4288 \\ 0.2482 & 0.3162 & 0.4356 \end{pmatrix}$$

8.4

a)

$$P = \begin{pmatrix} 0.3 & 0 & 0.65 & 0.05 \\ 0.25 & 0.75 & 0 & 0 \\ 0.1 & 0 & 0.9 & 0 \\ 0 & 0 & 0 & 1 \end{pmatrix}$$

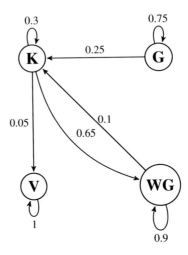

Abb. B.15: Übergangsdiagramm zu Aufg. 8.4

```
P=[0.3 0 0.65 0.05;0.25 0.75 0 0;0.1 0 0.9 0;0 0 0 1]
mc=dtmc(P,'StateNames',["K","G","WG","V"])
graphplot(mc,'LabelEdges',true);
```

```
P={{0.3,0,0.65,0.05},{0.25,0.75,0,0},{0.1,0,0.9,0},{0,0,0,1}}
proc1=DiscreteMarkovProcess[1,P];
Graph[proc1,
    VertexLabels->{1->Placed["K",Center],2->Placed["G",Center],
        3->Placed["WG",Center],4->Placed["V",Center]},
    EdgeLabels->{DirectedEdge[i_,j_]:>MarkovProcessProperties[proc1,
        "TransitionMatrix"][[i,j]]}]
```

b)

```
P8=P^8
```

```
MatrixPower[P,8]//MatrixForm
```

$$P^8 = \begin{pmatrix} 0.1131 & 0 & 0.7848 & 0.1021 \\ 0.1444 & 0.1001 & 0.6823 & 0.0732 \\ 0.1207 & 0 & 0.8376 & 0.0417 \\ 0 & 0 & 0 & 1.0000 \end{pmatrix}$$

Nach acht Wochen sind von den anfangs Gesunden i) 10.01 % immer noch gesund, ii) 14.44 % krank und iii) 7.32 % verstorben.

c)

```
v0=[0 20000 0 0]
v5=v0*P^5
```

```
v0={0,20000,0,0}
v0.MatrixPower[P,5]
```

$$\vec{v}_5 = \vec{v}_0 \cdot P^5 = \begin{pmatrix} 3706 & 4746 & 10\,592 & 956 \end{pmatrix}$$

Nach fünf Wochen sind 3706 Personen krank, 4746 Personen gesund, 10592 Personen wieder gesund und 956 Personen gestorben.

d)

```
[V,D]=eig(P')
```

```
Transpose[Eigenvectors[Transpose[P]]]// MatrixForm
Eigenvalues[Transpose[P]]
```

Der Fixvektor der Matrix P ist ein Eigenvektor zum Eigenwert 1 und lautet

$$\vec{v}_\infty = \begin{pmatrix} 0 & 0 & 0 & 1 \end{pmatrix}.$$

Alle Einwohner des Ortes werden auf lange Sicht an der Krankheit sterben.

e)   i)

$$Q = \begin{pmatrix} 0.25 & 0 & 0.75 \\ 0.25 & 0.75 & 0 \\ 0.1 & 0 & 0.9 \end{pmatrix}$$

```
Q=[0.25 0 0.75; 0.25 0.75 0; 0.1 0 0.9]
mc=dtmc(Q,'StateNames',["K","G","WG"])
graphplot(mc,'LabelEdges',true);
```

```
Q={{0.25,0,0.75},{0.25,0.75,0},{0.1,0,0.9}};
proc2=DiscreteMarkovProcess[1,Q];
gr=Graph[proc2,
    VertexLabels->{1->Placed["K",Center],2->Placed["G",Center],
    3->Placed["WG",Center]},
EdgeLabels->{DirectedEdge[i_,j_]:>MarkovProcessProperties[proc2,
    "TransitionMatrix"][[i,j]]}]
```

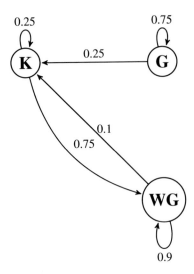

Abb. B.16: Übergangsdiagramm zu Aufg. 8.4 e)

ii)

```
[VQ,DQ]=eig(Q')
v=1/sum(VQ(:,2))*VQ(:,2)
```

```
EV=Transpose[Eigenvectors[Transpose[Q]]]
Eigenvalues[Transpose[Q]]
v=EV[[All,1]]/Total[EV[[All,1]]]
```

Wir müssen den Eigenvektor zum Eigenwert 1 anpassen, um Schlüsse auf die langfristige Entwicklung der Krankheit in dem Ort ziehen zu können. Alle Vektorkomponenten müssen größer gleich null sein und die Summe der Vektorkoordinaten muss eins ergeben:

$$\vec{v} = \begin{pmatrix} 0.1176 & 0 & 0.8824 \end{pmatrix}.$$

iii)

```
vinf=20000*v
```

```
vinf=20000*v
```

$$\vec{v}_\infty = 20\,000 \cdot \vec{v} = \begin{pmatrix} 2353 & 0 & 17\,647 \end{pmatrix}.$$

Langfristig sind 2353 Kranke und 17 647 wieder Gesunde zu erwarten.

Literatur

Adelmeyer, M. und E. Warmuth (2013). *Finanzmathematik für Einsteiger: Eine Einführung für Studierende, Schüler und Lehrer.* Vieweg+Teubner Verlag.

Backhaus, K., B. Erichson und R. Weiber (2015). *Fortgeschrittene Multivariate Analysemethoden: Eine anwendungsorientierte Einführung.* Springer Berlin Heidelberg.

Bauer, H. (2002). *Wahrscheinlichkeitstheorie.* de Gruyter.

– (2011). *Maß-und Integrationstheorie.* Walter de Gruyter.

Benford, F. (1938). „The law of anomalous numbers". In: *Proceedings of the American philosophical society*, S. 551–572.

Campbell, N. A. und J. B. Reece (2015). *Biologie.* Pearson Deutschland.

Chatterjee, S. und J. S. Simonoff (2013). *Handbook of Regression Analysis.* Wiley.

Einstein, A. (1905). „Über die von der molekularkinetischen Theorie der Wärme geforderte Bewegung von in ruhenden Flüssigkeiten suspendierten Teilchen". In: *Annalen der Physik* 4.

Forster, O. (2012). *Analysis 3: Maß- und Integrationstheorie, Integralsätze im $\mathbb{R}^n$ und Anwendungen.* Vieweg+Teubner Verlag.

– (2016). *Analysis 1: Differential- und Integralrechnung einer Veränderlichen.* Springer Fachmedien Wiesbaden.

– (2017). *Analysis 2: Differentialrechnung im $\mathbb{R}^n$, gewöhnliche Differentialgleichungen.* Springer Fachmedien Wiesbaden.

Gänssler, P. und W. Stute (2013). *Wahrscheinlichkeitstheorie.* Springer Berlin Heidelberg.

Grün, E. u. a. (1985). „Collisional balance of the meteoritic complex". In: *Icarus* 62.2, S. 244–272.

Höfer, T., H. Przyrembel und S. Verleger (2004). „New evidence for the theory of the stork". In: *Paediatric and perinatal epidemiology* 18.1, S. 88–92.

Imkamp, T. und S. Proß (2019). *Differentialgleichungen für Einsteiger: Grundlagen und Anwendungen mit vielen Übungen, Lösungen und Videos.* Springer Berlin Heidelberg.

Krickeberg, K. und H. Ziezold (2013). *Stochastische Methoden.* Springer Berlin Heidelberg.

Landers, D. und L. Rogge (2013). *Nichtstandard Analysis.* Springer Berlin Heidelberg.

Ley, W., K. Wittmann und W. Hallmann (2007). *Handbuch der Raumfahrttechnik.* Carl Hanser Verlag.

Matthews, R. (2000). „Storks deliver babies (p= 0.008)". In: *Teaching Statistics* 22.2, S. 36–38.

Menten, L. und M. Michaelis (1913). „Die Kinetik der Invertinwirkung". In: *Biochemische Zeitung* 49.333-369, S. 5.

Newcomb, S. (1881). „Note on the frequency of use of the different digits in natural numbers". In: *American Journal of Mathematics* 4.1, S. 39–40.

© Der/die Herausgeber bzw. der/die Autor(en), exklusiv lizenziert durch Springer-Verlag GmbH, DE, ein Teil von Springer Nature 2021
T. Imkamp und S. Proß, *Einstieg in die Stochastik*,
https://doi.org/10.1007/978-3-662-63766-1

Papula, L. (2015). *Mathematik für Ingenieure und Naturwissenschaftler Band 2: Ein Lehr- und Arbeitsbuch für das Grundstudium*. Springer Fachmedien Wiesbaden.

– (2018). *Mathematik für Ingenieure und Naturwissenschaftler Band 1: Ein Lehr- und Arbeitsbuch für das Grundstudium*. Springer Fachmedien Wiesbaden.

Proß, S. und T. Imkamp (2018). *Brückenkurs Mathematik für den Studieneinstieg: Grundlagen, Beispiele, Übungsaufgaben*. Springer Berlin Heidelberg.

Rutherford, E., H. Geiger und H. Bateman (1910). „LXXVI. The probability variations in the distribution of α particles". In: *The London, Edinburgh, and Dublin Philosophical Magazine and Journal of Science* 20.118, S. 698–707.

Saal, K. von der (2020). *Biochemie*. Springer Berlin Heidelberg.

Schwarze, J. (2014). *Grundlagen der Statistik 1: Beschreibende Verfahren*. Bd. 1. NWB Verlag.

Watson, J., P. F. Whiting und J. E. Brush (2020). „Interpreting a covid-19 test result". In: *BMJ* 369.

Wenzel, A., N. Grotjohann und K. Röllke (2019). „Projektwoche Systembiologie im teutolab-biotechnologie". In: *Journal für Didaktik der Naturwissenschaften und der Mathematik* 3, S. 99–113.

Zang, H. (2003). „Veränderungen in der niedersächsischen Vogelwelt im 20. Jahrhundert". In: *Vogelkundliche Berichte Niedersachsen* 35, S. 1–18.

Sachverzeichnis

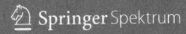

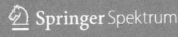

Printed in the United States
by Baker & Taylor Publisher Services